21 世纪高等院校电气信息类系列教材

物联网技术及应用

第 2 版

主　编　徐颖秦　熊伟丽

副主编　杜天旭　汤　泽

参　编　杜天琳　徐　豪

机 械 工 业 出 版 社

本书比较系统地介绍了物联网的基本概念、体系结构、关键技术、系统设计及典型应用实例，并对一些技术热点进行了研究和分析。

本书内容全面，兼顾理论联系实际。内容包括：物联网的概念、演进、基本属性及国内外研究发展现状；物联网的体系结构，智能传感器、RFID 等感知与识别技术；无线传感网技术及目前常用的各种短距离无线通信、新型通信和网络技术等研究热点；智能控制、人工智能、智能制造、嵌入式系统、云计算、大数据及 M2M 等各种智能及数据处理技术；物联网应用系统的设计方法等。最后通过典型实例说明了物联网在十大行业的具体应用。

本书可作为高等院校电气信息类、工程类及管理类等专业物联网概论或物联网技术课程的教材或教学参考书，也可以作为物联网技术培训教材。同时，对有一定基础，并希望在物联网技术方面有所提高的读者，也是一本较为理想的参考读物。

本书配有授课用教学资源，需要的教师可登录 www.cmpedu.com 免费注册、审核通过后下载，或联系编辑索取（QQ：1239258369，微信：jsj15910938545，电话：010-88379739）。

图书在版编目（CIP）数据

物联网技术及应用/徐颖秦，熊伟丽主编 . —2 版 . —北京：机械工业出版社，2020.6（2025.2 重印）
21 世纪高等院校电气信息类系列教材
ISBN 978-7-111-65958-7

Ⅰ.①物… Ⅱ.①徐… ②熊… Ⅲ.①互联网络-应用-高等学校-教材②智能技术-应用-高等学校-教材 Ⅳ.①TP393.4 ②TP18

中国版本图书馆 CIP 数据核字（2020）第 109947 号

机械工业出版社（北京市百万庄大街 22 号　邮政编码 100037）
策划编辑：李馨馨　　责任编辑：李馨馨　车　忱　白文亭
责任校对：张艳霞　　责任印制：邮　敏
河北鑫兆源印刷有限公司印刷

2025 年 2 月第 2 版 · 第 11 次印刷
184mm×260mm · 18.5 印张 · 456 千字
标准书号：ISBN 978-7-111-65958-7
定价：59.80 元

电话服务　　　　　　　　　　网络服务
客服电话：010-88361066　　机 工 官 网：www.cmpbook.com
　　　　　010-88379833　　机 工 官 博：weibo.com/cmp1952
　　　　　010-68326294　　金 书 网：www.golden-book.com
封底无防伪标均为盗版　　机工教育服务网：www.cmpedu.com

前　言

《物联网技术及应用》一书于 2012 年 8 月由机械工业出版社出版，是一本普通高等学校教材，迄今已有八年的使用时间。当时，物联网概念刚刚兴起，该书用通俗易懂的语言，展示了物联网技术和业务应用的巨大魅力，涵盖了当时物联网领域的各种新技术及典型应用。该书受到广大师生及社会读者的普遍好评。

扫码可观看
本书简介

近几年来，我国物联网产业已进入融合发展新阶段，尤其是在党的二十大报告中对物联网的发展做出重要部署后，围绕物联网技术打造的产业新应用、新业态、新模式不断涌现，物联网技术日益成为引领经济发展和产业变革的重要引擎。在此背景下，根据物联网及信息技术不断飞速发展的实际情况以及广大教师和读者的教学和学习需求，对本书予以修订。

本次修订的原则是去除个别不合时宜的概念和提法，适当整合教材内容，增加近几年发展和新出现的先进技术和新应用。如第 1.3 节"物联网的关键技术"，在原有感知与识别、网络与通信、无线传感网及云计算等技术的基础上，增设了 5G、大数据、人工智能及智能制造等近几年出现的新概念，同时阐述了物联网、云计算、大数据和人工智能等核心技术之间的关系。第 4.3 节"新一代无线通信及网络技术"中，增添了新出现的 5G 通信技术介绍。第 5 章"智能处理技术"中把人工智能扩充为一节内容（第 5.2 节）进行详细介绍，增加了智能制造技术（第 5.5 节）的内容。增设了新的第 6 章"云计算与大数据"，把第 1 版第 5 章中云计算的内容放在第 6 章，同时增加了边缘计算和大数据这些物联网数据处理的核心技术。

修订后的第 2 版有 8 章内容。第 1 章物联网概述，主要介绍物联网的概念、演进及基本属性，物联网的体系结构和关键技术以及国内外物联网的发展研究现状。第 2 章较详细地介绍了物联网的感知与识别技术，包括：智能传感器及检测技术，智能卡、光学、生物学等自动识别技术，电子产品编码（EPC）技术和条码识别技术，射频识别（RFID）技术以及无线定位技术等。第 3 章主要介绍无线传感网（WSN）技术，包括 WSN 的概念、特点、基本组成、节点部署、3 个模块的协议体系结构和四大关键技术。第 4 章介绍物联网通信与网络技术，主要包括现场总线技术、目前常用的 5 种短距离无线通信技术和 8 种新一代通信和网络技术等研究热点。第 5 章介绍智能处理技术，包括自动控制和智能控制技术、人工智能技术、嵌入式技术、微机电（Micro-Electro-Mechanical Systems，MEMS）技术和智能制造技术等。第 6 章介绍了云计算与大数据，内容包括：云计算的基本概念、类型、体系结构、云网络、云平台及云安全等；边缘计算的模式、意义及面临的挑战；大数据的基本概念、基本特征、技术体系及典型应用。第 7 章介绍了物联网应用系统设计，内容包括物联网应用系统的基本要求、设计步骤和设计原则，以基于 M2M 的"智慧城市"平台设计为例，介绍了物联网具体应用系统的设计方法。第 8 章引用了大量实例介绍了物联网的几种典型应用，包括智能电网、智能交通、智能医疗、智能工业、智能农业、智能环保、智能物流、智能家居、智能安防及智能旅游十大应用领域。

本书的突出特点如下。

1）结构模块清晰，每章主要包括微视频模块、导读模块、理论学习模块、小结模块和复习思考题模块等，既有利于教师讲解，也有益于学生学习。

2）内容全面系统，从阐述物联网的基本概念、基本属性和体系结构入手，详细分析了感知与识别技术、无线传感网技术、通信与网络技术、智能处理技术、云计算与大数据等物联网的关键技术及物联网应用系统的设计原则与思路，引用大量实例介绍了物联网在智能电网、智能医疗、智能农业等十大领域内的典型应用。

3）叙述深入浅出，层次清楚，语言简明，术语规范，在系统性、创新性、应用性、新颖性和前瞻性等方面形成特色。并在书的最后给出了物联网常用术语和关键词的英文缩略语及英中文对照表，便于读者学习。

4）配套电子资源实用，包括图文并茂、言简意赅、适用于多元化课堂教学的多媒体课件，教材简介微视频、每章知识点微视频以及教学大纲、教学日历，还有形式多样的复习思考题和参考答案。复习思考题分为概念解释题、填空题、简答题和分析题等多种形式，涵盖了教材的全部内容，供教师教学和学生学习时选择参考。

本书是一本关于物联网基础技术及应用的普通高等学校教材，既可以作为高等院校电气信息类，工程类及管理类等专业物联网概论或物联网技术课程的教材或教学参考书，也可以作为物联网技术培训教材。同时，对有一定基础，并希望在物联网技术方面有所提高的读者，也是一本较为理想的参考读物。

本书由江南大学徐颖秦、熊伟丽任主编，招银网络科技（杭州）有限公司杜天旭、江南大学汤泽任副主编。其中第 1、3、8 章由江南大学徐颖秦编写，第 4 章由江南大学熊伟丽编写，第 2、7 章由招银网络科技（杭州）有限公司杜天旭编写，第 4、5、6 章的部分内容由江南大学汤泽编写，第 6 章部分内容由西安华为技术有限公司杜天琳编写，宁波高松电子有限公司徐豪参加了第 3、8 章部分内容的编写，并提供了部分素材和参数。全书由徐颖秦统稿。在本书编写过程中，杜建会老师在文字和图形方面做了大量工作，在此一并表示感谢！同时本书的编写也受到了教育部新工科研究与实践项目（GK-97）、江苏省高等教育教改研究课题（2017JSLG150）、江苏高校品牌专业建设工程项目（PPZY2015A036）、江南大学本科教学改革研究项目（JG2017072）和江南大学"卓越计划"自动化专业建设项目的大力支持，在此表示感谢！

由于物联网技术仍处于发展阶段，新理论、新技术、新设备以及新应用也不断涌现，加之作者水平有限，因而书中难免出现错漏或不妥之处，敬请使用本教材的老师和读者批评指正，并提出宝贵意见。联系电子邮件：xyqwx@163.com。

编　者

目　　录

第1章 物联网概述

【核心内容提示】
（1）了解物联网概念的提出及演进过程。
（2）掌握物联网的基本概念、基本内涵及基本特性。
（3）正确理解互联网、通信网、传感网、泛在网与物联网的关系。
（4）掌握物联网的体系结构和关键技术。
（5）了解国内外物联网的研究与发展现状。

扫码观看本章
知识点视频

从 21 世纪初，物联网就已经悄悄地进入了人们的视野，并已在各行各业"初露锋芒"。从 RFID 到传感网技术、从移动通信到网络通信、从"智慧地球"到"感知中国"、从"E-社会"到"U-社会"、从"人-人相通"到"物-物相联"，构成了物联网的基本框架。目前，国内外、各行业对物联网高度重视，并把它作为技术发展的新引擎、开启智慧大门的金钥匙。本章从物联网概念的提出及演进过程入手，主要介绍物联网的基本概念、基本内涵及基本特性，物联网与互联网、通信网及传感网的关系，物联网的体系结构和关键技术以及国内外物联网的研究和发展现状。

1.1 物联网的概念及演进

1.1.1 物联网概念的提出背景

物联网作为传统信息系统的继承和延伸，并不是一门新兴的技术，而是一种将现有的、遍布各处的传感设备和网络设施连为一体的应用模式，是一个在近几年形成并迅速发展的新概念。目前，物联网技术已经广泛应用于人类社会的各个领域，被称为继计算机、互联网之后，信息产业革命第三次浪潮的重要标志和第四次工业革命的核心支撑，是人类社会螺旋式发展的再次回归。物联网发展必然会引发产业、经济和社会的变革，重构我们的世界。抓住物联网发展的时代机遇，必将助力中国和世界的发展。

物联网的理念起源于 20 世纪 90 年代，其主要内涵是以互联网技术为保障，以通信技术为载体，将多种物体连接起来，实行统一监管，达到智能化的信息数据融合，有效实现人与物、物与物的信息沟通，其突出特征是智能、先进、互联。

物联网作为一个新生事物，和其他新事物一样，也有其产生背景。美国 IBM 公司前 CEO 郭士纳总结了一个被多数专家认可的重要观点，即计算机模式每隔 15 年发生一次变革。

- 1965 年前后发生的变革以大型机为标志。
- 1980 年前后以 PC 的普及为标志。
- 1995 年前后则发生了互联网革命。

每一次这样的技术变革都会引起企业间、产业间甚至国家间竞争格局的重大动荡和变化。而互联网革命一定程度上是由美国"信息高速公路"战略所"催熟"的。

1992年，时任美国参议员阿尔·戈尔提出美国信息高速公路法案。1993年9月，美国政府宣布实施一项新的高科技计划——"国家信息基础设施（National Information Infrastructure，NII）"，旨在以因特网为雏形，兴建信息时代的高速公路——"信息高速公路"，使所有的美国人方便地共享海量的信息资源。

2010年前后关键的技术变革又是什么呢？专家、机构和业界人士普遍认为应该是将IT技术由人类引入物体的物联网——万物相联的网络，即"Internet of Things，IoT"。

1.1.2 物联网概念的演进

1995年，比尔·盖茨在《未来之路》（《The Road Ahead》）一书中首次提及物物互联，即Internet of Things，设计出了"物-物"相联的物联网雏形，只是当时受限于感知及无线网络技术的发展，并未引起重视。

1999年，美国麻省理工学院（Massachusetts Institute of Technology，MIT）自动识别中心（Auto-ID Center）创造性地提出了基于EPC系统、RFID技术和互联网的"物联网"构想。即首先在物品上安装带有智能芯片的电子标签，标签内存储代表系统特征的物品编码，然后完成标签数据的自动采集，再通过与互联网联合，提供对应该编码的物品信息。这时对物联网的定义很简单，主要是指把物品通过RFID等信息传感设备与互联网连接起来，实现智能化识别和管理。也就是说，物联网是指各类传感器和现有互联网相互衔接的一种新技术。

物联网的基本思想虽然出现于20世纪90年代，但近年来才真正引起人们的关注。2005年11月，在信息社会世纪峰会上，国际电信联盟（International Telecommunication Union，ITU）发布了《ITU互联网报告2005：物联网》，其封面如图1-1所示。报告指出，无所不在的"物联网"通信时代即将来临，世界上所有的物体，从轮胎到牙刷、从房屋到纸巾都可以通过因特网主动进行信息交换；RFID技术、传感器技术、纳米技术及智能嵌入技术等高端技术将得到更加广泛的应用。欧洲智能系统集成技术平台于2008年在《物联网2020》（《Internet of Things in 2020》）报告中分析预测了未来物联网的发展阶段。

2009年1月，时任IBM公司CEO彭明盛，在当时新上任美国总统奥巴马举行的一次"圆桌会议"上首次提出了"智慧地球"的概念，建议新政府投资建设新一代智慧型基础设施。奥巴马政府对此给予了积极的回应，并将其作为刺激经济复苏的核心环节上升为国家战略。物联网概念一经提出，立即得到美国各界的高度关注，并在世界范围引起轰动，自此，日、韩、欧盟各国、新加坡等地都着手"智慧城市"的研究和部署。

那么，什么是智慧地球？它和物联网又有什么关系呢？

所谓**智慧地球**也称为智能地球，就是把传感器嵌入和装备到电网、铁路、桥梁、隧道、公路、建筑、供水系统、大坝及油气管道等各种物理实体中，并且把它们连接起来，形成所谓"物联网"；然后将"物联网"与现有的互联网整

图1-1　国际电信联盟的物联网技术报告封面

合起来，实现人类社会与物理系统的融合。因此，简单来说"智慧地球"就是传感器网络与互联网的结合，就是物联网在基础设施和服务领域的广泛应用。也就是把已经足够"智慧"的信息基础设施镶嵌到那些尚不"智慧"的实体基础设施中并形成一个整体，从而使全球所有的事物都变得具有智慧。因此，可以将智慧地球视为一个日益整合的、由无数系统构成的全球性系统，包含**"将近70亿的人口、成千上万个应用、数万亿台设备和每天几百万亿次的交互"**。这些智慧的系统应该具有5个特征：跨越完全不同行业的全部系统的集成和管理；能够从海量数据中发现潜在模式的下一代分析；资源和能源的最优化分配与使用；可灵活地支持新流程、新业务模式和新应用的智慧IT基础设施；超越防火墙的全球一体化协作。而在这个信息和实体并存的整合网络中，存在着能力超级强大的计算机群，能够对整个网络内的机器、设备和基础设施进行实时的管理和控制。在此基础上，人类可以以更加"智慧"的方式管理生产和生活，提高资源利用率和生产力水平，改善人和自然的关系，从而尽情享受智慧带来的美好生活。因此共建智慧地球是全人类的共同心愿和义务。

智慧地球有三个基本要素：物联化（Instrumented），即地球可以更透彻地被感知；互联化（Interconnected），即全球的互联互通将变得更全面；智能化（Intelligent），即世界上所有的事物、流程及运行方式都具有更深入的智慧化。可以说**智慧地球的基础和核心就是物联网**。

我国政府也高度重视物联网的研究和发展。2013年2月，国务院专门出台《关于推进物联网有序健康发展的指导意见》；2014年2月，国务院召开全国物联网工作电视电话会议。自上而下对物联网发展的高度重视和政策扶持，使物联网发展驶入了快车道，迎来前所未有的机遇。但随着物联网全球化竞争的日趋激烈，后面的每一步发展也都考验着中国物联网产业界的智慧和实力。我国政府高层一系列的重要讲话、报告和相关政策措施表明：大力发展物联网产业将成为今后一项具有国家战略意义的重要决策。自此，中国各行业物联网的研究和发展如火如荼。2010年由"感知中国"中心制定的中国物联网发展战略如图1-2所示。

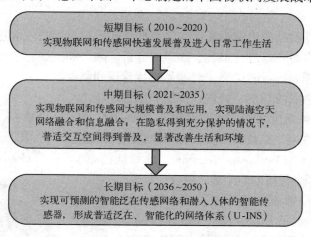

图1-2　中国物联网发展战略

1.1.3　什么是物联网

物联网的英文名称为Internet of Things，简称IoT，即物-物相联的互联网。其主要内涵是利用互联网将多种物体连接起来，能够实现智能化的数据融合管理，通过网络对物体进行实时监控，有效实现人与物、物与物的信息沟通和共享。其主要特征是智能、先进、互联，以互联网为技术保障，以通信技术为主要载体。由此可见物联网有两层含义：第一，物联网是以计算机网络为核心进行延伸和扩展而成的泛在网络，其关键技术和支撑仍然是功能强大的计算机系统；第二，物联网的用户端已延伸和扩展到了众多物品与物品之间，进行数据交换和通信，以实现许多全新的功能。由于物联网是个新生事物，不同的学术行业和部门，对其概念有不同的描述和理解。归纳起来有以下 3 类。

理解一：物联网是随机分布的，集成了传感器、数据处理单元和通信单元的微小节点，通过自组织的方式构成的无线传感器网络。其实质是借助于节点中内置的智能传感器，探测温度、湿度及噪声等表征物体特征的实时参数。

理解二：物联网是指通过安装在物体上的各种信息感知设备，如 RFID 装置、红外感应器、全球定位系统（Global Positioning System，GPS）及激光扫描器等，按照约定的协议，并通过相应的接口，把物品与互联网相联，进行信息交换和通信，从而实现智能化识别、定位、跟踪、监控和管理的一种巨大网络。

理解三：物联网是互联网的延伸和扩展，是在计算机互联网的基础上，利用 RFID 技术、无线传感网技术及无线通信技术等构造的一个无所不在的网络。其实质就是利用智能化的终端技术，通过计算机互联网实现全球物品的自动识别，达到信息的互联与实时共享。

上述三种理解中，第一种是基于传感器构建传感网；第二种是基于 RFID 构建物联网，是目前比较认同的对物联网的理解；而第三种则是将前二者融合，构建泛在网。将这些解读综合起来看，物联网大体上涉及了电子电路、仪器仪表（含传感器）、信息、通信、计算机、自动化及互联网等多个技术领域，涵盖行业繁多，产品也是多种多样，应用形态亦能渗透到生产、生活、社会的各个角落。因此可以说物联网是实现物理世界与信息世界的无缝连接，是一种将"物-人-社会"相联的庞大的泛在网络。其实质内容包括以下几个方面。

1）通过嵌入在物品和设施中的数据感知和采集设备，将现实的物质世界极大程度地数字化。

2）通过对每一件物品的识别和通信，将数据化的虚拟事物联入信息网络。

3）利用信息技术对数据进行整理、加工、分析、融合和挖掘。

4）根据数据处理和分析的结果，对物品进行管理和监控。

5）是多个闭环组成的识别、处理、控制和服务系统。

因此，从用户实体角度来看，物联网就是"物-物"相联，"物-人-信息-社会"相通，无处不在的智能化泛在网。从技术角度来看，物联网就是通过"物-物"互联来实现对物理世界的感知，是通过"IT（Intelligent Terminal，即智能终端）、3C（Computer、Communication、Control）和 Internet 等多种技术的渗透、融合、集成、创新与应用，构造的一个覆盖世界上万事万物的网络，如图 1-3 所示。也就是说，到了物联网时代，**全球上可以实现任何人和任何人、任何人和任何物、在任何时间和任何地点的互联互通。**

图 1-3　万物互联的物联网

物联网和人们熟悉的通信网、互联网以及传感网不同，但有着紧密的联系。通信网是人和人之间的信息传输网络，互联网是人类信息共享网络，传感网是通过多个传感器组成的物体信息感知网络；

因此，通信网和互联网是"人-人"互联与共享，传感网是"物-物"互联与共享。物联网则是传感网、通信网和互联网的渗透与融合。通俗地说，通信网是一个信息联络网，比如打电话、发短信。甲方把自己的信息，通过语音或文字传递给乙方，这个通信任务就完成了，通信网络本身是不关心内容的，只是个信息联通。而在互联网上，你能看到一个新闻，我也能看到，大家都能看到，为什么呢？是因为事先有人把这个数据或这个新闻放在了网站上，上网者找到这个网址，从网络上把它读下来，这就是一个信息共享的过程。因此互联网是以信息共享为基础的网络，它是一个虚拟的东西。而通过物联网就会得到一个真实的感知服务，比如你开车走在路上，前面堵车了，GPS 会及时提醒你改变行车路线，这就是物联网提供给人类的拟人化感知服务。因此物联网重要的是感知，它是一个以感知为目的的网络。

1.1.4 物联网的泛在性

按照国际电信联盟 ITU 对物联网的描述，物联网可以使人和物在任何时间、任何地点，通过各种途径（或网络）和服务连接到一起。在物联网中，人和物之间以及物和物之间存在无缝的互联互通，这就是物联网的泛在性，如图 1-4 所示。

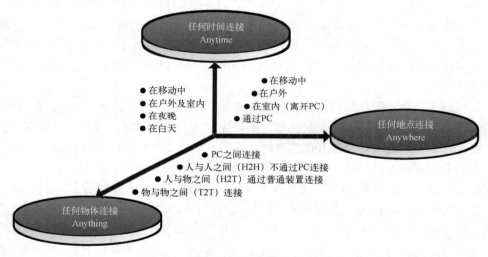

图 1-4　物联网的泛在性——三个维度

物联网的泛在性表现在，把所有的一切连接起来，包括个人、团体、物体、产品、数据、服务及过程等。这种连通性将是物联网中一种极具价值的存在，任何人都能以很低的代价去使用它，但是它不会属于任何私人实体。在这种情况下，就需要创建能够适应需求的应用软件环境，可以用来激发建立能够理解和解释这些信息的服务和智能中间件，也需要防止欺诈和恶意的攻击（这种恶性事件会随着网络的广泛应用而不可避免地增加），同时也要注重保护个人隐私。

物联网的泛在性预示着真实的物理世界与虚拟的信息世界之间共生的互动联系，如图 1-5 所示。即每个物理实体都存在着对应的数字和虚拟代表，物体会关注周围的环境，它们可以相互感知、交流、影响，可以交换数据、信息。将智能控制算法应用到软件中后，软件就会根据收集到的关于物理实体的最新信息，同时根据历史数据，对物理现象做出恰当快速的反应。物联网为满足不断增加的业务需求创造了新机遇，通过实时数据交换与共享创

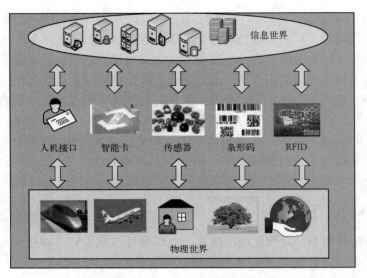

图 1-5　物联网的泛在性——物理世界和信息世界的互联互通

立新服务。在物联网时代，突发事件的处理、环境恶化（环境污染、自然灾难及地球变暖等）的监测，人类活动（健康状况、移动定位等）的监控，基础设施（能源、交通等）的改善，能源的有效利用与控制（智能化建筑物能源计量、交通工具的有效消耗等）等，都有了实现的可能。

物联网的泛在性说明，将智能化应用到网络基础架构中可以优化物流和管理，即物体将会自动管理其位置，自动补充所需要能量，实现完全的自动化过程。当物体暴露到新的环境中时，能进行自我配置，当遇到其他物体时，会自动认知，准确处理未知情况。最终，在物体的生命周期即将结束的时候，会自己分解和再循环，以保护环境。同时，物联网的基础架构允许智能物体（无线传感器、移动机器人等）、传感器网络和人类组合到一起，使用不同的但能够互操作的通信协议，实现多模式的异构网络，可以部署在人类不可到达的或者不易生存的空间（油井平台、矿井、森林、隧道、管道、山顶及水底等），也可以部署在发生紧急事件或有危险的地方（地震、火灾、洪灾及辐射等）。在这样的基础架构下，通过查询资源，不同的实体或者物体可以相互发现和了解对方、学习、交换和共享数据，从而极大地增强了服务的范围和可靠性。

物联网的泛在性将使人类由 Internet 进入 IoT，由 "E 社会" 进入 "U 社会"。如图 1-6 所示。

"E 社会"——电子社会。自从 Internet 出现以后，特别是电子商务和电子金融出现以后，人类社会的各个组成部分：个人、家庭、社区、企业、银行、行政机关及教育机构等，以遍布全球的网络为基础，超越时间与空间的限制，打破国家、地区以及文化不同的障碍，实现了彼此之间的互联互通，平等、安全、准确地进行信息交流，使传统社会转型为电子社会，即 "E 社会（Electronic Society）"。实现 **"三 A 通信"**（Anyone，Anytime，Anywhere），即可以实现任何人在任何时间和任何地点的通信。

"U 社会"——泛在社会。1998 年，美国马克·魏瑟（Mark Weiser）博士首先提出 "泛在运算（Ubiquitous Computing）" 的概念。2004 年，日本、韩国等将此概念进一步拓展转化

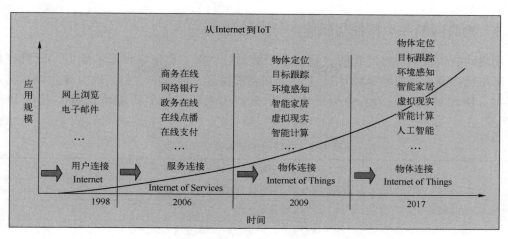

图 1-6　物联网的泛在性——从 Internet 到 IoT

为"泛在社会（Ubiquitous Society）"，即无处不在的"U 社会"。两国政府还以此为基础，制订了庞大的投资项目，建设"泛在日本"（U-Japan）和"泛在韩国"（U-Korea）。"U 社会"里，要实现**四 A 通信**（Anyone，Anytime，Anywhere，Anything），即能够实现任何人之间，任何人和任何物，在任何时候和任何地点进行互联互通。与"E 社会"中的三 A 通信相比，多了一个"A（Anything，任何物）"，即把社会中所有的物体变为通信的对象。因此，首先要能够正确标识和识别社会中的所有物，将其都纳入通信范围，成为随时随地可视化的东西，同时，其位置和移动都能实时被跟踪。

一些国家和地区地对"U 社会"的研究计划如图 1-7 所示。

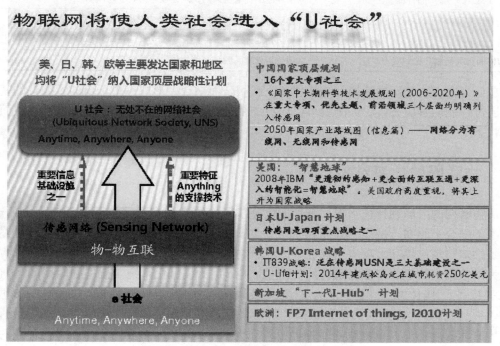

图 1-7　IoT 使人类社会进入"U 社会"

1.1.5 物联网的基本特征与属性

物联网的构想中，将所有的"物"赋予智慧，"物"会依靠自己的能力（计算处理能力、网络链接及可用功率等），结合自己的环境和位置（时间的、空间的）来主动参与不同的事物。物的属性、行为、作用可以分为 5 个功能域，每个功能域的基本特征和属性见表 1-1。

表 1-1　物联网的基本特征和属性

基本特征	"物"可以是现实物体，也可以是虚拟物体
	"物"有身份，可以自动识别
	"物"在环境中是安全的
	"物"通过协议与其他物体、设施通信
	"物"包含着现实世界与虚拟世界的交流
共同特征	"物"利用自己的服务类型作为与其他物体的接口
	"物"与"物"之间竞争资源、服务
	"物"安装着传感器，可以和环境互动
社会型"物"的特征	"物"可以和人及其他的物体、计算机设备交流
	"物"之间可以合作，形成团体或网络
	"物"可以发起交流通信
自动化"物"的特征	"物"可以自动处理任务
	"物"可以协商、理解、适应所在的环境
	"物"可以从环境中提取所需的模式，或者向其他物体学习
	"物"可以通过自己的理解能力做出决定
	"物"可以有选择地处理和传播信息
物体的自我复制和控制能力	"物"可以制造、管理、毁坏其他物体

总而言之，物联网的精髓就是将物和互联网全面融合，形成一个全新的、智慧的基础设施。通过智能的解决方案，人类就可以以更加精细和动态的方式管理生产和生活，从而达到智慧状态。

1.2　物联网的体系结构

从物联网的内涵和特征上看，其功能已超越了传统互联网和通信网以传输为主的形式，在技术上融合了感知、网络、处理和应用等多项技术，在系统体系架构上从信息技术终端延伸到了感知物理世界和多项应用业务。因此，物联网实质上已经不仅仅是传统网络的范畴，而成为以数据为核心、多业务融合的"虚拟+实体"的信息化系统。根据物联网的本质属性和应用特征，其体系架构可分为三层：**感知层、网络层和应用层**，如图 1-8 所示。"感"——感知层，即全面的信息感知，是物联网的皮肤和五官；"知"——网络层，即可靠的传输和智能处理，是物联网的神经中枢和大脑；"行"——应用层，即各行各业的应用平台，相当于物联网的社会分工。

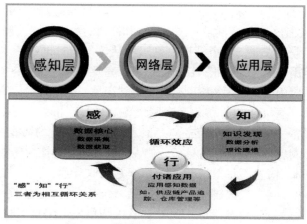

图 1-8 物联网的三层结构与功能

1.2.1 感知层

感知层主要解决人类世界和物理世界的**数据获取和入网**问题，是物联网的最底层。主要完成数据采集、通信和协同信息处理等功能。通过传感器、RFID、智能卡、条形码及人机接口等多种信息感知设备，识别和获取物理世界中发生的各类物理事件和数据信息，例如表征物体特征的各种物理量、标识、音视频及多媒体数据等。同时，将采集到的数据在局部范围内进行协同处理，以提高信息的精度，降低信息冗余度，并通过网关接入广域承载网络。在有些应用中，感知层还需要通过执行器或其他智能终端对感知结果做出反应，实现智能控制。感知层可进一步划分为两个子层，首先是通过传感器、智能卡、摄像头及数码相机等设备采集外部物理世界的数据，然后通过 RFID、条形码、工业现场总线、蓝牙及红外等短距离传输技术实现初步的协同处理，并将初步处理过的数据接入并传递到网络层。感知层所需要的关键技术包括检测技术、短距离有线和无线通信技术等。

1.2.2 网络层

网络层是物联网的中间层，主要解决感知层所获得的数据在一定范围内（通常是长距离）的**传输**问题。即将来自感知层的各类信息通过基础承载网络传输到远程终端的应用服务层。信息基础承载网络包括移动通信网、国际互联网、企业内联网、地球卫星网、小型局域网及行业专用网等。特别是当电信网、广播电视网和有线电视网实现"三网融合"后，有线电视网也能承担物联网数据远距离传输的功能，有利于物联网的加快推进。根据应用需求，网络传输层可以通过不断升级来满足未来不同的传输要求。经过十余年的快速发展，移动通信、互联网等技术已经比较成熟，在物联网的早期阶段基本能够满足物联网中数据传输的需要。网络层主要关注来自感知层的、经过初步处理的数据经由各类网络的传输问题，因此，网络层涉及的关键技术包括长距离有线和无线通信技术、不同网络传输协议的互通以及自组织通信等多种网络技术。

1.2.3 应用层

应用层是物联网的远程终端层，主要解决**信息处理和人机界面**的问题，以结合行业需求，实现广泛智能化服务。网络层传输来的数据在这一层里进入各应用类型的信息系统进行处理，并通过各种设备与人进行交互。这一层也可按形态直观地划分为两个子层。一个是应用程序（软件）层，主要进行数据处理，它涵盖了国民经济和社会的每一领域，包括电力、医疗、银行、交通、环保、物流、工业、农业、城市管理及家居生活等，同时也包括支付、监控、安保、定位、盘点及预测等，可用于政府、企业、社会组织、家庭及个人等。另一个是终端设备层，提供人机界面。也就是说，应用层是利用物联网软件及终端产品，能够针对用户的身份和需求提供个性化的服务，如上网本、智能手机、移动互联网设备（Mobile Internet Device，MID）、电子书、电视及车载信息娱乐设备（In-Vehicle Infotainment，IVI）等多样化的智能终端，辅助用户随时随地处理各种数据信息，实现个性化需求的体验，使人们在现实与虚拟的场景中实现自己的目标。

在物联网各层之间，信息不是单向传递的，而是互联互通，交互与控制并存的。所传递的信息也是多种多样的，其中最关键的是物品信息，包括在特定应用系统范围内能唯一标识物品的识别码和物品的静态与动态信息。此外，软件和集成电路技术也都是各层所需的关键技术之一。

1.3 物联网的关键技术

从物联网系统的体系架构可知，物联网技术涵盖了从信息获取、接入、传输、存储、处理直至应用的全过程，其关键技术可以归纳为4类：**感知与识别技术、网络传输技术、无线传感网技术、智能处理技术**。具体如图1-9和表1-2所示。

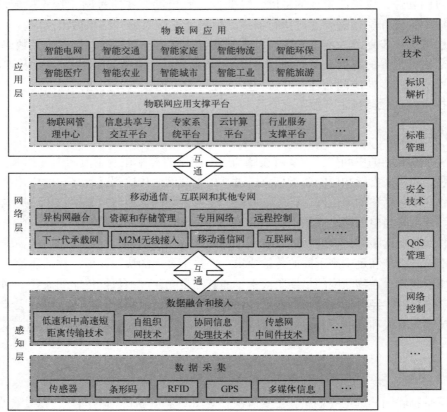

图1-9 物联网的关键技术

表 1-2　物联网的关键技术

技 术 层 次	关 键 技 术
感知与识别技术	传感器、RFID、条形码、各种智能卡及摄像机等
网络传输技术	互联网、M2M、5G/移动通信网、无线宽带网 GIS/GPS、现场总线及无线传感网等
短距离无线传输技术	蓝牙、WiFi、ZigBee、NFC 及 UWB
智能处理技术	智能控制、人工智能、嵌入式系统、云计算、大数据、区块链及智能制造等高端数据处理技术

1.3.1　感知与识别技术

感知和识别技术是物联网的信息源头，主要是指对各类物体的识别和信息获取技术。即利用多种传感器、RFID、条形码、摄像头及智能设备等全面感知物体的各种信息，具有节点数量多、成本低及计算能力弱等特点。感知和识别技术是物联网最底层的核心技术。

（1）传感器（Sensor）

传感器是能够感受表征物体特征的物理量（称为被测量，一般为非电量，如位移、速度、压力、温度、湿度、流量、声强及光照度等），**并按照一定规律将其转换成易于测量、传输、处理的电学量**（如电压、电流、电容等）的一种器件或装置。主要完成信息检测任务，相当于**物联网的"神经元"**。如图 1-10 所示的机器人，其神经系统就是由遍布五官的各种传感器及具有指挥功能的智能芯片组成。传感器可以随时检测外部环境的各种信号，并将其送到大脑芯片的指令系统，然后芯片控制器控制各关节的执行器发出动作，这样，机器人就会像人一样能自动完成各种动作，而且外部环境比如光、声、味、温度等发生变化，机器人就会有不同的动作表现。

传感器的应用领域相当广阔，从宇宙开发到科学测量，从工业交通到家用电器，还有机械制造、国防工业、环保气象、土木建筑、农

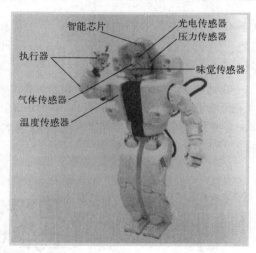

图 1-10　机器人五官传感器

林水产、医疗保健、金融流通、海洋及资源开发等各个方面。事实上，只要细心观察，就能发现日常生活中的各种传感器，如电视机的遥控器、热水器的温控器、空调的温/湿度传感器、用于控制公共场所照明的声控或光控传感器、燃气灶的烟感报警传感器以及各类仪表等都是传感器。

（2）条形码

自 20 世纪 70 年代以来，条形码技术一直是识别商品身份以及商品清单管理的"**身份证**"。现今社会，几乎所有商品外包装上，都贴有一组黑白相间条纹的标签，这就是条形码。它是商品通行于国际市场的"共同语言"，是商品进入国际市场和超市的通行证。条码技术最早出现在 20 世纪 20 年代，是由一位名叫约翰·柯莫德（John Kermode）的发明家"异想天开"地想对邮政单据实现自动分拣而发明的。他的想法是在信封上做条码标记，条

码中的信息是收信人的地址，就像今天的邮政编码。为此 Kermode 发明了最早的条码标识。现在的条形码是指由一组规则排列的条、空及其对应字符组成的标识，用以表示一定商品信息的符号，因此，条形码是一种数据载体，它在信息传输过程中起着重要作用。其中"条"指对光线反射率较低的部分，通常为黑色，"空"指对光线反射率较高的部分，通常为白色。条形码用于识读设备（红外或光电感应设备）的扫描识读，其对应字符由一组阿拉伯数字组成，供人们直接识读或通过键盘向计算机输入数据使用。每一组条空和相应的字符所表示的信息是相同的。

条形码以其低廉的价格和全球统一的管理标准，推动了零售业的革命化与商品的物流管理。但由于条形码只能识别不同类别的物品，无法做到对每个物品进行身份识别，做不到无屏障阅读，而且不可重复使用，保存信息量少，安全保密性差，显然无法作为物品的身份证在物联网时代应用。

根据结构和存储的信息量，条形码有三种，即一维条码、二维条码和三维条码。一维条形码只是在一个方向（一般是水平方向）表达信息，而在垂直方向则不表达任何信息，其一定的高度通常是为了便于阅读器的对准。特点是信息录入快，差错率低，但数据容量较小，条形码遭到损坏后便不能阅读。在水平和垂直方向的二维空间存储信息的条形码称为二维条形码。二维条形码的出现弥补了一维条码的不足，其特点是信息密度高、容量大，不仅能防止错误，而且能纠正错误，即使条形码部分损坏，也能将正确的信息还原出来，适用于多种阅读设备进行阅读。

如图 1-11 所示是一维条形码和二维条码的外形图。

近几年又出现了三维条码（3D Barcode）。三维条码是在二维条码的基础上，加入色彩或者灰度作为第三维，得到不同灰度或者具有不同色彩的三维条码。其外形如图 1-12 所示。

图 1-11　一维条码和二维条码的外形图　　　　　图 1-12　三维条码外形图
a）一维条码　b）二维条码

三维条码通过加入色彩或灰度来提高存储信息量，增加单位面积信息存储密度。因此，相对于一维和二维条码，具有明显的优点，即存储信息量大、清晰、质量高等。

商品条形码的编码遵循唯一性原则，以保证商品条形码在全世界范围内不重复，即一个商品项目只能有一个代码，或者说一个代码只能标识一种商品项目。不同规格、不同包装、不同品种、不同价格、不同颜色的商品只能使用不同的商品代码。条形码技术广泛用于商业、图书、邮政、仓库、工业、农业及交通等多个领域，在当今自动识别技术中仍占有重要地位。

（3）RFID

RFID 是 20 世纪 90 年代开始兴起的一种自动识别技术，由**标签（射频卡）、阅读器、天线组成**。其原理是利用无线射频信号通过空间交变电磁场耦合原理，实现非接触、双向通信和信息自动识别。俗称**电子标签**。RFID 技术解决了有些条件下条码等其他身份识别技术无法使用的问题，并开拓了许多新的应用领域，最早曾在第二次世界大战中用来在空中作战行动中进行敌我识别。20 世纪 90 年代起，这项技术被美国军方广泛使用在武器和后勤管理系统上。美国在 2003 年 3 月的"伊拉克战争"中利用 RFID 对武器和物资进行了非常准确的身份识别及调配，保证了前线弹药和物资的准确供应。和以往的"充足"供应有所不同，现代化的管理强调是准确供应，也就是需要多少就提供多少，因为多余供应会增加不必要的管理成本。

1.3.2 网络传输技术

网络传输技术主要是指各种信息与互联网的**组网、融合、传输和接入**技术。包括移动 4G/5G、Internet 、WiFi、ZigBee、蓝牙技术、异构互联、协同技术及 M2M 等。即通过全面的通信网和互联网的融合和统一，汇集感知数据，并实时、准确地传递出去以便及时处理。从信号传递的形式来说分为**有线网络及无线网络**。

现有的有线网络包括互联网、有线电话网（电信网）、有线电视网等。经过多年发展，互联网已经取得了巨大的成功，成长为一个全球性的信息系统，正在逐步取代电话网及电视网，即所谓"三网融合"。在物联网时代，各种新技术的不断涌现，对数据传输网络会提出更高的要求，除了要提供互联网普适服务外，还包括各种话音业务、数据业务、多媒体业务等，现有互联网网络缺陷也日益明显地暴露出来。如服务质量难以保证、网络安全无法保障、网络控制和管理复杂、IP 地址匮乏以及多样化的应用需求无法满足等问题亟待解决。此外，用于工业控制的现场总线（Fieldbus）也属于有线传输网络，它是近年来迅速发展起来的一种基于 3C（Computer，Communication，Control）技术的双向数字传输总线，主要解决工业现场的智能化仪器仪表、控制器、执行机构等现场设备间的数字通信以及这些控制设备和高级控制系统之间的信息传递问题。由于现场总线简单、可靠、经济实用等一系列突出的优点，因而在自动化控制系统中得到广泛应用。

现有的无线网络根据不同的应用有多种，如手机/GPRS 网络、WiFi、ZigBee 及蓝牙等。见表 1-3 所示。

表 1-3　无线通信网络比较

名　　称	速　　率	距　　离	频　　段
GPRS/GSM	几十至一百 kbit/s	全球漫游	900 MHz
4G 手机网	最高 100 Mbit/s 左右	全球漫游	1880～2690 MHz
5G 手机网	0.1～1 Gbit/s	全球漫游	3～5 GHz
WiFi	10～100 Mbit/s	50 m 以内	2.4 GHz
蓝牙	2 Mbit/s	10 m 以内	2.4 GHz
ZigBee	250 kbit/s	1000 m 以内	2.4 GHz
UWB	100 Mbit/s～1 Gbit/s	10 m 以内	3.4～4.8 GHz

1.3.3　无线传感网技术

无线网络已被人们熟知，而传感器对人们来说也不陌生，常用的各种仪表就是不同的传感器。如果把二者结合起来，就形成了**无线传感器网络**（Wireless Sensor Network，WSN），简称无线传感网。WSN 由一个个体积非常小巧的传感器节点组成，这些节点可以感受各自周围环境的参数变化，如温度的高低、湿度的大小、压力的增减及噪声的升降等，而且每一个节点都是一个可以进行快速运算的微型计算机，它们将传感器收集到的信息转化成为数字信号，进行编码，然后通过节点与节点之间自行建立的无线网络发送给具有更强处理能力的服务器。

1.3.4　智能处理技术

智能处理技术就是利用智能控制、嵌入式系统、云计算、大数据、区块链、人工智能和智能制造等高端智能技术，完成各种智能计算、海量数据挖掘与处理和智能化控制等智能服务功能。

智能控制应用人工智能的理论与技术和运筹学的优化方法，并将其同自动控制理论与技术相结合，在未知环境下，仿效人的智能，实现对系统的控制。具体来说，就是通过智能机自动完成其目标的控制过程，智能机可以在熟悉或不熟悉的环境中，自动地或人-机交互地完成模拟人的任务。嵌入式系统是以提高系统智能性、控制力和人机交互能力为目的，嵌入到对象体系中的专用计算机系统。云计算是一种海量数据运算体系，其核心思想是将大量用网络连接的计算资源统一管理和调度，构成一个计算资源池向用户提供按需服务。提供资源的网络被称为"云"。"云"中的资源对使用者来说是可以无限扩展的，并且可以随时获取，按需免费或付费使用。其实云计算不光存在于终端应用，而是渗透于物联网的各个层次，是物联网的基础技术之一。大数据是指所涉及的数据量规模非常巨大，以至于无法在一定时间范围内，通过人工或使用常规软件工具进行捕捉、管理和处理，而是需要通过新处理模式才能使之成为人类所能解读的数据集合。大数据不仅仅是数据量大，还包含从现有数据中发现新见解，并指导新数据分析和挖掘来获得洞察力和科学决策。大数据驱动型企业将更加敏捷，以克服挑战并赢得竞争。人工智能是研究使用计算机来模拟人的某些思维过程和智能行为（如学习、推理、思考、规划等）的技术。

从物联网到云计算，到大数据，再到人工智能，新一代信息技术设施已经逐步形成了。其中，物联网解决的是感知真实的物理数据，也就是将物理实体数字化；云计算解决的是提供强大的能力去承载这个数据；大数据解决的是对海量数据进行挖掘和分析，把数据变成信息；人工智能解决的是对数据进行学习和理解，把数据变成知识和智慧。在这四个层次中，物联网是在数据的采集层，云计算是在承载层，大数据是在挖掘层，人工智能是在学习层，所以它们是层层递进的关系。如图 1-13 所示。物联网不仅仅是传感器，而是提供支撑智慧地球的一个基础架构，物联网的存在使得基于云计算、大数据和人工智能的智能处理与应用变成可能。物联网传感器感应的实时信息每时每刻都在产生大量结构化和非结构化的数据，这些极其巨大的数据分散在网络体系内部，蕴含了对经济、科技、教育等领域非常宝贵的信息，通过数据挖掘、知识发现、深度学习以及其他人工智能的相关方法将这些数据整理出来，形成有价值的智慧产品和智慧系统，可以更好地服务于人类会社。大数据的使用模式是基于服务计算的模式，通过云计算的方式具体实现。

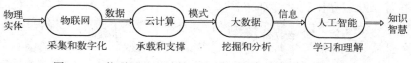

图 1-13　物联网、云计算、大数据和人工智能的递进关系

1.3.5　安全技术

物联网时代，人类会将基本的日常管理统统交给人工智能去处理，从烦琐的低层次管理中解脱出来，将更多的人力、物力投入到新技术的研发中。那么可以设想，如果哪天物联网遭到病毒攻击，也许就会出现工厂停产，社会秩序混乱，甚至直接威胁人类的生命安全。在互联网时代著名的蠕虫病毒在一天内曾经感染了 25 万台计算机，可想而知，在市场价值更大的物联网上，人为病毒的入侵将会更甚。物联网网络在不断普及，网络攻击手段也不断复杂化、多样化，黑客日益聚焦于混合型攻击，结合各种有害代码来探测和攻击系统漏洞，并使之成为"僵尸"或"跳板"，再进一步发动大规模组合攻击。攻击速度超乎想象，纵深防御网络已经不能胜任当前的网络安全状况。因此，用户更需要零距离、多功能的综合保护。基于主动防御理念的安全免疫网络，将成为信息网络发展的趋势。即通过安全设备融合网络功能、网络设备融合安全能力，以及多种安全功能设备的融合，并与网络控制设备进行全网联动，从而有效防御信息网络中的各种安全威胁。

另外，物联网的关键技术还包括各层内部及每层之间的协议及标准化技术、各类智能化设备的研发以及海量信息的安全保密技术等。

1.4　国内外物联网的发展现状

1.4.1　国际社会物联网的发展现状

物联网在国外被视为"危机时代的救世主"，在当前国际经济仍处于低谷时期，许多发达国家将发展物联网视为新的经济增长点，纷纷将其列为国家计划，进而规划、试点和实施。

（1）美国物联网发展现状

美国很多大学在无线传感器网络方面已开展了大量工作，很多高校如麻省理工学院，加州大学洛杉矶分校、伯克利分校等，都在从事大量关于无线传感器、自组织传感器网络、移动自组织网络协议及传感器网络系统应用等的研究工作，并完成了部分相关实验。除了高校和科研院所之外，各大知名企业也都先后参与开展了无线传感器网络的研究。克尔斯博（Crossbow）公司是国际上率先进行无线传感器网络研究的先驱之一，为全球超过 2000 所高校以及上千家大型公司提供无线传感器解决方案。该公司与软件巨头微软、传感器设备巨头霍尼韦尔、硬件设备制造商英特尔、网络设备制造巨头加州大学伯克利分校等都建立了合作关系。

早在 2009 年，美国政府就已经开始在推动能源、宽带与医疗三大领域开展物联网技术的研究与应用。

（2）欧盟物联网发展现状

2009 年 6 月，欧盟在比利时首都布鲁塞尔向欧洲议会、欧洲理事会、欧洲经济与社会委员会和地区委员会提交了以《欧盟物联网行动计划》为题的报告，报告包括 14 项行动计划：物联网管理原则、隐私与数据保护、"芯片沉默"的权利、物联网的潜在危险、将物联网作为欧盟发展的关键资源、物联网标准化、物联网的持续研究、整合现有物联网技术、物联网的创新、物联网管理机制、国际合作问题、环境问题、对物联网数据的持续统计、对物联网进展的监督等。该行动计划描绘了物联网技术的应用前景，并提出要加强欧盟对物联网的管理。同年 10 月，欧盟推出 "物联网战略研究路线图"，并力推物联网在航空航天、汽车、医疗、能源等 18 个主要领域的应用。

（3）日本物联网发展现状

自 20 世纪 90 年代中期以来，日本政府相继制定了 E-Japan、U-Japan、I-Japan 等多项国家信息技术发展战略，从大规模开展信息基础设施建设入手，稳步推进，不断拓展和深化信息技术的应用，以此带动其社会和经济发展。其中，日本的 U-Japan、I-Japan 战略与当前提出的物联网概念有许多共同之处。U-Japan 战略的理念是以人为本，实现所有人与人、物与物、人与物之间的连接，即 4U（Ubiquitous、Universal、User-oriented、Unique），希望日本建成一个 "实现随时、随地、任何物体、任何人均可连接的泛在网络社会"。"I-Japan" 战略的目的是让数字信息技术融入每一个角落。首先，将政策目标聚焦在三大公共事业：电子化政府治理、医疗健康信息服务、教育与人才培育。日本政府对企业的重视也毫不逊色。另外，日本企业为了能够在技术上取得突破，对研发同样倾注极大的心血。在日本爱知世博会的日本展厅，呈现的是一个凝聚了机器人、纳米技术、下一代家庭网络和高速列车等众多高科技和新产品的未来景象。

（4）韩国物联网发展现状

韩国也经历了类似日本的发展过程。韩国是目前全球宽带普及率最高的国家，同时它的移动通信、信息家电、数字内容等也居世界前列。面对全球信息产业新一轮 "U" 化战略的政策动向，韩国制定了 U-Korea 战略。在具体实施过程中，韩国信通部推出 IT839 战略以具体呼应 U-Korea。韩国信通部发布的《数字时代的人本主义：IT839 战略》报告指出，无所不在的网络社会将是由智能网络、最先进的计算技术，以及其他领先的数字技术基础设施武装而成的技术社会形态。在无所不在的网络社会中，所有人可以在任何地点、任何时刻享受现代信息技术带来的便利。U-Korea 意味着信息技术与信息服务的发展不仅要满足产业和经济的增长，而且将为国民生活带来革命性的进步。

由此可见，日、韩两国各自制定并实施的 "U" 计划，都是建立在两国已夯实的信息系统硬件基础上的，是完成 "E" 计划后启动的新一轮国家信息化战略。从 "E" 到 "U" 是信息化战略的转移，能够帮助人类实现许多 "E" 时代无法企及的梦想。

1.4.2　中国物联网的发展与研究

中国科学院早在 1999 年就启动了传感网研究，目前已拥有从材料、技术、器件、系统到网络的完整产业链。总体而言，在物联网这个全新产业中，我国的技术研发和产业化水平已经处于世界前列，掌握物联网世界的部分话语权。当前，政府主导、产学研结合、全民创新驱动、共同发展的良好态势已经形成。

2009 年 8 月，时任国务院总理温家宝同志提出的建设"感知中国"中心构想，开启了中国物联网研究和发展的序幕。同年 9 月，国家工业和信息化部首次公开提及传感网络，并将其上升到战略性新兴产业的高度，指出信息技术的广泛渗透和高度应用将催生一批新的技术增长点。随后，传感器网络标准工作组正式成立，并深度参与国际标准化活动，通过标准化为产业发展奠定坚实技术基础。同年 11 月，无锡市国家传感网创新示范区，即"感知中国"中心正式挂牌成立，在《国家中长期科学与技术发展规划（2006-2020 年）》和国家高技术研究发展计划（863 计划）中均将传感网列入重点研究领域。各地市也纷纷制订物联网研究和发展规划，积极实施物联网示范工程。

近几年中国物联网相关政策见表 1-4。

表 1-4　近几年中国物联网相关政策

	2010 年之前	2010~2015 年	2015~2020 年	2020 年后
技术前景	单个物体间互联 低功耗、低成本	物与物之间联网；无所不在的标签和传感器网络	半智能化 标签、物件可执行指令	全智能化
标准化	RFID 安全及隐私标准；确定无线频带；分布式控制处理协议	针对特定产业的标准；交互式协议和交互频率；电源和容错协议	网络交互标准 智能器件间交互标准	智能响应行为标准 健康安全
产业化应用	RFID 在物流、零售、医药产业应用；建立不同系统间交互的框架（协议和频率）	增强互操作性；分布式控制及分布式数据库；特定融合网络；恶劣环境下应用	分布式代码执行；全球化应用；自适应系统；分布式存储、分布式处理	人、物、服务网络的融合；产业整合；异质系统间应用
器件	更小、更廉价的标签、传感器、主动系统；智能多波段射频天线；高频标签；小型化、嵌入式读取终端	提高信息容量、感知能力；拓展标签、读取设备、高频传输速度；片上集成射频；与其他材料整合	超高速传输；具有执行能力的标签；智能标签；自主标签；协同标签；新材料	更廉价材料；新物理效应研究应用；更普及的智能消费设备；纳米功率处理组件
功耗	低功耗芯片组；降低能源消耗；超薄电池；电源优化系统（能源管理）	改善能量管理；提高电池性能；能量捕获（储能、光伏）；印刷电池；超低功耗芯片组	可再生能源；多种能量来源；能量捕获（生物、化学、电磁感应）；恶劣环境下发电；能量循环利用	能量捕获 生物降解电池 无线电力传输

2012 年，国家发布了物联网发展"十二五"规划，提出要攻克感知、传输、处理及应用等领域的核心关键技术，并且提出到 2020 年我国物联网市场规模将达到万亿元级。到 2015 年，我国已经在物联网核心技术研发与产业化、关键标准研究与制定、产业链建立与完善、重大应用示范与推广等方面取得显著成效，初步形成了创新驱动、应用牵引、协同发展、安全可控的物联网发展格局。主要表现在以下三个方面。

1）技术创新能力显著增强。 攻克了一批物联网核心关键技术，在感知、传输、处理及应用等技术领域取得 500 项以上重要研究成果；研究制定 200 项以上国家和行业标准；推动建设了一批示范企业、重点实验室、工程中心等创新载体，为形成持续创新能力奠定了坚实基础。

2）产业体系构建初步完成。 形成了较为完善的物联网产业链，培育和发展了 10 多个产业聚集区，100 多家骨干企业，一批"专、精、特、新"的中小企业，建设了一批覆盖面广、支撑力强的公共服务平台，初步形成了门类齐全、布局合理、结构优化的物联网产业体系。

3）应用规模与水平显著提升。 在经济和社会发展领域广泛应用，在重点行业和重点领域应用水平明显提高，形成了较为成熟的、可持续发展的运营模式，在 9 个重点领域了完成一批应用示范工程，实现了规模化应用。

物联网市场空间巨大，在国家政策大力支持下，全民创新，市场规模稳步增长，到 2018 年底物联网市场规模已达到 11500 亿元，增长率为 24.0%，预计 2020 年将突破 2 万亿。目前，我国物联网的产业和技术正处于快速发展阶段，物联网的发展趋势是令人振奋的，尤其是无线通信网络发展迅速，已经覆盖了几乎所有城乡。物联网的普通应用已经逐渐走入人们的生活，从智能家居到共享汽车，从传统产业到新兴产业，物联网的世界离我们越来越近。

本章小结

本章主要学习物联网的基本知识，包括物联网基本概念、实质内涵、基本特征与属性，以及物联网与通信网、互联网、传感网的关系；物联网的演进过程、国内外研究和发展现状，简要分析了物联网的三层体系结构和四大关键技术。需要掌握和物联网相关的一些关键词，如感知、识别、跟踪、定位、泛在、RFID、WSN、M2M、传感网、网络通信、无线通信、移动通信、4G/5G、云计算、大数据、区块链及人工智能等，为后续章节的学习奠定基础。

思考题

1-1　什么是物联网？其基本内涵是什么？

1-2　如何理解物联网的泛在性？

1-3　常用的无线通信网络有哪些？试比较之。

1-4　何为传感网和无线传感网？

1-5　简述物联网的体系结构。

1-6　简述物联网有哪些关键技术。

1-7　简析物联网与传感网、互联网、通信网之间的关系。

1-8　简述云计算、大数据及人工智能的基本含义。

1-9　简述物联网、云计算、大数据及人工智能的关系。

第 2 章 感知与识别技术

【核心内容提示】

（1）掌握传感器的原理、发展、应用以及自动检测系统的组成。

（2）了解几种常见的自动识别技术。

（3）了解条形码的特点及应用。

（4）掌握 RFID 系统的组成、工作原理及应用，了解 RFID 的标准及其特点。

（5）了解 GPS 及常用的几种定位技术的原理及特点。

扫码观看本章
知识点视频

在物联网体系中，感知与识别技术是物联网的底层基础技术，是负责感知和获取"物"的各种特征信息，以及对"物"进行识别的前端技术。它是物联网的末端神经和触角，在物联网体系中占有重要地位。本章主要讲解感知和识别物体信息的 4 种核心技术的原理、特点及应用。包括传感器及检测技术、RFID 技术、自动识别技术以及条形码技术。

2.1 传感器及检测技术

2.1.1 传感器

传感器（Sensor）是获取各类信息的主要途径和手段，在缩小物理世界和虚拟世界之间的差距方面发挥了重要作用。国家标准《传感器通用术语》（GB/T 7665-2005）中对传感器的定义是：能感受被测量，并按一定的规律转换成可用输出信号的器件或装置。

传感器一般由敏感元件、转换元件和变换电路 3 部分组成，如图 2-1 所示。

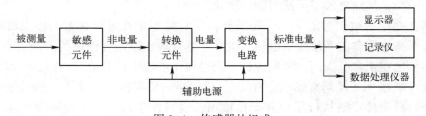

图 2-1 传感器的组成

敏感元件（Sensitive Element）是直接感受被测量（通常为非电量，如压力、温度、湿度、位置及光强等），并输出与被测量性质相同、有确定关系的某一物理量的元件。转换元件（Transduction Element）是传感器的核心元件，它把敏感元件感知的非电量转换为电信号。变换电路（Translation Circuit）将转换元件输出的电量，变换成适用于传输或测量的标准电信号。实际上，有些传感器很简单，仅由一个敏感元件（兼作转换元件）组成，它感受被测量时直接输出电量，如热电偶。有些传感器由敏感元件和转换元件组成，没有变换电路。

一般来说，对于某一物理量的测量，可以使用不同的传感器，而同一传感器又往往可以测量不同的物理量。所以传感器从不同的角度有多种分类方法。如按照被测量不同，分为速度及加速度传感器、力传感器、位移传感器及压力传感器等。按照与被检测量是否接触，传感器又可分为两类，一类是各种非接触式敏感性元件，如光敏、声敏、热敏及湿敏元件等；另一类是接触检测式元件，如温度传感器、液位传感器、流量传感器、压力传感器及霍尔传感器等。按照工作原理又分为应变式、电磁式、光电式及电容式传感器等。

传感器的应用非常广泛。如图 2-2 所示系统就是传感器在工业自动化控制系统中的应用。

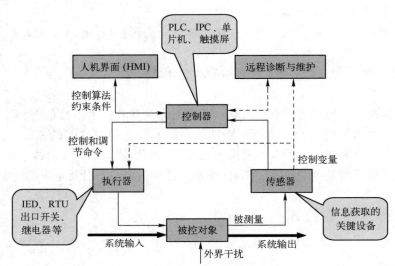

图 2-2　传感器在工业控制系统中的应用

被控对象可以是一台设备、仪器或一个生产过程，当由于外部干扰使其输出量，如压力、温度及流量等发生变化时，传感器就能感受到（测量出）这种变化，并把它转换成电量送入控制器，控制器发出指令指挥执行器按一定的规律去调节被控对象的运行情况，使系统输出趋于平稳，从而补偿了干扰引起的变化。

假如图 2-2 中的被控对象是一台变压器，而监测变压器运行状态的传感器可能有温度传感器、瓦斯传感器和监测故障的电流、电压互感器等。以温度传感器为例，变压器正常运行时，其温度也在正常范围内，由温度传感器检测出的温度信号分为两路，一路由通信线路传送到远程维护端（如控制室或调度室等），供值班员监视；另一路则送到控制器，如控制器判断符合运行条件，则执行器没有动作输出，变压器正常工作。如果变压器内部出现故障，如短路、过负荷等，则温度升高，超过允许的设定值，此时温度传感器检测出的高温信号一方面送到远程维护端报警，一方面送到控制器，由控制器输出跳闸命令，执行器迅速跳开变压器进线开关，将故障的变压器从系统中解除，使得系统和变压器都得到了保护。

2.1.2　几种现代传感器

传感器作为信息获取的重要手段，与通信技术和计算机技术共同构成了信息技术的三大支柱。然而，传统传感器对于信息处理和分析的能力极其有限，缺少信息共享的有效渠道。

现代科技的进步，特别是微电子机械系统（Micro-Electromechanical System，MEMS）技术（关于 MEMS 将在第 5 章介绍）、超大规模集成电路（Very Large Scale Integrated circuit，VLSI）技术和现场可编程门阵列（Field Programmable Gate Array，FPGA）技术的发展，使得现代传感器逐步走上微型化、智能化、多功能一体化和网络化的发展方向。

（1）微型传感器

传统传感器件因制作工艺与半导体集成电路（Integrated Circuit，IC）工艺不兼容，所以性能、尺寸和成本都不能与通过 IC 技术制作的高速度、高密度、小体积和低成本的信号处理器件相适应，因此制约了整个系统的集成化、批量化和性能的充分发挥。

近几年，从 IC 技术发展而来的 MEMS 技术日渐成熟，微型传感器就是在此基础上发展起来的一类新型传感器。微型传感器不是传统传感器简单的物理缩小，而是以新的工作机制和物化效应，使用标准半导体工艺兼容的材料，通过 MEMS 加工技术产生的新一代传感器件，具有小型化、集成化的特点，可以极大地提高传感器性能。具体特点如下。

1）信噪比高。微型传感器在信号传输前就可进行放大，减少干扰和传输噪声，提高信噪比。

2）灵敏度高。在芯片上集成反馈线路和补偿线路，可改善输出的线性度和频率响应特性，降低误差，提高灵敏度。

3）微型化。可在一块芯片上集成敏感元件、放大电路和补偿线路，也可以把多个相同的敏感元件集成在同一芯片上，具有良好的兼容性，便于与微电子器件集成与封装，集成度高，体积小，质量轻。

4）低成本。利用成熟的硅微半导体工艺加工制造，可以批量生产，成本非常低廉。

目前常用的有力和压力微传感器、速度与加速度微传感器、热微传感器、磁微传感器、化学微传感器、生物微传感器、光电微传感器以及声表面波微传感器等。这些微型传感器的面积大多在 $1\,mm^2$ 以下，体积只有传统传感器的几十分之一乃至几百分之一，质量从千克级下降到几十克乃至几克，在许多领域得到了越来越广泛的应用，如医疗、汽车及生物等行业已普遍使用。许多常规传感器不能胜任的工作，使用微传感器就可以很好地完成。微传感器已经成为 21 世纪传感器的重要发展方向。随着微电子加工技术，特别是纳米加工技术的进一步发展，传感器技术还将从微型发展到纳米型。

（2）智能传感器

智能传感器（美国人称为 Smart Sensor，英国人称为 Intelligent Sensor）是 20 世纪 80 年代末出现的一种涉及多种学科的新型传感器，**是传感器集成化与微处理器相结合的产物**，具有信息采集、处理和交换的能力。智能传感器技术是测量技术、半导体技术、计算机技术、信息处理技术、微电子学和材料科学互相结合的综合密集型技术。智能传感器的研究与发展从美国开始，传感器设备巨头美国 Honeywell 公司给出的定义是："一个良好的'智能传感器'是由微处理器驱动的传感器与仪表套装，并且具有通信与自诊断等功能，为监控系统和操作员提供相关信息，以提高工作效率及减少维护成本。"因此，智能传感器是将传感器的敏感元件、信号调理电路、微处理器（Micro Processor Unit，MPU）及数字信号接口电路集成在一块芯片上构成。其结构如图 2-3 所示。

敏感元件将被测到的物理量转换成相应的电信号，送到信号调理电路中进行滤波、放大，再经 A-D 转换后，变成数字量送到微处理器中，由微处理器处理后的测量结果经数字

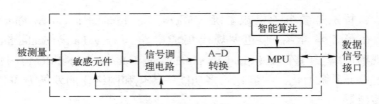

图 2-3　智能传感器的组成

信号接口输出。微处理器是智能传感器的核心，它不但可以对传感器测量数据进行计算、存储和处理，还可以通过反馈回路对传感器进行调节。在智能传感器中，不仅有硬件作为实现测量的基础，还有强大的软件支持，来保证测量结果的正确性和高精度。由于微处理器充分发挥各种软件的功能，可以完成硬件难以完成的任务，从而大大降低了传感器的制造难度，提高了传感器的性能，也降低了成本。

与传统传感器相比，智能传感器具有三大优点：通过软件技术可实现高精度的信息采集，而且成本低；具有一定的编程自动化能力；功能多样化。具体表现如下。

1）具有自校零、自标定、自校正功能。

2）具有自动补偿功能。

3）能够自动采集数据，并对数据进行预处理。

4）能够自动校验、自选量程、自寻故障。

5）具有数据存储、记忆与信息处理功能。

6）具有双向通信、标准化数字输出或者符号输出功能。

7）具有判断、决策、处理功能。

图 2-4 是几种常见智能传感器的外形图。

工业用智能传感器

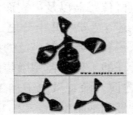
智能风速传感器

校园智能气象站

智能超声波流量传感器

智能温湿度传感器

智能转速传感器

图 2-4　常见智能传感器的外形

智能传感器可以用于大多数工业领域，如航空、航海、医疗、各种工业和生活机器人等。

（3）数字传感器

随着计算机技术的飞速发展以及单片机的日益普及，世界进入了数字时代。人们在处理信号时，首先想到的是各类数字传感器，能够输出数字信号便于计算机处理的传感器就是数字传感器。因此，数字传感器是基于传统的模拟传感器，集成了 A-D 转换模块、CPU 处理模块等相关功能模块，使其输出信号为数字量（或数字编码）的传感器。主要由模拟传感器、放大器、A-D 转换器、计算机芯片（CPU）、存储器及通信接口电路等组成。如图 2-5 所示。

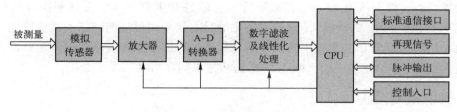

图 2-5　数字传感器结构图

模拟传感器感知的物体信号，经过放大、转换、滤波及线性化处理后，转换成标准的数字信号。该数字信号可根据输出设备的要求，以各种标准的接口形式（如 RS-232、RS-485、RS-422、USB 等）与 CPU 相连，可使输出线性无漂移地再现模拟信号，按照给定程序去控制某个对象，如电动机、电磁阀等。

数字传感器具有以下突出优点。

1）采用先进的 A-D 转换、数字化的信号传输和滤波技术，提高了传感器的稳定性及抗干扰能力，特别适合电磁干扰强和距离远的工作场所。

2）采用软件实现传感器的线性、零点、额定输出温漂及蠕变等性能参数的综合补偿，提高了传感器的可靠性和精度。数字传感器的输出一致性误差一般小于 0.02% 甚至更低，传感器的特性参数可完全相同，因而具有良好的互换性。

3）数字传感器能自动采集数据并可预处理、存储和记忆，具有唯一标记，便于故障诊断。

4）传感器采用标准的数字通信接口，可直接连入计算机，也可与标准工业控制总线连接，使用方便灵活。

在微处理器和传感器变得越来越便宜的今天，尤其是 MEMS 技术的出现，使数字传感器的体积变得非常微小，并且能耗与成本也很低，在不久的将来数字传感器对电子市场将具有重要的推动作用。

（4）一体化传感器

由若干种敏感元件组成的多功能传感器是一种体积小巧而多种功能兼备的新一代监测系统，它可以借助敏感元件中不同的物理结构或化学物质及其各不相同的表征方式，用单独一个传感器系统来同时实现多种传感器的功能。随着传感器技术和微机电技术的飞速发展，目前已经可以生产出来**将若干种敏感元件组装在同一种材料或单独一块芯片上的一体化多功能传感器**。例如，使用特殊的陶瓷把温度和湿度敏感元件集成在一起形成温、湿度传感器；将检测几种不同气体的敏感元件，用厚膜制造工艺制作在同一基片上，制成测氧、氨、乙醇、乙烯 4 种气体的多功能传感器；将力敏元件、温度补偿元件、感温元件、信号调理电路集成在传感器内，就可制成测量脉搏、心电、血氧饱和度等人体不同生理信号的健康传感器等。

（5）网络化传感器

网络化催生了全新的传感器应用模式——网络化传感器。网络化传感器可利用 TCP/IP，使现场测控数据就近接入网络，并与网络上有通信能力的节点直接进行通信，实现数据的实时发布与共享。由于传感器自动化、智能化水平的提高，多台传感器联网已推广应用，虚拟仪器、三位多媒体等新技术开始实用化，因此，通过因特网（Internet），传感器与用户之间可异地交换信息，及时完成如传感器故障诊断、软件升级等工作，传感器操作过程更加简化，功能更换和扩展更加方便。传感器网络化的目的是采用标准的网络和通信协议，同时采用模块化结构将传感器和网络技术有机地结合起来，形成传感器网络，简称传感网，其典型代表就是无线传感网 WSN。关于 WSN 的结构和技术问题将在第 4 章介绍。

2.1.3 智能检测系统

检测技术是信息及自动化技术的重要基础，在信息及自动化技术学科体系中占有十分重要的位置。检测技术是多学科知识的综合应用，主要研究监测系统中信息的提取、转换和处理等技术问题，涉及半导体技术、激光技术、光纤技术、声控技术、遥感技术、自动化技术、计算机应用技术，以及数理统计、控制论、信息论等新技术和新理论。

随着自动化、智能化以及微处理技术的发展，传统的检测技术采用计算机进行数据分析处理成为现实，实现了检测过程的自动化。自动检测系统是科学实验和生产活动中对被测信息进行获取、传递、处理的一系列设备的总称，其基本任务就是获取有用的信息，借助专门的仪器、设备，设计合理的实验方法以及进行必要的信号分析与数据处理，从而获得与被测对象有关的信息，最后将其结果提供显示或输入其他信息处理装置、控制系统等。一个完整的检测系统通常由传感器、信号处理电路、数据处理仪器、显示记录装置及传输通道等几部分组成，分别完成信息获取、转换、显示和处理等功能。从广义上说，自动监测系统包括以单片机为核心的智能仪器、以 PC 为核心的自动测试系统和目前发展势头迅猛的专家系统。

一般自动检测系统的组成如图 2-6 所示。

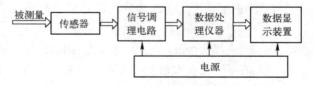

图 2-6　自动检测系统的组成

智能检测系统是以微处理器为核心的信号检测系统。它和其他计算机系统一样，由硬件和软件两大部分组成。其组成按照信号流程分为：①信号的提取——传感器；②信号的预处理——调理电路，进行信号的整形、放大及滤波等；③信号的转换——A-D、D-A 及其他转换元件；④信号的处理——微处理器，单片机、微控制器（Micro Controller Unit，MCU）、数字信号处理器（Digital Signal Processor，DSP）等；⑤信号的传输——串行或并行标准通信接口、现场总线或 Ethernet/Internet 等。在硬件结构上分为集中式和分布式两种。

集中式检测系统最大的特点是多路模拟信号由多路转换开关分时选通，轮流切换，进入公共的 A-D 转换电路。系统所有的功能由微处理器完成。其结构图如图 2-7 所示。其特点是结构紧凑，技术上容易实现，一般能够满足中小规模系统的应用要求。

分布式检测系统是现场总线及网络技术发展的产物，是典型的智能检测系统。它由若干个分机及相应的软件，通过标准的通信接口，与主计算机相连组成。分机根据主机命令，实现传感器测量采样、初级数据预处理以及数据传送，从而更加方便、直观地对整个系统进行检测。主机负责系统的工作协调，输出对分机的控制命令，对分机传输的测量数据进行分析处理，输出智能检测系统的测量、控制和故障检测结果，供显示、打印、绘图和通信；同时根据需要将检测结果上传给上一级监控与数据采集系统（Supervisory Control and Data Acquisition System，SCADA），用于生产调度和管理。典型的分布式智能检测系统如图 2-8 所示，图中省略了数字信号的检测（同图 2-7）。与集中式结构相比，通信接口是组建分布式系统的关键设备之一，配备了标准的通信接口之后，就可灵活用于各种智能检测和控制系统，简化组建过程，降低成本，提高效率。

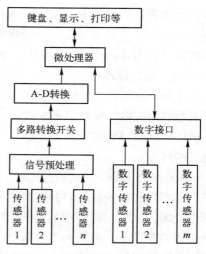

图 2-7　集中式智能检测系统

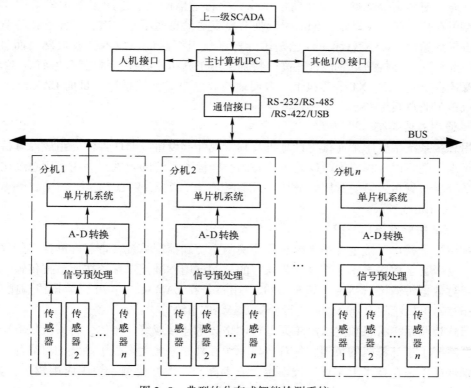

图 2-8　典型的分布式智能检测系统

（1）信息处理机

智能检测系统信息处理的核心是主计算机，完成信息检测和预处理功能的是分机。大中型智能检测系统的主机可以是工业控制计算机（Industrial Personal Computer，IPC）或 PC，小型系统则可以是单片机。一般智能检测系统的分机多以单片机为数据处理核心，典型的智能检测系统包含一个或多个分机系统，组成多级系统或网络系统。

（2）通信标准接口

各分机之间以及分机与主机之间的连接是组建智能检测系统的关键。目前，世界范围内广泛采用的标准接口有 IEC-625 接口、计算机自动测量和控制（Computer Automated Measurement And Control，CAMAC）装置、I^2C（Inter-Integrated Circuit）和 CAN（Controller Area Network）总线接口等。

IEC-625 是新型的数据采集与处理技术，是一种符合 IEC 标准的并行总线接口，具有良好的通用性和扩展性，可同时控制多路远距离被测装置，并具有较强的抗干扰能力，可充分利用资源，实现一机多用的目的。CAMAC 是一个把信号连接到计算机的标准装置，它常用于连接实验设备、插件和用于数据获取的控制计算机。由于 CAMAC 的方便适用及它可以多机箱多插件工作，既适用于小规模的实验又适用于大中规模的多参数实验，因此几乎在全世界每一个物理实验室都得到了广泛的使用。I^2C 总线是由 PHILIPS 公司开发的两线式（一条数据线 SDA，一条时钟线 SCL）串行总线，用于连接微控制器及其外围设备，是微电子通信控制领域广泛采用的一种总线标准。它是同步通信的一种特殊形式，具有接口线少，控制方式简单，通信速率高等优点。CAN 属于总线式串行通信网络，采用了多主式工作，总线上任意节点可在任意时刻主动地向网络上其他节点发送信息而不分主次，因此可在各节点之间实现自由灵活通信。CAN 总线协议已被国际标准化组织认证，技术比较成熟，而且只有 2 根线与外部相连，结构简单，性价比高，特别适用于分布式测控系统之间的通信。总线插卡可以任意插在 PC、AT、XT 兼容机上，方便地构成分布式测控系统。目前 CAN 已经成为事实上的汽车工业总线标准。

（3）通用总线系统

通用总线系统主要用来连接主计算机及其常规外部设备或 I/O 器件，组成计算机检测系统。近年来，随着以计算机为数据处理核心的智能检测系统的发展，利用通用总线构成的智能测控系统越来越多。目前常用的通用总线系统有 RS-232、STD、CAN、I^2C、S-100 以及多总线（MultiBus）等。

（4）测试用标准接口系统

测试用标准接口系统主要用来组建智能检测系统和控制系统，带有标准接口的仪器和组件，在命令级甚至程序水平上都是互相兼容的。测试用标准接口系统按照数据传输方式有两类，即串行数据传输接口系统，如 RS-232、串行分支 CAMAC 等；并行数据传输接口系统，如 IEC-625、单机箱的 CAMAC 和并行分支 CAMAC 系统等。

分布式检测系统将各独立检测单元通过网络技术连接成统一整体，将系统任务分散到各个单元，减轻了主计算机的负担，并且各单元相互独立，大大增强了系统的可靠性，有利于提高系统性能，但在技术上实现比较困难，成本高。在大型检测系统中应用较多，如电力、纺织等行业。

2.2 自动识别技术

2.2.1 概述

自动识别技术是以计算机和通信技术发展为基础的综合性科学技术，是一种高度自动化的信息采集技术，是信息数据自动识读、自动输入计算机的重要方法和手段。

所谓自动识别技术就是应用一定的识别装置，通过识别装置与物品的接近，自动获取被识别物品的相关信息，并提供给后台计算机处理系统，来完成相关后续处理的一种技术。如商场的条形码扫描系统就是一种典型的自动识别技术。售货员通过扫描仪扫描商品的条码，获取商品的名称、价格，再输入数量，后台 POS 系统即可计算出该批商品的价格，从而完成顾客的结算。当然，顾客也可以采用银行卡支付的形式进行支付，银行卡支付过程本身也是自动识别技术的一种应用形式。

在一个信息系统中，数据的采集（识别）完成了系统原始数据的提取工作，解决了人工数据输入速度慢、误码率高、劳动强度大及工作简单重复性高等问题，为计算机信息处理提供了快速准确进行数据采集输入的有效手段，因此，自动识别技术作为一种革命性的高新技术，正迅速为人们所接受。自动识别系统通过中间件（Middleware）或者接口（包括软件的和硬件的）将采集的数据传输给后台处理机，由计算机对数据进行处理或者加工，最终形成对人们有用的信息。

完整的自动识别管理系统包括：自动识别系统（Auto Identification System，AIDS）、应用程序接口（Application Programming Interface，API）或者中间件和应用系统软件（Application Software，AS）。也就是说，自动识别系统完成信息的采集和存储工作，应用系统软件对自动识别系统所采集的数据进行应用处理，而应用程序接口软件则提供自动识别系统和应用系统软件之间的通信接口（包括数据格式），将自动识别系统采集的数据信息转换成应用软件系统可以识别和利用的信息并进行数据传递。图 2-9 为自动识别管理系统简单模型。

图 2-9　自动识别管理系统简单模型

自动识别技术近几十年在全球范围内得到了迅猛发展，初步形成了一个包括条码技术、磁卡技术、IC 卡技术、光学字符识别、射频识别技术、声音识别及视觉识别等集计算机、光、磁、物理、机电及通信技术为一体的高新技术学科。

2.2.2 磁卡识别技术

磁卡识别技术是最早使用的卡类信息识别技术，是以具有信息存储功能的特殊材料，如液体磁性材料或磁条为信息载体，将液体磁性材料涂印在基片上（如存折），或将宽约12.8 mm 的磁条压贴在基片上（如常见的银联卡），并通过高温热压缩形成的一种卡片状的磁性记录介质，可与各种读卡器配合使用。

根据使用基片材料的不同，磁卡可分为 PET 卡、PVC 卡和纸卡三种；视磁层构造的不同，又可分为磁条卡和全涂磁卡两种。从技术上常用的磁卡有两种：高磁卡以 0.275 或 0.4 特斯拉的强度进行编码，而低磁卡以 0.03 特斯拉的强度进行编码。通常，磁卡的一面印刷有说明提示性信息，如插卡方向；另一面则有磁层或磁条。磁条是一层薄薄的由定向排列的铁磁氧化粒子组成的材料（也称为颜料）。用树脂黏合剂严密地黏合在一起，并黏合在诸如纸或塑料这样的非磁基片媒介上。从本质意义上讲，磁条和计算机用的磁带或磁盘是一样的，它可以用来记载字母、字符及数字信息。通过黏合或热合与塑料或纸牢固地整合在一起形成磁卡。

磁卡上一般有 2~3 条磁道（Track），其中 Track1 和 Track2 是只读型的，Track3 是读写型的。根据 ISO 标准定义，磁道的应用分配一般是根据特殊的使用要求而定制的，如银行系统、证券系统、门禁控制系统、身份识别系统及驾驶员驾驶执照管理系统等，都会对磁条卡上 3 个 Track 提出不同的应用格式。一般银行卡的每个磁道宽度相同，大约在 2.80 mm 左右，用于存放用户的数据信息；相邻两个 Track 约有 0.05 mm 的间隙，用于区分相邻的两个磁道；整个磁带宽度在 10.29 mm 左右（应用 3 个 Track 的磁卡），或是在 6.35 mm 左右（应用 2 个 Track 的磁卡）。

磁道 Track1：数据标准制定最初是由国际航空运输协会（International Air Transportation Association，IATA）完成的，能存储 76 个字母数字型字符，并且在首次被写磁后是只读的。Track1 上的数据和字母记录了航空运输中的自动化信息，例如货物标签信息、交易信息、机票及座位信息等。这些信息由专门的磁卡读写机进行数据读写处理，并且在航空公司有一套应用系统为此服务。应用系统包含了一个数据库，所有这些磁卡的数据信息都可以在此找到记录。

磁道 Track2：数据标准制定由美国银行家协会（American Bankers Association，ABA）完成，能存储 37 个数字型字符，同时也是只读的。该磁道上的信息已经被当今很多的银行系统采用。它包含一些最基本的相关信息，例如卡的唯一识别号码、卡的有效期等。

磁道 Track3：数据标准制定是由财政行业完成的，能存储 104 个数字型字符，是可读可写的。主要应用于一般的储蓄、货款和信用单位等经常对磁卡数据进行改写的场合。典型的应用包括现金售货机、预付费卡（系统）、借贷卡（系统）等。这类应用很多都是处于"脱机"的模式，即银行（验证）系统很难实时对磁卡上的数据进行跟踪，表现为用户卡磁道 Track3 的数据与银行（验证）系统所记录的当前数据不同。

由于磁卡可以方便地写入、储存、改写信息内容，具有可靠性强，记录数据密度大，误读率低，信息输入、读出速度快，信息读写相对简单容易，使用方便，成本低等优点，从而较早地获得了发展，并进入了多个应用领域，遍布人类生活的方方面面。如可用于制作信用卡、银行卡、社保卡、证券交易卡、地铁卡、公交卡、门票卡、电话卡、电子游戏卡、车票、机票以及各种交通收费卡等。今天在许多场合仍然会用到磁卡，如在食堂就餐，在商场购物，乘公交、地铁等。图 2-10 给出了一些磁卡示例。

在 IC 卡推出之前，从世界范围来看，磁卡由于技术普及基础好，已得到广泛应用，但与后来发展起来的 IC 卡相比有以下不足：信息存储量小、保密性差，需要计算机网络或中央数据库的支持等。

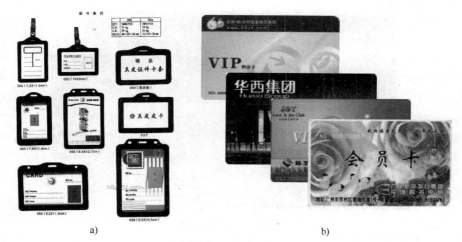

图 2-10　磁卡示例

a）工作证　b）其他磁卡

2.2.3　IC 卡技术

IC 卡（Integrated Circuit Card），即集成电路卡，是超大规模集成电路技术、计算机技术以及信息安全技术等发展的产物。它将集成电路芯片镶嵌于塑料基片的指定位置上，利用集成电路的可存储特性，保存、读取和修改芯片上的信息。IC 卡是 1974 年一名法国新闻记者发明的。由于其便于携带，存储量大，并以先进的集成电路芯片技术，以及特殊的保密措施和无法被破译及仿造等特点受到普遍欢迎，40 多年来，已被广泛应用于金融、交通、通信、医疗及身份证明等众多领域。

按照卡内集成电路（嵌装的芯片）的不同，IC 卡可分为**存储器卡、逻辑加密卡**和 **CPU 卡** 3 种。存储器卡适合于仅以 IC 卡作为数据的转存介质或有软件加密而不担心被篡改的系统，价格较低；逻辑加密卡通过设置卡上的密码区域来控制卡的读写，价格适中，目前应用数量最大；**CPU 卡又名"智能卡"**（其名称来源于英文名词"Smart Card"），卡的集成电路中带有微处理器，自身就可以进行数据计算和信息处理，同时能够利用随机数和密钥进行卡与设备的相互验证，安全性高。虽然 CPU 卡价格稍高一些，但应用前景仍然看好。在众多实力强大的国际级大财团的推动下，智能卡及其行业发展已经在世界范围内形成了不可逆转之势。

图 2-11 是几种 IC 卡的外形示例。

按照与外界数据传送的形式来分，IC 卡有接触式和非接触式两种。

接触式 IC 卡的芯片金属触点暴露在外，可以直观看见，数据存储在卡体内嵌的集成电路中，通过芯片上的 8 个触点可与读写设备接触、交换信息，目前使用的 IC 卡多属这种。按存储介质分，两种最常用的接触式卡是存储卡（Memory 卡）和处理器卡（CPU 卡）。存储卡只能存储 256 B 到 128 KB 的数据，而处理器卡在存储数据的同时还可以进行与计算机相似的运算操作。接触式 IC 卡的常用芯片有 SIEMENS、Atmel 等系列，符合 ISO7816 标准。

非接触式 IC 卡，又称"无触点 IC 卡"或"射频卡（FR 卡）"，由 IC 芯片和感应天线组成，封装在一个标准的 PVC 卡片内，芯片及天线无任何外露部分。是世界上最近几年发展起来的一项新技术，成功地将 RFID 技术和 IC 卡技术结合起来，解决了无源（卡中无电

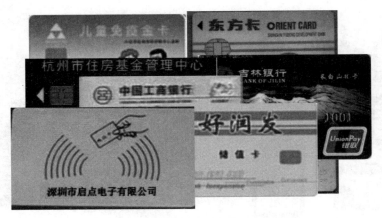

图 2-11　IC 卡示例

源）和免接触的难题，是电子器件领域的一大突破。卡片在一定距离范围（通常为 5～10 mm）靠近读写器表面，通过无线电波的传递来完成数据的读写操作，存储容量一般在 256 B～72 KB 之间。其突出优势是信息的交换不需要卡和读卡器之间有任何接触，操作方便，可靠性高，加密性好。通常用于门禁、公交收费及地铁收费等需要"一晃而过"的场合。非接触式 IC 卡的结构图如图 2-12 所示。

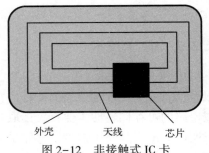

外壳　　天线　　芯片

图 2-12　非接触式 IC 卡

IC 卡的外形与磁条卡相似，它与磁条卡的区别在于数据存储的媒体不同。磁条卡是通过卡上磁条的磁场变化来存储信息的，而 IC 卡是通过嵌入卡中的电擦除式可编程只读存储器集成电路芯片（EEPROM）来存储数据信息的。因此，与磁条卡相比较，IC 卡具有以下优点。

1）存储容量大。IC 卡的存储容量根据型号不同，小的几百个字符，大的上百万个字符；而磁条卡的存储容量只有大约 200 个数字字符。

2）安全保密性好。IC 卡上的信息能够随意读取、修改、擦除，但都需要密码，具有防伪造、防篡改的能力。

3）可脱机使用，应用较为灵活。

4）CPU 卡具有数据处理能力。在与读卡器进行数据交换时，可对数据进行加密、解密，以确保交换数据的准确可靠，而磁条卡则无此功能。

5）使用寿命长，较为安全。

2.2.4　光学字符识别技术

光学字符识别（Optical Character Recognition，OCR）是指通过电子设备，如扫描仪或数码相机等，对文本资料进行扫描，然后对图像文件进行分析处理，获取文字及版面信息的过程。具体来说，就是利用扫描仪或数码相机检查纸上打印的字符，通过检测光线暗、亮的模式确定其形状，然后用字符识别的方法将形状翻译成计算机文字的过程。

早在 20 世纪 60、70 年代，世界各国就开始有关于 OCR 的研究，但在研究的初期，多以文字识别方法为主，且识别的文字仅为0~9的数字。以同样拥有方块文字的日本为例，1960年左右开始研究OCR的基本识别理论，初期以数字为对象，直至1965~1970年之间开始有一些简单的产品，如印刷文字的邮政编码识别系统，识别邮件上的邮政编码，帮助邮局完成区域分信的作业；也因此至今邮政编码一直是各国所倡导的地址书写方式。近几年又出现了图像字符识别（Image Character Recognition，ICR）和智能字符识别（Intelligent Character Recognition，ICR），实际上这三种自动识别技术的基本原理大致相同。

OCR可以说是一种不确定的技术研究，正确率就像是一个无穷趋近函数，知道其趋近值，却只能靠近而无法达到100%。因为其牵扯的因素太多了，书写者的习惯或文件印刷品质、扫描仪的扫描品质、识别的方法、学习及测试的样本等，都会影响其正确率。因此，如何纠错或利用辅助信息提高识别正确率，是OCR最重要的课题，智能字符识别的名词也因此而产生。衡量一个OCR系统性能好坏的主要指标有拒识率，误识率，识别速度，用户界面的友好性，产品的稳定性，易用性及可行性等。

一个OCR系统，其目的很简单，只是要把文本做一个转换，使其中的图形继续保存，表格及图像内的文字，一律变成计算机能够识别的字符信息文字。从文图识别到结果输出，需经图像及文本输入、预处理、版面分析、字符切割、对比识别、后处理，最后经人工校对，输出结果。OCR系统流程图如图2-13所示。

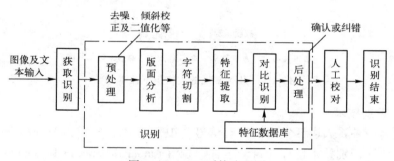

图2-13　OCR系统流程图

光学字符识别技术最主要的优点是信息密度高，主要有三个重要的应用领域：办公自动化中的文本输入；邮件自动处理；与自动获取文本过程相关的其他领域，如零售价格识读、订单数据输入、支票和文件识读等。近年来，人工智能和图像处理等领域有了较大的发展和进步，在字迹分析及签名鉴定等方面也有了一定的进展和应用。

2.2.5　生物识别技术

生物识别技术是指依靠人的身体特征来进行身份验证的一种解决方案，从某种意义上来说，也属于一种自动识别技术。这些身体特征包括指纹、声音、面部、骨架、视网膜、虹膜和DNA等人体的生物特征，以及签名的动作、行走的步态、击打键盘的力度等个人的行为特征。生物识别的技术核心在于如何获取这些生物特征，并将其转换为数字信息，存储于计算机中，再利用可靠的匹配算法来完成验证与识别个人身份的过程。生物识别系统识别的对象是人，因此要求能实时、迅速、有效地完成其识别过程。所有的生物识别系统都包括采集、解码、比对和匹配四个处理过程。随着生物医学技术的发展，生物识别技术将得到越来越广泛的应用。近年来，迅速发展起来的有语音识别、指纹识别、人脸识别及视觉识别等技术。

图 2-14 用非侵袭性、准确率、制作成本及技术难易程度四项指标对几种生物识别技术进行比较，距离中心点越近则偏离理想状态越远。可见，在常见的几种生物识别技术中，虹膜识别技术和视网膜识别技术识别的准确率最高，但成本也最高，而且视网膜识别技术实现也比较困难；再就是指纹识别和人脸识别，相对来说，人脸识别还比较容易实现。其他识别准确率都差不多。

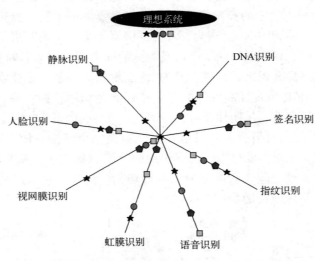

图 2-14　几种常见的生物识别技术比较

（1）语音识别技术

语音识别是一种将人讲话发出的语音信号，识别（转换）成为一种能够表达通信消息的符号序列。语音识别技术也称为自动语音识别（Automatic Speech Recognition，ASR），其目标是将人类语音中的词汇内容转换为计算机可读的输入，例如按键、二进制编码或者字符序列。由于每个人的说话声音不同，语音识别重在识别或确认发出语音的说话人本身，而非其中所包含的词汇内容。

从说话者与识别系统的相关性来说，可以将识别系统分为以下 3 类。

1）特定人语音识别系统：仅考虑对于专人的话音进行识别。

2）非特定人语音识别系统：识别的语音与人无关，通常要用大量不同人的语音数据库对识别系统进行训练。

3）多人的识别系统：通常能识别一组人的语音，或者成为特定组语音识别系统，该系统仅要求对要识别的那组人的语音进行训练。

对声波符号的识别有模式匹配识别和检测识别两种方式。匹配识别是指将输入语音声波进行适当处理成为特征数据流，然后与识别系统已有的符号或符号序列的模型进行对比，把系统中与输入特征数据流最接近的模型符号或符号序列作为识别结果输出。检测识别是指将输入语音声波进行适当处理成为特征数据流，然后在其中检测出现识别系统已有的符号或符号序列的模型，作为系统的识别结果输出。二者的主要差别在于，匹配识别是一种相对最佳表示的判断准则，即使输入语音声波的真实符号序列完全不在系统已有的符号或符号序列中，系统也会从它已知的范围中找出一个最接近的符号序列作为识别的输出结果。而检测识别是一种基于置信度的判断准则，如果输入语音声波的真实符号序列不在系统已有的符号或符号序列中，系统会因为置信度低而拒绝输出识别结果。

语音识别流程图如图 2-15 所示。

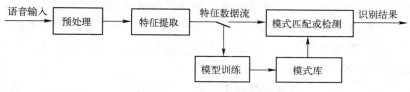

图 2-15　语音识别流程图

模式匹配方法发展比较成熟，目前已达到了实用阶段。常用的技术有三种：动态时间规整（Dynamic Time Warping，DTW）；隐马尔可夫模型（Hidden Markov Model，HMM）；矢量量化（Vector Quantization，VQ）技术。其中最著名的就是 HMM。

HMM 是在 20 世纪 70 年代引入语音识别理论的，它的出现使得自然语音识别系统取得了实质性的突破，已成为语音识别的主流技术。目前大多数大词汇量连续语音识别系统都是基于 HMM 模型的。HMM 是对语音信号的时间序列结构建立统计模型，将之看作一个数学上的双重随机过程：一个是用具有有限状态数的 Markov（马尔可夫）链，来模拟语音信号统计特性变化的隐含随机过程；另一个是与 Markov 链的每一个状态相关联的观测序列随机过程。前者通过后者表现出来，但前者的具体参数是不可测的。人的言语过程实际上就是一个双重随机过程，语音信号本身是一个可观测的时变序列，是由大脑根据语法知识和言语需要（不可观测的状态）发出音素的参数流。HMM 合理地模仿了这一过程，很好地描述了语音信号的整体非平稳性和局部平稳性，是较为理想的一种语音模型。

20 世纪 80 年代末期，人们提出了一种新的语音识别方法，即利用人工神经网络（Artificial Neural Network，ANN）的方法实现语音识别。ANN 本质上是一个自适应非线性动力学系统，模拟了人类神经活动的原理，具有自适应性、并行性、鲁棒性、容错性和学习特性，其较强的分类能力和输入-输出映射能力在语音识别中都很有吸引力。但由于存在训练、识别时间太长的缺点，目前仍处于实验探索阶段。由于 ANN 不能很好地描述语音信号的时间动态特性，所以常把 ANN 与传统识别方法结合，分别利用各自优点来进行语音识别。

在电话与通信系统中，智能语音接口正在把电话机从一个单纯的服务工具变成一个服务的"提供者"和生活"伙伴"；使用电话与通信网络，人们不但可以实现语音通信，而且通过语音命令可以方便地从远端的数据库系统中查询与提取有关的信息。语音识别正逐步成为信息技术中人机接口的关键技术，语音识别技术与语音合成技术的结合使人们能够甩掉键盘，通过语音命令进行操作。语音技术的应用已经成为一个具有竞争性的高新技术产业。

语音识别技术发展到今天，特别是中小词汇量非特定人语音识别系统的识别精度已经大于98%，对特定人语音识别系统的识别精度就更高，这些技术已经能够满足通常应用的要求。由于大规模集成电路技术的发展，这些复杂的语音识别系统也已经完全可以制成专用芯片，大量生产。大量的语音识别产品已经进入市场和服务领域。一些用户交换机、电话机、手机已经包含了语音识别拨号功能，还有语音记事本、语音智能玩具等产品也包括语音识别与语音合成功能，人们可以通过电话网络用语音识别口语对话系统查询有关的机票、旅游或银行信息。调查统计表明多达 85% 以上的人对语音识别的信息查询服务系统的性能表示满意。

我国语音识别研究工作一直紧跟国际水平，国家也给予了高度重视。鉴于中国未来庞大的市场，国外也非常重视汉语语音识别的研究。美国、新加坡等地的研究成果已达到相当高的水平。因此，国内除了要加强理论研究外，更要加快从实验室演示系统到商品的转化。可以预测。在 5~10 年内，语音识别系统的应用将更加广泛。各种各样的语音识别系统产品将出现在市场上。人们也将调整自己的说话方式以适应各种各样的识别系统。

（2）指纹识别技术

每个人包括指纹在内的皮肤纹路在图案、断点和交叉点上各不相同，呈现出唯一性且终生不变的特点。依靠这种唯一性和稳定性，就可以把一个人同他的指纹对应起来，通过将其指纹和预先保存的指纹数据进行比较，来验证其真实身份，这就是指纹识别技术。图 2-16 所示为人体指纹形状典型图例。

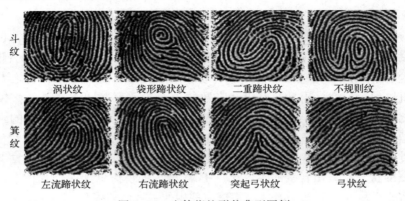

图 2-16　人体指纹形状典型图例

指纹自动识别系统通过指纹识别设备（如图 2-17 所示）和计算机图像处理技术，对指纹进行采集、分析和比对，可以自动、迅速、准确地鉴别出个人身份。系统一般主要包括对指纹图像的采集、图像处理（包括极值滤波、二值化及细化等）、特征提取、特征值的比对与匹配等过程。现代电子集成制造技术使得指纹图像读取和处理设备小型化，同时飞速发展

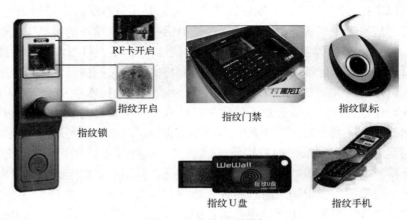

图 2-17　指纹识别设备

的个人计算机已具备较高的运算速度，为在微机甚至单片机上进行指纹比对运算提供了技术支撑，而优秀的指纹处理和可靠的软件算法保证了识别结果的准确性。据了解，我国自主开发的系列嵌入式指纹识别硬件和应用软件产品错误率低于 1.1%，在识别准确率和识别速度方面均达到了较高的水平。

指纹注册及识别过程如图 2-18 所示。

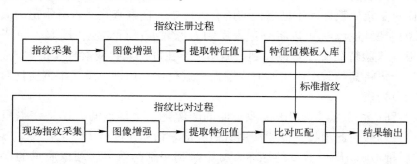

图 2-18　指纹注册及识别过程

目前，指纹识别已经开始走入我们的日常生活，成为生物检测学中研究最深入、应用最广泛、发展最成熟的技术。统计资料表明，我国指纹识别技术自出现以来发展十分迅速，例如指纹考勤、指纹侦破及指纹驾照等几乎普及。另外，指纹识别技术在开机登录、远程网络数据库的访问、银行储蓄、保险、期货证券以及医疗保险等行业的身份确认也逐渐推广。将指纹信息记录在特殊用途的卡上，通过现场比对，可以防止冒充等欺诈行为，例如信用卡、医疗卡、会议卡、储蓄卡、驾驶证、准考证及护照防伪等。

（3）人脸识别技术

人脸识别技术是以人的脸型识别技术为核心，通过分析面部特征的唯一形状、模式和位置来辨识人，是一项新兴的生物识别技术，也叫面像识别技术或脸谱识别技术。它采用区域特征分析算法，融合了计算机图像处理技术与生物统计学，利用计算机图像处理技术从视频中提取人的面像特征，通过生物统计学原理进行分析建立数学模型，具有广阔的发展前景。人脸图像采集的方法主要有标准视频和热成像技术。标准视频技术通过一个标准的摄像头摄取面部的图像或者一系列图像，在面部图像被捕捉后，一些核心点被记录，例如眼睛、鼻子、嘴巴的位置及其相对位置等，然后形成模板；热成像技术是通过分析由面部毛细血管的血液产生的热线来产生脸谱图像，与视频摄像头不同，热成像技术并不需要较好的光源条件，因此即使在黑暗的情况下也可以使用。

目前使用比较多的人脸识别系统其实是一台高质量的特殊摄像机，判断速度相当快，只需要 0.01 s 左右，而且具有存储功能。只要把一些具有潜在危险的"重点人物"的"脸部特写"输入系统，一旦发现其擅自闯关，就会在 0.01 s 之内将其捕获，同时，系统还会向其他安保中心"报警"。另外，某些重要区域如控制中心、保密机构等，只允许特定身份的工作人员进出，这时候面部档案信息未被系统存储的所有人员全都会被拒之门外。2008 年 8 月 8 日，北京奥运会入场式，数万名观众由国家体育场鸟巢的 100 多个人脸识别系统快速身份验证关口有序入场，就是人脸识别系统的典型应用。

人脸识别技术的主要功能包括以下几点。

1）人脸捕获与跟踪。人脸捕获是指在一幅图像或视频流的一帧中检测出人像再将人像从背景中分离出来，并自动保存。人像跟踪是指利用人像捕获技术，当指定的人像在摄像头拍摄的范围内移动时自动地对其进行跟踪。

2）人脸识别比对。人脸识别比对有核实式和搜索式两种模式。核实式比对是指将捕获得到的人像或是指定的人像与数据库中已登记的某一人像做比对，核实确定其是否为同一人。搜索式比对是指从数据库中已登记的所有人像中，搜索查找是否有指定的人像存在。

3）人脸的建模与检索。可以将登记入库的人像数据进行建模，提取人脸特征，并将其生成人脸模板（人脸特征文件）保存到数据库中。在进行人脸搜索时（搜索式），将指定的人像进行建模，再将其与数据库中所有人脸模板进行比对识别，最终根据所比对的相似值列出最相似的人员列表。

4）真人鉴别。系统可以识别出摄像头前的图像是一个真正的人还是一幅照片，以此杜绝使用者用照片作假。此项技术需要使用者做脸部表情动作配合。

5）图像质量检测。图像质量的好坏直接影响到识别的效果。图像质量的检测功能，能对即将进行比对的照片进行图像质量评估，并给出相应的建议值来辅助识别。

人脸识别技术的吸引力还在于它能够人机交互，用户不需要和设备直接接触。但相对来说，这套系统的可靠性和稳定性较差，使用者面部的位置与周围的光照环境都可能影响系统的精确性，人脸识别技术的改进依赖于提取特征与比对技术的提高，并且采集图像的设备会比其技术昂贵得多。只有比较高级的摄像头才可以有效、高速地捕捉面部图像，设备的小型化也比较困难。此外，面部识别系统对于因人体面部的变化，如发型、饰物、变老等，需要通过人工智能来得到补偿，机器知识学习系统必须不断地将以前得到的图像和现在得到的进行比对，以改进核心数据和弥补微小差别。但与此前的指纹识别系统相比，人脸识别系统已有很多改进。指纹技术的使用寿命不如人脸识别系统，使用成本也相对较高。由于沾水、沾汗、沾灰，还有传感器只能在室内使用等原因，指纹识别系统在户外使用的可能性很小。而用于人脸识别的摄像机一天24小时都可以工作，无论室内还是户外均可使用。

人脸识别系统应用广泛，如人脸识别出入管理系统、人脸识别门禁考勤系统、人脸识别监控管理、人脸识别计算机安全防范、人脸识别照片搜索、人脸识别来访登记、人脸识别ATM机智能视频报警系统、人脸识别监狱智能报警系统、人脸识别RFID智能通关系统以及人脸识别公安罪犯追逃智能报警系统等。

(4) 视觉识别技术

视觉识别技术是分析眼睛独特特征的一种生物识别技术，主要包括虹膜识别技术和视网膜识别技术。

人眼睛的外观由巩膜、虹膜、瞳孔三部分构成，如图2-19所示。

虹膜是位于眼睛白色巩膜和黑色瞳孔之间的圆环状部分，总体上呈现一种由内向外的放射状结构，由相当复杂的纤维组织构成。每一个虹膜都包含独一无二的纹理信息，其中包括很多类似于冠状、水晶体、细丝、斑点、凹点、射线、皱纹和条纹等细节特征，是人体最独特的结构之一。虹膜作为身份识别具有许多先天优势。

1）唯一性。虹膜图像存在着许多随机分布的细节特征，造就了虹膜模式的唯一性。这些细节特征主要是由胚胎发育的随机因素决定的，即使双胞胎、克隆人、同一人左右眼睛的虹膜图像之间也具有明显差异。虹膜的唯一性为高精度的虹膜识别奠定了基础。英国国家物

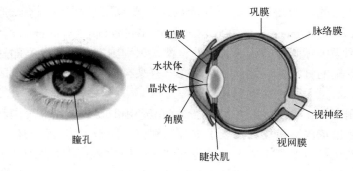

图 2-19　眼睛的结构

理实验室的测试结果表明，虹膜识别是各种生物识别技术中错误率最低的。

2）稳定性。虹膜从婴儿胚胎期的第三个月开始发育，到第八个月基本形成，此后几乎终生不变。由于有外层角膜的保护作用，发育完全的虹膜不易受到外界的伤害。

3）非接触。虹膜是一个外部可见的内部器官，不必紧贴采集装置就能取得合格的虹膜图像，识别方法相对于指纹、手形等需要接触感知的生物特征更加干净卫生，不会污损成像装置。

4）便于信号处理。在眼睛图像中，和虹膜邻近的区域是瞳孔和巩膜，它们和虹膜区域存在着明显的灰度阶变，并且区域边界都接近圆形，所以虹膜区域易于拟合、分割和归一化。

5）防伪性好。虹膜半径小，在可见光下中国人的虹膜图像呈现深绿色，看不到纹理信息。具有清晰虹膜纹理的图像获取，需要专用的虹膜图像采集装置和本人的配合，所以在一般情况下很难盗取他人的虹膜图像。

虹膜识别技术的核心是利用模式识别、图像处理等方法对人眼睛的虹膜特征进行描述和匹配，从而实现自动的个人身份认证。虹膜识别过程分为虹膜图像提取、图像预处理、特征提取和特征匹配四个步骤。虹膜图像提取是在特定的环境下，使用特定的数字摄像机对人的整个眼部进行聚焦拍摄，并传到计算机中存储和处理。虹膜图像提取是虹膜识别中最难的一步，需要光、机、电技术的综合利用。因为人的眼睛面积小，如果要满足识别算法的图像分辨率，就必须提高光学系统的放大倍数，从而导致虹膜的景深较小，所以，需要人在合适的位置，同时眼睛凝视镜头，才能捕捉到较为满意的虹膜图像。图像预处理包括虹膜定位（确定虹膜的有效部位）、图像归一化和图像增强。

掌握虹膜识别技术的国外研究机构主要有：美国的 Iridian、Iriteck 和韩国的 Jiris 公司。Iridian 公司掌握虹膜识别核心算法，是目前全球知名的专业虹膜识别技术和产品提供商，它和 LG、松下、OKI、NEC 等企业进行合作（如 IRISPASS&reg，BM-ET300，IG-H100&reg 等产品），以授权方式提供虹膜识别核心算法，支持合作伙伴生产虹膜识别系统。Iridian 的核心技术还包括图像处理协议和数据标准 PrivateID&reg、识别服务器 KnoWho&reg、开发工具及虹膜识别摄像头等。

2000 年以前，中国在虹膜识别方面一直没有自己的核心知识产权，中科院自动化研究所在多年研究的基础上于 2000 年初开发出了虹膜识别的核心算法，成为世界上少数几家掌握了虹膜识别核心算法的单位之一。2006 年 9 月，中科院模式识别国家重点实验室作为中国虹膜识别技术的权威，参加了由国际生物特征识别组织举办的生物识别技术测评（2006 Biometric Consortium Conference and 2006 Biometrics Technology Experiment），其虹膜识别算法的速度和精度得到了国际同行的认可。此外，模式识别国家重点实验室的虹膜图像数据库已成为国际上最大规模的虹膜共享库，截至现在已有来自170多个国家和地区的3万多个科研团体申请使用。

虹膜识别使用方便，可靠性好，目前已经在多个领域得到应用。美国新泽西州肯尼迪国际机场和纽约奥尔巴尼国际机场均安装了虹膜识别仪，用于工作人员安检。德国的法兰克福机场、荷兰史基浦机场以及日本成田机场也安装了虹膜出入境管理系统，应用于乘客通关。早在2004年4月，国际民用航空组织（International Civil Aviation Organization，ICAO）已经要求188个成员国，将含有持证人信息、虹膜、指纹等特定生物信息的IC芯片嵌入电子护照。由于恐怖袭击的存在，安全防范一直以来都是历届奥运会关注的焦点，虹膜识别技术也以其独有的优势正越来越多地被应用在奥运安防中。例如，在1998年日本长野冬季奥运会中，虹膜识别系统被应用在运动员和政府官员进入奥运村的控制，并使用虹膜识别技术对射击项目的枪支进行安全管理。2004年雅典奥运会上，雅典奥组委启用了包括虹膜识别在内的生物特征识别身份鉴别系统，通过人脸、眼睛、指纹等身体器官及声音、步态、笔迹等肢体行为的全套生物特征识别技术来确认一个人的身份，对所有进出机场、海关、火车站、奥运场馆的人都通过摄像机进行自动识别。目前，中国的虹膜识别产品也已经成功运用于国内部分煤矿、银行、社保以及高端涉密场所。

在包括指纹在内的所有生物识别技术中，虹膜识别是当前应用最为方便和精确的一种自动识别技术。虹膜识别技术被广泛认为是21世纪最具有发展前途的生物认证技术，未来的安防、国防及电子商务等多个领域的应用，也必然会以虹膜识别技术为重点。这种趋势，现在已经在全球各地的各种应用中逐渐显现出来，市场应用前景非常广阔。

视网膜是眼睛底部的血液细胞层。视网膜扫描是采用低密度的红外线激光照射眼球的背面，以捕捉视网膜的独特特征，血液细胞的唯一模式就因此被捕捉下来。视网膜识别的优点在于它是一种极其固定的生物特征，因为它是"隐藏"的，故而不可能受到磨损、老化等影响；同时它是一个最难欺骗的系统，因为视网膜是不可见的，故而不会被伪造，因此，有些人认为视网膜是比虹膜更为唯一的生物特征。缺点是激光照射眼球的背面可能会影响使用者健康，这需要进一步的研究；对消费者而言，视网膜技术没有吸引力；同时该技术很难进一步降低成本。

由于虹膜和视网膜的特征由遗传基因决定，在人出生之前就已经确定下来，并且终生不变，具有唯一性和高度稳定性，这是视觉识别技术用以身份鉴别的基础，使用时无须和设备直接的接触，是当前视觉识别技术中应用最为方便和精确的。其缺点是很难将图像获取设备的尺寸小型化，因聚焦而需要昂贵的摄像头。黑眼睛极难读取，镜头可能产生图像畸变而使可靠性降低；需要一个比较好的光源，所以目前难以普及。

生物识别产品发展到现在，已经成为一个庞大的家族了。它在公安、国防、金融、保险、医疗卫生及计算机管理等领域均发挥了重要作用。出现了专业研制生产生物识别产品的公司，所开发的产品种类丰富，除传统的公安自动指纹识别系统（Automated Fingerprint Identification System，AFIS）及门禁系统外，还出现了指纹键盘、指纹鼠标、指纹手机、指纹识别汽车、虹膜自动取款机及人脸识别的支票兑付系统等。社会生活的各个领域都需要身份认证，随着全球信息产业的迅猛发展，生物识别技术在技术发展和市场需求上日趋成熟。将来，随着生物识别技术的发展和推广，可能婴儿一出生，就已经把他（她）的指纹、脸谱、视觉等生物识别的特征存入了数据库中。哪怕长大后在异国他乡，当你需要身份识别的时候，也可以随时随地通过网络验证，既方便又安全。有了生物识别技术，人们再也不用为了找寻走失的亲人而着急，无须为寻找重重的一串钥匙而烦恼，更无须为丢失身份证、银行卡而焦急万分。未来生活的一切都将因有了生物识别技术而变得更安全、更轻松，要做的也许就是按一个手印、说一句话甚至只是站着望一望。人们常说"只有自己才是最可靠的"，生物识别技术就是给了人们一张真正属于自己的，永远也不会丢失的身份证，带着这个身份证，不久的将来，我们将在物联网数字时代畅行无阻。

2.3　条码识别技术

2.3.1　条码技术概述

现今社会，几乎所有商品外包装上，都有一组黑白相间的条纹标签，这就是条码（Bar Code）。**条码就是将多个黑色条和空白条，按照一定的编码规则排列，用以表达一组信息的图形标识符。**它是商品通行于国际市场的"共同机器语言"，是商品进入国际市场和超市的通行证，是全球统一标识系统和通用商业语言中最重要的标识之一。

条码是中国物品编码中心（Article Numbering Center of China，ANCC）系统的一个重要组成部分，是 ANCC 系统发展的基础。它主要用于对零售商品、非零售商品及物流单元的标识。ANCC 系统是根据国际物品编码协会 EAN 制定的统一商会代码 EAN/UCC 系统规则和我国国情，研究制定并在我国推广应用的一套全球统一的产品与服务标识系统。

零售商品是指在零售端通过 POS 扫描结算的商品。其条码标识由全球贸易项目代码（Global Trade Item Number，GTIN）及其对应的条码符号组成。零售商品的条码标识主要采用 EAN/UPC 条码。一听啤酒、一瓶洗发水和一瓶护发素的组合包装都可以作为一项零售商品卖给最终消费者。

非零售商品是指不通过 POS 扫描结算而用于配送、仓储或批发等操作的商品。其标识代码也由 GTIN 及其对应的条码符号组成。非零售商品的条码符号主要采用 ITF-14 条码或 UCC/EAN-128 条码，也可使用 EAN/UPC 条码。一个装有 24 条香烟的纸箱、一个装有 40 箱香烟的托盘都可以作为一个非零售商品进行批发、配送。物流单元条码是为了便于运输或仓储而建立的临时性组合包装，在供应链中需要对其进行个体的跟踪与管理。通过扫描每个物流单元上的条码标签，实现物流与相关信息流的链接，可分别追踪每个物流单元的实物移动。物流单元的编码采用系列货运包装箱代码（SSCC-18）进行标识。一箱有不同颜色和尺寸的 12 件裙子和 20 件夹克的组合包装，一个含有 40 箱饮料的托盘（每箱 12 盒装）都可以视为一个物流单元。

条码的编码遵循唯一性原则，以保证商品条码在全世界范围内不重复，即一种规格的商品项目只能有一个代码，或者说一个代码只能标识一种商品项目。不同规格、不同包装、不同品种、不同价格、不同颜色的商品只能使用不同的商品代码。条码技术广泛用于商业、图书、邮政、仓库、工业、农业及交通等多个领域，在当今自动识别技术中仍占有重要地位。

2.3.2 条码的类型及特点

根据条码结构和存储的信息量，目前出现的条码有三种，即一维条码、二维条码和三维条码。一维条码是我们通常所说的传统条码，包括商品条码和物流条码。二维条码根据构成原理和结构形状的差异，可分为行排式二维条码和棋盘式或点矩阵式二维条码两大类。三维条码是近几年出现的新型条码技术。

（1）一维条码

一维条码是指由一组高度相同、宽度不等、规则排列的黑白矩形条纹（也称为条和空，其中条为黑色，空为白色）及其对应字符组成的标识，用以表示一定商品信息的符号。其对应字符由一组阿拉伯数字组成，供人们直接识读或通过键盘向计算机输入数据使用，一组条、空和其相应的字符所表示的信息是相同的。

一维条码只是在一个方向（一般是水平方向）表达信息，而在垂直方向则不表达任何信息，其一定的高度通常是为了便于阅读器的对准。一维条码的特点是信息录入快，差错率低，但信息容量较小，如商品上的条码仅能容纳 13 位的阿拉伯数字，更多描述商品的信息只能依赖数据库的支持，离开了预先建立的数据库，这种条码就变成了无源之水，无本之木。另外条码遭到损坏后便不能阅读，造成商品信息丢失。

现在世界上约有 225 种以上的一维条码。通过这些不同的条码能很快识别出对象的基本信息，如商品的名称、价格等，但不能描述这个商品本身的情况，这就是一维条码最大的弊端。目前较流行的一维条码有：Code39 码（标准 39 码）、Codabar 码（库德巴码）、Code25 码（标准 25 码）、ITF25 码（交叉 25 码）、Matrix25 码（矩阵 25 码）、UPC-A 码、UPC-E 码、EAN-13 码（EAN-13 国际商品条码）、EAN-8 码（EAN-8 国际商品条码）、中国邮政码（矩阵 25 码的一种变体）、Code-B 码、MSI 码、Code11 码、Code93 码、Code128 码（包括 EAN128 码）、Code39EMS（EMS 专用的 39 码）等；还有专门用于书刊管理的 ISBN、ISSN 等。国际上广泛使用的是 Code39 码、Code128 码、Codabar 码、ITF25 码和 EAN 码等。

如图 2-20 所示为典型一维条码图形符号。

39 码是 Intermec 公司于 1975 年推出的一种条码，它可表示数字、英文字母以及"+、-、·、/、%、$、空格"和"＊"等共 44 个符号，其中"＊"仅作为起始符和终止符。由于 39 码由 9 个单元组成，5 个条单元和 4 个空单元，其中 3 个是宽单元"1"，其余是窄单元"0"，因此称为 39 码。39 码有编码规则简单、误码率低、可表示字符个数多、限制很少、支持汉语数字等特点，因此在我国各个领域有着极为广泛的应用。128 码可表示从 ASCII 0～ASCII 127 共 128 个字符，故称 128 码。128 码由于其字符集大，密度高，应用也非常广泛。Code 128 码与 Code 39 码有很多的相近性，都广泛运用在企业内部管理、生产流程、物流控制系统方面。不同点在于 Code 128 比 Code 39 能表示更多的字符，单位长度里的编码密度更高。EAN 码是当今世界上广为使用的商品条码，已成为电子数据交换（Electronic Data Interchange，EDI）的基础，用于在世界范围内唯一标识一种商品，超市中最常见的就是这种条码。25 码在物流管理中应用较多；Codabar 码是一种广泛应用在医疗、图书情报和物资领域的条码；Code 93 码与 39 码具有相同的字符集，但 93 码的密度要比 39 码高，所以在面积不足的情况下，可以用 93 码代替 39 码。

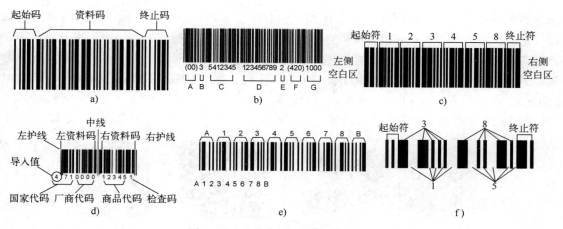

图 2-20　几种典型一维条码的符号

a) Code39 码　b) EAN-128 码　c) Code25 码　d) EAN-13 码　e) Codabar 码　f) ITF25 码

几种典型一维条码对比见表 2-1。

表 2-1　几种典型一维条码对比表

类别/项目	Code 39	Codabar	Code 128	交错 25 码	EAN	UPC
支持符号	数字与字符	数字与字符	数字与字符	数字	数字	数字
码义	0 ~ 9, A ~ Z, - $ /+%	0 ~ 9, - $ / +%	ASCI Code	0~9	0~9	0~9
起始码	－	a, b, c, d	A, B, C	(0101)	(101)	分 A, D, E 型
终止码	－	a, b, c, d	A, B, C	(101)	(101)	分 A, D, E 型
码长	不限	最多 32 码	最多 32 码	不限长度但需是偶数	8, 13	6, 12, 17
检核码	有	有	有	无	有	有
上市年	1974 年	1977 年	1981 年	1972 年	1977 年	1973 年
应用领域	汽车业, 工业界	图书馆, 血库	工业库存管制、运销用途	仓储, 产品识别、包装识别, 一般工业与汽车业	流通业	零售业, 包装业
优点	码长不限, 可支持数字、字母等	起始、终止码共四种变化	编码方式灵活且长度较短	交错编码, 节省空间	世界流通且编码不重复	流通条码始祖
缺点	编码密度低, 占空间	市场使用率较低	检核码运算方式较复杂	仅支持数字资料	码数固定且只支持数字资料	已逐渐被 EAN 码取代

（2）二维条码

美国 Symbol 公司于 1991 年推出了名为 PDF（Portable Data File）417 的二维条码，简称为 PDF417 条码，即"便携式数据文件"，二维条码的出现弥补了一维条码的不足。二维条码是通过黑白相间、粗细不同的点阵图形来存储信息的，**是一种在水平和垂直方向均能存储**

信息的条码技术。二维条码与一维条码相比包含了更多的信息容量，除了可以将姓名、单位、地址、电话等基本资料进行编码外，还可将人体的特征如指纹、视网膜扫描及照片等资料储存在条码中。所以二维条码在国内外获得了广泛的应用。目前，国际上常用的二维条码有：美国 PDF417 码、日本 QR（Quick Response）码、韩国 DM（Data Matrix）码、中国 GM（Grid Matrix）码和 CM（Compact Matrix）码等。

图 2-21 为典型二维条码图形符号。

图 2-21　典型二维条码图形符号
a）PDF417 码　b）QR 码　c）DM 码　d）GM 码　e）CM 码

二维条码是一种高密度、高信息含量的便携式数据文件，是实现证件及卡片等大容量、高可靠性信息自动存储、携带并可用机器自动识读的理想手段。二维条码具有如下特点。

1）信息容量大。根据不同的条、空比例，每平方英寸可以容纳 250~1100 个字符。在国际标准的证卡有效面积上（相当于信用卡面积的 2/3，约为 76 mm×25 mm），可以容纳 1848 个字母字符或 2729 个数字字符，约 500 个汉字信息，比一维条码信息容量高几十倍。

2）编码范围广。二维条码可以将照片、指纹、掌纹、签字、声音、文字等可数字化的信息进行编码。

3）保密防伪性能好。PDF417 二维条码具有多重防伪特性，可以采用密码防伪、软件加密及利用所包含的信息如指纹、照片等进行防伪，因此具有极强的保密防伪性能。

4）译码可靠性高。普通条码的译码错误率约为百万分之二左右，而 PDF417 条码的误码率不超过千万分之一，译码可靠性极高。

5）修正错误能力强。PDF417 二维条码采用了世界上最先进的数学纠错理论，只要破损面积不超过 50%，由于沾污、破损等所丢失的信息，仍可被正常译出。

6）容易制作且成本很低。利用现有的点阵、激光、喷墨、热敏/热转印、制卡机等打印技术，即可在纸张、卡片、PVC、甚至金属表面上印出 PDF417 二维条码。由此所增加的费用仅是油墨的成本，因此人们又称 PDF417 是"零成本"技术。

7）条码符号的形状可变。同样的信息量，PDF417 条码的形状可以根据载体面积及美工设计等进行自我调整。

二维条码有行排式（堆叠式）、矩阵式和邮政码三种。行排式编码原理是建立在一维条码基础之上，按需要堆积成两行或者多行，由于行数的增加，对行的辨别、解码算法及软件都与一维条形码有所不同。较具代表性的堆叠式二维条码有 PDF417、Code16K、Supercode、Code49 等。矩阵式二维条码是以矩阵的形式组成，在矩阵相应元素位置上，用点（dot）的出现表示二进制的"1"，不出现表示二进制的"0"，点的排列组合确定了矩阵码所代表的意义。其中点可以是方点、圆点或其他形状的点。矩阵码是建立在计算机图像处理技术、组合编码原理等基础上的图形符号自动辨识的码制，已不太适合称为"条形码"。具有代表性的矩阵式二维条码有 QR、GM、CM、DM 等，大多数矩阵式二维条码必须采用照相方法识读。邮政码是邮政系统专用编码，它是通过对不同长度的条进行编码。如 Postent、BPO4-State 等。

　　PDF417 条码是一种多层、可变长度、具有较高容量和纠错能力的二维条码，每一个条码字符由 4 个条和 4 个空共 17 个模块构成，故称为 PDF417 条码，符号结构如图 2-22 所示。PDF417 条码可表示数字、字母或二进制数据，也可表示汉字。一个 PDF417 条码最多可容纳 1850 个 ASCII 字符或者 1108 个字节的二进制数，或者 2710 个数字信息。PDF417 的纠错能力分为 9 级，级别越高，纠正能力越强。由于这种纠错功能，使得污损的 417 条码也可以正确读出。我国目前已制定了 PDF417 码的国家标准。PDF417 条码需要有 417 解码功能的条码阅读器才能识别。PDF417 条码最大的优势在于其庞大的数据容量和极强的纠错能力。

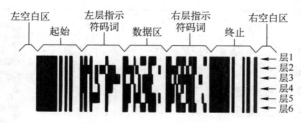

图 2-22　PDF471 符号结构

　　QR 码是目前日本最流行的二维平面条码，1994 年由日本 Denso-Wave 公司发明。QR 码呈正方形，只有黑白两色。在 3 个角落，印有像"回"字的小正方图案，用于解码软件定位，如图 2-23 所示。一个 QR 码最多可容纳 2953B 的二进制数或者 7089 个数字信息或者 4296 个字母字符。QR 码除具有上述二维码所具有的基本优点外，还能够有效地表达中国汉字和日本汉字，同时具有超高速及全方位识读特性，因此广泛应用于工业自动化生产管理等领域。

图 2-23　QR 码符号结构

　　DM 码是一种矩阵式二维条码，其符号由规则排列的方形模块构成的数据区组成，最大可容纳 3116 个数字或 1556B 二进制数或者 700 多个汉字。

　　（3）一维码与二维码的比较

　　一维码是由一组等高、黑白相间、粗细不同的条纹组成的结构；二维码通常为方形结构，不单由横向和纵向宽窄不同、黑白相间的条码组成，而且码区内还会有多边形的图案。一维码只能识别商品的名称、价格等基本信息，要调用更多的信息，需要计算机数据库的进一步配合；二维码不但具备识别功能，而且可显示更详细的商品内容。例如衣服，不但可以显示衣服名称和价格，还可以显示采用的是什么材料，每种材料占的百分比，衣服尺寸，适合身高多少的人穿着，以及一些洗涤注意事项等，无须计算机数据库的配合，简单方便。一维码设备成本低廉、使用广泛，但只支持英文或数字、信息量少；二维码信息密度高、数据量大，具备纠错能力、安全性高，支持多种文字，包括英文、中文、数字等。

一维条码与二维条码的比较见表 2-2。

表 2-2　一维条码和二维条码的比较

比较项目 条码类别	信息密度与 信息容量	错误检验及 纠错能力	垂直方向是否 携带信息	用　途	对数据库和通 信网络的依赖	识 读 设 备
一维条码	信息密度低，信息容量较小	可通过校验字符进行校验，没有纠错能力	不携带信息	对物品的标识	多数应用场合依赖数据库及通信网络	可用扫描器识读，如光笔、矩阵 CCD、激光枪等
二维条码	信息密度高，信息容量大	具有错误校验和纠错能力，可根据需要设置不同的纠错级别	携带信息	对物品的描述	可不依赖数据库及通信网络而单独使用	对于行排式二维条码可用线扫描器多次识读；对于矩阵式二维条码仅能用图像扫描器识读

（4）三维条码

三维条码是近几年在二维条码的基础上研发的新型条码技术，即 3D Barcode。根据笛卡儿三维空间坐标理论，有两种三维条码模型，一种是**加入色彩或者灰度作为第三维**，得到具有**不同灰度或者不同色彩的平面三维条码**，其外形如图 2-24 所示；另一种是**增加直轴（z 轴）得到立体条码**。

目前，技术人员已研制出了彩色三维条码。例如，日本某公司研发出的一种三维条码，由 24 层颜色组成，能够承载的信息是

图 2-24　三维条码外形图

0.6~1.8MB，这样的容量足够可以放得下一首 MP3 或者一段小视频。目前还有韩国延世大学推出的彩色条码（Color Code），并提供其在相关多媒体领域的应用；美国微软公司推出的高容量彩色条码——三维矩阵式条码（HCCB）。我国也已经在三维彩色条码领域取得了突破。如深圳市必晖科技公司和深圳大学光电子学研究所共同研究开发的任意进制三维条码就是一种高质量的彩色条码，其存储信息量大，具有自主知识产权，可以大规模推广。

截至目前，立体条形码还没有成熟产品出现，其研发还有待于进一步深入，但其研究价值不可估量。随着技术的发展，立体三维条码不仅可以在凹凸不平的表面进行印刷，而且可以实现纳米级别的印刷。例如，在钻石表面印刷立体三维条码，不仅可以实现防伪，而且可以存储更多的信息。现在已有不少研发机构已经将三维条码作为研究方向。

三维条码相对于一维和二维条码，具有明显的优点，包括存储信息量大、清晰度高、质量高等，适合存储大容量的信息，特别是在与多媒体应用结合的领域上。随着物联网技术新时代的到来，将有越来越多的人研究三维条码。相信在不久的将来，人们可以真正应用到三维条码，从而使生活更加多彩多姿。

2.3.3 条码的符号结构

一个完整的条码符号是由两侧空白区（静区）、起始字符、数据字符、校验字符（可选）和终止字符，以及供人工输入识读的数字字符组成，其排列方式见表2-3。符号结构如图2-25所示。

表2-3 条码符的排列顺序

排列序号	1	2	3	4	5	6
字符区	静区（左）	起始字符	数据字符	校验字符	终止字符	静区（右）

1）静区是位于条码两侧无任何符号及信息的空白区域，其作用是提示条码阅读器准备扫描。

2）起始字符是条码符号的第一位字符，标志一个条码符号的开始，阅读器确认此字符存在后开始处理扫描脉冲。

3）数据字符是位于起始符后面的字符，标志一个条码符号的数值，其结构不同于起始字符，可允许进行双向扫描。数据字符由0~9的10个数字组成，这些数字中有国家（地区）代码、厂商代码、产品编码及检验码，如图2-26所示。因此商品条码可以说是任何国家、地区、厂商以及任何商品独一无二的"身份证统一号码"，也可以说是商品流通于国际市场的"通用语言"。

图2-25 条码符号的结构

图2-26 条码数据字符的结构

4）校验字符代表一种算术运算的结果，阅读器在对条码进行解码时，对读入的各字符进行运算，如运算结果与校验字符相同，则判定此次识别正确，阅读有效。

2.3.4 条码的编码技术

1. 相关的基本概念

（1）码制

码制是指条码中条和空的排列规则或者编码方法，条、空图案对各种数据的编码方法各有不同。每种码制都具有固定的编码容量和所规定的条码字符集。条码的码制很多，常见的大概有二十多种。常用的一维条码如：Code39码（标准39码）、Codabar码（库德巴码）、ITF25码（交叉25码）、Matrix25码、EAN码等。二维条码如：美国PDF417码、日本QR码、韩国DM码、中国GM码和CM码等。

目前，国际广泛使用的条码种类如下。

1）EAN、UPC 码：商品条码，用于在世界范围内唯一标识一种商品。超市中最常见的就是这种条码。EAN 码是当今世界上广为使用的商品条码，UPC 码主要为美国和加拿大使用。

2）Code39 码：可用数字和字母表示，限制很少，而且支持汉语数字，因此在国内管理领域应用最广。

3）ITF25 码：在物流管理中应用较多。

4）Codebar 码：主要用于医疗、图书馆、照相馆等业务。

（2）编码

编码是指按一定规则，用条、空图案对一组数字或一个字符集合的表示方法。条码编码方法一般有两种：宽度调节法和模块组配法。

1）宽度调节法。宽度调节法是指条码的条、空的宽窄设置不同。用宽单元表示二进制"1"，用窄单元表示二进制"0"，宽单元通常是窄单元的 2~3 倍。常用的 39 条码、Codabar 码、ITF25 码均属按宽度调节法编码的条码符号。

2）模块组合法。模块组合法是指条码符号的条与空是由标准宽度的若干个模块组合而成。一个标准宽度的条模块表示二进制"1"，一个标准宽度的空模块表示二进制"0"。如图 2-27 所示。通用商品条码（EAN 码）、UPC 码、93 码（code93）、128 码等均属按模块组配法编码的条码符号。

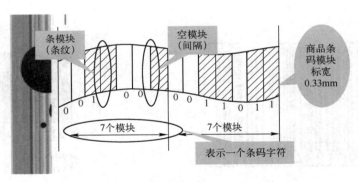

图 2-27　模块组合法编码

（3）编码的检验与纠错

所谓编码的检验与纠错，是指通过各种编码检验方法，来降低传输和接收信号的误码率（Bit Error Rate，BER）。

1）一维条码的检验与纠错。一维码主要采用校验码来检验和保证条空比的正确性。有些条码标准中含有校验码的计算方法，有些条码在一个条码字符内部就含有校验的机制。

2）二维条码的纠错。二维码在保障识读正确方面采用了更为复杂、技术含量更高的方法。其纠错的目的，是为了当二维条码存在一定局部破损的情况时，采用替代运算等方法能够还原出正确的条码信息。不同二维条码可能采用不同的纠错算法，例如 PDF417 码，在纠错方法上采用里德-索罗门（Reed-Solomon）算法。如图 2-28 所示。

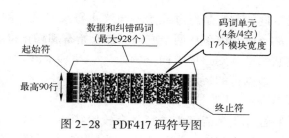

图2-28　PDF417码符号图

（4）编码容量

每个码制都有一定的编码容量，这是由其编码方法决定的。编码容量限制了条码字符集中所含字符的数目。

对于宽度调节法编码，编码容量为

$$C_n^k = \frac{n(n-1)(n-2)\cdots(n-k+1)}{k!}$$

式中，n 是每一条码字符中所包含的单元总数；k 是宽单元或窄单元的数量。

对于模块组合法编码，编码容量为

$$C_{n-1}^{2k-1} = \frac{(n-1)(n-2)(n-3)\cdots[(n-1)-(2k-1)+1]}{(2k-1)!}$$

式中，n 为每一条码字符中所包含的模块总数；k 是每一条码字符中条或空的数量，k 应满足 $1 \leqslant k \leqslant n/2$。

（5）条码字符集

条码字符集是指某种码制所表示的字符的集合。条码字符中字符总数不能大于该种码制的编码容量。有些码制仅能表示 0~9 的 10 个数字字符，如 EAN 码、UPC 码，25 码等；有些码制除了能表示 10 个数字字符外，还可以表示几个特殊字符，如库德巴码、39 码可表示数字字符 0~9，26 个英文字母 A~Z 以及加（＋）、减（－）、乘（＊）、除/、空格（ ）、圆点（.）、冒号（:）、美元符号（＄）等一些特殊符号。

（6）连续性与非连续性

条码符号的连续性是指每个条码字符之间不存在间隔，而非连续性是指每个条码字符之间存在间隔。从某种意义上讲，由于连续性条码不存在条码字符间隔，即密度相对较高，而非连续性条码的密度相对较低，且字符间隔引起误差较大。

（7）定长条码与非定长条码

定长条码是指仅能表示固定字符个数的条码。非定长条码是指能表示可变字符格式的条码。例如：EAN、UPC 码是定长条码（如 EAN13 仅能表示 13 个字符），39 码为非定长条码。定长条码由于限制了表示字符的个数，译码的误读率相对较低，因为就一个完整的条码符号而言，任何信息的丢失总会导致译码的失败。非定长条码具有灵活、方便等优点，但受扫描器及印刷面积的控制，它不能表示任意多个字符，并且在扫描阅读过程中可能因信息丢失而导致译码错误。

（8）双向可读性

条码符号的双向可读性，是指从左、右两侧开始扫描都可以被识别的特性，绝大多数码制都具有双向可读性。事实上，双向可读性不仅仅是条码符号本身的特性，还是条码符号和扫描设备的综合特性。对于双向可读的条码，识读过程中译码器需要判别扫描方向。有些类型的条码符号，其扫描方向的判定是通过起始符与终止符来完成。例如 39 码、交错 25 码、库德巴码等。有些类型的条码，由于从两个方向扫描起始符和终止符所产生的数字脉冲信号完全相同，所以无法用它们来判别扫描方向。例如：EAN 和 UPC 码，在这种情况下，扫描方向的判别则是通过条码数据符的特定组合来完成的。

（9）自校验特性

条码符号的自校验特性是指条码字符本身具有校验特性。例如 39 码、库德巴码、交叉 25 码都具有自校验功能；EAN 和 UPC 码、93 码、矩阵 25 码等都没有自校验功能。自校验功能也能校验出一些印刷缺陷。对于某种码制，是否具有自校验功能是由其编码结构决定的。码制设计者在设计条码符号时，就已经确定了该条码是否有此功能。

（10）条码符号的密度

条码符号的密度是指单位长度上所含有的条码字符的个数。显然，对于任何一种码制来说，各单元的宽度越小，条码符号的密度就越高，也越节约印刷面积。但由于印刷条件及扫描条件的限制，很难把条码符号的密度做得太高。39 码的最高密度为 9.4 个/25.4 mm（9.4 个/英寸），库德巴码的最高密度为 10.0 个/25.4 mm（10.0 个/英寸），交叉 25 码的最高密度为 17.7 个/25.4 mm（17.7 个/英寸）。对于一种条码符号，密度越高，所需扫描设备的分辨率也就越高，而扫描设备分辨率越高，设备对印刷缺陷的敏感程度就越高。

2.3.5　条码的识读

（1）条码识读原理

条码识读主要是利用条和空的"色度识别"和"宽度识别"兼有二进制赋值方式。色度识别是通过条和空对光反射率不同进行识别，条码扫描器接收到强弱不同的反射光信号，相应地产生高低不同的电脉冲。宽度识别是由条码符号中条、空的宽度不同，来决定高低不同电脉冲信号的长短，如图 2-29 所示。

（2）识读系统的组成

条码识读系统主要由扫描系统、信号整形、译码三部分组成，如图 2-30 所示。扫描系统由光电转换器件组成，通过对条码符号的光学扫描，将条空图案的光强信号转换成电信号；信号整形部分由信号放大、滤波和整形电路组成，其

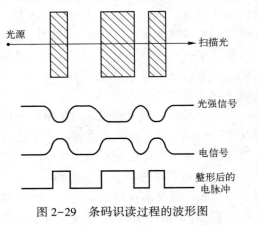

图 2-29　条码识读过程的波形图

功能是将光电扫描信号处理成为具有标准电位的矩形波信号，其高低电平的宽度和条码符号的条空尺寸对应；译码部分一般由嵌入式微处理器组成，它的功能就是对条码的矩形波信号进行译码，其结果通过接口电路输出到条码应用系统中的数据终端。条码识读器的通信接口主要有串行接口和键盘接口。扫描器得到的扫描数据由串口输入，需要外接电源驱动或直接读取串口数据；键盘接口是与计算机通信的接口，通过一根四芯电缆数据线串行传递扫描信息，这种方式可以在各种操作系统上直接使用，不需要外接电源。

（3）常用的识读设备

常用的条码识读设备主要有：激光枪、CCD（Charge Coupled Device）扫描器和全向式

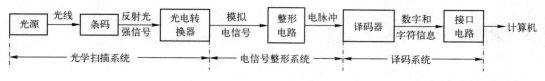

图 2-30　条码识读系统的组成

激光扫描器等。条码识读设备按扫描方式分为接触式和非接触式，接触式有光笔、卡槽式扫描器、平台式激光扫描器等；非接触式有 CCD 扫描器和手持式激光扫描器（激光枪）等。按操作方式分为手持式和固定式两种，手持式如光笔、CCD 扫描器和激光枪等；固定式如卡槽式扫描器和平台式扫描器等。按扫描方向分为单向和全向，单向扫描器如光笔、CCD 扫描器、激光枪等；全向扫描器如卡槽式扫描器、平台式扫描器等。

1）激光枪。对识读距离适应能力强；具有穿透保护膜识读能力，识读的精度和速度较易提高。但对识读的角度要求较为严格；只能识读排行式二维码，如 PDF417 码和一维码。激光枪的外形和原理如图 2-31 所示。

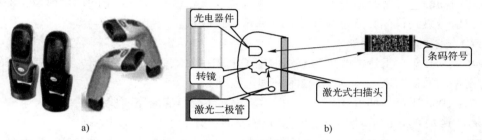

图 2-31　激光枪的外形和原理图
a）外形图　b）原理图

2）CCD 扫描器。一种电子自动扫描的光电转换器，主要采用了 CCD——电荷耦合装置。其特点是无须任何机械运动部件，便可以实现对条码符号的自动扫描，具有性能可靠、寿命长、景深小等特点，且价格比激光枪便宜，但可测条码的长度受限制。外形如图 2-32 所示。

图 2-32　CCD 扫描器外形图

3）全向扫描器。全向式激光扫描器，对于标准尺寸的条码以任何方向通过扫描器时都能被整体扫描识读。其外形如图 2-33 所示。

图 2-33　全向（光笔与卡条式）扫描器外形图

2.4 射频识别技术

2.4.1 RFID 简介

射频识别（Radio Frequency Identification，RFID）技术，俗称**电子标签**，是一种自动识别技术，利用无线射频信号通过空间耦合（交变磁场或电磁场）实现无接触信息采集和传递，并通过所传递的信息达到识别特定目标并读写相关数据的目的。**RFID 是一种非接触、双向通信、简单方便的自动识别技术**，只由一个阅读器和目标电子标签两个基本器件组成。它通过射频信号自动识别目标对象并获取相关数据，识别工作无须人工干预，可工作于各种恶劣环境，可识别高速运动物体并可同时识别多个标签，操作快捷方便，近几年得到高速发展和广泛应用。

从信息传递的基本原理来说，RFID 技术在低频段基于变压器耦合模型，即变压器初级与次级之间的能量传递及信号传递；在高频段基于雷达探测目标的空间耦合模型，即雷达发射电磁波信号碰到目标后携带目标信息返回雷达接收机。

RFID 技术的发展过程如下。

1940~1950 年：雷达的改进和应用催生了 RFID 技术，1948 年哈利·斯托克发表的《利用反射功率的通信》奠定了 RFID 技术的理论基础。

1950~1960 年：早期 RFID 技术的探索阶段，主要是实验室实验研究。

1960~1970 年：RFID 技术的理论得到了发展，开始了一些应用尝试。

1970~1980 年：RFID 技术与产品研发处于一个大发展时期，各种 RFID 技术测试得到加速，出现了一些最早的 RFID 应用。

1980~1990 年：RFID 技术及产品进入商业应用阶段，各种规模应用开始出现。

1990~2000 年：RFID 技术标准化问题日益得到重视，RFID 产品得到广泛应用，并逐渐成为人们生活中的一部分。

2000 年后：标准化问题日益为人们所重视，RFID 产品种类更加丰富，有源电子标签、无源电子标签及半无源电子标签均得到发展，电子标签成本不断降低，规模应用行业扩大。

至今，RFID 技术的理论得到丰富和完善。单芯片电子标签、多芯片电子标签、无线可读可写电子标签、无源电子标签的远距离识别、适应高速移动物体的 RFID 技术与产品正在成为现实并走向应用。

特别是 1999 年 10 月美国麻省理工学院自动识别中心（Auto-ID Center）成立后，迅速提出了产品电子代码 EPC 的概念以及物联网的概念与构架，并积极推进有关概念的基础研究与实验工作。可以说，EPC 与物联网概念的出现，对 RFID 技术的发展与应用起到了极大的推动作用。

2.4.2 RFID 系统的组成及工作原理

1. RFID 系统的组成

RFID 系统因应用不同其组成会有所不同，但基本都由电子标签（Tag）、阅读器（Reader）、射频天线（Antenna）以及后台处理器（Processor）4 部分组成。如图 2-34 所示。

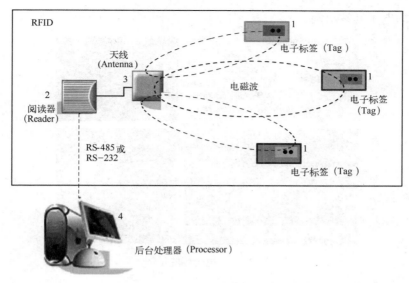

图 2-34　RFID 系统的组成及工作原理

（1）电子标签（Tag）

电子标签，也称射频卡（Radio Frequency Card，RF）或应答器，装设在被识别的物体对象上。电子标签由耦合元件及芯片组成，其中包含带加密逻辑、串行电可擦除及可编程只读存储器 EEPROM、微处理器 CPU、射频收发及相关电路。电子标签具有智能读写和加密通信的功能，它是通过无线电波与读写设备进行数据交换，工作的能量是由阅读器发出的射频脉冲提供。每个标签具有唯一的 EPC 标识，利用阅读器，可以方便、精确地了解物品信息。

按照不同的方式，电子标签的类型及特点见表 2-4。

表 2-4　电子标签的分类

分类方式	种　类	说　明
供电方式	无源卡	卡内无电池，利用波束供电技术将接收到的射频能量转化为直流电源为卡内电路供电，作用距离短，寿命长，对工作环境要求不高
	有源卡	卡内有电源，作用距离较远，寿命有限、体积较大、成本高，且不适合在恶劣环境下工作
载波频率与作用距离	低频卡（LF）	主要有 125 kHz 和 134 kHz 两种，常用于短距离、低成本应用中，如门禁、货物跟踪等
	高频卡（HF）	频率为 13.56 MHz，用于门禁控制和需传送大量数据的应用系统
	超高频卡（UHF）	频率为 433 MHz、915 MHz、2.45 GHz、5.8 GHz 等，应用于需要较长读写距离和高读写速度的场合，如火车监控、高速公路收费以及供应链管理
调制方式	主动式	用自身的射频能量主动地发送数据给阅读器
	被动式	使用调制散射方式发射数据，它必须利用阅读器的载波调制自己的信号
耦合情况与作用距离	密耦合卡	作用距离小于 1 cm
	近耦合卡	作用距离小于 15 cm
	疏耦合卡	作用距离约 1 m
	远距离卡	作用距离从 1~10 m，甚至更远
芯片	只读卡	只读，唯一且无法修改的标识、价格低
	读写卡	可擦写，可反复使用，价格较高
	CPU 卡	芯片内部包含 CPU、存储单元、I/O 接口单元。存储容量大，可重复使用，价格高

图 2-35 为电子标签示例。

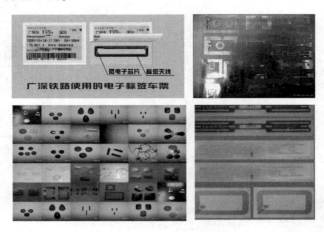

图 2-35 电子标签示例

（2）阅读器（Reader）

阅读器，也称为读写器、查询器、读卡器等，**主要负责将主机的读写命令加密后传送到电子标签，将电子标签返回的数据初始化、解密后送到主机**。阅读器主要由收发模块、控制模块（微处理器）、接口电路及天线等组成。如图 2-36 所示。

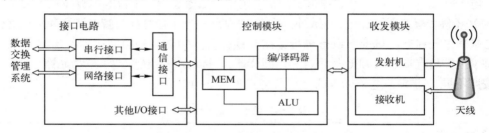

图 2-36 阅读器组成示意图

收发模块包括发射机（Transmitter）和接收机（Receiver）。发射机负责在读写区域内发送电磁波功率信号，接收机负责接收从标签读入的数据信号，并传送给控制模块。收发模块通过天线实现对外收发功能，目前有的收发模块可同时联结 4 根天线。

控制模块包括微处理器 CPU 和存储器 MEM。CPU 是实现阅读器和电子标签之间通信协议的器件，同时完成发送信号的加密、接收信号的解密和数据纠错功能，另外还有低级的数据滤波和逻辑处理功能。存储器用于存储阅读器的配置参数和阅读标签的列表，存储容量的大小受实际应用情况的限制。

通信接口为阅读器和外部通信提供指令和响应，根据通信要求可分为串行通信接口和网络接口。串行接口通过 RS-232 或 RS-485 与外部主机通信，是目前 RFID 普遍采用的通信接口；网络接口通过有线或无线方式联结网络阅读器和主机，随着物联网技术的推广应用，网络接口会作为一个标准逐渐成为主流。

在 RFID 相关产品中，阅读器的含金量是最高的，因为它是半导体技术、射频技术、高效解码算法等多种技术的集合。阅读器从外形上大体上可分为手持式和固定式，手持式阅读器通常是无线的，固定式的阅读器则有无线与有线两种。从工作方式来看，阅读器种类繁多，按工作频率可分为超高频、高频和低频阅读器。通常低频阅读器的读写距离不超过 0.5 m，高频阅读器的读写距离约为 1 m，超高频阅读器读写距离通常在 1~10 m；阅读器的读写距离通常还会受到环境干扰以及阅读器的稳定性等因素影响而有所改变；此外，若采用有源标签，则读取距离可达到 100 m。按配置可分为带 CPU、预装操作系统的 PAD 阅读器与普通阅读器；按与后台计算机的信息传输方式可分为无线或者有线阅读器等。

有线阅读器基于有线局域网实现传输功能。将有线阅读器布置于设置好的位置，读取数据通过 TCP/IP 组网方式，利用交换机连接计算机进行数据交互。有线网络可与局域网融为一体，其优点是可以使用成熟的有线局域网，数据传输稳定可靠、反应迅速，并且没有距离的限制；其缺点在于布线较为烦琐。有线阅读器通常适合于有线局域网络布置方便、工位固定、使用量大、跨地域的纺织、服装及玩具等劳动密集型制造行业。

无线阅读器基于无线局域网实现传输功能。阅读器通过接在计算机上的无线基站以无线通信的方式和计算机进行数据交互。其优点在于阅读器与后台处理机组网布置灵活，省去布线的麻烦，并且技术成熟、网络容量大；其缺点是易受其他无线信号的干扰，因此，无线阅读器更适合于无线信号干扰少，对工作环境整洁程度要求高的制造企业。对于无线传输方式，目前的解决方案有两种，一种是基于 WiFi 技术，另一种是基于 ZigBee 技术，这两种技术将在第 3 章中进行介绍。

阅读器示例如图 2-37 所示。

图 2-37　阅读器示例

（3）天线（Antenna）

天线是一种以电磁波的形式把前端射频功率信号接收进来或辐射出去的装置，是电路与空间的界面器件，用来实现行波与自由空间波能量的转化。RFID 系统中的天线分为两类，一类是电子标签上的天线，和电子标签集成为一体，负责接收能量；另一类是阅读器天线，既可以内置于阅读器中，也可以通过同轴电缆与阅读器的射频输出端口相连，用来发射能量。目前的 RFID 系统主要集中在低频（LF：135 kHz）、高频（HF：13.56 MHz）、超高频（UHF：860-960 MHz）和微波频段（2.45 GHz），不同工作频段的 RFID 系统天线的原理和设计有着根本上的不同。天线的增益和阻抗特性会对 RFID 系统的作用和距离产生影响，RFID 系统的工作频段反过来对天线尺寸以及辐射损耗有一定要求。因此在实际应用中，天线参数设计是影响 RFID 识别范围的主要因素。高性能的天线不仅要求具有良好的阻抗匹配特性，还需要根据应用环境的特点对方向特性、极化特性和频率特性等进行专门设计。

对于 LF 和 HF 两个频段，系统工作在天线的近场，标签所需的能量都是通过电感耦合方式由阅读器的耦合线圈辐射近场获得，工作方式为电感耦合。其特点是能量不向外辐射，只在天线表面附近进行电、磁能量的交换，实际上不涉及电磁波传播的问题，天线设计比较简单，一般采用工艺简单、成本低廉的线圈型天线。线圈型天线实质上就是一个谐振电路，工作原理完全类似于变压器原理。

对于超高频和微波频段，阅读器天线要为标签提供能量或唤醒有源标签，工作距离较远，一般位于阅读器天线的远场，电磁场以电磁波形式向外辐射能量。此时，天线设计对系统性能影响较大，多采用偶极子型或微带贴片天线。

偶极子天线，也称为对称振子天线，由两段同样粗细和等长的直导线排成一条直线构成。信号从中间的两个端点馈入，在偶极子的两臂上将产生一定的电流分布，这种电流分布就会在天线周围空间，激发电磁场。这种天线辐射能力强，制造工艺简单，成本低，具有全方位性。微带贴片天线通常是由金属薄片粘贴在背面有导体接地板的介质基片上形成，具有质量轻、体积小、剖面薄的特点，其馈线和匹配网络可以和天线同时制作，与通信系统的印制电路集成在一起，贴片又可采用光刻工艺制造，成本低、易于大量生产。这种天线以其馈电方式和极化制式的多样性，以及馈电网络、有源电路集成一体化等特点而成为印制天线类的主角，而且其识别方向基本确定。因此，微带贴片天线非常适用于通信方向变化不大的 RFID 应用系统中。

天线的目标是传输最大的能量，这就需要仔细地设计天线和自由空间及其电路的匹配，天线匹配程度越高，其辐射性能越好。在传统的天线设计中，可以通过控制天线尺寸和结构，通过阻抗匹配转换器使其输入阻抗与馈线匹配。一般天线的开发是基于 50 Ω 或75 Ω 阻抗，而在 RFID 系统中，芯片的输入阻抗可能是任意值，并且很难在工作状态下准确测试，天线的设计也就不容易达到最好。

对于近距离 RFID 应用，天线一般和阅读器集成在一起；对于远距离 RFID 系统，阅读器天线和阅读器一般采取分离式结构，通过阻抗匹配的同轴电缆连接。一般来说，方向性天线由于具有较少回波损耗，比较适合标签应用；对于分离式阅读器，还将涉及天线阵的设计问题。国外已经开始研究在阅读器中应用智能波束扫描天线阵，使阅读器可以按照一定的处理顺序，"智能"地打开和关闭不同的天线，感知不同天线覆盖区域的标签，从而增大 RFID 系统的覆盖范围。

（4）后台处理器（Processor）

后台处理器即主计算机系统。RFID 通过阅读器的 RS-232 或 RS-485 标准接口与后台处理器连接，进行数据交换。主要完成数据信息的存储及管理、对电子标签进行读写、控制和管理等功能。

2. RFID 系统工作原理

RFID 系统的基本工作流程是：阅读器通过发射天线发送一定频率的射频信号，当装设有电子标签的设备进入发射天线工作区域时，电子标签内产生感应电流，获得能量被激活；电子标签将自身编码等信息通过卡内置发送天线发送出去；系统接收天线接收到电子标签发送来的载波信号，经天线调节器传送到阅读器，阅读器对接收的信号进行解调和解码，送到后台主系统进行相关处理；主系统根据逻辑运算判断该卡的合法性，针对不同的设定做出相应的处理和控制，发出指令信号控制执行机构动作。

RFID 技术与传统条码技术比较见表 2-5。

表 2-5　REID 技术与传统条码识别技术比较

	条　码	RFID
扫描方式	1 次扫描 1 个条码	可同时辨别和识读数个 RFID 标签
数据量	标签存储信息有限	标签体积小型化，形状多样化、数据记忆量大
使用	条码印刷后无法更改	可重复读、写、修改数据
抗污染能力和耐久性	受污染及潮湿影响严重	对水、油化学药品抵抗力强，数据存储在芯片中，几乎不受影响
读取距离	近距离且无物体阻挡	能够进行穿透性阅读和识别
识别速度	慢	快
成本	低	高

2.4.3　RFID 中间件技术

RFID 潜力无穷，应用各式各样，如何解决现有应用系统与 RFID 阅读器连接的问题就成为 RFID 应用的核心技术问题。因此，**将连接 RFID 阅读器和用户应用程序的一组通用的应用程序接口**（Application Programming Interface，API）**称为 RFID 中间件**（Middleware）。中间件是 API 定义的一个软件层，是一组独立的系统软件或服务程序，在硬件（RFID Reader）和软件（用户应用程序）之间起中间桥梁的作用，完成与上层复杂应用的信息交换，相当于 RFID 技术的神经中枢。中间件可以屏蔽 RFID 设备的多样性和复杂性，能够为后台服务系统提供强大的支撑，加速关键应用的问世。中间件位于客户机服务器操作系统之上，管理计算机资源和网络通信，分布式应用软件借助中间件在不同的技术之间实现资源共享。

RFID 中间件的任务主要是对阅读器传来的数据进行过滤、汇总、计算、分组，减少从阅读器传往应用系统的大量原始数据，生成加入了语义解释的事件数据。具体分三个方面，即隔离应用层与设备接口，处理阅读器与传感器捕获的原始数据，提供应用层接口用于管理阅读器、查询 RFID 观测数据。基于这三个应用，大多数中间件应有读写适配器、事件管理器和应用程序接口三个组件组成。其结构如图 2-38 所示。

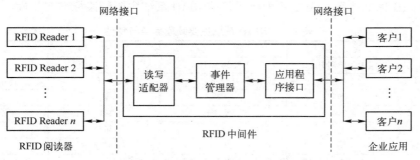

图 2-38　RFID 中间件结构示意图

读写适配器的作用是提供一种通用标准的阅读器应用接口，来消除不同阅读器与 API 之间的差别。这样，就消除了每个应用程序都必须编写适应于不同类型阅读器 API 程序的麻烦。事件管理器的作用是进行数据预处理，按照规则取得制定的数据。阅读器不断从电子标签读取大量未经处理的数据，因此必须进行去重复和过滤，并且按照应用程序定制的数据集合，对不同子集的数据进行分类和汇总。应用程序接口的作用是提供一个基于标准的服务接口，为 RFID 数据的收集提供应用程序层语义，以满足大量应用的需要。

根据 RFID 中间件的任务和结构可以看出，RFID 中间件具有下列特点。

1）**独立架构**（Insulation Infrastructure）。RFID 中间件独立，介于 RFID 阅读器与后端应用程序之间，并且能够与多个 RFID 阅读器以及多个后端应用程序连接，以减轻架构与维护的复杂性。

2）**数据流**（Data Flow）。RFID 的主要目的在于将实体对象转换为信息环境下的虚拟对象，因此数据处理是 RFID 最重要的功能。RFID 中间件具有数据的搜集、过滤、整合与传递等特性，以便将正确的对象信息传到后端的应用系统。

3）**处理流**（Process Flow）。RFID 中间件采用程序逻辑及存储再转送（Store-and-Forward）功能来提供顺序的消息流，具有数据流设计与管理的能力。

4）**标准**（Standard）。作为一个中间件，应具备通用性和易用性，即应有标准的协议和接口。EPCglobal 已经为各种产品的全球唯一识别号码提出通用标准。

2.4.4　RFID 技术标准

RFID 的标准即 RFID 的硬件、软件技术和应用的全球通用规范。由于 RFID 的应用涉及众多行业，因此其相关的标准复杂多样。可以归为四类：技术标准（如 RFID 软、硬件技术标准等）；数据内容与编码标准（如电子标签数据编码格式、语法标准等）；性能与一致性标准（如测试规范等）；应用标准（如船运标签、产品包装标准等）。具体来讲，RFID 相关的标准涉及电气特性、通信频率、数据格式、通信协议、安全、测试及应用等方面。RFID 系统主要由数据采集和后台数据库网络应用系统两大部分组成。目前已经发布或者正在制定中的标准主要是与数据采集相关的，具体有电子标签与阅读器之间的空中接口、阅读器与计算机之间的数据交换协议、RFID 电子标签与阅读器的性能和一致性测试规范以及 RFID 电子标签的数据内容编码标准等。

目前国际上存在 3 个主要的 RFID 技术标准体系：ISO/IEC 国际标准体系、美国麻省理工学院 Auto-ID Center 的 EPCglobal 标准体系和日本泛在中心（Ubiquitous ID Center，UIC）的 Ubiquitous ID 标准体系。表 2-6 列出了目前 RFID 系统主要频段标准与特性。

表 2-6　RFID 系统主要频段标准与特性

	低　频	高　频	超 高 频	微　波
工作频率	125～134 kHz	13.56 MHz	868～915 MHz	2.45～5.8 GHz
读取距离	1.2 m	1.2 m	4 m（美国）	15 m（美国）
速度	慢	中等	快	很快
潮湿环境	无影响	无影响	影响较大	影响较大
方向性	无	无	部分	有
全球适用频率	是	是	部分	部分
现有 ISO 标准	11784/85，14223	14443，18000-3，15693	18000-6	18000-4/555

1. ISO/IEC 标准体系

ISO/IEC 是信息技术领域内最重要的国际标准化组织。根据 ISO/IEC JTC31 RFID 技术的标准化工作计划，ISO 将 RFID 的国际标准分为空中接口标准、数据结构标准、一致性测试标准和应用标准 4 个方面。图 2-39 给出了 ISO/IEC RFID 标准体系的基本内容。

图 2-39 清晰地显示了各标准之间的层次关系。最底层的 ISO/IEC 15963 规定了电子标签唯一标识的编码标准；中间层的 ISO/IEC 15962 规定了数据的编码、压缩、逻辑内存映射

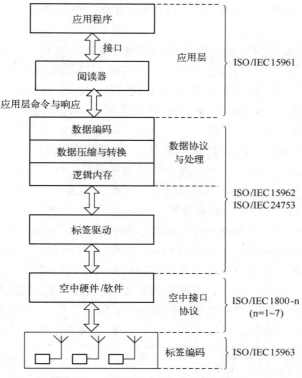

图 2-39 ISO/IEC RFID 标准体系框图

格式，以及如何将电子标签中的数据转化为应用程序匹配的方式，ISO/IEC 24753 扩展了 ISO/IEC 15962 的数据处理能力，适用于具有辅助电源和传感器功能的电子标签；ISO/IEC 15961 规定了阅读器与应用程序之间的接口，侧重于应用层命令与数据之间的数据交换标准。

在 ISO 的标准体系中，ISO 18000 系列标准对 RFID 技术及应用的研究相对比较完整，起到最为核心的作用，定义了 RFID 标签和阅读器之间的信号形式、编解码规范、多标签碰撞协议以及命令格式等内容，为所有 RFID 设备的空中接口通信提供了全面的指导，具有广泛的通用性。其中 ISO/IEC 18000-1 提供了基本的信息定义和系统描述，ISO/IEC 18000-2~7 分别定义了不同频段的空中接口通信协议参数，如 125～134.2 kHz、13.56 MHz、433 MHz、860～960 MHz、2.45 GHz、5.8 GHz 等。

2. EPCglobal 标准体系

EPCglobal 是由美国统一代码委员会（UCC）和国际物品编码协会（EAN）于 2003 年联合发起成立的一个独立的非营利性机构和产业联盟，UCC 和 EAN 分别是推广北美和欧洲条形编码的组织。EPCglobal 的前身是 1999 年 10 月在美国麻省理工学院成立的非营利性组织 Auto-ID Center。该组织以创建物联网为使命，与众多成员企业共同制定了一个统一的开放技术标准。旗下有零售业巨头沃尔玛集团、英国 Tesco 等 100 多家欧美零售流通企业，同时有 IBM、微软、飞利浦、Auto-ID Lab 等公司提供技术研究支持。目前 EPCglobal 以推广 RFID 电子标签的网络化应用为宗旨，继承了 Auto-ID Center 组织的统一行业内企业的技术标准制定工作，并成立公司（即 EPCglobal Inc）统一研究标准，推动商业应用；此外还负责 EPCglobal 编码注册管理和组织，并已在加拿大、日本、中国等建立了分支机构，专门负责 EPC 码段在这些国家的分配与管理、EPC 相关技术标准的制定、EPC 相关技术在本国宣传普及以及推广应用等工作。

EPCglobal 不但发布了 EPC 电子标签和阅读器方面的技术标准，还推广 RFID 在物流管理领域的网络化管理和应用。可以简单地将 EPCglobal 的研究范围总结为：RFID 技术特性（含电子标签和阅读器的技术特性）、EPC 编码体系、目标命名业务（Object Name Service, ONS），类似于因特网的域名服务器（NDS）系统，使物流环节能够共享 EPC 产品的产地信息和描述物品信息的标准化语言。EPC 以一个面积不足 $1\,mm^2$ 的芯片为载体，可实现二进制 128 字节的信息存储，标识容积可达到：全球 2.68 亿家公司，每个公司生产 1600 万种产品，每种产品生产 680 亿个单件。如此庞大的数据容量足以逐粒标识全球每年生产的全部谷物，足够给全球每类产品中的每件单品都赋予一个唯一的编号，形成一个巨大而稳定的标识空间。因此，EPC global 给每件商品在全球范围内赋予了一个唯一的"身份证"。

EPCglobal 的 RFID 标准体系框架包含硬件、软件、数据标准以及由 EPCglobal 运营的网络共享服务标准等多方面的内容。其目的是从宏观层面列举 EPCglobal 硬件、软件、数据标准以及它们之间的联系，定义网络共享服务的顶层架构，并指导最终用户和设备生产商实施 EPC 的网络服务。EPCglobal RFID 标准框架如图 2-40 所示，包括数据识别、数据获取和数据交换三个层次，其中数据识别层的标准包括 RFID 标签数据标准和协议标准，目的是确保供应链上的不同企业间数据格式和说明的统一性；数据获取层的标准包括阅读器协议标准、

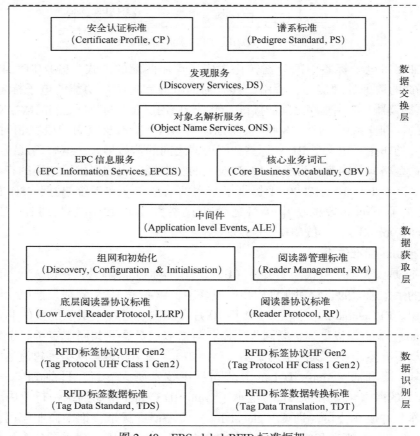

图 2-40 EPC global RFID 标准框架

58

阅读器管理标准、阅读器组网和初始化标准，以及中间件标准等，定义了收集和记录 EPC 数据的主要基础设施组件，并允许最终用户使用具有互操作性的设备建立 RFID 应用；数据交换层的标准包括：EPC 信息服务标准（EPC Information Services，EPCIS）、核心业务词汇标准（Core Business Vocabulary，CBV）、对象名解析服务标准（Object Name Services，ONS）、发现服务标准（Discovery Services，DS）、安全认证标准（Certificate Profile，CP），以及谱系标准（Pedigree Standard）等。

EPCglobal 目前已经发布和准备发布的标准规定的内容和作用见表 2-7。

表 2-7 EPCglobal 标准体系列表

层次	标准名称	发布时间/版本号	规定的内容及应用
数据识别	第二代空中接口协议标准 Gen2（UHF Class 1 Generation 2）	2008 年 5 月 V1.2.0	规定了在 860~960 MHz 高频范围内操作的阅读器与电子标签之间的通信问题
	RFID 标签数据标准（Tag Data Standard，TDS）	2008 年 6 月 V1.4	包括 EPC 体系下的通用标识符（GID）、全球贸易货物代码（GTIN）、系列货运集装箱代码（SSCC）、全球位置编码（GLIN）、全球可回收资产代码（GRAI）、全球个别资产代码（GIAI）的代码结构和编码方法。解决了不同编码系统标准如何在 EPC 标签上应用的问题
	RFID 标签数据转换标准（Tag Data Translation，TDT）	2009 年 6 月 V1.4	规定了不同标签和级别之间的数据转换格式。解决了阅读器如何将标签数据转换到计算机网络的问题
数据获取	底层阅读器协议标准（Low Level Reader Protocol，LLRP）	2007 年 8 月 V1.0.1	LLRP 将使阅读器发挥最佳性能，以准确生成可操作的数据和事件。该标准将进一步增加阅读器的互通性能
	阅读器协议标准（Reader Protocol，RP）	2006 年 6 月 V1.1	RP 是一个接口标准，规定了中间件和阅读器之间的通信协议
	阅读器管理标准（Reader Management，RM）	2007 年 5 月 V1.0.1	通过管理软件控制阅读器的运行情况，解决多个阅读器如何协同工作的问题
	阅读器组网和初始化标准（Discovery, Configuration and Initialization，DCI）	2009 年 6 月 V1.0	规定了阅读器及访问控制机和其工作网络之间的接口，便于用户配置和优化阅读器网络
	应用级事件标准（Application Level Events，ALE）	2009 年 3 月 V1.1.1	规定用户可获取来自各种渠道、经过过滤形成的统一 EPC 接口，增加了完全支持 Gen2 特点的 TID、用户存储器、锁定功能，并可降低从阅读器到应用程序的数据量，将应用程序从设备细节中分离出来，在多种应用之间共享数据。当供应商需求变化时可升级拓展，采用标准 XML 网络服务技术容易集成
数据交换	EPC 信息服务（EPC Information Services，EPCIS）	2007 年 9 月 V1.0.1	定义了一个数学模型和两个接口（采集和查询）。数学模型用标准的方法标识对象的可视信息，如：何物、何地、何时、何因等；采集接口负责生成对象状态、位置等信息；查询接口为内、外系统提供向数据库查询对象 EPC 信息的方法
	谱系标准（Pedigree Standard，PS）	2007 年 1 月 V1.0	定义了供应链中参与各方使用的电子谱系文档的维护和交流架构
	安全认证标准（EPC global Certificate Profile，CP）	2008 年 5 月 V1.0.1	定义了实体在 EPC global Certificate Profile 网络内 X.509 证书签发及使用概况。其中定义的内容是基于互联网工程特别工作组（IETF）和基于公共基础设施（PKTF）工作组制定的两个互联网标准
	对象名解析服务（Object Name Services，ONS）	2008 年 5 月 V1.0.1	ONS 给 EPC 中间件指明了存储产品信息的服务器，是联系 EPC 中间件和后台 EPCIS 服务器的枢纽，且设计和构架都以互联网 DSN 为基础，从而使整个 EPC 系统以互联网为依托迅速架构并延伸到全世界

3. Ubiquitous ID 标准体系

日本 Ubiquitous ID center 成立于 2003 年 3 月，得到了日本政府和大企业的支持。日本泛在中心制定 RFID 标准的思路类似于 EPCglobal，目标也是构建一个完整的标准体系。即从标签编码、空中接口到泛在网络的体系结构，但每部分的具体内容有所不同，为了制定具有知识产权的 RFID 标准，在编码方面制定了 UCode，它能够兼容日本现有的编码体系，也能兼容国际其他的编码体系。在空中接口方面积极参与 ISO/IEC 的标准制定工作，也尽量考虑与 ISO/IEC 标准兼容。在信息共享方面，主要依托日本的泛在网络，可独立于因特网实现信息共享。

日本的泛在网络和 EPCglobal 的物联网是有区别的。EPC 采用业务链的方式，面向企业和产品信息的流动，形成物联网，比较强调和互联网的结合；泛在网络采用扁平式信息采集和分析方式，重在信息的获取与分析，比较强调前端的信息化和集成。

4. 中国 RFID 标准化情况

RFID 标准的制定是促进我国产业发展的基础性工作。作为世界工厂和消费大国，我国完全应该拥有自己的 RFID 标准，只有推出基于自主知识产权的标准和符合标准的产品，才能掌握 RFID 产业发展的主动权。我国在 RFID 技术与应用的标准化研究工作上是有一定基础的，目前已从多个方面开展了相关标准的研究制订工作。

RFID 技术标准的研究制定，是"十一五"期间国家"863"计划的一个课题，这个课题要完成 20~25 项标准的制定工作，主要是编码、空中接口协议、测试和应用标准。到2018 年底均已完成并实时发布。同时，举全国之力"大众创新 万众创业"，积极推动自主创新标准制定、实验和仿真验证及推广应用工作。2012 年 2 月，国家工业和信息化部颁布的"物联网十二五发展规划"中要求，十二五期间物联网标准化方面的发展目标是，要研究制定 200 项以上国家和行业标准。要加快构建标准体系，按照统筹规划、分工协作、保障重点、急用先行的原则，建立高效的标准协调机制，积极推动自主技术标准的国际化，逐步完善物联网标准体系。包括以下几点。

（1）加速完成标准体系框架的建设

全面梳理感知技术、网络通信、应用服务及安全保障等领域的国内外相关标准，做好整体布局和顶层设计，加快构建层次分明的物联网标准体系框架，明确我国物联网发展的急需标准和重点标准。

（2）积极推进共性和关键技术标准的研制

重点支持物联网系统架构等总体标准的研究，加快制定物联网标识和解析、应用接口、数据格式、信息安全、网络管理等基础共性标准，大力推进智能传感器、超高频和微波RFID、传感器网络、M2M、服务支撑等关键技术标准的制定工作。

（3）大力开展重点行业应用标准的研制

面向重点行业需求，依托重点领域应用示范工程，形成以应用示范带动标准研制和推广的机制，做好物联网相关行业标准的研制，形成一系列具有推广价值的应用标准。

2.4.5 RFID 系统应用分析

RFID 技术从 20 世纪 90 年代开始得到广泛关注，尤其在一些 RFID 技术先进的国家，如美国、日本等，以及在以零售业巨头"沃尔玛"为首的用户强力推动下，RFID 技术近年来更是得到了突飞猛进的发展，在物流、零售、军事、身份认证等方面都得到了广泛应用。在我国，虽然 RFID 技术起步较晚，但目前已在"第二代居民身份证"等领域得到应用。

1. RFID 的典型应用

RFID 技术以其独特的优势，逐渐地广泛应用于工业自动化、商业自动化和交通运输控制管理等领域。随着大规模集成电路技术的进步以及生产规模的不断扩大，RFID 产品的成本将不断降低，其应用将越来越广泛。表 2-8 列举了 RFID 技术几个典型的应用领域。

表 2-8 RFID 技术典型应用领域

应用领域	具体应用
物流业	RFID 技术为物流过程中的货物清点、查询、发货、追踪、仓储、配送、港口、邮政、快递等跟踪、管理及监控提供了快捷、准确、自动化的手段。以 RFID 技术为核心的集装箱自动识别，成为全球范围最大的货物跟踪管理应用领域。随着 RFID 技术在开放的物流环节统一标准的研发，物流业将成为 RFID 技术重要的收益行业
交通系统	RFID 技术可用于智能交通管理，出租车管理，公交枢纽管理，铁路机车识别等。铁路车号自动识别是 RFID 技术最普遍的应用，高速公路自动收费系统是 RFID 技术最成功的应用之一，它充分体现了非接触识别的优势，解决了交通瓶颈问题，提高了车行速度和收费结算效率，避免拥堵
零售业	RFID 技术可用于商品的销售数据实时统计、补货、防盗、结算等
电子钱包、电子票据、电子证件等	射频识别卡是 RFID 技术的一个重要应用，可用来制作电子钱包，实现非现金结算。也可用来制作各种电子票据和用于身份识别的电子护照、身份证、学生证等各种电子证件。使用方便快捷
加工制造业	实现实时监控、质量追踪、品牌管理、自动化生产。提高生产效率，节约成本
动物跟踪管理	采用 RFID 技术建立饲养、预防、接种档案等，实现动物驯养、牲口畜牧、宠物识别等自动化跟踪与管理，同时为食品安全提供了保障。还可用于信鸽比赛、赛马识别，以准确测定到达时间
医疗	RFID 技术可用于病人健康实时监测、远程诊断、身份识别和管理，婴儿防盗等
防伪	RFID 标签可用于贵重物品的防伪，票证的防伪等
食品	RFID 技术可用于水果、蔬菜、生鲜、食品等跟踪与保鲜管理
图书	RFID 技术可用于书店、图书馆、出版社等图书的跟踪、分类与管理

2. 国外国内 RFID 技术应用状况对比

RFID 技术在国外发展非常迅速，产品种类繁多。相较于欧美等发达国家或地区，我国在 RFID 产业上的发展较为落后。在超高频 RFID 方面，产品的核心技术基本由外国公司掌握。不过，在低频领域，我国发展较早，技术相对成熟，产品应用广泛，在国际市场上有一定的竞争优势。

应用方面，在北美、欧洲、大洋洲、亚太地区及非洲南部等地，RFID 技术被广泛应用于工业、商业、交通运输等众多领域。早在 1995 年北美铁路系统就采用了 RFID 技术车号自动识别标准；在射频卡应用方面，1996 年韩国就在汉城的 600 辆公共汽车上安装了 RFID 电子月票识别器，实现了非现金结算，方便了市民出行。而欧洲共同体从 1997 年开始，就要求新生产车型必须具有基于 RFID 技术的防盗系统。近年来，澳大利亚开发了用于矿山车辆识别和管理的射频识别系统；在货物的跟踪、管理及监控方面，澳大利亚和英国的西思罗机场将 RFID 技术应用于旅客行李管理中，大大提高了分拣效率，降低了出错率。目前，在世界各发达国家，随处可见 RFID 技术的使用，如机场、车站、停车场、书店、酒店、物流及动物的跟踪管理等方面。RFID 技术的采用，使人们的工作和生活向智能化进了一大步。

在我国，交通、物流、防伪、制造、零售、煤矿等多个行业也普遍使用了 RFID 技术，尤其是近几年，在国家的大力支持与推动下，RFID 技术已经在生产线自动化、仓储管理、电子物品监视系统、货运集装箱的识别以及畜牧管理等多方面有所突破。RFID 技术未来的发展将结合其他高新技术，比如网络通信、GPS、生物识别技术等，由单一识别向多功能识别方向发展，以实现跨地区、跨行业的全方位应用。

3. 应用实例

从技术上看，RFID 最本质的特性就是无线通信技术和自动识别技术，有很多种技术实现方法，也有很多种应用形态。但从技术发展趋势来看，目前所采用的 RFID 技术主要从两个技术领域演变而来：自动识别技术和非接触型智能卡技术。以 RFID 技术为基础，添加不同的技术特征，会出现多种不同领域的扩展应用。以下举几例说明 RFID 技术的具体应用。

（1）电子收费系统（ETC）

电子收费系统（Electronic Toll Collection System，ETC），是利用 RFID 技术实现车辆不停车自动收费的智能交通系统，是目前世界上最先进的路桥收费方式。美国、欧洲、日本等国家和地区的 ETC 系统已经局部联网并逐步形成规模效益，我国从 2019 年开始在全国各地也在逐步实施，将全面取代人工停车收费。ETC 系统工作过程如下。

1）车辆前挡风玻璃上的车载器安装有 RFID 电子标签，收费站车道安装感应阅读器。

2）车辆靠近收费站时，感应器与电子标签进行微波短程通信，识别和阅读电子标签的信息，如车型、行程等。

3）利用计算机联网与银行系统进行后台结算处理，并自动转账收费。

4）利用车辆安装的 RFID 标签、路边安置的感应器还可以得到车辆行驶路径及车流量等相关信息。

图 2-41 为 ETC 系统组成及工作过程示意图。

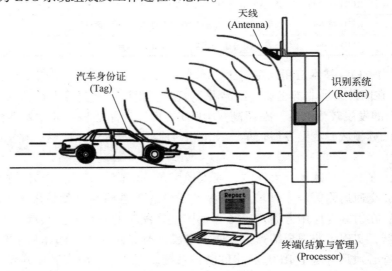

图 2-41　ETC 系统示意图

因此，ETC 系统可以实现车辆通过路桥收费站不需停车而能交纳路桥费的目的，且所交纳的费用经过后台处理后自动分发给相关的收益业主。据统计，在现有的车道上安装 ETC

系统，可以使车道的通行能力提高 3~5 倍。

（2）动物及加工品识别与跟踪系统

所谓动物识别与跟踪，就是在动物身上安装电子标签，并根据动物电子标签中唯一的 ID 码与该动物一一对应，可以随时对动物的相关属性进行跟踪与管理的一项技术。当动物进入 RFID 阅读器的识别范围，或者工人拿着手持阅读器靠近动物时，阅读器就会自动将动物的数据信息识别出来。

国际标准 ISO11784 和 ISO11785 规定了对动物用 RFID 进行识别的编号结构和技术标准，按照此国际标准，射频标签能够做成各种各样的形状。目前，动物电子标签的基本形式有颈圈式、耳标式、玻璃胶囊、可注射式和药丸式五种。

颈圈式和耳标式电子标签属于体外式，适合有油污、雨水的恶劣环境，阅读器与电子标签相距最远数米都可以把数据读出来，但容易丢失。玻璃胶囊标签是一种可以植入动物体内，直径微小，长度仅 12~32 mm 的玻璃胶囊芯片；药丸式电子标签主要是针对牲畜的电子追踪标签，能够被牛和羊等吞咽并保留在胃肠道里面；注射式电子标签是一种最可靠，而且可以跟踪到整个食物链的动物识别系统，但必须满足很高的标准，主要包括生物兼容性、注射的可行性、在静力学和动力学条件下的技术实施性、最后在贸易屠宰中的恢复程序等，尽量避免人类在食物链中的任何风险。

总之，用一个 ISO 国际标准的阅读器，就可以实现对来自世界上任何国家装有电子标签的动物进行识别和跟踪。

近年来，畜禽疾病以及严重农产品残药，进口食品材料激增等食品安全危机频繁发生，引起了全世界的广泛关注。在我国，除了疫病与污染的影响外，还存在养殖过程中滥用兽药现象，严重影响了人们的身体健康。如何对畜禽产品进行有效的生产管理，已成为一个极为迫切的全球性课题。因此 RFID 技术在畜牧业中的应用也应运而生，现在国外一些国家已经在畜牧业中成功应用，我国也逐步推广。RFID 技术在畜牧业中的应用，能够将其生产、养殖、屠宰以及生产加工、流通、消费的各个环节贯穿起来，为消费者提供每一个环节的真实信息，实现全过程的信息融合与质量监控，确保肉食品生产和供应链高质量和全透明。

图 2-42 为山羊跟踪识别系统示意图。

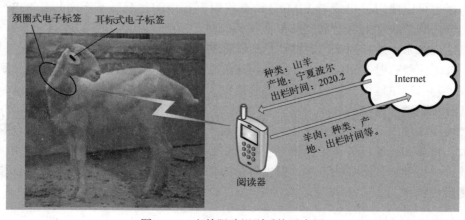

图 2-42　山羊跟踪识别系统示意图

（3）电子腕带实时健康监测系统

电子腕带即镶嵌有 RFID 电子标签的手腕带。将 RFID 手腕带戴在病人或老人的手腕上，不管他们走到哪儿，都可以通过电脑或手机远程监测他们的血压、心率等生命体征，随时了解其健康状况，如图 2-43 所示。另外，RFID 手腕带还可用来进行医院病人识别记录、妇婴识别、医疗管理、门票管理、旅游管理等。腕带有大人手带、婴儿足带等，一般都能做到防水、防静电等，使用方便、安全可靠。

图 2-43　RFID 腕带健康监测示意图

2.5　无线定位技术

2.5.1　无线定位技术概述

定位，即查询和确定目标的位置信息，定位技术是物联网系统应用不可或缺的技术之一。在互联网时代，人们已经不需要查询地图、翻阅报纸，所有的一切，只需要上网搜索，就可以快速获取各类信息，然而人们依然需要事先做好准备，同时也无法应对计划外的情况。到了物联网时代，人们不再需要做事前的准备。开车的时候使用 GPS 定位仪自动导航，想去哪儿就去哪儿；逛街的时候使用手机或者 PDA 可以自动查询附近店铺打折优惠的消息；吃饭的时候也可以使用手机或者 PDA 自动查找附近餐馆的信息，甚至可以给出电子菜单。这一切的方便和快捷都来源于定位技术。

无线定位技术，是指用来判定移动用户位置的测量和计算方法，即定位算法。目前最常用的定位技术主要有时差定位技术、信号到达角度测量技术、到达时间定位技术和到达时间差定位技术等。简单地说，定位就是通过对接收到的无线电波的一些参数进行测量，再利用定位算法计算出被测目标的具体位置。

随着经济条件的改善和数据业务、多媒体业务等的快速增加，人们对定位与导航的需求日益增大。物体和终端设备与定位装置、电子标签等结合后就能产生一系列的应用，成为能跟踪人或物并提供定位服务的工具。根据目标的距离，定位技术分为**室外全球定位技术和室内近距离定位技术**。

2.5.2　GPS 定位技术

全球定位系统（Global Positioning System，GPS）是 20 世纪 70 年代由美军研制的新一

代空间卫星导航定位系统。其主要目的是为陆、海、空三大领域提供实时、全天候和全球性的导航服务，并用于情报收集、核爆监测和应急通信等一些军事目的，经过20余年的研究实验，耗资300亿美元，到1994年3月，全球覆盖率高达98%的24颗GPS卫星已布设完成。该系统是以人造卫星为基础的无线电导航定位系统，是目前世界上最常用的卫星导航系统。GPS使用24颗人造卫星所形成的网络和三角定位法来确定接收器的位置，并提供经纬度坐标，可以达到准确定位。但GPS定位的位置需要在可看见人造卫星或轨道所经过的地方，因此只用于室外定位。图2-44所示为GPS卫星系统及常见的导航终端。

图 2-44　GPS 卫星系统及常见的导航终端
a）GPS　b）GPS 卫星　c）GPS 导航仪　d）GPS 导航仪

GPS计划始于1973年，由美国国防部领导下的卫星导航定位联合计划局（JPO）主导，经过数十年的研究和试验，1989年正式开始发射GPS工作卫星，1994年第24颗（即最后一颗）发射成功，标志着GPS卫星星座组网完成，从此GPS导航系统正式投入使用。

GPS定位是结合了GPS技术、无线通信技术（GSM/GPRS/CDMA）、图像处理技术及GIS技术的定位技术，主要可实现跟踪定位、轨迹回放、地图制作、里程统计、车辆信息管理、监控和调度、短信通知、语音提示和报警等功能。

（1）GPS系统组成

完整的GPS系统由以下3个独立的部分组成。

1）宇宙空间部分：GPS系统的宇宙空间部分由24颗人造卫星构成，其中21颗工作卫星，3颗备用卫星。24颗卫星均匀分布在6个轨道面上，每个平面4颗卫星，这样布局使得地球表面任何地方在任一时刻都有至少6颗卫星在视线之内，从而达到准确定位和跟踪。如图2-44a所示。

2）地面监控系统：地面控制系统由1个主控制站（Master Control Station，MCS）、6个监测站（Monitor Station，MS）、4个地面天线（Ground Antenna，GA）所组成。主控制站位于美国科罗拉多州春田市（Spring field）。地面控制站负责收集由卫星传回的信息，并计算卫星星历、相对距离、大气校正等数据。

3）用户设备部分：用户设备部分即GPS信号接收机。完整的GPS接收机设备包括硬件和软件以及GPS数据的后处理软件包，其硬件一般由主机、天线和电源组成。GPS信号接收机的主要功能是接收GPS卫星发射的信号，以获得必要的导航和定位信息，经数据处理，完成导航和定位工作。如图2-44c和图2-44d所示。

目前各种类型的接收机体积越来越小，重量越来越轻，便于野外观测使用，智能手机就是一种典型的GPS接收器。

（2）GPS 导航系统基本原理

当用户接收机捕获到跟踪的卫星信号后，就可测量出接收天线至卫星的"伪距离"和距离的变化率，然后综合多颗卫星的数据解调出卫星轨道参数等数据；根据这些数据，接收机中的微处理计算机就可按定位解算方法进行定位计算，计算出用户所在地的位置信息，包括经纬度、高度、速度、时间等，并根据周围环境和路线标志给予语音和图形提示。

接收机天线到卫星的距离是通过记录卫星信号传播到用户所经历的时间，再将其乘以光速得到的，由于含有接收机卫星钟的误差及大气传播误差（大气电离层干扰产生），这一距离并不是用户与卫星之间的真实距离，故称为伪距（Pseudo Range，PR）。当 GPS 卫星正常工作时，会不断地用 1 和 0 二进制码元组成的伪随机码，简称伪码（Pseudo Code）发射导航电文。GPS 系统使用的伪码一共有两种，分别是民用的 C/A 码和军用的 P（Y）码。C/A 码频率 1.023 MHz，重复周期 1 ms，码间距 1 μs，相当于 300 m；P 码频率 10.23 MHz，重复周期 266.4 天，码间距 0.1 μs，相当于 30 m；而 Y 码是在 P 码的基础上形成的，保密性能更佳。导航电文包括卫星星历、工作状况、时钟改正、电离层时延修正、大气折射修正等信息。它是从卫星信号中解调出来的，其中最重要的是星历数据。可见，GPS 导航系统的作用就是不断地发射导航电文。然而，由于用户接收机使用的时钟与卫星星载时钟不可能总是同步，所以除了用户的三维坐标 x、y、z 外，还要引进一个 Δt（即卫星与接收机之间的时间差）作为未知数，然后用 4 个方程将这 4 个未知数解出来。所以如果想知道接收机所处的位置，至少要能接收到 4 个卫星的信号。而 GPS 导航系统中，用户随时可以接收到 6 个卫星的信号，因此可以实现准确跟踪。

（3）GPS 定位原理

空间中高速运动的工作卫星不间断地发送自身的星历参数和时间信息，用户接收机接收到的瞬间位置信息作为已知的起算数据，经过计算求出待测点的三维位置、方向以及运动速度和时间信息。如图 2-45 所示，假设 t 时刻在地面待测点上安置 4 个 GPS 接收机，可以测定 GPS 信号到达接收机的时间 Δt，再加上接收机所接收到的卫星星历等其他数据，采用基于到达时间（Time of Advent，TOA）的原理和空间距离后方交会的方法，确定待测点的位置。

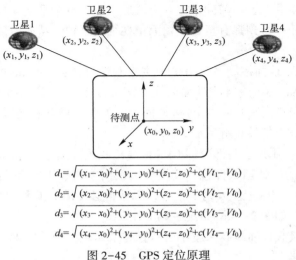

$$d_1 = \sqrt{(x_1 - x_0)^2 + (y_1 - y_0)^2 + (z_1 - z_0)^2} + c(Vt_1 - Vt_0)$$
$$d_2 = \sqrt{(x_2 - x_0)^2 + (y_2 - y_0)^2 + (z_2 - z_0)^2} + c(Vt_2 - Vt_0)$$
$$d_3 = \sqrt{(x_3 - x_0)^2 + (y_3 - y_0)^2 + (z_3 - z_0)^2} + c(Vt_3 - Vt_0)$$
$$d_4 = \sqrt{(x_4 - x_0)^2 + (y_4 - y_0)^2 + (z_4 - z_0)^2} + c(Vt_4 - Vt_0)$$

图 2-45　GPS 定位原理

图 2-45 中四个方程式中各个参数意义如下。

x_i、y_i、z_i 分别为已知卫星 i（$i=1$、2、3、4）在 t 时刻的空间直角坐标，可由卫星导航电文求得。

x_0、y_0、z_0 为待测点的坐标。

d_i 分别为卫星 i（$i=1$、2、3、4）到接收机之间的距离，$d_i=c \cdot \Delta t_i$（$i=1$、2、3、4）。

c 为 GPS 信号的传播速度（即光速）。

Δt_i 分别为卫星 i（$i=1$、2、3、4）的信号到达接收机所经历的时间，$\Delta t_i=Vt_i-Vt_0$。

Vt_i 分别为已知卫星 i（$i=1$、2、3、4）时钟与 GPS 时钟差，由卫星星历提供。

Vt_0 为未知接收机与 GPS 的时钟差。

由以上四个方程即可解算出待测点的坐标（x_0,y_0,z_0）和接收机的时钟差 Vt_0。

GPS 接收机有 4 种功能，一是用伪距决定卫星与接收机之间的距离 d；二是从卫星发出的信息中提取 Δt；三是计算出卫星的星历数据（信号到达时），确定卫星的位置（x_i,y_i,z_i）；四是确定接收机位置（x_0,y_0,z_0）和接收机时钟差。

按定位方式，GPS 定位分为单点定位和相对定位（差分定位）。单点定位就是根据一台接收机的观测数据来确定接收机位置的方式，它只能采用伪距观测量，其中包含了卫星和接收机的时钟差、大气传播延迟、多路径效应等误差，在定位计算时还要受到卫星广播星历误差的影响，定位精确度相对较低，一般用于车、船等的概略导航定位。相对定位是根据两台以上接收机的观测数据来确定观测点之间的相对位置，在进行相对定位时大部分公共误差被抵消或削弱，而且采用双频接收机可以根据两个频率的观测量抵消大气中电离层误差的主要部分，因此定位精度大大提高，一般用于测量精度要求比较高的场合，如大地测量或工程测量等。

随着物联网技术的发展和应用，GPS 导航、跟踪和定位系统已广泛应用于各行各业和人们的生活当中。现实生活中，GPS 定位主要用于对移动的人、宠物、车及设备进行远程实时定位、跟踪和监控。如各种出租车、长途客车、货运车辆、物流车辆等的跟踪和监控调度指挥系统；小孩、老人、盲人、病人的定位系统；军队演习操控调度指挥监控系统；公安部门对罪犯的侦探、跟踪系统；运动员训练路线跟踪系统等。

（4）AGPS 定位技术

GPS 功能强大，但是需要专门的客户端设备才能使用，不利于在广泛人群中的普及。然而，在应急服务等领域，用户往往迫切需要了解自己的地理位置，因此，人们开始考虑使用手机这一普及率很高的终端设备提供定位信息。辅助全球卫星定位系统（Assisted GPS，AGPS）就是结合网络基站 GSM/GPRS 信息与 GPS 定位技术，利用基站代送辅助卫星信息对移动目标的一种定位技术。AGPS 能够缩减 GPS 芯片获取卫星信号的延迟时间，受遮盖的室内也能借基站信号弥补，减轻 GPS 芯片对卫星的依赖度。和传统 GPS、基站三角定位比较，AGPS 能提供范围更广、更省电、速度更快的定位服务，理想误差范围在 10 m 以内，日本和美国都已经成熟运用 AGPS 于适地性服务（Location Based Service，LBS）。

AGPS 技术可以在 GSM/GPRS、WCDMA 和 CDMA2000 网络中使用。该技术需要在手机内增加 GPS 接收机模块，并改造手机天线，同时要在移动网络上加建位置服务器、差分GPS 基准站等设备，目前的智能手机和通信基站大都有这种功能，可以实现 GPS 手机随机定位。总之 AGPS 技术就是在传统 GPS 技术基础上改用 GPRS 通信进行数据传输，将原有GPS 芯片直接找卫星改成找基站辅助，是一种更为先进的定位技术。目前，AGPS 的方案提供商主要是美国高通公司。

AGPS 的具体工作原理如下。

1）AGPS 手机首先将本身的基站地址通过网络传输到位置服务器。

2）位置服务器根据该手机的大概位置传输与该位置相关的 GPS 辅助信息（包含 GPS 的星历和方位俯仰角等）到手机。

3）手机的 AGPS 模块根据辅助信息（以提升 GPS 信号的第一锁定时间 TTFF 能力）接收 GPS 原始信号。

4）手机在接收到 GPS 原始信号后解调信号，计算手机到卫星的伪距，并将有关信息通过网络传输到位置服务器。

5）位置服务器根据传来的 GPS 伪距信息和来自其他定位设备（如差分 GPS 基准站等）的辅助信息完成对 GPS 信息的处理，并估算手机的位置。

6）位置服务器将手机的位置通过网络传输到定位网关或应用平台。

AGPS 解决方案的优势主要在其定位精度上。在室外空旷地区，其精度在正常的 GPS 工作环境下，可达 10 m 左右，堪称目前定位精度最高的一种定位技术；而且其首次捕获 GPS 信号的时间一般仅需几秒，不像 GPS 的首次捕获时间可能要 2~3 min。但是该技术也存在着一些缺点。首先，室内定位的问题目前仍然无法圆满解决；其次，AGPS 的定位实现必须通过多次网络传输（最多可达 6 次单向传输），大量地占用了空中资源；第三，用户对于使用移动定位业务必须更换手机难以接受，而且 AGPS 手机比一般手机在耗电上有一定的额外负担，间接缩短了手机的待机时间；第四，就是使用有效性问题，由于 GPS 系统受美国政府拥有和控制，在非常时期（如战争、天灾等），民用 GPS 服务都可能会受到影响，AGPS 的定位业务会更难以正常运作。

2.5.3　室内定位技术

GPS 定位技术一般适于能接收到卫星信号的室外环境，对于复杂的城市和室内环境，如密集的小区、大楼内部、机场大厅、展厅、仓库、超市、图书馆、地下停车场、矿井工作面等，也常常需要确定移动终端或其持有者、设施与物品在室内的位置信息，而 GPS 系统在这些环境中就无法实现定位。随着无线通信技术的发展，专家学者提出了许多以电磁波这类无线信号为基础的定位技术解决方案，例如红外线光学定位技术、超声波声学定位技术、计算机视觉定位技术、利用陀螺原理的相对定位技术等。目前的研究相对集中在基于 RF 信号，并结合各种无线网络技术的近距离无线定位技术，如红外线/超声波、蓝牙/WiFi、Zig-Bee/UWB 和 RFID 定位技术等。这些短距离无线通信技术在拥挤的城市、街道、办公室、家庭、工厂等复杂的环境下得到了广泛应用，可以方便、准确地实现对移动终端的定位。下面简单介绍几种常用的室内定位技术。

（1）红外线/超声波测距定位技术

红外线（Infrared Ray，IR）室内定位技术的原理是，红外线发射器发射调制的红外射线，通过安装在室内的光电传感器接收进行定位。虽然红外线具有相对较高的室内定位精度，但由于光线不能穿过障碍物，使得红外线仅能视距传播。直线视距和传输距离较短这两大主要缺点使其室内定位的效果很差。当发射器放在口袋里或者有墙壁及其他遮挡时就不能正常工作，需要在每个房间、走廊安装接收天线，造价较高。因此，红外线只适合短距离定位，而且容易被荧光灯或者房间内的灯光干扰，在精确定位上有局限性。

超声波（Ultrasonic Wave，UW）的定位原理与 GPS 基本相同，只是采用反射法测距。即发射超声波并接收由被测物反射的回波，根据回波与发射波的时间差计算出待测距离。超声波定位系统由 3 个及以上放置在固定位置的应答器和一个放置在被测物体上的主测距器组成，在微机指令信号的作用下，主测距器向各应答器发射同频率的无线电信号，应答器在收到无线电信号后同时向主测距器发射超声波信号，得到主测距器与各个应答器之间的距离。然后根据距离交会法计算出被测物体所在位置的三维坐标。超声波定位整体定位精度较高，结构简单，但超声波受多径效应和非视距传播影响很大，同时需要大量的底层硬件设施投资，成本较高。

一种新的定位方法是使用红外线-超声波（IR-UW）结合定位，会使定位距离扩大一倍，同时系统功耗大大减小。这种方法的原理如图 2-46 所示。

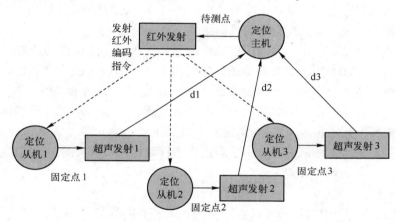

图 2-46　IR-UW 结合定位原理

图 2-46 中，固定点为已知坐标点，待测点为未知坐标的待定位点。在固定点上安置超声波发射装置和红外线接收及解码装置（定位从机），在待定位点上安装超声波接收装置（定位主机）和红外线编码及发射装置。当接收到定位信号后，定位主机向从机发射红外编码指令（图中虚线所示），同时计时器开始计时，当定位从机接收到红外编码指令后，对其进行编码，并根据解码结果发射超声波信号；定位主机接收到超声波信号后停止计时，计算出该红外编码指令对应的固定点到该点的距离 $d_i(i=1，2，3)$。测得待测点到固定点的距离后，通过距离交会法解方程即可求出待测点的三维坐标。

（2）ZigBee/UWB 定位技术

ZigBee 是一种新兴的短距离、低速率无线网络技术，也可用于室内定位。它有自己的无线电标准，在数千个微小的传感器之间相互协调通信以实现定位。ZigBee 的定位技术主要是通过收集基于链路信号强度（Received Signal Strength Indicator，RSSI）技术和基于链路信号质量（Link Quality Indicator，LQI）技术实现的。由于距离不同所收到信号的强度和质量也不同，在随机移动的过程中，通过对链路信号强度和质量的对比，可以确定接收到最近节点的位置，即可通过参数计算出待测点的位置坐标。典型的 ZigBee 定位系统如图 2-47 所示。采用美国德州仪器（TI）公司推出的 CC2431 和 CC2430 片上系统，可实现 3~5 m 的短距离定位。

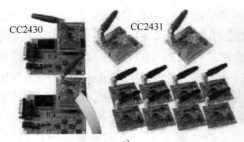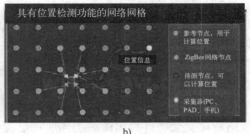

图 2-47　基于 ZigBee 网络定位系统

a）CC2430 和 CC2431 外形图　b）ZigBee 组网图

各节点传感器只需要很少的能量，以接力的方式通过无线电波将数据从一个传感器传到另一个传感器，所以它们的通信效率非常高。ZigBee 最显著的技术特点是它的低功耗和低成本。多适用于矿井、码头、大型仓库的目标定位。

超宽带（Ultra Wide Band，UWB）是一种高速、低成本和低功耗的新兴无线通信技术，UWB 信号带宽大于 500 MHz，具有很宽的频带范围（3.1~10.6 GHz）。它通过发送和接收具有纳秒或纳秒级以下的极窄脉冲来传输数据，并使用比较流行的到达时间差定位（TDOA）算法，可实现室内精确定位。例如战场士兵的位置发现、工业自动化、传感器网络、家庭/办公自动化、机器人运动跟踪等。UWB 信号的特点说明它在定位上具有低成本、抗多径干扰、穿透能力强的优势，所以可以应用于静止或者移动物体以及人的定位跟踪，能提供十分精确的定位精度（可达到厘米级）。

（3）RFID 定位技术

RFID 定位技术是利用射频的方式进行非接触式、双向通信交换数据以达到识别和定位的目的。它可以由用户自己布置在特定区域进行定位，例如停车场、滑雪场等。在这些区域的特定地点（例如关键出入口）安放射频标签阅读器之后，系统可以实时检测到带有 RFID 装置的物体处于什么位置，其原理类似于在关键位置安排众多看守人员对过往物品进行登记，需要寻找特定物体的时候只要查询一下看守人员的登记信息就可以了。

这种技术作用距离短，一般最长为几十米。但它可以在几毫秒内得到厘米级定位精度的信息，且传输范围很大，成本较低。同时由于其非接触和非视距等优点，有望成为优选的室内定位技术。目前，RFID 研究的热点和难点在于理论传播模型的建立、用户的安全隐私和国际标准化等问题。优点是发射器体积比较小，造价比较低，且不需要卫星或者手机网络的配合，其精确度在于 RFID 阅读器的分布，而阅读器的分布可以由用户自身根据实际需要进行设置，很适合只需要在特定区域进行定位的用户，具有较高的实用价值。缺点是作用距离短，不具有通信能力，而且不便于整合到其他系统之中。

（4）WiFi/蓝牙定位技术

WiFi（IEEE 802.11）和蓝牙（Bluetooth）是目前较为常用的两种无线网络协议。基于 WiFi 和蓝牙的无线定位主要是根据信号强度来实现的。

目前，WiFi 收发器只能覆盖半径 90 m 以内的区域，因此，只适用于小范围的定位，成本较低。但很容易受到其他信号的干扰，从而影响其精度，定位器的能耗也较高。而蓝牙定位技术的最大优点是设备体积小、易于集成在 PDA、PC 以及手机中，因此很容易推广普及。理论上，对于持有集成了蓝牙功能移动终端设备的用户，只要设备的蓝牙功能开启，蓝牙室内定位系统就能够对其进行位置判断，不受视距的影响。其不足在于蓝牙器件和设备的价格比较昂贵，而且对于复杂的空间环境，蓝牙系统的稳定性稍差，受噪声信号干扰大。

除了以上提及的定位技术，还有基于计算机视觉定位、光跟踪定位、基于图像分析的定位技术、信标定位、三角定位技术等。

无论是 GPS 定位技术还是利用无线传感器网络或其他技术进行定位，都有其优点和局限，目前很多技术尚处于研究试验阶段，如基于磁场压力感应定位技术等。未来室内定位技术的趋势是 GPS 定位技术与无线定位技术的有机结合，发挥各自优势，既可以提供较好的定位精度和响应速度，又可以覆盖较广的范围，实现无缝的、精确的定位。

本章小结

本章主要学习物联网的底层技术，即感知与识别技术，是本课程的重点内容之一。内容包括：传感器的组成、工作原理、作用，及微型传感器、智能传感器、数字传感器、一体化传感器、网络传感器等现代传感器的特点；自动检测系统的组成及各部分的功能；自动识别技术的基本原理及常见的智能卡识别技术、光学识别技术和生物识别技术的特点及应用；条码技术的特点及应用；RFID 的组成及功能，RFID 系统的工作原理、特点、标准体系及应用；GPS 导航及常用几种定位技术的原理及特点。

思考题

2-1　简述传感器的组成及各部分的功能。

2-2　简述几种现代传感器的特点及应用。

2-3　简述自动检测系统的组成及各部分的功能。

2-4　什么是自动识别技术？试举出几种智能卡的应用实例说明。

2-5　什么是光字符识别技术？试举例说明。

2-6　什么是生物识别技术？试举例说明。

2-7　什么是条形码技术？试举例说明其应用。

2-8　什么是 RFID 技术？分析其组成及工作原理。

2-9　什么是 RFID 的中间件？其作用是什么？

2-10　RFID 的标准体系有哪些？简述 ISO/IEC 及 EPCglobal 标准体系的特点。

2-11　举实例说明 RFID 技术的应用。

2-12　简述 GPS 导航和定位的基本原理。

2-13　短距离定位技术有哪些？各有何优缺点？

第3章　无线传感网技术

3.1　无线传感网概述

3.1.1　无线传感网及产生背景

无线传感器网络（Wireless Sensor Network，WSN），简称无线传感网，是一种自组织网络，通过大量低成本、资源受限的传感节点设备协同工作，实现某一特定任务。它是信息感知和采集技术的一场革命，是 21 世纪最重要的感知技术之一。主要用于周边环境温度、灯光、湿度等情况的参数感知与监控，大气污染程度的监测，建筑结构的完整性检测，家庭环境情况监控，机场、商场、体育馆等公共场所化学、生物威胁的检测与预报等。WSN 经济适用，有着广泛的应用前景。

WSN 是物联网感知层的主要技术之一，物联网技术飞速发展和应用的不断深入，当然离不开 WSN 技术的支撑。因此，可以预见，在不久的将来，随着物联网时代的到来，WSN 的应用会遍及生活的方方面面，每一个角落，这就是"无处不在的传感器网络（Ubiquitous Sensor Network）"。

3.1.2　无线传感网的特点

WSN 的节点数量巨大，而且处在变化的环境中，因此有以下特点。

(1) 计算和存储能力有限

由于传感器节点是一种微型嵌入式设备，价格低，功耗小，因此其携带的处理器能力比较弱，存储器容量比较小。为了完成各种任务，传感器节点需要利用有限的计算和存储资源完成监测数据的采集、转换和处理、应答汇聚节点的任务请求和节点控制等多种工作。

(2) 自组织性和动态性

在传感器网络应用中，通常情况下传感器节点被随机放置在没有基础结构的地方。传感器节点的位置不能预先精确设定，节点之间的相互邻居关系预先也不知道，如通过飞机播撒大量传感器节点到面积广阔的原始森林中，或随意放置到人不可到达或危险的区域。这样就要求传感器节点具有自组织的能力，能够自动进行配置和管理，通过拓扑控制机制和网络协议自动形成转发监测数据的多跳无线网络系统。

传感器网络的拓扑结构可能会因为环境或对象因素的变化而改变。如环境因素或电能耗尽造成的部分传感器节点出现故障或失效；也有一些节点为了弥补失效节点、增加监测精度而补充到网络中，这样在传感器网络中的节点个数就动态地增加或减少，从而使网络的拓扑结构随之动态地变化；环境条件变化可能造成无线通信链路带宽变化，使有些节点时断时通；传感器、感知对象和观察者都可能具有移动性等。这就要求 WSN 具有较强的动态系统可重构性，以适应这些可能出现的变化。

（3）网络规模大和节点密度高

为了获取尽可能精确、完整的信息，WSN 通常密集部署在大片的监测区域内，传感器节点数量可能达到成千上万，甚至更多。大规模网络通过分布式处理大量的采集信息能够提高监测的精确度，降低对单个节点传感器的精度要求；通过大量冗余节点的协同工作，使得系统具有很强的容错性并且增大了覆盖的监测区域，减少盲区。

（4）可靠性和鲁棒性

WSN 特别适合部署在恶劣环境或人类难以到达的区域，传感器节点往往采取随机部署，这些节点可能工作在露天环境中，遭受烈日暴晒、风吹雨淋、寒霜冰雪，甚至遭到无关人员或动物的破坏。这就要求传感器节点非常坚固，耐湿耐寒耐高温，可靠性高，稳定性好，不易损坏，以适应各种恶劣环境条件。由于监测区域环境的限制以及传感器节点数目巨大，不可能人工"照顾"到每个节点，网络的维护十分困难甚至不可维护。同时，传感器网络的通信保密性和安全性也十分重要，要防止监测数据被盗取和获取伪造的监测信息。因此，WSN 的软硬件必须具有较强的鲁棒性和较高的容错性。

（5）应用相关

不同的应用背景对传感器网络的要求不同，其硬件平台、软件系统和网络协议也必然会有较大差别。只有让系统更贴近应用，才能做出最高效的目标系统。针对每一个具体应用来研究传感器网络技术，这是传感器网络设计不同于传统网络的显著特征。

（6）以数据为中心

在传感器网络中，人们只关心某个区域某个观测指标的数据，而不会去关心具体某个节点的观测值，以数据为中心的特点要求传感器网络能够脱离传统网络的寻址过程，快速有效地组织起各个节点的信息，并融合提取出有用信息直接传送给用户。例如，在应用于目标跟踪的传感器网络中，跟踪目标可能出现在任何地方，对目标感兴趣的用户只关心目标出现的位置和时间，并不关心哪个节点检测到目标。事实上，在目标移动的过程中，必然是由不同的节点提供相关目标的位置信息。

3.1.3　无线传感网的应用前景

虽然由于技术等方面的制约 WSN 的大规模商业应用还有待时日，但是最近几年，随着计算成本的下降以及微处理器体积越来越小，已有为数不少的 WSN 开始投入使用。目前无线传感器网络的应用主要集中在以下领域。

（1）环境的监测和保护

随着人类对环境的日益关注，需要采集的环境数据也越来越多，WSN 的出现为随机性数据的获取提供了便利。比如，Intel 实验室研究人员曾经将 32 个小型传感器接入因特网（Internet），从而测出美国缅因州大鸭岛上的气候参数。WSN 不但可以跟踪候鸟和昆虫的迁移，研究环境变化对农作物的影响，监测海洋、降雨量、河水水位和大气成分等，还有助于准确、及时地预报森林火灾；此外，它也可以应用在精细农业中，来监测农作物中的病虫害、土壤的水分、酸碱度和施肥状况等。

（2）医疗卫生护理

无线传感器网络在医疗研究、护理领域也可以大显身手。美国罗彻斯特大学的科学家使用无线传感器创建了一个智能医疗房间，使用"微尘"传感器来测量居住者的生命体征（血压、脉搏和呼吸等）、睡觉姿势以及每天 24 小时的活动状况。Intel 公司也推出了无线传感器网络的家庭护理技术，该技术是作为探讨应对老龄化社会技术项目 CAST（Center for Aging Services Technologies）的一个环节开发的。该系统通过在鞋子、家具以家用电器等家庭用具和设备中嵌入半导体传感器，帮助老龄人士、老年痴呆症患者以及残障人士的家庭生活。利用无线通信将各传感器联网可高效传递必要的信息从而方便接受护理，而且还可以减轻护理人员的负担。

（3）军事领域

由于 WSN 具有密集型、随机分布的特点，使其非常适合应用于恶劣的战场环境中，包括侦察敌情、监控兵力、装备和物资，判断生物化学攻击等多方面用途。美国国防部对这类项目进行了广泛的支持。俄亥俄州正在开发的"沙地直线"（A Line in the Sand）就是一种 WSN 系统。该系统能够散射"电子绊网"到任何地方，也就是到整个战场，以侦测运动的高金属含量目标，这将预示着为战场上带来新的电子眼和电子耳。美国国防部远景计划研究局已投资几千万美元，帮助大学进行"智能尘埃"传感器技术的研发。

（4）家庭自动化

随着科技发展，智能传感器节点被内置于真空吸尘器、微波炉、冰箱和录像机等家用电器中，这些节点相互作用，能通过 Internet 或卫星通信网构成内部网络，用户通过终端设备，如 PC、智能手机、智能手环、PAD 等可以更容易地远程或本地控制和管理家用电器。

（5）其他用途

WSN 还应用于其他一些领域。如矿井、核电厂等危险的工业环境，工作人员可以通过它来实施安全监测。也可以用在交通领域作为车辆监控的有力工具；此外还可以运用到工业自动化生产线等诸多领域。Intel 公司正在对工厂中的一个无线网络进行测试，该网络由 40 台机器上的 210 个传感器组成，这个 WSN 监控系统可以大大改善工厂的运作条件，大幅降低检查设备的成本，同时由于可以提前发现问题，因此能够缩短停机时间，提高效率，并延长设备的使用时间。目前，无线传感器技术已经展示出了非凡的应用价值，相信随着相关技术的发展和推进，一定会得到更广泛的应用。

3.2 WSN 的基本结构

3.2.1 基本组成

WSN 是由部署在监测区域内大量的廉价微型传感器节点组成，通过无线通信的方式形成的一个多跳的自组织网络系统。其目的是协作地感知、采集和处理网络覆盖区域内对象的信息，并无线发送给观察者。**WSN 主要由 3 个部分组成：传感器节点、汇集节点（Sink）/网关/基站和监控中心（软件）/管理节点，其中以传感器节点为核心单元。** 如图 3-1 所示。

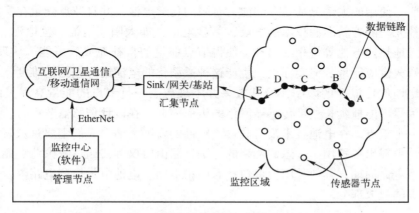

图 3-1 无线传感器网络的组成

随机分布的无线传感器测量节点通过自组织方式构成网络，感知周围环境的各类信息，监测的数据沿着其他节点逐跳地进行传输。在传输过程中监测数据可能被多个节点处理，经过多跳路由到汇集节点/网关。大规模的应用可能使用多个网关，网关就相当于一个网络协调员，负责管理节点认证和消息缓冲，以及在 IEEE 802.15.4 无线网络和有线以太网络之间建立桥梁；同时将接收到的数据进行融合、压缩及异构互联。最后通过 Internet、卫星通信或移动通信网络的方式将监测信息传送到监控中心（任务管理节点）；监控中心利用软件模块对数据进行进一步加工、分析、处理和显示。同时，用户也可以通过监控中心软件进行各类控制命令的发布，通知传感器节点收集指定区域的监测信息。网络中的部分节点也可能组成一个数据链路，如图 3-1 中的节点 A-B-C-D-E 就形成了一个链路，与 Sink 进行通信，再由 Sink 把链路中的数据传送到卫星或者因特网，最终传送到监控中心。

传感器节点是一种微型嵌入式设备， 其结构如图 3-2 所示，**主要由传感器模块、处理器模块、无线通信模块、电源模块和其他外围电路组成。**

传感器模块包括各种传感器和 A-D 转换器，用于监控区域内众多环境数据的采集和转换，这些信息包括温度、湿度、噪声、光强度、压力、土壤成分、移动物体的大小、速度和方向等；同时执行由控制器发来的各种控制动作。处理器模块是节点的核心，用于完成数据处理、数据存储、执行通信协议和节点调度管理等工作。无线通信模块负责和其他节点进行数据交换，包括数据的无线发送、接收和传输等通信任务。

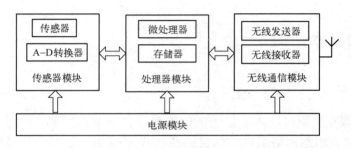

图 3-2　传感器节点的结构

电源模块是所有电子系统的基础，电源模块的设计直接关系到节点的寿命，一般采用微型电池。目前，使用的大部分都是存储能力有限的化学电池，并且节点能量在实施部署后很难进行有效补充。随着新能源技术的发展，新型电池，如太阳能电池、锂电池、微光电池、生物能电池及地热能电池等将相继出现，使得节点能量的自补充成为可能。从理论上来讲，新型电池能持久供应能量，但实际上，生产这种微型化的电池还有相当的难度，另外，节点部署区域特定地理环境等的限制，使其效果并不理想。一旦节点的能量衰竭，该节点即失效。因此，为尽可能地延长整个传感器网络的生命周期，在设计传感器节点时，保证能量的持续供应是一个重点。在电池技术没有获得飞跃性的发展之前，人们主要是从研究传感器的网络特性着手，提出各种用于传感器网络的算法，路由协议等，通过减少节点能量消耗的方式来延长网络生命周期。其他外围模块包括看门狗电路、电池电量检测电路等，也是传感器节点不可缺少的组成部分。

3.2.2　WSN 节点部署

所谓节点部署，就是在指定的监测区域内，通过适当的方法布置传感器节点，以满足某种特定需求。合理的节点部署方案，不仅可以提高网络工作效率、优化利用网络资源，还可以根据应用需求的变化改变活跃节点数量，以动态调整网络的节点密度。此外，在某些节点发生故障或能量耗尽失效时，通过一定策略重新布置节点，可保证网络性能不受大的影响，使网络具有较强的鲁棒性。

节点部署一般通过一定的算法来实现，以期 WSN 在未来应用中获得最大的利用率或单个任务的最少能耗。节点部署是无线传感器网络工作的基础，它直接关系到网络监测信息的准确性、完整性和时效性，对网络的运行情况和寿命有很大的影响。因此，只有把节点在目标区域布置好，才能进一步进行其他的工作和优化。

（1）节点部署应考虑的问题

传感器网络节点的部署涉及网络覆盖、节点联通和节约能量消耗等方面，因此，设计节点部署算法时一般需要考虑以下问题。

1）如何实现对监测区域的完全覆盖并保证整个网络的连通性。对监测区域的完全覆盖是获取监测信息的前提；由于地形或者障碍物的存在，满足覆盖也不一定能够保证网络是联通的，而在节点数量最小化的同时实现覆盖和联通更具有挑战性。

2）如何减小系统消耗，最大化延长网络寿命。传感器节点大都靠电池供电，电量耗完就意味着节点失效，因此，在考虑覆盖和连通性的同时也要考虑节能问题。

3）当网络中有部分节点失效时，如何对网络进行重新部署。当某些节点电能耗尽或发生故障时，可能出现覆盖"漏洞"，甚至导致网络短时无法连通，出现分割，这时需要重新对网络进行部署。要考虑采用什么样的方式进行再部署，是局部调整还是全局调整，每步调整是否影响原有部署，有什么信息可以参考等问题。

（2）节点部署算法

WSN 节点部署算法尚处在研究阶段。根据传感网节点是否可移动，把节点部署算法分为移动节点部署算法、静止节点部署算法和异构/混合节点部署算法三类。

1）移动节点部署算法。从某种意义上说，移动节点部署和移动机器人部署是同一类问题，国内外对此都进行了相关研究，提出了许多算法，典型的有以下 4 种。

① 增量式节点部署算法。特点是逐个部署传感器节点，利用已部署的节点计算出下一个节点应该部署的位置，旨在达到最大的网络覆盖面积。该算法需要每个节点都有测距和定位模块，而且每个节点至少与一个其他节点可视，适用于监测区域或环境未知的情况，如巷战、危险空间探测等。其优点是利用最少的节点覆盖探测区域；缺点是部署时间长，每次部署一个节点都可能需要移动其他多个节点。

② 基于虚拟力的算法。特点是把"虚拟力"用于移动节点的自展开。即把网络中的每一个节点作为虚拟的正电荷，每个节点受到边界障碍和其他节点的排斥，这种排斥力使整个网络中的所有节点向传感网中的其他地域扩散，并避免越出边界，最终达到平衡状态，也就是达到了感知区域的最大覆盖状态。其优点是简单易用，并能实现节点快速扩散到整个感知区域的目的，同时每个节点所移动的路径比较短；缺点是容易陷入局部最优解。

③ 基于网格划分的算法。特点是通过网格化覆盖区域，把网络对区域的覆盖问题转化为对网格或网格点的覆盖问题。网格划分有矩形划分、六边形划分、菱形划分等。其优点是可以利用最少的节点达到对任务区域的完全覆盖。

④ 基于概率检测模块的算法。特点是通过引入概率检测模型，在确保网络连通性的条件下，寻求以最少数目的节点达到预期的覆盖要求，并得到具体的节点配置位置。

2）静止节点部署算法。静止节点部署算法一般有确定性部署和自组织部署两种。

① 确定性部署算法。是指手工部署传感网，节点间按设定路由进行数据传输。这是最简单直观的一种方法，一般适用于规模较小、环境状况良好、人工可以到达的区域。例如在室内、农业大棚内等封闭空间进行节点部署，问题可以转化为经典的线性规划问题；如果是在室外开放空间部署小规模传感网，则可以利用移动节点部署算法中基于网格划分的节点部署算法或者基于矢量的节点部署算法。

② 自组织部署算法。是与确定性部署相对应的一种不确定性部署算法。当监测区域环境恶劣或存在危险时，手工部署节点将无法实现；同样，当部署大型传感网时，由于节点数量众多、分布密集，采用手工部署也难以实现。此时，通常通过飞机、炮弹等载体随机地把节点抛洒在监测区域内，节点到达地面以后自行组成网络。通过空中撒播部署节点虽然很方便，但在节点被撒播到监测区域后的初始阶段，形成的网络一般不是最优化的。有的地方感知密度高，有的地方则感知密度低，甚至出现覆盖漏洞或者部分区域节点不联通等情况，此时需要针对"问题"区域进行二次部署。

3）异构/混合节点部署算法。目前，传感网技术主要以同构的传感网作为研究对象。

所谓同构，是指传感网的所有节点都是同一类型的，在实际应用中，可能会部署一些异构的传感网。也就是说，构成传感网的节点中，有一小部分是异构节点，它与其他大部分廉价节点相比，在电源、传输宽度、计算能力、存储空间、移动能力等方面具有明显的优势。当然，这些异构节点的成本也相对较高。在传感网中部署适量的异构节点，不仅能提高传感网的数据传输功率，而且能有效地延长网络寿命。

（3）节点部署的评价指标

节点部署的好坏直接影响着网络的寿命和性能，有效的部署方案依赖于一套完整的节点部署评价体系。结合 WSN 的应用特点和系统特性，评价 WSN 的节点部署时主要考虑以下 3 个方面。

① 信息采集的完整性和精确性。要求节点能够覆盖监测区域，并且综合考虑节点冗余和信息容错。

② 信息可传输性。要求采集到的信息能够及时、准确地传递到信息的使用终端。

③ 系统能耗（网络寿命）。WSN 与其他网络的最大区别之一就是能量受限的问题，因此，在完成任务的前提下需要最大限度地延长整个网络的使用寿命。

相应的，评价节点部署算法的性能主要包括覆盖、连通和耗能三类指标。关于具体指标的确定，目前还没有一个统一的标准，这里给出一些被普遍认可的主要性能指标。

1）覆盖性能指标。主要包括覆盖程度、覆盖时间和覆盖盲区。覆盖程度是指所有节点覆盖面积的总和与整个监测区域面积的比值，通常可作为网络监测质量的一种量度。覆盖时间是指监测区域被完全覆盖时，所有工作节点从启动到就绪所需要的时间（在有移动节点的覆盖中是指移动节点移动到最终位置所需要的时间）。覆盖时间在营救或者突发事件监测中是一个很重要的指标。对于给定的传感器节点集合和给定的监测区域，若该区域内任意一点都被 k 个节点覆盖，则该区域无覆盖盲区，也称对该区域实现了 k 重完全覆盖。当 $k=1$ 时，称为单重完全覆盖。

2）连通性能指标。主要包括整个网络连通和路由连通。不论网络是否运行，都要保证整个网络中的任意两节点是连通的，这是网络运行的基础。路由连通是指在网络运行时，按照某种特定的路由，实现任意两个节点的连通，是对网络连通的优化。不同的路由算法，对网络通信效果有不同的影响。

3）能耗性能指标。主要包括网络覆盖所需的能耗和网络连通所需的能耗。

3.3 WSN 的协议体系结构

一般网络协议体系结构是网络的协议分层以及网络协议的集合，是对网络及其部件所应完成功能的定义和描述。传感网不同于传统的计算机网络和通信网络，其协议体系由**网络通信协议模块、传感网管理模块以及应用支撑技术模块 3 部分组成**，如图 3-3 所示。网络通信协议模块类似于 TCP/IP 体系结构；网络管理模块主要负责对传感器节点自身的管理以及用户对传感器网络的管理；应用支撑服务模块是在分层协议和网络管理模块的基础上，为传感器网络提供应用支撑技术。

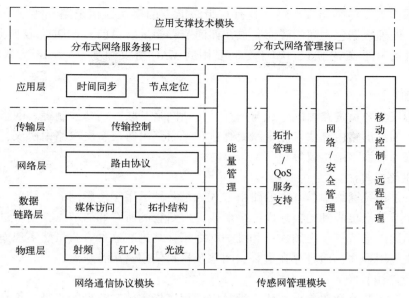

图 3-3 WSN 协议体系结构

3.3.1 网络通信协议

WSN 通信协议由物理层、数据链路层、网络层、传输层和应用层等 5 层结构组成。

1. 物理层

物理层解决简单而又健壮的调制、发送、接收等技术问题，包括信道的区分和选择，无线信号的监测、调制与解调，信号的发送与接收。该层直接影响电路的复杂度和能耗，主要任务是以相对较低的成本和功耗，克服无线传输媒体的传输损耗，给出能够获得较大链路容量的传感器节点网络。

WSN 采用的传输媒体主要有无线电、红外线、光波等无线介质，其中，无线电是主流传输媒体。物理层还涉及频段的选择、节能的编码、调制算法的设计、天线的选择、抗干扰及功率控制等问题。在频段选择方面，ISM 频段由于无须注册、具有大范围可选频段、没有特定标准等优点，被普遍采用。

目前，对 WSN 物理层的研究比较薄弱，还有很多问题亟待解决，如简单低能耗传感网的超宽带及带宽调制机制设计问题、微小低能耗和低费用的无线电收发器硬件设计问题等。

2. 数据链路层

数据链路层负责数据成帧、帧检测、媒体访问和差错控制，主要任务是加强物理层传输原始比特的功能，使之对网络显现为一条无差错链路。该层又可细分为媒体访问控制（MAC）子层和逻辑链路控制（LLC）子层。其中 MAC 子层规定了不同用户如何共享可用的用户资源，即控制节点可公平、有效地访问无线信道。LLC 子层负责向网络提供统一的服务接口，采用不同的 MAC 方法屏蔽底层，具体包括数据流的复用、数据帧的检测、分组的转发与确认、优先级排队、差错控制和流量控制等。

数据链路层的内容主要集中在 MAC 协议方面。传感网的 MAC 协议旨在为资源（特别是能量）受限的大量传感器节点建立具有自组织能力的多跳通信链路，实现公平有效的通信资源共享，处理数据包之间的碰撞，重在如何节省能量。目前，WSN 比较典型的 MAC 协议有基于随机竞争的 MAC 协议、基于分时复用的 MAC 协议和基于 CDMA 方式的信道分配协议等。

3. 网络层

网络层协议主要负责路由的生成与选择，包括网络互联、拥塞控制等。网络层路由协议有多种类型，如泛洪路由算法、能量路由算法、平面路由协议、层次路由协议、基于地理位置的路由协议和可靠路由协议等。

（1）泛洪路由算法

这种算法是传统网络中最基本的路由方式，是一种适用于传感网的最简单、最直接的路由算法，每个节点把接收到的信息以广播形式转发给它的所有邻居节点，这个过程一直重复直到该分组到达汇集节点，无须建立和维护网络拓扑结构。这种方式虽然实现简单，但是并不实用于相关应用程序，而且存在重叠、闭塞及盲目使用资源等缺点。

（2）能量路由算法

该算法在汇集节点和源节点间建立满足应用程序指定传输时延的路径，将数据流分为实时数据和非实时数据，引入一个分类排队模型来调度不同类型的数据流，从而实现相关报文的优先级以满足其时延要求。其特点是以链路能耗为度量参数，主要针对实时数据传输，是对泛洪路由算法的补充。

（3）平面路由协议

平面路由协议包括以下 6 种。

1）SPIN。SPIN（Sensor Protocols for Information via Negotiation）是一组基于协商并且具有能量自适应功能的信息传播协议。它使用三种类型的信息进行通信，即 ADV、REQ 和 DATA 信息。在传送 DATA 信息前，传感器节点仅广播包含该 DATA 数据描述机制的 ADV 信息，当接收到相应的 REQ 请求信息时，才有目的地发送 DATA 信息。使用基于数据描述协商机制和能量自适应机制的 SPIN 协议，能够很好地解决传统泛洪协议所带来的信息爆炸、信息重复和资源浪费等问题。

2）DD。DD（Directed Diffusion，定向扩散）是一种以数据为中心的信息传播协议，与已有的路由算法有着截然不同的实现机制。运行 DD 的传感器节点使用基于属性的命名机制来描述数据，并通过向所有节点发送对某个命名数据的 Interest（任务描述符）来完成数据收集。在传播 Interest 的过程中，指定范围内的节点利用缓存机制动态维护接收数据的属性及指向信息源的梯度矢量等信息，同时激活传感器来采集与该 Interest 匹配的信息。节点对采集的信息进行简单的预处理后，利用本地化规则和加强算法建立一条到达目的节点的最佳路径。该算法的突出特点是具有很好的节能和可扩展特性。

3）Rumor Routing。谣传路由（Rumor Routing），是一种基于数据查询的 WSN 路由机制。在该算法中，每个传感器节点都维持一个事件列表，其表项包含事件的基本描述、播报该事件的源节点、最先传递该事件的上一跳传感器节点，另外，引入了一个具有长生命周期的报文 Agent，用于源节点广播感知事件的描述信息并在网络中传播。与 SPIN 算法不同之处在于，该算法通过传感器节点维护的事件列表信息，能够维护一条与源节点之间的路径，所以经过初始化的泛洪后，相应路由信息即建立起来了，从而避免了

SPIN 协议中的大量泛洪过程，达到显著节省能量的目的。其缺点是存在着路径非最优化问题。该算法主要适用于具有大量查询和少量事件的应用场景，如果网络拓扑结构频繁变动，该算法性能随即大幅下降。

4）HREEMR。HREEMR（Highly Resilient, Energy Efficient Multipath Routing）算法利用多路径（Multipath）技术实现了能源有效的故障恢复，解决了 DD 为了提高协议的健壮性采用周期低速率扩散数据而带来的能源浪费问题。它采用与 DD 相同的本地化算法建立 Source 和 Sink 间的最优路径，为了保障最优路径发生失效时协议仍能正常运行，构建多条与最优路径不相交的冗余路径，一旦发生失效现象，即可启用冗余路径进行通信，提高了信息传输的可靠性。

5）SMENCE。SMECN（Small Minimum Energy Communication Network）是基于节点定位的路由协议，它是在针对 Ad hoc 网络设计的 MECN 协议基础上改进的。该协议通过构建具有 ME（最小能量）属性的子图来降低传输数据所消耗的能量，从而更好地满足了 WSN 对节能性的需求。仿真结果显示，该协议在拓扑变化不太频繁的传感器网络中能够很好地应用。

6）SAR。SAR（Sequential Assignment Routing）协议是第一个具有 QoS 意识的路由协议。该协议通过构建以 Sink 的单跳邻居节点为根节点的多播树实现传感器节点到 Sink 的多跳路径。其特点是路由决策不仅要考虑到每条路径的能源，还要涉及端到端的延迟需求和待发送数据包的优先级。仿真结果显示，与 SMECN 相比，SAR 的能量消耗较少，但其缺点是不适用于大型的和拓扑频繁变化的网络。

（4）层次路由协议

层次路由协议有以下 7 种。

1）LEACH。LEACH（Low Energy Adaptive Clustering Hierarchy）是一种基于多簇结构的路由协议。其基本思想是通过随机循环地选择簇首节点，将整个网络的能量负载平均分配到每个传感器节点中，从而达到降低网络能源消耗、提高网络整体生存时间的目的。LEACH 在运行过程中不断地循环执行簇重构过程，每个重构过程分成两个阶段：簇的建立阶段和传输数据稳定阶段。为了节省资源开销，稳定阶段的持续时间要长于建立阶段的持续时间。与一般的基于平面结构的路由协议和静态的基于多簇结构的路由协议相比，LEACH 可以将网络整体生存时间延长 15%。

2）TEEN。TEEN（Threshold sensitive Energy Efficient Sensor Network protocol）是具有实时性的路由协议。它采用与 LEACH 相同的多簇结构和运行方式；不同的是，在簇的建立过程中，随着簇首节点的选定，簇首除了通过 TDMA 方法实现数据的调度，还向簇内成员广播有关数据的硬阈值和软阈值两个参数。通过设置硬阈值和软阈值，TEEN 能够大大地减少数据传送的次数，从而达到比 LEACH 算法更节能的目的。TEEN 协议的优点是适用于实时应用系统，可以对突发事件做出快速反应；其缺点是不适用于需要持续采集数据的应用环境。

3）PEGASIS。PEGASIS（Power Efficient Gathering Adaptive in Sensor Information Systems）是在 LEACH 基础上改进设计的。PEGASIS 协议在传感器节点中采用链式结构进行连接，链中每个节点向邻节点发送和接收数据，并且只有一个节点作为簇首向基站 Sink 传输数据。采集到的数据以点到点的方式传送、融合，最终被送到 Sink。该协议的优点是减小了

LEACH 在簇重构过程中所产生的开销，并且通过数据融合减少了收发次数，从而降低了能量的消耗；其缺点是链中远距离的节点会引起过多的数据延迟，而且簇首节点的唯一性使得簇首会成为瓶颈。

4）EARSN。EARSN（Energy Aware Routing for cluster based Sensor Network）是基于三层体系结构的路由协议。该协议要求网络运行前由终端用户 Sink 将传感器节点划分成簇，并通知每个簇首节点的 ID 标识和簇内所分配节点的位置信息。传感器节点可以以活动方式和备用的低能源方式两种方式运行，并以感知、转发、感知并转发、休眠 4 种方式之一存在。与 PEGASIS 不同的是，该协议的簇首不受能量的限制，它作为网络的中心管理者，可以监控节点的能量变化，决定并维护传感器的 4 种状态。算法依据两个节点间的能量消耗、延迟最优化等性能指标计算路径代价函数；簇首节点利用代价函数作为链路成本，选择最小成本的路径作为节点与其通信的最优路径。经仿真分析，该协议在运行过程中具有很好的节能性、较高的吞吐量和较低的通信延迟。

5）APTEEN。APTEEN（Adaptive Periodic Threshold – sensitive Energy Efficient Sensor Network protocol）是对 TEEN 的改良协议，它是一种结合响应型和主动型传感器网络策略的混合型网络路由协议。APTEEN 在 TEEN 的基础上定义了一个计数时间，当节点从上一次发送数据开始经历这个计数时间还没有发送数据，那么无论当前的数据是否满足软、硬门限的要求都会发送这个数据。APTEEN 可以通过改变计数时间来控制能量消耗。

6）VGA。VGA（Virtual Grid Architecture routing）是 LEACH 算法的一个改进。其主要出发点就是在集群分组中进行局部和全局的多次数据汇集，从而减少冗余数据的传输。该算法将传感器所在区域切分为正方形网格，每个网格区域在某一时刻使用一个传感器节点工作，其他休眠。基于相邻区域的传感器节点感知到的数据具有相关性，算法选取其中一个区域内的活跃节点作为局部的 Sink 节点，这些节点间的路由则采用类似于 DD 算法。

7）SOP。SOP（Self Organizing Protocol）协议主要适用于具有异构节点的传感器网络。使用资源限制小的节点作为路由器，并固定其位置；其他传感器节点可以是静止也可以是运动的，通过固定放置的路由节点接入整个网络。每个传感器节点还可以通过接入路由器获得编址，组成类似于局域网的域空间。

（5）地理位置路由协议

由于传感器节点能够直接获取自身地理位置，或者通过某些标杆节点获取，所以地理位置路由协议有以下 3 种。

1）GEAR。GEAR（Geographic and Energy Aware Routing）算法在 DD 算法的基础上做了一系列改进，考虑到传感器节点的位置信息而在 Interest 报文中添加地址信息字段，并据其将 Interest 往特定方向传输以替代原泛洪方式，从而显著节省能量消耗。该算法引入了估计代价（Estimated Cost）和自学习代价（Learning Cost）。通过计算两者差值来选取更接近 Sink 节点的传感器节点作为下一跳。

2）MECN。MECN（Minimum Energy Communication Network）协议本质上是为无线网络设计的，但是也可直接应用于 WSN。该算法的实质是注意到在一些场合下，两个节点直接通信的代价高于经若干中继节点转发的代价，故引入中继区域（Relay Region）这一概念，把所有符合标准的中继节点作为其组成部分。当两个节点需要进行数据交换的时候，协议将根据 Belmann-Ford 最短路径法选取能耗最小的一条通路进行传输。因此，该算法是能自配置的，很好地解决了节点失效问题；但对于节点运动的情况，其计算中继区域内路径的代价将急剧上升。

3）GEDIR。GEDIR（Geographic Distance Routing）算法是在传感器节点转发分组的时候，根据地理信息选择与 Sink 节点最近的邻居节点作为下一跳的目标。当它的邻居节点接到消息后，同样，再从自身的邻居节点中找到最近的节点作为其下一跳的目标，直至消息达到目标节点。

（6）可靠路由协议

SPEED 协议是一种有效性好、可靠性高的实时路由协议，在一定程度上实现了端到端的传输速率保证、网络拥塞控制以及负载平衡机制。SPEED 协议首先在相邻节点之间交换传输延迟，以得到网络负载情况；然后节点利用局部地理信息和传输速率信息选择下一跳的节点；同时通过邻居反馈机制保证网络传输畅通，并且通过反向压力路由变更机制避开延迟太大的链路和路由空洞。

4. 传输层

传输层负责数据流的传输控制，帮助维护传感网应用所需要的数据流，提供可靠的、开销合理的数据传输服务。

5. 应用层

应用层协议主要负责时间同步、节点定位、动态管理及信息处理等，因此需要开发和使用不同的应用层软件。

3.3.2 网络管理技术

传感器网络管理模块的主要任务包括能量管理、拓扑管理及 QoS 服务支持、移动控制及远程管理、网络及安全管理等。有了这些管理平台，节点能够低能耗地协调工作，能够在移动的情况下传递数据，能够在节点之间共享资源。

（1）能量管理

在 WSN 中，电源能量是各个节点最宝贵的资源。为了使传感器节点的使用时间尽可能长，必须合理、有效地利用能量。例如，传感器节点在接收到其中一个相邻节点的一条信息后，可以关闭接收机，这样可以避免接收重复的消息。当一个传感器节点剩余能量较低时，它会向相邻节点广播一条消息，告诉其自己的能量即将耗尽，不能再接收信息了，这样它就不需接收相邻节点发来的消息，而将能量都留给自己的消息发送。

WSN 中需要考虑的功耗问题如下。

1）微控制器的操作模式（工作模式、低功耗模式、休眠模式及工作频率降低等）和无线传输芯片的工作模式（休眠、空闲、接收、发射等）。

2）操作模式的转换，即从一种操作模式转换到另一种操作模式。

3）整体系统工作的功耗映射关系及低功耗网络协议设计。

4）无线调制解调器的接收灵敏度和最大输出功率。

5）附加品质因素，如发射前端的温漂和频率稳定度、接收信号强度指示 RSSI（Received Signal Strength Indication）信号的标准。

（2）网络及安全管理

网络管理是对网络上的设备及传输系统进行有效的监视、控制、诊断和测试而采用的技术和方法。网络管理包括故障管理、计费管理、配置管理、性能管理和安全管理等。

传感器多用于军事、商业领域，安全性是其重要的内容。由于传感网中节点随机部署以及拓扑的动态性和信道的不稳定性，使传统的安全机制无法使用。因此，需要设计新型的网络安全机制，可借鉴扩频通信、访问控制、接入/鉴权、多路径传输、数字水印、数字加密等技术。

目前，传感网安全性研究主要集中在密钥管理、安全组播、身份认证和数据加密、高效加密算法、安全 MAC 协议、安全路由协议和隐私管理等方面。

（3）移动控制及远程管理

移动控制管理用于监测和记录传感器节点的移动状况，维护 Sink 节点的路由，并使传感器节点能够跟踪它的邻居。当传感器节点获知其邻居节点后，能够平衡其能量和任务。

对于 WSN 的某些应用，其节点大多处于人类不容易访问的环境，采用远程管理是十分必要的。通过远程管理，可以进行系统缺陷修正、系统升级、关闭子系统、监测环境的变化等，使 WSN 工作更有效。

（4）拓扑管理及 QoS 服务支持

在传感网中，为了节约能量，某些节点在某些时刻会进入休眠状态，导致网络的拓扑结构不断变化。为了使网络能够正常运行，必须进行网络拓扑管理。拓扑管理的主要任务是制定节点休眠策略，保持网络畅通，以节约能量，提高系统扩展性，保证数据传输的可靠性。

QoS 服务支持是网络与用户之间以及网络上相互通信的用户之间，关于数据传输与共享的质量约定。为满足用户需求，WSN 必须能够为用户提供足够的资源，并且以用户可以接受的性能指标进行工作。

3.3.3 应用支撑技术

WSN 的应用支撑技术是通过各种接口中间件技术，为用户提供多种具体的应用支持。包括数据存储、目标识别与跟踪、数据融合、时间同步及节点定位等关键技术。主要接口有分布式协同应用服务接口和分布式网络管理接口。

（1）分布式协同应用服务接口

传感器的应用多种多样，为适应不同的应用环境，人们提出了各种应用层协议。该研究领域比较活跃，已提出的应用协议有：任务安排和数据分配协议 TADAP（Task Arrangement and Data Allocation Protocol，TADAP）、传感器查询和数据分发协议 SQDDP（Sensor Question and Data Distribution Protocol，SQDDP）等。

（2）分布式网络管理接口

分布式网络管理接口主要指传感器管理协议 SMP（Sensor Manage Protocol，SMP），它将数据传输到应用层。

3.4 WSN 的关键技术

3.4.1 定位技术

无线传感器网络的定位问题分为两类，一类是**无线传感器网络对自身传感器节点的**

定位，另一类是**无线传感器网络对外部目标的定位**。本节主要介绍常用的自身定位技术。

节点准确地进行自身定位是无线传感器网络应用的重要条件，由于节点工作区域的特殊性，节点的位置通常都是随机并且未知的。然而在许多应用中，节点所采集到的数据必须结合其在测量坐标系内的位置信息才有意义，否则，如果不知道数据所对应的地理位置，数据就失去意义。除此之外，WSN 节点自身的定位还可以在外部目标的定位和追踪以及提高路由效率等方面发挥作用，因此，实现节点的自身定位对无线传感器网络有重要的意义。获得节点位置的一个直接想法是利用 GPS 来实现。但是，在 WSN 中使用 GPS 来获得所有节点的位置受到价格、体积、功耗以及可扩展性等因素限制，存在着一些困难。因此目前主要的研究工作是利用传感器网络中少量已知位置的节点来获得其他未知位置节点的位置信息。已知位置的节点称作信标节点（或锚节点），在网络节点中所占的比例很小，它们可能是被预先放置好的，或者通过携带 GPS 定位设备等手段获得自身的精确位置。未知位置的节点称作未知节点，它们需要被定位，在网络节点中占大多数。信标节点是未知节点定位的参考点，除了信标节点外，其他传感器节点就是未知节点，它们通过信标节点的位置信息来确定自身位置。信标节点根据自身位置建立本地坐标系，未知节点根据信标节点计算出自己在本地坐标系里的相对位置。如图 3-4 所示的传感网络中，一个未知节点 S 可以通过与其邻近的信标节点 M 或已经得到位置信息的相邻节点 S 之间的通信，根据一定的定位算法计算出自身的位置坐标。

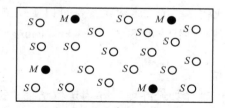

图 3-4 传感器网络中信标节点 M 和未知节点 S

目前 WSN 的自身定位算法有很多，主要分为以下几类。

（1）基于距离和与距离无关的定位算法

根据定位机制可以将现有的 WSN 自身定位方法分为两种：基于测距的（Range-based）方法和不基于测距的（Range-free）方法。前者需要测量相邻节点之间的距离或者方位，并利用节点间的实际距离来计算未知节点的位置。基于距离的定位算法有：到达时间差法（Time Difference of Arrival，DToA）；接收信号强度法（Received Signal Strength Indicator，RSSI）；到达角度法（Angle of Arrival，AoA）。与距离无关的定位算法不用直接测量距离或角度信息，而是根据网络的连通性等信息，利用节点间的估计距离来计算节点位置坐标，实现节点的定位。主要算法有：质心法、基于距离矢量计算跳数算法（DV-Hop）、无定形（A-morphous）算法和以三角形内的点近似定位（APIT）算法等。与距离无关的定位算法属于粗精度的定位机制，然而粗精度定位对大多数无线传感器网络的应用已经足够。研究表明，当定位误差小于传感器节点无线通信半径的 40% 时，定位误差对路由性能和目标追踪精确度的影响不会很大。

（2）紧密耦合与松散耦合定位算法

所谓紧密耦合定位系统是指信标节点不仅准确地部署在固定的位置，并且通过有线介质连接到中心控制器；而松散型定位系统的节点采用无中心控制器的分布式无线协调方式。在最初的定位算法研究中，国内外很多研究者主要集中于研究紧密耦合算法，其代表性的算法有 Easy Living、SpotON、HiBall Tracker 等。但是由于紧密耦合系统部署线路的局限性，MIT 首先提出了松散耦合定位系统 Cricket。为了获得部署的灵活性，松散耦合定位系统牺牲了紧密耦合系统的精确性，依靠节点间的协调和信息交换来实现自定位，但节点之间会相互竞争并相互干扰，因此剑桥大学的 Mike Hazas 等人提出使用宽带扩频技术来解决干扰问题。

（3）递增式定位算法和并发式定位算法

递增式算法是指节点定位过程中以信标节点作为初始点，然后逐渐向外辐射定位其他未知节点，但是这种定位方法会造成误差积累，定位精度下降。并发式定位方法是所有节点同时进行定位计算，没有时间和空间顺序。

（4）绝对定位与相对定位

绝对定位表示定位结果是在地球坐标系下的位置，而相对定位是以网络节点中的某一节点位置作为参考原点，然后对应建立一个相对坐标系统。在绝对坐标系下，网络定位位置可以唯一命名；而相对定位在很多情况下不需要信标节点。在二维平面内，如果能获得网络中三个不共线的节点的绝对坐标，所有相对定位的结果都可以通过位移以及旋转的方式转换成绝对坐标。绝对定位的系统比较多，绝大多数系统都可以实现绝对定位。随着科技的发展，相对定位技术也逐渐增多，其典型代表有 SPA（Self Positioning Algorithm），LPS（Local Positioning System）等。

（5）物理定位和符号定位

物理定位是以地理位置信息（如经纬度）作为定位结果，符号定位是以某一建筑物作为标记来定位的。在一定的条件下，物理定位和符号定位可以相互转化，没有本质的区别，只不过是为了适应某种场合。例如，在日本福岛北纬 31° 发生地震，新闻说的是经纬度，而不是公布建筑物的楼号等。大多数定位系统和算法都能提供物理定位服务，符号定位的典型系统和算法有微软的 Easy Living 等。

以上是 WSN 节点自定位常见的技术方法，不同的方法有不同的算法，各种算法有各自的优点，但没有一种算法的性能全部优于其他算法。因此，在节点定位过程中可以多种算法结合使用，扬长避短。

下面主要介绍基于距离自定位算法中常用的 3 种计算未知节点位置的方法，即三边测量法、三角测量法和最大似然估计法。

（1）三边测量定位方法

三边测量定位方法是一种常见的目标定位方法，其理论依据是在二维空间中，当获得了一个未知节点到 3 个或者 3 个以上信标节点的距离时，就可以确定该未知节点的坐标。如图 3-5 所示，设 3 个信标节点分别为 $A(x_1, y_1)$、$B(x_2, y_2)$、$C(x_3, y_3)$，以及它们到未知目标节点 $D(x, y)$ 的距离分别为 P_1、P_2、P_3。则根据二维空间距离计算公式，可以建立如下方程组：

$$\begin{cases} P_1 = \sqrt{(x-x_1)^2 + (y-y_1)^2} \\ P_2 = \sqrt{(x-x_2)^2 + (y-y_2)^2} \\ P_3 = \sqrt{(x-x_3)^2 + (y-y_3)^2} \end{cases} \qquad (3-1)$$

由式（3-1）即可以求解出未知节点 D 的坐标为

$$\begin{bmatrix} x \\ y \end{bmatrix} = \begin{bmatrix} 2(x_1-x_3) & 2(y_1-y_3) \\ 2(x_2-x_3) & 2(y_2-y_3) \end{bmatrix}^{-1} \begin{bmatrix} x_1^2-x_3^2+y_1^2-y_3^3+P_3^2-P_1^2 \\ x_2^2-x_3^2+y_2^2-y_3^2+P_3^2-P_2^2 \end{bmatrix}$$

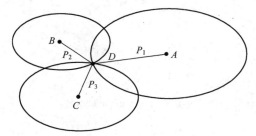

图 3-5　三边测量定位方法

（2）三角测量法

三角测量法原理如图 3-6 所示，已知 3 个信标节点分别为 $A(x_1,y_1)$、$B(x_2,y_2)$、$C(x_3, y_3)$，未知节点 $D(x,y)$ 到 A、B、C 的角度分别为 $\angle ADB$、$\angle ADC$、$\angle BDC$。对于节点 A、C 和 $\angle ADC$，可确定圆心为 $O_1(x_{o1},y_{o1})$，半径为 r_1 的圆，$\alpha = \angle AO_1C$，可建立如下方程组：

$$\begin{cases} \sqrt{(x_{o1}-x_1)^2+(y_{o1}-y_1)^2} = r_1 \\ \sqrt{(x_{o1}-x_2)^2+(y_{o1}-y_2)^2} = r_1 \\ (x_1-x_3)^2+(y_1-y_3)^2 = 2r_1^2-2r_1^2\cos\alpha \end{cases} \qquad (3-2)$$

由式（3-2）能够确定圆心 O_1 的坐标和半径 r_1。同理对 A、B 和 $\angle ADB$，B、C 和 $\angle BDC$ 也能够确定相应的圆心 $O_2(X_{o2},y_{o2})$、$O_3(x_{o3},y_{o3})$ 和半径 r_2、r_3。最后利用三边测量法，由 O_1、O_2、O_3 确定 $D(x,y)$ 的位置坐标。

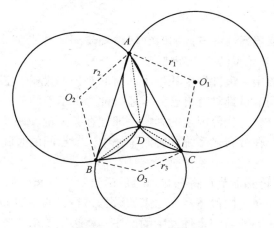

图 3-6　三角测量法定位示意图

（3）极大似然估计法

极大似然估计法（Maximum Likelihood Estimation，MLE）原理如图3-7所示。已知获得信标节点1，2，3，…，n的坐标分别为(x_1,y_1)，(x_2,y_2)，(x_3,y_3)，…，(x_n,y_n)，它们到待定位节点D距离分别为P_1，P_2，P_3，…，P_n。

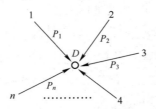

图3-7　极大似然估计法

假设D的坐标为(x,y)，则

$$\begin{cases} (x_1-x)^2+(y_1-y)^2=P_1^2 \\ (x_1-x)^2+(y_2-y)^2=P_2^2 \\ \vdots \\ (x_n-x)^2+(y_n-y)^2=P_n^2 \end{cases} \tag{3-3}$$

式（3-3）可表示为线性方程式：$AX=b$，其中

$$A=\begin{bmatrix} 2(x_1-x_n) & 2(y_1-y_n) \\ 2(x_2-x_n) & 2(y_2-y_n) \\ \cdots\cdots\cdots & \cdots\cdots\cdots \\ 2(x_{n-1}-x_n) & 2(y_{n-1}-y_n) \end{bmatrix} \quad b=\begin{bmatrix} x_1^2-x_n^2+y_1^2-y_n^2+P_n^2-P_1^2 \\ x_2^2-x_n^2+y_2^2-y_n^2+P_n^2-P_2^2 \\ \cdots\cdots\cdots\cdots\cdots\cdots\cdots\cdots\cdots \\ x_{n-1}^2-x_n^2+y_{n-1}^2-y_n^2+P_n^2-P_{n-1}^2 \end{bmatrix}$$

$$X=\begin{bmatrix} x \\ y \end{bmatrix}$$

使用标准的最小均方差估计方法，可以得到节点D的位置坐标为

$$\hat{X}=(A^{\mathrm{T}}A)^{-1}A^{\mathrm{T}}b$$

3.4.2　时间同步技术

时间同步，即使传感器网络各节点的时钟保持同步。该技术是WSN应用的重要组成部分，也是WSN技术研究领域里的一个新热点。

在集中式管理的系统中，事件发生的顺序和时间都比较明确，没有必要进行时间同步。但在分布式系统中，不同节点都具有自己的本地时钟。由于不同节点的晶体振荡器频率存在偏差，以及温度变化和电磁干扰等因素的影响，即使在某个时刻所有节点都达到时间同步，随后也会逐渐出现偏差。在分布式系统的协同工作中，节点间的时间必须保持同步，因此时间同步机制是分布式系统中的一个关键机制。

在WSN的应用中，传感器节点将感知到的目标位置、时间等信息发送到传感器网络中的管理节点，管理节点在对不同传感器发送来的数据进行处理后便可获得目标的移动方向、速度等信息。为了能够正确地监测事件发生的次序，就必须要求传感器节点之间实现时间同步。在一些事件监测的应用中，事件自身的发生时间是相当重要的参数，这要求每个节点维持唯一的全局时间以实现整个网络的时间同步，从而达到协同工作的目的。

（1）时间同步的不确定性因素

在 WSN 中，为完成节点间的时间同步，消息包的传输是必需的。为了更好地分析消息包传输中的误差，可将时间同步的不确定性因素分为 6 部分，如图 3-8 所示。

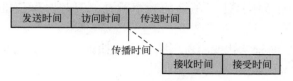

图 3-8　报文传输延迟时间

① 发送时间（Send Time，ST）。指发送节点构造一条消息和发布发送请求到 MAC 层所需时间。包括内核协议处理时间、上下文切换时间、中断处理时间和缓冲时间等。取决于时间同步程序操作系统调用时间和处理器当前的负载，可能高达几百毫秒。

② 访问时间（Access Time，AT）。指消息等待传输信道空闲所需的时间。即从等待信道空闲到消息发送开始时的时间，是消息传递中最不确定的部分，主要取决于共享信道的竞争和网络当前的负载状况。在基于竞争的 MAC 协议（如以太网）中，发送节点必须等到信道空闲时才能传输数据，如果发送过程中产生冲突则需要重传；无线局域网 802.11 协议的 RTS/CTS 机制要求发送节点在数据传输之前先交换控制信息，获得对无线传输信道的使用权；TDMA 协议要求发送节点必须得到分配给它的时间槽时才能发送数据。

③ 传送时间（Transmission Time，TT）。指发送节点在无线链路的物理层按位（bit）发射消息所需时间。该时间比较确定，取决于报文长度和无线发射速率。

④ 传播时间（Propagation Time，PT）。指消息在发送节点到接受节点的传输介质中传播所需要的时间。主要取决于节点间的距离和传输介质，由于传感器节点密集，与其他时延相比这个时延是可以忽略的。

⑤ 接收时间（Reception Time，RT）。指接收节点按位（bit）接收信息并传递给 MAC 层的时间。

⑥ 接受时间（Receive Time，RT）。指接收节点重新组装信息并传递至上层应用所需的时间，包括系统调用、上下文切换等时间，主要受操作系统影响。

（2）节点之间的时钟模型

传感器网络中节点的本地时钟，依靠对自身晶振中断计数来实现。如果晶振的频率误差和初始计时时刻不同，就使得节点之间的本地时钟不同步。若能估算出本地时钟与物理时钟的关系或者本地时钟之间的关系，就可以构造对应的逻辑时钟以达成同步。节点时钟通常用晶体振荡器脉冲来度量，所以任意一节点在物理时刻的本地时钟读数可表示为

$$c_i(t) = \frac{1}{f_0} \int_{t_0}^{t} f_i(\tau) \mathrm{d}\tau + c_i(t_0) \tag{3-4}$$

式中，$f_i(\tau)$ 是节点 i 晶振的实际频率；f_0 是节点晶振的标准频率；t_0 代表开始计时的物理时刻；$c_i(t_0)$ 代表节点 i 在 t_0 时刻的时钟读数；t 是真实时间变量；$c_i(t)$ 是构造的本地时钟。间隔 $c(t)-c(t_0)$ 被用来作为度量时间的依据。由于节点晶振频率短时间内相对稳定，节点时钟又可表示为

$$c_i(t) = a_i(t-t_0) + b_i \qquad\qquad (3-5)$$

式中，$a_i = 1/f_0$，$b_i = c_i(t_0)$。

在传感器网络中主要有以下 3 个原因导致传感器节点间时间的差异。

① 节点开始计时的初始时间不同。

② 每个节点的石英晶体可能以不同的频率跳动，引起时钟值的逐渐偏离，称为偏移误差。

③ 随着时间推移，时钟老化或随着周围环境（如温度）的变化而导致时钟频率的变化，称为漂移误差。

假定 $c(t)$ 是一个理想的时钟。如果在 t 时刻，有 $c(t) = c_i(t)$，则称时钟 $c_i(t)$ 在 t 时刻是准确的；如果 $\dfrac{dc(t)}{dt} = \dfrac{dc_i(t)}{dt}$，则称时钟 $c_i(t)$ 在 t 时刻是精确的；而如果 $c_i(t) = c_k(t)$，则称时钟 $c_i(t)$ 在 t 时刻与时钟 $c_k(t)$ 是同步的。

上面的定义表明：两个同步的时钟不一定是准确或精确的，时间同步与时间的准确性和精度没有必然的联系，只有实现了与理想时钟（即真实的物理时间）完全同步之后，三者才是统一的。对于大多数的 WSN 应用而言，只需要实现网络内部节点间的时间同步，这就意味着节点上实现同步的时钟可以是不精确或者不准确的。

（3）时间同步机制

时间同步机制是传感网系统协同工作的关键性问题。目前人们已提出了多种时间同步算法。主要可以分为以下几类：基于发送者-接收者的双向同步算法，典型的如 TPSN（Timing Sync Protocol for Sensor Networks）算法；基于发送者-接收者的单向时间同步算法，典型的如 DMTS（Delay Measurement Time Synchronization）算法；基于接收者-接收者的同步算法，典型的如 RBS（Reference Broadcast Synchronization）算法。

近年来根据以上几种典型同步算法，还有人提出了基于分簇式的层次型拓扑结构算法，以及结合生成树等来提高整个网络性能的一些算法，如 LTS 算法、CHTS 算法、CRIT 算法、PBS 算法、HRTS 算法、BTS 算法及 ETSP 算法等。

然而，无论以上同步算法怎样发展，精度如何提高，整个网络功耗怎样降低，都是基于单跳时间同步机制的。随着无线传感网络的应用与发展，传感节点体积不断缩小，单跳距离变小，整体网络规模变大，同步误差的累积现象必将越来越严重。目前也有比较新的同步算法，试图尽量避开单跳累加来解决这些问题，如协作同步技术。

1）TPSN 同步算法。

TPSN 同步算法采用层次结构实现整个网络节点的时间同步。所有节点按照层次结构进行逻辑分级，通过基于发送者-接收者的双向节点对方式，每个节点都能够与上一级的某个节点进行同步，从而实现所有节点都与根节点的时间同步。该机制通过在 MAC 层加入时间戳的技术，来估算节点之间的传输延迟与时钟偏移，但未考虑时钟漂移对同步精确度的影响，其平均单跳误差为 17.61 μs，平均 4 跳误差为 21.43 μs。

2）RBS 同步算法。

RBS 同步算法采用基于接收者-接收者的同步方式，同级节点通过交换接收到上一级节点发来的同步消息来修改自己的时钟，较大程度地消除了发送方对同步精确度的影响。在多跳网络中，RBS 算法采用多层次广播同步消息，接收节点根据接收到同步消息的平均值，同时采用最小平方线性回归方法进行线性拟合以减小同步误差。RBS 虽然同时考虑了偏移与漂移的影响，但对漂移的考虑并不充分，其平均单跳误差为 6.29 μs，平均 4 跳误差为 9.97 μs。

3）DMTS 同步算法。

DMTS 同步算法是基于发送者-接收者的单向时间同步方式。当发送节点在检测到通道空闲时，给广播组加上时间戳，以排除发送节点处理延迟与 MAC 层的访问延迟。DMTS 平均单跳误差为 30 μs，平均 4 跳误差为 151 μs。

4）其他算法分析。

① LTS（Lightweight Time Synchronization）协议，是基于 RSB 同步机制发展而来的，提出了集中式和分布式 LTS 多跳时间同步算法。在集中式协议中，首先把网络组成广度优先生成树拓扑结构，并沿着树的每条边进行单跳成对同步，参考节点的子节点同步完成后，又以该节点为参考节点，采用同样方式继续同步下去，直到同步完成。

② HRTS（Hierarchy Referencing Time Synchronization Protocol）算法，该算法利用广播特性，只需要一次同步过程可以完成一个单跳组网所有节点的同步，进一步降低了功耗。相较于 LTS 协议，HRTS 算法以牺牲一定精确度为代价来降低整个网络的功耗。

③ BTS（Broadcast Time Synchronization）同步方法类似于 HRTS 算法，也是建立广度优先生成树拓扑结构。只不过 BTS 采用的是时间转换技术，以达到整个网络的时间同步，使得同步报文个数降为 HRTS 协议的 2/3。

④ PBS（Pairwise Broadcast Synchronization）同步算法的思想是参考节点与簇首节点之间采用双向同步方法，与 TPSN 相似。在这两个节点通信范围内的其他节点可以侦听到同步消息，就可以根据接收者-接收者同步方法同步，类似于 RBS 同步。PBS 同步的前提是每个同步节点必须在簇首节点的通信范围之内。

⑤ FTSP（Flooding Time Synchronization Protocol）算法主要采用的是设置门槛值 N 来选择同步算法，当父节点的子节点小于或等于 N 时，采用 RBS 同步模式，否则采用 TPSN 同步模式。FISP 算法精度较高，主要是因为发送者在发送一个同步请求报文时连续标记了多个时间戳，接收者可以根据这几个中断时间计算出更精确的时间偏差。

5）协作同步技术。

以上各种同步算法都是基于单跳同步机制实现时间同步。协作同步技术，主要针对网络中节点密度较高的情况，采用的是空间平均技术，不再单纯地从单跳同步机制上进行改进，而是通过信号叠加原理，使同步基准节点能够把同步消息直接发送到远方待同步的节点，使远方节点直接与基准节点同步，消除了同步误差单跳累加的结果。基本思想是参考节点根据同步周期发出 m 个同步脉冲，其一跳邻居节点收到这个消息后保存起来，并根据最近的 m 个脉冲的发送时刻计算出参考节点的第 $m+1$ 个同步消息发出的时间，并在计算出来的时刻同步与参考节点同时发送第 $m+1$ 个同步消息。使用信号叠加，因此同步脉冲可以发送到更远的节点。实现协作同步，只需要本地消息，避免了额外的消息同步交换开销。因此节点密度越高，同步误差也会越小。

总之，从各种同步算法的特点可以看出，每种算法都有各自的优缺点，分别适用于不同的 WSN 应用场合。精度高，相对功耗也较大，对特定的 WSN，选择同步算法时应该折中考虑精度与功耗。从整体上看，近年来有关时间同步算法的研究，大部分都是基于以往典型的单跳同步算法原理，进一步在整体网络中考虑误差与功耗，结合最优生成树、分簇路由算法等，以平均整个网络的功耗，降低节点传输的跳数，提高同步的精度。协作同步算法侧重于提高整个网络的可扩展性与健壮性，但要求节点具有相同的同步脉冲，比较困难，目前还需要进一步的发展验证，也是未来很好的发展方向。

3.4.3　数据融合技术

由于无线传感器网络的节点数量多，分布密集。相邻节点采集的数据相似性很大，如果把所有这些数据都传送给基站，必然会造成通信量大大增加，能耗增大。数据融合（Information Fusion）就是**将采集的大量随机、不确定、不完整、含有噪声的数据，进行整形、滤波等处理，得到可靠、精确、完整数据信息的过程。**数据融合有助于节省网络带宽，提高能量利用率，降低数据的冗余度。

信息融合技术是 20 世纪 70 年代提出来的，军事应用是其诞生的源泉。早期的信息融合方法是针对数据处理的，所以也称为数据融合。信息融合是针对一个系统中使用多种传感器这一特定问题而展开的一种新的信息处理技术，从这个角度上讲，数据融合又可以称为多传感器信息融合，或者多源信息融合。

（1）数据融合的要素及分级

根据国内外研究成果，多传感器数据融合比较确切的定义可概括为：充分利用不同时间与空间的多传感器数据资源，采用计算机技术对按时间序列获得的多传感器观测数据，在一定准则下进行分析、综合、支配和使用，获得对被测对象的一致性解释与描述，进而实现相应的决策和估计，使系统获得比其各组成部分更充分的信息。

由此可得，数据融合的"三要素"如下。

1）数据融合是多信源、多层次的信息处理过程，每个层次代表信息的不同抽象程度。

2）数据融合过程包括数据的检测、关联、估计与合并。

3）数据融合的输出包括低层次上的状态身份估计和高层次上的总态势估计。

数据融合的目标是充分利用多个传感器资源，通过对这些传感器及其观测信息的合理支配和使用，把多个传感器在空间或时间上的冗余或互补信息依据某种准则来进行组合，以获得比它的各子集所构成的系统更优越的性能。多传感器数据融合技术可以对不同类型的数据和信息在不同层次上进行综合，它处理的不仅仅是数据，还可以是证据和属性等。因此，多传感器数据融合并不是简单的信号处理，信号处理可以归属于多传感器数据融合的第一阶段，即信号预处理阶段。

数据融合可分为三级：像素级融合、特征级融合、决策级融合。

1）像素级融合。像素级融合是最低层次的融合，又称数据级融合，是对传感器的原始数据及预处理各阶段上产生的信息分别进行融合处理，尽可能多地保持原始信息，能够提供其他两个层次融合所不具有的细微信息。其主要优点是能保持尽可能多的现场数据，提供其他融合层次所不能提供的更丰富、精确、可靠的信息，有利于图像的进一步分析与处理（如场景分析/监视、图像分割、特征提取、目标识别、图像恢复等）。像素级融合通常用于多源图像复合、分析和处理，可提供最优决策和识别性能，一般是在信息最低层进行的，因此要求处理的信息量大，纠错能力高。

2）特征级融合。特征级融合属于中间层次，它先对来自各传感器的原始信息进行特征提取（特征可以是目标的边缘、方向、速度等），然后对特征信息进行综合分析和处理。一般来说，提取的特征信息应是像素信息的充分统计量，然后按特征信息对多传感数据进行分类、汇集和综合。特征级融合的优点在于实现了可观的信息压缩，有利于实时处理，并且由于所提取的特征直接与决策分析有关，因而融合结果能最大限度地给出决策分析所需要的特征信息。

3）决策级融合。决策级融合是在信息表示的最高层次上进行的融合处理。不同类型的传感器观测同一个目标，每个传感器在本地完成预处理、特征抽取、识别或判断，以建立对所观察目标的初步结论，然后通过相关处理和决策级融合判决，最终获得联合推断结果，从而直接为决策提供依据。因此，决策级融合是直接针对具体决策目标，充分利用特征级融合所得出的目标各类特征信息，并给出简明而直观的结果。

（2）数据融合的主要方法

多传感器数据融合虽然未形成完整的理论体系和有效的融合算法，但在不少应用领域根据各自的具体应用背景，已经提出了许多成熟并且有效的融合方法。多传感器数据融合的常用方法基本上可概括为随机和人工智能两大类。随机类方法有加权平均法、卡尔曼滤波法、多贝叶斯估计法、D-S（Dempster-Shafer）证据推理、产生式规则、统计决策理论、模糊逻辑法等；而人工智能类则有模糊逻辑理论、神经网络、粗集理论、专家系统等。可以预见，神经网络和人工智能等新概念、新技术在多传感器数据融合中将起到越来越重要的作用。

下面介绍几种常用的数据融合方法。

1）加权平均法。加权平均是最简单、最直观的数据融合方法。该方法将一组传感器提供的冗余信息进行加权平均，结果作为融合值。

2）卡尔曼滤波法。卡尔曼滤波一般用来对低层实时动态多传感器冗余数据进行融合处理。该方法应用测量模型的统计特性递推确定融合数据的估计，是以最小均方误差为估计的最佳准则，来寻求一套递推估计的算法，其实质是由量测值重构系统的状态向量，以"预测→实测→修正"的顺序递推，根据系统的量测值来消除随机干扰，再现系统的状态，或根据系统的量测值从被污染的系统中恢复系统的本来面目。应用卡尔曼滤波器对 n 个传感器的测量数据进行融合后，既可以获得系统的当前状态估计，又可以预报系统的未来状态。滤波器的递推特性使得它特别适合在那些不具备大量数据存储能力的系统中使用，进行数据的实时处理和计算机运算。

3）贝叶斯估计法。贝叶斯估计是利用样本信息修改先验分布来得到后验分布，然后使用类似于"极大似然估计"等方法进行统计推断，是融合静态环境中多传感器低层信息的常用方法。它使传感器信息依据概率原则进行组合，测量不确定性以条件概率表示。当传感器组的观测坐标一致时，可以用直接法对传感器测量数据进行融合。大多数情况下，传感器是从不同的坐标系对同一环境物体进行描述，这时传感器测量数据要以间接方式采用贝叶斯估计进行数据融合。

4）统计决策理论法。统计决策理论法是把数理统计问题看成统计学家与大自然之间的博弈，用这种观点把各种各样的统计问题统一起来，从观测数据出发做出某种论断。如应该采取什么决策或行动，会产生什么后果等。与贝叶斯估计不同，统计决策理论中的不确定性为可加噪声，从而不确定性的适应范围更广。不同传感器观测到的数据必须经过一个鲁棒综合测试以检验它的一致性，经过一致性检验的数据用鲁棒极值决策规则进行融合。

5）D-S 推理法。D-S 推理法是一种不精确的推理理论，是贝叶斯方法的扩展。贝叶斯方法必须给出先验概率，D-S 理论则能够处理未知因素引起的不确定性，并对不确定性做多角度的描述。对从不同性质的数据源中提取的特征，利用正交求和方法综合成一个新的特征体，通过特征体的积累缩小集合，从而获得最后的结果。

6）模糊逻辑法。模糊逻辑实质上是一种多值逻辑，在多传感器数据融合中，将每个命题及推理算子赋予 0~1 间的实数值，以表示其在数据融合过程中的可信程度，又被称为确定性因子，然后使用多值逻辑推理法，利用各种算子对各种命题（即各传感源提供的信息）进行合并运算，从而实现信息融合。

7）产生式规则法。产生式规则法是人工智能中常用的控制方法。产生式规则法中的规则一般要通过对具体使用的传感器特性及环境特性进行分析后归纳出来的，不具有一般性，即系统改换或增减传感器时，其规则要重新产生。特点是系统扩展性较差，但推理较明了，易于系统解释，所以也有广泛的应用范围。

8）神经网络方法。神经网络方法是模拟人类大脑而产生的一种信息处理技术，它采用大量以一定方式相互连接和相互作用的简单处理单元（即神经元）来处理信息。神经网络具有较强的容错性和自组织、自学习、自适应能力，能够实现复杂的映射。神经网络的优越性和强大的非线性处理能力，能够很好地满足多传感器数据融合技术的要求。

3.4.4 网络安全技术

目前 WSN 的应用越来越广泛，已涉及国防军事、国家安全、技术机密、个人隐私等敏感领域，安全问题的解决是这些应用得以实施的基本保证。WSN 一般部署广泛，节点位置不确定，网络的拓扑结构也处于不断变化之中。另外，节点在通信能力、计算能力、存储能力、电源能量、物理安全和无线通信等方面存在固有的局限，直接导致了许多成熟、有效的安全技术无法顺利应用，也使得 WSN 安全研究成为热点。

1. WSN 与安全相关的特点

WSN 与安全相关的特点主要表现在以下 4 个方面。

1）资源受限，通信环境恶劣。WSN 单个节点能量有限，存储空间和计算能力差，直接导致了许多成熟、有效的安全协议和算法无法顺利应用。另外，节点之间采用无线通信方式，信道不稳定，信号不仅容易被窃听，而且容易被干扰或篡改。

2）部署区域的安全无法保证，节点容易失效。传感器节点一般部署在无人值守的恶劣环境或敌对环境中，其工作空间本身就存在不安全因素，节点很容易受到破坏或被俘，一般无法对节点进行维护，节点很容易失效。

3）网络无基础框架。在 WSN 中，各节点以自组织的方式形成网络，以单跳或多跳的方式进行通信，由节点相互配合实现路由功能，没有专门的传输设备，传统的端到端的安全机制无法直接应用。

4）地理位置具有不确定性。在 WSN 中，节点通常随机部署在目标区域，每个节点具体的地理位置不确定，任何节点之间是否存在直接连接，在部署前是未知的。

2. WSN 的安全需求

WSN 的安全需求主要表现在通信和信息两个方面。

（1）通信安全需求

1）传感器节点的抗篡改能力。传感器节点是构成 WSN 的基本单元，节点的安全性包括节点不易被发现和节点不易被篡改。WSN 中普通传感器节点分布密度大，少数节点被破坏不会对网络造成太大影响；但是，一旦节点被俘获，入侵者可能从中获取密钥、程序等机密信息，甚至可以重写存储器而将节点变成一个"卧底"。因此，要求节点应具备抗篡改能力。

2）抵御入侵能力。抵御入侵能力是一种被动的防御能力。在网络局部发生入侵的情况下，WSN 安全系统的基本要求是能保证网络的整体可用性，因此，网络应具备抵御外部攻击和内部攻击的能力。

外部攻击是指没有得到密钥，无法接入网络节点的攻击。外部攻击虽然无法有效地注入虚假信息，但可以通过窃听、干扰、分析通信量等方式，为进一步的攻击行为收集信息。因此抵御外部攻击首先需要解决保密性问题；其次，要防范能扰乱网络正常运转的简单网络攻击，如重放数据包等，这些攻击会造成网络性能下降；再次，要尽量减少入侵者得到密钥的机会，防止外部攻击演变成内部攻击。

内部攻击是指获得了相关密钥，并以合法身份混入网络的攻击。由于 WSN 不可能阻止节点被篡改，而且密钥也可能被破解，因此总会有入侵者在取得密钥后以合法身份接入网络，进而取得网络中一部分节点的信任。所以，内部攻击种类更多，危害更大，也更隐蔽。

3）反击入侵能力。反击入侵能力是指网络安全系统能够主动地限制甚至消灭入侵者，为此至少需要具备以下 3 方面能力。

① 入侵检测能力。入侵检测首先需要准确识别网络内出现的各种入侵行为并发出警报；其次，还必须确定入侵节点的身份或者位置，只有这样才能在随后发动有效攻击。

② 入侵隔离。是指网络能够根据入侵检测信息调度网络正常通信来避开入侵者，同时还要能够丢弃任何由入侵者发出的数据包。这相当于把入侵者和 WSN 从逻辑上隔离开来，可以防止其继续危害网络。

③ 入侵消灭。由于 WSN 的主要用途是为用户收集信息，因此让网络自主消灭入侵者是较难实现的。

（2）信息安全需求

信息安全就是要保证网络中传输信息的安全性。具体的需求如下。

① 数据机密性。保证网络内传输的信息不被非法窃听。

② 数据鉴别。保证用户收到的信息来自网络内自有的传感器节点而非入侵节点。

③ 数据完整性。保证数据在传输过程中没有被恶意篡改。

④ 数据时效性。保证数据在其时效范围内能够传输给用户。

WSN 安全需求的两方面中，通信安全是信息安全的基础。通信安全保证 WSN 内数据采集、融合、传输等基本功能正常进行，是面向网络基础设施的安全性；信息安全侧重于网络中所传消息的真实性、完整性和保密性，是面向用户应用的安全。

3. WSN 的安全技术

1）**密钥管理技术**。密钥管理是数据加密技术中的重要环节，它处理密钥从生成到销毁的整个生命周期，涉及密钥的生成、分发、存储、更新及销毁等所有方面，密钥的丢失将会直接导致信息泄露。有效的密钥管理技术是实现 WSN 安全的基础。

2）**防攻击技术**。WSN 受到的攻击类型主要有 Sybil 攻击、Sinkhole 攻击、Wormhole 攻击、Hello 泛洪攻击、选择性转发、DoS 攻击等。这些攻击中的绝大部分都可由网络内部被俘节点发动，从而严重干扰 WSN 的正常工作，危及传感器网络的安全。

对于这些攻击可根据其特点采用不同的监测和防御措施。如对于 Sybil 攻击，可采用无线资源监测、密钥交换、密钥预分配以及基于接收信号强度检测器 RSSI 等检测和防攻击技术；对于 Sinkhole 攻击，可采用基于信任机制的多点监测与回复信息的方法进行检测；对于 Wormhole 攻击，可采用地理或者临时约束条件来限制数据包最大传输距离、数据包的实时认证协议以及关键链路的分布式检测算法等措施进行预防；对于 Hello 泛洪攻击，可通过通信双方采取有效措施进行相互身份认证来防御；对于选择性转发的攻击，可采用多径路由、节点概率否决投票并由基站对恶意节点进行撤销等方法反击；对于 DoS 攻击，可采用基于流量预测的入侵检测方案等。

由于 WSN 不同于其他网络的特殊性，其安全技术难度大，往往不容易实现，因此，安全技术始终是 WSN 研究的热点和难点。

4. WSN 安全研究的重点

WSN 安全问题已经成为 WSN 研究的热点与难点，目前，对 WSN 安全技术的研究重点主要表现在以下几方面。

（1）密钥管理

1）密钥动态管理问题。WSN 的节点随时都可能变化（死亡、捕获、增加等），其密钥管理方案要具有良好的可扩展性，能够通过密钥的更新或撤销适应这种频繁的变化。

2）丢包率问题。WSN 无线的通信方式必然存在一定的丢包率，目前绝大多数的密钥管理方案都是建立在不存在丢包的基础上的，这与实际情况是不相符的，因此需要设计一种允许一定丢包率的密钥管理方案。

3）分层、分簇或分组密钥管理方案的研究。WSN 一般节点数目较多，整个网络的安全性与节点资源的有限性之间的矛盾通过传统的密钥管理方式很难解决，而通过对节点进行合理的分层、分簇或分组管理，可以在提高网络安全性的同时，降低节点的通信、存储开销。因此，密钥管理方案的分层、分簇或分组研究是 WSN 安全研究的一个重点。

4）椭圆曲线密码算法在 WSN 中的应用研究。

（2）安全路由

WSN 没有专门的路由设备，传感器节点既要完成信息的感知和处理，又要实现路由功能。另外，传感器节点的资源受限，网络拓扑结构的不断发生变化等特点，使得传统的路由算法无法应用到 WSN 中。设计具有良好的扩展性，且适应 WSN 安全需求的安全路由算法是WSN 安全研究的重要内容之一。

（3）安全技术融合

在 WSN 中，传感器节点一般部署较为密集，相邻节点感知的信息有很多都是相同的，为了节省带宽、提高效率，信息传输路径上的中间节点一般会对转发的数据进行融合，减少数据冗余。但是数据融合会导致中间节点获知传输信息的内容，降低了传输内容的安全性。在确保安全的基础上，提高数据融合技术的效率是 WSN 实际应用中需要解决的问题。

（4）入侵检测

针对不同的应用环境与攻击手段，解决误检率与漏检率之间的平衡问题；结合集中式和分布式检测方法的优点，研究更高效的入侵检测机制。

（5）安全强度与网络寿命的平衡

WSN 的应用很广泛，针对不同的应用环境，如何在网络的安全强度和使用寿命之间取得平衡，在安全的基础上充分发挥 WSN 的效能，也是一个急需解决的问题。

WSN 作为虚拟网络与现实世界连接的桥梁，在未来具有广阔的应用前景，其安全问题现已引起了国内外众多学者的注意。密钥管理是 WSN 其他安全机制如安全路由、安全数据融合、入侵检测等的基础，是 WSN 安全研究中最基本的内容。

本章小结

本章从 WSN 的产生背景入手，介绍了无线传感器网络的特点和应用；无线传感网的基本组成和工作特点、节点的组成、部署算法和评价指标；阐述了无线传感器网络协议体系结构，包括 5 层协议结构和功能，以及网络管理技术和应用支撑技术；详细分析了无线传感器网络及其关键技术。通过本章的学习，可以深入理解 WSN 的基本特性和关键技术，为今后从事无线传感器网络方面的研究和应用打下基础。

思考题

3-1　无线传感器网络的特点有哪些？

3-2　简述 WSN 的基本组成。

3-3　WSN 节点部署应考虑哪些问题？

3-4　WSN 节点部署有哪些基本算法？

3-5　WSN 节点部署有哪些评价指标？

3-6　简述 WSN 协议体系结构。

3-7　简述 WSN 通信协议的构成。

3-8　WSN 网络管理技术有哪些？

3-9　什么叫定位技术？自定位算法包括哪几种方法？

3-10　什么叫时间同步？不确定因素有哪些？

3-11　时间同步机制有哪几种？

3-12　WSN 的安全技术包括那些？

3-13　WSN 的安全需求表现在哪些方面？

3-14　WSN 的安全研究的重点是什么？

第4章 通信与网络技术

【核心内容提示】

（1）了解现场总线的通信协议、类型及其应用。

（2）掌握 WiFi、ZigBee、蓝牙等多种无线通信技术的概念、原理及特点。

（3）掌握 3G、4G 和 5G 的特点。

（4）了解三网融合和移动互联网的特点及技术特征。

（5）了解 NB–IoT、NGI 和 NGN 的技术特点和发展前景。

扫码观看本章
知识点视频

4.1 现场总线

4.1.1 概述

随着控制技术、计算机技术和通信技术的飞速发展，作为一种趋势的数字化正在从工业生产过程的决策层、管理层、监控层一直渗透到现场设备。从宏观来看，现场总线的出现是数字化网络延伸到现场的结果。随着网络的发展，现场总线将使数字技术占据工业控制系统中模拟量信号的最后一块阵地，一种真正全分散、全数字、全开放的新型控制系统——现场总线控制系统已逐步推广应用。

现场总线控制系统的出现代表了工业自动化领域中一个新纪元的开始，导致自动化系统结构与设备的一场变革，促成工业自动化产品的又一次更新换代，对工业自动化领域的发展产生极其深远的影响。

现场总线（Fieldbus）是连接智能现场设备和自动化系统的全数字、全开放、全双工、多节点的串行通信工业控制网络。

（1）现场总线的基础设备

现场设备是指安装在现场的工作设备如传感器、变送器、执行器、控制器等。具体说来，有开关、阀门、气缸、电机、灯光、温度、压力、流量等方面的信号检测和参量控制设备。最早的现场设备都是目测和手动的，后来出现了自动化现场设备，但早期的自动化现场设备只是可以进行远程操作而已，现场设备本身只是固定地对外界信号做出反应，并不具备智能。随着计算机技术的发展，智能芯片的性能越来越强，体积越来越小，价格越来越低，给每一台现场设备安装上芯片使其具有一定的分析、判断和记忆能力已成为现实，现场智能设备已随处可见。

当现场设备智能化以后，整个自动控制系统的结构发生了根本性变化，促使现场总线诞生。因此，智能现场设备是现场总线的基础，没有现场设备的智能化，也就谈不上现场总线。

（2）现场总线的通信特点

由于现场总线技术将专用微处理器置入传统的测量控制仪表，使它们各自都具有数字计算和数字通信能力，成为能独立承担某些控制、通信任务的网络节点，实现数据传输与信息共享，形成各种适应实际需要的自动控制系统。从而提高了信号的测量、控制和传输精度，同时，为丰富控制信息内容、实现灵活组网和远程信息传送创造了条件。通过网络操作远在数百公里之外的电气开关、阀门，自动统计开关动作次数以及上报故障诊断信息等都是应用全数字通信的例子。

（3）现场总线的基本通信方式

数字通信有串行和并行两种基本方式。并行通信传输量大，但传输距离受限，常用于机箱内部各设备间的通信，如计算机主板和硬盘之间的通信就采用并行数据总线；串行通信虽然通信量小，但可进行长距离传输，很适合控制系统和现场设备间只有零星简短报文发送的情况。

采用串行通信后，在两根普通导线制成的双绞线上即可自由挂接几十台智能设备，与传统方式的每个设备都要单独引用一条双绞线相比，可节省大量线缆、槽架和连接件等。由于线路变得简单明了，系统设计、安装、维护的工作量大大减少，系统的重组或扩容变得十分简单，只需进行简单的键盘操作即可完成。

（4）现场总线的控制特点

过去控制系统的现场设备没有自治能力，为了指挥一群非智能设备工作，就必须有一台强大的中央控制器，因此过去的控制系统往往都是集中式控制系统。现场总线控制系统由于采用了智能现场设备，而这些智能设备在工作时，可以单独进行、分小组进行、集中进行，也可以根据具体情况动态地组合，实现了真正意义上的分布式控制。

（5）现场总线的协议特点

现场总线具有完全开放的网络通信协议。开放的含义有两层：一是具有互操作性，数字化、智能化的结果使每一台现场设备均成为一个网络节点，在共同的网络协议下，不同的网络节点之间是透明开放的，也是可以相互操作的。二是具有互换性，由于网络协议是公开的，因此现场设备也是开放竞争的，用户具有了设备选择和集成的主动权，可以把不同厂家，不同品牌的产品集成在同一个系统内，并可在相同功能的产品之间进行相互替换，打破了厂家对产品和技术的垄断。

（6）现场总线的本质

对于一个控制系统，无论采用何种方式，需要处理的控制信息总是相同的，而不同的控制系统处理控制信息的位置和方式是不同的。传统控制系统往往把信息集中处理，而现场总线控制系统却可以把大量的控制信息交由智能仪表在现场处理，实现了信息处理的现场化。可以说现场总线既是一种通信网络，也是一种控制系统。作为通信网络，现场总线与日常用于图文传送的通信网络不同，它所传送的是开关电源或启闭阀门的指令与数据；作为控制系统，现场总线与传统的集中控制不同，它是完全的分布式控制系统。

由于现场总线顺应了工业控制系统向分散化、网络化、智能化发展的趋势，一经产生便成为全球工业自动化技术的热点，受到全世界的普遍关注。现场总线技术的出现，使世界各国在自动化领域的大发展中站到了同一条起跑线上。该项技术的开发可带动整个工业控制、楼宇自动化、仪表制造、自动控制和计算机软硬件等行业的技术更新和产品换代。

4.1.2 现场总线通信协议模型

（1）OSI 模型简介

开放系统互联参考模型（Open System Interconnect reference model，OSI）是 1978 年由国际标准化组织 ISO 提出的，1983 年正式成为国际标准（ISO 7498）。

OSI 是计算机系统互联的规范，是生产厂和用户共同遵守的开放型中立规范，任何人均可免费使用；而且该规范是为开放系统设计的，即使用此规范的系统之间必须互相开放；OSI 仅是一个参考规范仅，可在一定范围内根据需要进行适当调整。

世界上的网络有很多种，如以太网、因特网等，不论哪一种网络，其工作任务基本上是相同的，都是传送"0"和"1"的脉冲信号。不同网络的差异主要是通信标准的差异，不同的通信标准形成了不同的通信协议，当然，每一种通信协议都需要一定的软件和硬件支撑。因此，学习网络最重要的就是要掌握通信协议。

OSI 参考模型其实质是一种通信协议模型，它一方面集成了之前各种网络的长处，另一方面框定了其后各种网络的构架，使跨平台、跨机种的系统互联得以实现，极大地促进了计算机网络技术的应用和发展。

OSI 参考模型将计算机网络的通信过程分为 7 个层次，如图 4-1 所示，每一层向上一层提供服务，向下一层请求服务，各层的功能相对独立。互相通信的两台计算机，同一层间具有互操作的功能。

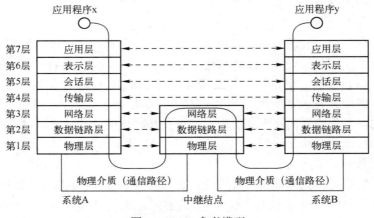

图 4-1　OSI 参考模型

在图 4-1 中，计算机系统 A 通过中继节点与计算机系统 B 进行联网通信，由于中继节点只需完成比特流复制、帧控制和传输方向控制等简单任务，其通信协议只使用了 OSI 的前 3 层即物理层、数据链路层和网络层。当应用程序"x"向应用程序"y"发送数据时，该数据的运行从物理过程来看是由系统 A 的第 7 层到第 1 层，通过物理介质（如电缆）到达中继节点的接收端，再由中继节点的发送端通过物理介质到达系统 B，由系统 B 的第 1 层到第 7 层后到达应用程序"y"。

（2）分层模型通信原理

OSI 模型是计算机网络体系结构发展的产物，它把开放系统的通信功能划分为相互独立的 7 个层次。各层情况的简要说明见表 4-1。

表 4-1　OSI 模型分层情况

层　号	层　名	工作任务	接口要求	操作内容
1	物理层	比特流传输	物理接口定义	数据收发
2	数据链路层	成帧、纠错	介质访问方案	访问控制
3	网络层	选线、寻址	路由器选择	路径选定
4	传输层	收发	数据传输	端口确认
5	会话层	同步	对话结构	会话管理
6	表示层	编译	数据表达	数据构造
7	应用层	管理、协同	应用操作	信息交换

物理层的作用就是通过物理介质正确地传送比特流信息，要保证发送的"0"或"1"脉冲信号能够被对方正确地检测和接收。要解决的问题是：多少伏电压表示"1"和多少伏电压表示"0"，一位信息占多少时间，是否可以同时发送和接收，初始连接如何建立，通信完毕后又如何拆除连接以让出信道，接头的插件有多少条数据帧及每条帧的功能是什么等，这些问题的解决就是物理层接口的作用。

数据链路层的作用是建立、维持和拆除链路连接，纠正传输中的差错。在传送数据时，数据链路层将一个数据包拆分成很多帧，一帧一帧地发送，就像要把一本书拆成一页一页的再发送传真一样。由于物理介质会受到电磁干扰等不确定因素的影响，因此每发完一帧就要进行差错校验，确认无误后再发下一帧。

网络层的作用是确定数据包的传输路径，建立、维持和拆除网络连接。由于数据链路层已在任意相邻的两个节点间建立起了无差错数据传输的信道，网络层就利用这些信道在源计算机和目标计算机之间众多的传送路径（静态或动态地）中选择最佳方案并加以实施。

传输层的作用是控制开放系统之间的数据传送。传输层以下 3 层建立了具体网络连接，从传输层开始，源计算机和目标计算机之间建立了直接对话。传输层除了对收发数据进行确认外，还负责根据通信的需要调整网络的吞吐量并进一步提高网络通信的可靠性。

会话层的作用是按照应用进程之间的约定，以正确的顺序收发数据，管理各种形式的会话。在简单系统中，会话层可以直接面对用户服务，无论是用户请求会话还是应用程序请求会话，会话层首先根据提供的地址建立与目标计算机之间的会话，然后在会话过程中管理会话。

表示层的作用是对传输信息以适当的方式进行表示，以保证经过网络传送后其意义不发生改变。表示层以下的 5 层只负责将数据从源计算机完整地传送到目标计算机，而表示层则要考虑如何描述数据结构，使之与计算机的差异无关，便于用户使用网络。

应用层的作用是实现应用程序之间的信息交换、协调应用进程和管理系统资源。应用层是 OSI 的最高层，直接面向用户，除了系统管理应用进程具有独立性外，其他用户应用进程则需要有用户的参与，通过与用户的指令交互来完成。

4.1.3　现场总线的类型及应用

现场总线的技术比较成熟，类型也很多，目前国际认可的就有 23 种。本节主要介绍比较常用的基金会总线、CAN 总线、LonWorks 总线等 8 种总线协议。

（1）基金会现场总线

基金会现场总线（Foundation Fieldbus，FF）是目前最具发展前景，最具竞争力的现场总线之一，它的前身是以 Fisher-Rosemount 公司为首、联合 80 家公司制定的 ISP 协议和以 Honeywell 公司为首、联合欧洲 150 家公司制定的 WorldFIP 协议，两大集团于 1994 年合并，成立现场总线基金会，致力于开发统一的现场总线标准，即基金会现场总线标准。

FF 的通信模型以 ISO/OSI 开放系统模型为基础，采用了物理层、数据链路层和应用层，并在此基础上增加了用户层，各厂家的产品在用户层的基础上实现。FF 采用的是令牌总线通信方式，可分为周期通信和非周期通信。FF 目前有高速和低速两种通信速率，其中低速总线协议 H1 于 1996 年发布，现在已应用于工作现场；高速协议原定为 H2 协议，但目前 H2 很有可能被工业以太网取代。H1 的传输速率为 31.25 kbit/s，传输距离可达 1900 m，并可通过中继器延长传输距离，并支持总线供电和本质安全防爆环境；H2 的传输速率有 1 Mbit/s 和 2.5 Mbit/s 两种，其通信距离分别为 750 m 和 500 m。工业以太网目前的通信速率为 10 Mbit/s，更高速的工业以太网正在研制中。

FF 可采用总线型、树形、菊花链形等网络拓扑结构，网络中的设备数量取决于总线带宽、通信段数、供电能力和通信介质等因素。FF 支持双绞线、同轴电缆、光缆和无线发射等传输介质，物理传输协议符合 IEC 1158-2 标准，采用曼彻斯特编码。由于 FF 采用了功能模块和设备描述语言 DDL，使得现场节点之间能准确、可靠地实现信息互通，拥有非常出色的互操作性。

（2）CAN 总线

区域控制网络（Control Area Network，CAN）总线最早是由德国 Bosch 公司推出，是用于汽车内部测量与执行部件之间的数据通信协议。其总线规范已被 ISO 国际标准化组织确定为国际标准，并且广泛应用于离散控制领域。CAN 总线的特点是，采用了 OSI 参考模型的物理层、数据链路层和应用层 3 层结构，提高了实时性；其节点有优先级设定、支持点对点、一点对多点、广播模式通信等几种形式，各节点可随时发送消息；传输介质为双绞线，通信速率与总线长度有关，最高可达 1 Mbit/s；采用短信息报文，每一帧有效字节数为 8 个，当节点出错时可自动关闭，抗干扰能力强，可靠性高。

（3）LonWorks 总线

LonWorks 技术是美国埃施朗公司开发，并与摩托罗拉和东芝公司共同倡导的现场总线技术。它使用了 OSI 参考模型全部的 7 层协议结构，其核心元件是具备通信和控制功能的神经元芯片。

神经元芯片能实现完整的 LonWorks 的 LonTalk 通信协议，集成有 3 个 8 位 CPU。一个 CPU 完成 OSI 参考模型第 1 和第 2 层的功能，称为介质访问处理器；一个 CPU 是应用处理器，运行操作系统与用户代码；还有一个 CPU 为网络处理器，作为前两者的中介，完成网络变量寻址、更新、路径选择、网络通信管理等功能。由神经元芯片构成的节点之间可以进行对等通信。LonWorks 支持多种物理介质和多种拓扑结构，组网方式灵活，应用范围主要包括楼宇自动化，工业控制等，在组建分布式监控网络方面有较优越的性能。目前，LonWorks 已经建立了一套从协议开发、芯片设计与制造、控制模块开发及系统集成等一系列完整的体系，吸引了数万家企业参与其中，对 LonWorks 技术的推广应用有很大的促进作用。

（4）ProfiBUS 总线

ProfiBUS 是德国国家标准 DIN19245 和欧洲标准 EN50170 的现场总线标准。由三部分兼容组成，即 ProfiBUS-DP（Decentralized Periphery）、ProfiBUS-FMS（Fieldbus Message Specification）、ProfiBUS-PA（Process Automation）。

ProfiBUS-DP 是一种高速低成本通信技术，用于设备级控制系统与分散式 I/O 的通信；ProfiBUS-FMS 用于车间级监控网络，是一个令牌结构，实时多主网络；ProfiBUS-PA 专为过程自动化设计，可使传感器和执行机构联在一根总线上，并有本质安全规范。

ProfiBUS 支持主-从系统、纯主站系统、多主-多从混合系统等几种传输方式，是一种用于工厂自动化车间级监控和现场设备层数据通信与控制的现场总线技术。可实现现场设备层到车间级监控的分散式数字控制和现场通信网络，为实现工厂综合自动化和现场设备智能化提供了可行的解决方案。

（5）HART 总线

HART（Highway Addressable Remote Transducer）总线协议是由罗斯蒙特公司于 1986 年提出的，是用于现场智能仪表和控制室设备之间通信的一种协议，包括 OSI 参考模型的物理层、数据链路层和应用层。HART 是可寻址远程传感器高速通道的开放通信协议，有点对点或多点连接两种模式，提供设备描述语言（DDL），以确保互操作性。其特点是在现有模拟信号传输线上实现数字信号通信，即模拟和数字的混合，属于模拟系统向数字系统转变中的一种过渡协议。由于 4~20 mA 模拟信号标准将在今后相当长的时间内仍然存在，所以，在当前的过渡时期 HART 总线仍有较强的市场竞争力，在智能仪表市场上占有很大的份额。

（6）P-NET 总线

P-NET 现场总线由丹麦 Process-Data A/S 公司研究并开发，是一种世界通用的开放型标准化总线。它可以将生产过程的各个部分，如过程控制计算机、传感器、执行器、I/O 模块、小型可编程控制器等，通过共用一根双芯电缆加以连接。P-NET 现场总线不同于其他总线的特点是安装简单、成本较低、用户开发方便、可在 Windows 平台上用高级语言开发，整个系统的硬件都采用标准的商品芯片，所以改进较快（其他的现场总线都用专门设计的芯片，不易改动）。P-NET 总线特别适合于食品、饲养、农业等方面的应用。

（7）InterBUS 总线

作为 IEC 61158 标准之一，InterBUS 总线广泛应用于制造业和机器加工业，用于把传感器/执行器的信号传送到计算机控制站，是一种开放的现场总线系统。InterBUS 总线于 1984 年推出，其主要技术开发者为德国的 Phoenix Contact 公司。InterBUS Club 是 InterBUS 设备生产厂家和用户的全球性组织，目前在 17 个国家和地区设立了独立的地区组织，共有 500 多个成员。

（8）World FIP 总线

World FIP 是欧洲标准 EN 50170 的 3 个组成部分之一，是在法国标准 FIP C46-601/607 的基础上采纳了物理层国际标准 IEC 1158-2 发展起来的。由 3 个通信层组成。World FIP 的显著特点是为所有的工业和过程控制提供带有一个物理层的单一现场总线。底层控制系统、制造系统和驱动系统都可直接连到控制一级的 World FIP 总线上，无须采用将 RS-485 和其他低速总线相混合的方式来连接底层设备以实现同样的功能。

（9）应用实例

1）第一套投入商业运行的 FF 总线系统。1997 年 4 月 15 日，在加拿大 Fort Saskatchewan 的一家大型化工厂，第一套 FF 总线系统投入了商业运行。起初系统包括 90 台 FF 3051 压力变送器，分成 6 个现场总线区域，一套 Delta V 控制系统，并且通过 OPC 技术与工厂现存集散控制系统（Distributed Control System，DCS）进行通信。据用户记载，与传统安装方式相比，整个项目节省投资约 30%。4 位仪表工程师仅用了 5 h 就完成了所有变送器的安装和试车。在安装上采用了现场安装的控制器和 I/O 卡件。在系统顺利运行后，该用户在第 2 阶段将变送器增加到 576 台，并将部分控制器下装到现场仪表。系统结构如图 4-2 所示。

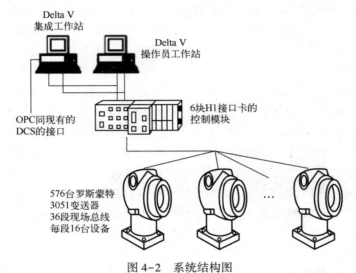

图 4-2　系统结构图

2）美国阿拉斯加 West Sak ARCO 油田运行的 FF 总线系统。美国 West Sak ARCO 油田位于美国石油资源丰富的北部地区，该地区自然条件十分恶劣，极端温度为 -70℃。在建设该油田时，受到了很大的资金限制。用户在参观了 1996 年 ISA 展览后决定采用基金会现场总线技术，并选择了一体化的现场总线方案。该项目包括 29 台油井，Delta V 控制系统采用了 6 块 H1 现场总线接口卡，配备了 69 台 FF 3051 压力变送器，38 台 FVnQ800 执行器以及内置的 AMS 管理软件。1997 年 11 月开始安装，同年 12 月 26 日投产运行，取得了很好的经济效益。

4.2　无线通信网络技术

4.2.1　概述

无线通信技术涵盖的范围很广，既包括允许用户建立远距离无线连接的全球语音和数据网络，也包括为近距离无线连接进行优化的红外线技术及射频技术等。通常用于无线网络的设备包括便携式计算机、台式计算机、手持计算机、个人数字助理 PDA、移动电话等。根据不同用途无线通信技术可分为无线个域网（Wireless Personal Area Network，WPAN），如 ZigBee 等；无线局域网（Wireless Local Area Network，WLAN），如 WiFi 等；无线城域网

（Wireless Metropolitan Area Network，WMAN），如 WiMAX 等，和无线广域网（Wireless Wide Area Network，WWAN），如 GIS、GPRS 等无线通信技术。

近年来，短距离无线通信业务呈现巨大的发展潜力，特别是随着无线个域网 WPAN 的快速发展，短距离通信业务迅速膨胀。实现短距离无线通信的主要技术有蓝牙 Bluetooth、WiFi、红外线（IrDA）、ZigBee、超宽带、NFC 等。本节简要叙述这几种典型的短距离无线通信网络技术的原理、特点和应用。

4.2.2　WiFi 技术

1. WiFi 技术的概念

WiFi 全称 Wireless Fidelity，即无线保真，又称 **802.11b 标准**，是 IEEE 定义的一个无线网络通信工业标准（IEEE 802.11）。**802.11b 定义了使用直接序列扩频（Direct Sequence Spread Spectrum，DSSS）调制技术在 2.4 GHz 频带实现 11 Mbit/s 速率的无线传输，在信号较弱或有干扰的情况下，宽带可调整为 5.5 Mbit/s、2 Mbit/s 和 1 Mbit/s。**

WiFi 是由 AP 和无线网卡组成的无线网络，AP 可以看作有线局域网络与无线局域网络之间联系的桥梁，其工作原理相当于一个内置无线发射器的集线器 Hub 或者是路由器 Router；无线网卡则是负责接收由 AP 所发射信号的客户端设备。因此，任何一台装有无线网卡的 PC 均可通过 AP 分享有线局域网络甚至广域网络的资源。

WiFi 第一个版本发布于 1997 年，其中定义了介质访问控制层（MAC）和物理层（PHY）。物理层定义了工作在 2.4 GHz 的 ISM 频段上的 2 种无线调频方式和一种红外传输方式，总数据传输速率设计为 2 Mbit/s。两个设备之间的通信可以自由直接的方式进行，也可以在基站（Base Station，BS）或访问点 AP 的协调下进行。

1999 年增加了两个补充版本：802.11a 定义了在 5 GHz ISM 频段上的数据传输速率可达 54 Mbit/s 的物理层；802.11b 定义了在 2.4 GHz 的 ISM 频段上但数据传输速率高达 11 Mbit/s 的物理层。2.4 GHz 的 ISM 频段为世界上绝大多数国家通用，因此 802.11b 得到了最为广泛的应用。苹果公司把自己开发的 802.11 标准起名为 AirPort。1999 年工业界成立了 WiFi 联盟，致力解决符合 802.11 标准的产品的生产和设备兼容性问题。

802.11 标准及补充标准的制定情况如下：802.11，原始标准（2 Mbit/s，工作在 2.4 GHz）；802.11a，物理层补充（54 Mbit/s，工作在 5 GHz）；802.11b，物理层补充（11 Mbit/s，工作在 2.4 GHz）；802.11c，符合 802.1D 的媒体接入控制层桥接（MAC Layer Bridging）；802.11d，根据各国无线电规定所做的调整；802.11e，对服务等级 QoS（Quality of Service）的支持；802.11f，基站的互连性（Interoperability）；802.11g，物理层补充（54 Mbit/s，工作在 2.4 GHz）；802.11h，无线覆盖半径的调整，室内（Indoor）和室外（Outdoor）信道（5 GHz 频段）；802.11i，安全和鉴权（Authentification）方面的补充；802.11n，导入多重输入/输出技术，基本上是 802.11a 的延伸版。

除了上面的 IEEE 标准外，还有一个称为 IEEE 802.11b+的技术，通过分组二进制卷积码（Packet Binary Convolutional Code，PBCC）技术在 IEEE 802.11b（2.4 GHz 频段）基础上提供 22 Mbit/s 的数据传输速率。事实上这并不是 IEEE 的公开标准，而是一项产权私有技术（产权属于美国德州仪器公司）。也有一些称为 802.11g+的技术，在 IEEE 802.11g 的基础上提供 108 Mbit/s 的传输速率，与 802.11b+一样，同样是非标准技术。

2. WiFi 网络结构和原理

IEEE 802.11 标准定义了介质访问接入控制层 MAC 和物理层 PHY。物理层定义了工作在 2.4 GHz 的 ISM 频段上。总数据传输速率设计为 2 Mbit/s（802.11）到 54 Mbit/s（802.11g）。图 4-3 为 802.11 的标准和分层。

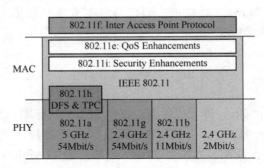

图 4-3　802.11 标准和分层

在 802.11 的物理层，IEEE 802.11 规范是在 1997 年 8 月提出的，规定工作在 ISM（2.4～2.4835 GHz）频段的无线电波，采用了两种扩频技术，即直接序列扩频（DSSS）和跳频扩频（Frequency Hopping Spread Spectrum，FHSS）。

DSSS 简称直扩方式（DS 方式），是一种具有高安全性和高抗干扰性的无线序列信号传输方式。DSSS 扩频的基本原理是，在发射端利用高速率的扩频序列扩展信号的频谱，在接收端用相同的扩频码序列进行解扩，把展开的扩频信号还原成原来的信号，从而降低了进入解调器的干扰功率，使信号传输的精度较高。该技术在军事通信和机密工业中得到了广泛的应用，现在甚至普及到一些民用的高端产品，例如信号基站、无线电视、蜂窝手机及无线婴儿监视器等，是一种可靠、安全的工业应用方案。

FHSS 简称跳频方式（FS 方式）。其原理是使用发射器和接收器都知晓的伪随机序列，在很多频率信道内快速跳变以发射无线电信号。即靠载波的随机跳变，躲避干扰，将干扰排斥在接收通道以外，达到抗干扰的目的。若调频系统的可用频道很大，在某一个频率点停留时间很短，效果更好。FHSS 有较强的抗干扰能力，一旦信号在某信道中受阻，它将迅速在下一跳中重新发送信号。一般用于航空科技、航空电子与机载计算机系统等。

还有一种扩频技术叫正交频分多路复用技术（Orthogonal Frequency Division Multiplexing，OFDM），工作在 5 GHz，采用 CCK/DQPSK（Complementary Code Keying/Differential Quadrature Reference Phase Shift Keying），即补充编码键控/四相相对相移键控调制方式，54 Mbit/s 通信速率（802.11a）。其主要思想就是在频域内将给定信道分成许多正交子信道，在每个子信道上使用一个子载波进行调制，并且各子载波并行传输。这样，尽管总的信道是非平坦的，具有频率选择性，但是每个子信道是相对平坦的，在每个子信道上进行的是窄带传输，信号带宽小于信道的相应带宽，可以大大消除信号波形间的干扰。由于在 OFDM 系统中各个子信道的载波相互正交，它们的频谱是相互重叠的，这样不但减小了子载波间的相互干扰，同时又提高了频谱利用率。

3. WiFi 网络的组成

一个 WiFi 接入点，网络成员和结构站点（Station），是 WiFi 网络最基本的组成部分。

基本服务单元（Basic Service Set，BSS）是网络最基本的服务单元。最简单的服务单元可以只由两个站点组成，而且站点可以动态地连接到基本服务单元中。

分配系统（Distribution System，DS）用于连接不同的 BSS。分配系统使用的媒介逻辑上和 BSS 使用的媒介是分开的，尽管它们物理上可能会是同一个媒介，例如同一个无线频段。

接入点（AP）既有普通站点身份，又有接入到分配系统的功能。

扩展服务单元（Extended Service Set，ESS）由分配系统 DS 和基本服务单元 BSS 组合而成。这种组合是逻辑上而并非物理上的，因为不同的基本服务单元有可能地理位置相去甚远。

关口（Portal）也是一个逻辑成分，用于将无线局域网和有线局域网或其他网络联系起来。

站点之间的通信有两种形式，如图 4-4 所示。一种是以自组网（Ad Hoc）的方式进行通信和组网，如图 4-4a 所示；另一种是在基站 BS 或者访问点 AP 的协调下进行通信和组网，如图 4-4b 所示。

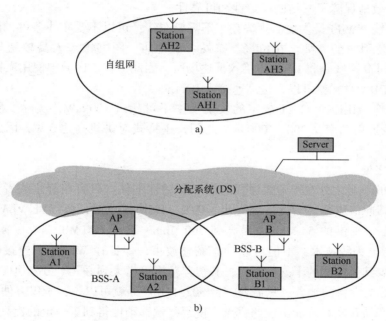

图 4-4　802.11 两种主要网络通信结构
a）3 个站点的自组网　b）2 个站点在 AP 协调下组网

802.11 网络底层和以太网 802.3 结构相同，相关数据包装也使用 IP 通信标准和服务，完成互联网连接，具体 IP 数据结构和 IP 通信软件结构如图 4-5 所示。

4. WiFi 技术的特点

（1）优点

1）无线电波的覆盖范围广。WiFi 的覆盖半径可达 100 m，可以覆盖整栋办公大楼，而蓝牙技术只能覆盖 15 m 内。

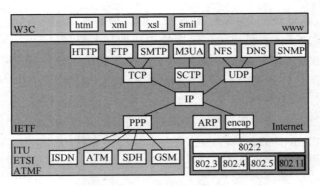

图 4-5　802.11 的 IP 网络结构

2）传输速度快。WiFi 技术传输速度非常快，可以达到 11 Mbit/s（802.11b）或者 54 Mbit/s（802.11a），适合高速数据传输的业务。

3）稳定性和可靠性高。802.11b 无线网络规范是 IEEE 802.11 网络规范的变种，最高带宽为 11 Mbit/s，在信号较弱或有干扰的情况下，带宽可自动调整为 5.5 Mbit/s、2 Mbit/s 或者 1Mbit/s，有效地保障了网络的稳定性和可靠性。

4）无须布线。WiFi 最主要的优势在于不需要布线，可以不受布线条件的限制，因此非常适合移动办公用户的需要。在机场、车站、咖啡店、图书馆等人员较密集的地方设置"热点"，并通过高速线路将 Internet 接入上述场所，因此，在该区域内使用支持无线 LAN 的笔记本电脑或 PDA 时，就可以直接高速接入 Internet。

5）健康安全。IEEE 802.11 规定的发射功率不可超过 100 mW，实际发射功率约 60～70 mW，手机的发射功率在 200～1000 mW 之间，手持式对讲机高达 5 W，因此，WiFi 产品的辐射更小。

（2）不足之处

WiFi 技术的不足之处在于覆盖面积有限和移动性不佳，只有在静止或者步行的情况下使用才能保证其通信质量。为此，又提出了 802.11n 协议草案，可以将 WLAN 的传输速率由目前 802.11b/g 提供的 54 Mbit/s 提高到 300 Mbit/s 甚至 600 Mbit/s。在覆盖范围方面，802.11n 采用智能天线技术，不但可以动态调整波束，保证让 WLAN 用户接收到稳定的信号，还可以减少其他信号的干扰；同时，其覆盖范围可扩大到好几平方公里。这使得原来需要多台 802.11b/g 设备的地方，只需要一台 802.11n 产品就可以了，不仅方便了使用，还减少了原来多台产品互联时可能出现的盲点，使得终端移动性得到了一定的提高。

5. WiFi 技术的应用

由于 WiFi 的工作频段是全球免费 ISM 频段，因此 WLAN 无线设备提供了一个世界范围内可以使用的，费用极其低廉且数据带宽极高的无线空中接口。用户可以在 WiFi 覆盖区域内快速浏览网页，随时随地接听和拨打电话。有了 WiFi 功能，拨打国内外长途电话、浏览网页、收发电子邮件、下载音乐、传递数码照片等，无须担心速度慢和花费高的问题。

WiFi 在掌上设备上的应用越来越广泛，智能手机就是一个很典型的例子。与早前应用于手机上的蓝牙技术不同，WiFi 具有更大的覆盖范围和更高的传输速率，因此 WiFi 手机成了目前移动通信界的时尚潮流。

现在 WiFi 的应用范围在国内越来越广泛了，高级宾馆、豪华住宅区、飞机场以及咖啡厅等区域都有 WiFi 接口，使用极其方便。随着 5G 时代的来临，越来越多的电信运营商也将目光投向了 WiFi 技术，WiFi 覆盖范围小、带宽高，5G 覆盖范围大、带宽低，两种技术结合，可以达到取长补短、相得益彰的效果。目前，支持 WiFi 的智能手机可以轻松地通过 AP 实现对互联网的浏览，随着互联网语音电话（Voice over Internet Phone，VoIP）和手机视频技术的发展，在 WiFi 的覆盖范围内，手机的功能性将进一步扩展。

在网络高速发展的时代，人们已经尝到了 WiFi 带来的便利，相信 WiFi 与 5G 的融合必定开启一个全新的通信时代。

4.2.3　ZigBee 技术

ZigBee 是一种近距离、低复杂度、低功耗、低速率、低成本的双向无线通信技术，主要适用于自动控制和远程控制领域，是为了满足小型廉价设备的无线联网和控制而提出的。

ZigBee 是 IEEE 802.15.4 技术的商业名称，前身是 "HomeRFlite" 技术。该技术的核心协议由 2000 年 12 月成立的 IEEE 802.15.4 工作组制定，高层应用、互联互通测试和市场推广由 2002 年 8 月组建的 ZigBee 联盟负责。ZigBee 联盟已经吸引了上百家芯片公司、无线设备开发商和制造商加盟。同时 IEEE 802.15.4 标准也受到了其他标准化组织的注意，例如 IEEE 1451 工作组正在考虑在 IEEE 802.15.4 标准的基础上实现无线传感器网络。

1. ZigBee 技术概述

有别于 GSM、GPRS 等广域无线通信技术和 IEEE 802.11a、IEEE 802.11b 等无线局域网通信技术，ZigBee 的有效通信距离为几米到几十米之间，属于个人区域网络（Personal Area Network，PAN）的范畴。IEEE 802 委员会制定了 3 种无线 PAN 技术：**适合多媒体应用的高速标准 IEEE 802.15.3；基于蓝牙技术，适合话音和中等速率数据通信的 IEEE 802.15.1；适合无线控制和自动化应用的较低速率的 IEEE 802.15.4，也就就是 ZigBee 技术**。得益于较低的通信速率以及成熟的无线芯片技术，ZigBee 设备的复杂度、功耗和成本等均较低，适于嵌入到各种电子设备中，服务于无线控制和低速率数据传输等业务。

典型无线 ZigBee 网络协议栈结构是基于标准的开放式系统互联（OSI）七层模型，但是仅定义了那些相关实现预期市场空间功能的层。IEEE 802.15.4-2003 标准定义了两个较低层：物理层（PHY）和媒体访问控制层（MAC）。ZigBee 联盟在此基础上建立了网络层（Network Layer，NWK）和应用层构架。应用层构架由应用支持子层（Application Support，APS）、ZigBee 设备对象（ZigBee Device Objects，ZDO）和制造商定义的应用对象组成。

典型 ZigBee 网络层（NWK）支持星形、树形和网状网络拓扑，如图 4-6 所示。

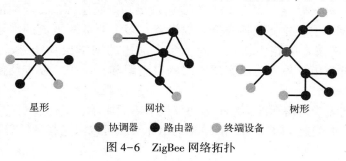

图 4-6　ZigBee 网络拓扑

在星形拓扑中，ZigBee 协调器负责网络的设备协调与控制，所有终端设备直接与 ZigBee 协调器通信。在网状和树形拓扑结构中，ZigBee 协调器负责启动网络，选择某些关键的网络参数，但是网络可以通过使用 ZigBee 路由器进行扩展。网状结构允许完全的点对点通信。其中的 ZigBee 路由器会不定期发出 IEEE 802.15.4-2003 信标。在树形结构中，路由器使用一个分级路由策略在网络中传送数据和控制信息，树形网络可以使用 IEEE 802.15.4-2003 规范中描述的以信标为导向的通信。ZigBee 传感器网络的节点、路由器、网关，都是由一个单片机加上 ZigBee 兼容无线收发器构成的硬件为基础，或者一个 ZigBee 兼容的无线单片机（例如 CC2530），再加上一套内部运行的软件来实现，这套软件由 C 语言代码写成，大约有数十万行。

整个 ZigBee 协议栈软件和硬件基础如图 4-7 所示。

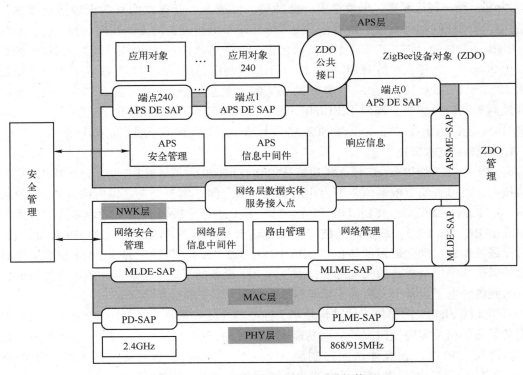

图 4-7　ZigBee 协议栈和硬件基础结构体系

ZigBee 协议栈由高层应用规范和应用汇聚层、网络层、数据链路层和物理层组成。网络层以上的协议由 ZigBee 联盟负责，IEEE 制定物理层和链路层标准，应用汇聚层把不同的应用映射到 ZigBee 网络上，主要包括安全属性设置、多个业务数据流的汇聚等功能。网络层将采用基于 Ad Hoc 技术的路由协议，除了包含通用的网络层功能外，还和底层的 IEEE 802.15.4 标准同样省电；另外还能实现网络的自组织和自维护，以方便使用，降低网络维护成本。

相对于常见的无线通信标准，ZigBee 协议栈紧凑而简单，具体实现的要求很低。8 位处理器（如 80C51，再配上 4 KB ROM 和 64 KB RAM 等就可以满足其最低需要，从而大大降低了芯片的成本。

2. ZigBee 物理层

IEEE 802.15.4 定义了两个物理层标准，分别是 2.4 GHz 物理层和 868/915 MHz 物理层。两个物理层都基于直接序列扩频（DSSS）技术，使用相同的物理层数据包格式，区别在于工作频率、调制技术、扩频码长度和传输速率。

2.4 GHz 波段为全球统一、无须申请的 ISM 频段，有助于 ZigBee 设备的推广和生产成本的降低。2.4 GHz 的物理层通过采用 16 相调制技术，能够提供 250 kbit/s 的传输速率，提高了数据吞吐量，减小了通信时延，缩短了数据收发的时间，因此更加省电。

868 MHz 是欧洲附加的 ISM 频段，915 MHz 是美国附加的 ISM 频段。工作在这两个频段上的 ZigBee 设备，避开了来自 2.4 GHz 频段中其他无线通信设备和家用电器的无线电干扰。868 MHz 的传输速率为 20 kbit/s，916 MHz 的传输速率为 40 kbit/s。由于这两个频段上无线信号的传播损耗和所受到的无线电干扰均较小，因此可以降低接收机灵敏度的要求，获得较大的有效通信距离，从而使用较少的设备即可覆盖整个区域。

ZigBee 使用的无线信道由表 4-2 确定。可以看出，ZigBee 使用的 3 个频段定义了 27 个物理信道，其中 868 MHz 频段定义了 1 个信道；915 MHz 频段附近定义了 10 个信道，信道间隔为 2 MHz；2.4 GHz 频段定义了 16 个信道，信道间隔为 5 MHz，较大的信道间隔有助于简化收发滤波器的设计。

表 4-2　ZigBee 无线信道的组成

信道编号	中心频率/MHz	信道间隔/MHz	频率上限/MHz	频率下限/MHz
$k=0$	868.3	—	868.6	868.0
$k=1$、$2\cdots10$	$906+2(k-1)$	2	928.0	902.0
$k=11$、$2\cdots26$	$2405+5(k-11)$	5	2483.5	2400.0

图 4-8 给出了物理层数据包的格式，ZigBee 物理层数据包由同步包头、物理层包头和物理层净荷 3 部分组成。同步包头由前导码和数据包定界符组成，用于获取符号同步、扩频码同步和帧同步，也有助于粗略的频率调整。物理层包头指示净荷部分的长度，净荷部分含有 MAC 层数据包，净荷部分最大长度是 127B。

4B	1B	1B		变量
前同步码	帧定界符	帧长度 (7bit)	预留位 (1bit)	PSDU
同步包头	物理层包头			物理层净荷

PSDU(Physical Service Data Unit)，即物理层服务数据单元

图 4-8　物理层数据包格式

3. ZigBee 数据链路层

IEEE 802 系列标准把数据链路层分成逻辑链路控制（Logical Link Control，LLC）和 MAC 两个子层。LLC 子层在 IEEE 802.6 标准中定义，为 802 标准系列所共用；而 MAC 子层协议则依赖于各自的物理层。IEEE 802.15.4 的 MAC 子层能支持多种 LLC 标准，通过业务相关汇聚子层（Service-Specific Convergence Sublayer，SSCS）协议承载 IEEE 802.2 协议中第一种类型的 LLC 标准，同时也允许其他 LLC 标准直接使用 IEEE 802.15.4 MAC 子层的服务。

LLC 子层的主要功能是进行数据包的分段与重组以及确保数据包按顺序传输。IEEE 802. 15. 4 MAC 子层的功能包括设备间无线链路的建立、维护和断开，确认模式的帧传送与接收，信道接入与控制，帧校验与快速自动重发请求（Automatic Repeat Request，ARQ），预留时隙管理以及广播信息管理等。MAC 子层与 LLC 子层的接口中用于管理目的的原语仅有 26 条，相对于蓝牙技术的 131 条原语和 32 个事件而言，IEEE 802. 15. 4 MAC 子层的复杂度很低，不需要高速处理器，因此降低了功耗和成本。

图 4-9 给出了 MAC 子层数据包格式。MAC 子层数据包由 MAC 子层帧头（MAC Header，MHR）、MAC 子层载荷和 MAC 子层帧尾（MAC Footer，MFR）组成。

2B	1B	0/2B	0/2/8B	0/2B	0/2/8B	可变	2B
帧控制	序列号	目的 PAN 标识符	目的地址	源 PAN 标识符	源地址	帧载荷	FCS
MHR (MAC层帧头)						MAC 载荷	MFR

图 4-9   MAC 子层数据包格式

MAC 子层帧头由 2B 的帧控制域、1B 的帧序号域和最多 20B 的地址域组成。帧控制域指明了 MAC 帧的类型、地址域的格式以及是否需要接收方确认等控制信息；帧序号域包含了发送方对帧的顺序编号，用于帧的匹配确认，实现 MAC 子层的可靠传输；地址域采用的寻址方式可以是 64 bit 的 IEEE MAC 地址或者 8 bit 的 ZigBee 网络地址。

MAC 子层载荷承载 LLC 子层的数据包，其长度是可变的，但整个 MAC 帧的长度应该小于 127B，其内容取决于帧类型。IEEE 802. 15. 4MAC 子层定义了 4 种帧类型，即广播帧、数据帧、确认帧和 MAC 命令帧。只有广播帧和数据帧包含了高层控制命令或者数据，确认帧和 MAC 命令帧用于 ZigBee 设备 MAC 子层功能实体间控制信息的收发。

MAC 子层帧尾含有采用 16 bit CRC 算法计算出来的帧校验序列（Frame Check Sequence，FCS），用于接收方判断该数据包是否正确，从而决定是否采用 ARQ 进行差错恢复。

广播帧和确认帧不需要接收方的确认，数据帧和 MAC 命令帧的帧头包含帧控制域，指示收到的帧是否需要确认，如果需要确认，并且已经通过了 CRC 校验，接收方将立即发送确认帧。若发送方在一定时间内收不到确认帧，将自动重传该帧，这就是 MAC 子层可靠传输的基本过程。

IEEE 802.15.4 MAC 子层定义了两种基本的信道接入方法，分别用于两种 ZigBee 网络拓扑结构中，即基于中心控制的星形网络和基于对等操作的 Ad Hoc 网络。在星形网络中，中心设备承担网络的形成和维护、时隙的划分、信道接入控制和专用带宽分配等功能，其余设备根据中心设备的广播信息来决定如何接入和使用无线信道，这是一种时隙化的载波侦听和冲突避免（Carrier Sense Multiple Access with Collision Avoidance，CS-MA-CA）信道接入算法。在 Ad Hoc 方式的网络中，没有中心设备的控制，也没有广播信道和广播信息，而是使用标准的 CS-MA-CA 信道接入算法接入网络。

4. ZigBee 网络层

典型无线传感器网络 ZigBee 堆栈是在 IEEE 802.15.4 标准基础上建立的，而 IEEE

802.15.4 仅定义了协议的 MAC 和 PHY 层。ZigBee 设备应该包括 IEEE 802.15.4 的 PHY 和 MAC 层以及 ZigBee 堆栈层的 NWK、APS 和安全服务管理。每个 ZigBee 设备都与一个特定模板有关，可能是公共模板，也可能是私有模板。这些模板定义了设备的应用环境、设备类型以及用于设备间通信的串（也称簇，Cluster）。公共模板可以确保不同供应商的设备在相同应用领域中的互操作性。

（1）网络层概述

网络层通过提供数据服务和管理服务两个服务实体，来实现和应用层的通信功能，如图 4-10 所示。网络层数据服务实体（Network Layer Data Entity，NLDE），通过其相关的系统应用程序（System Application Program，SAP），即服务接入点 NLDE-SAP 提供数据传输服务功能；网络层管理服务实体（Network Layer Management Entity，NLME）通过其相关的 SAP，即服务接入点 MLME-SAP 提供管理服务功能。同时，NLME 还通过 NLDE 来获得其他的一些管理任务，维护网络信息库（Network Information Base，NIB）。

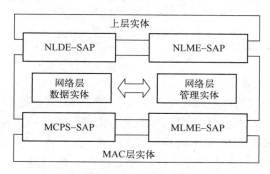

图 4-10 网络层参考模型

NLDE 提供一个数据服务，以允许一个应用程序在同一网络的两个或多个设备之间传输应用协议数据单元（Application Protocol Data Unit，APDU）。NLDE 将提供以下服务。

1）生成网络级别的协议数据单元 PDU。NLDE 应该可以通过增加一个合适的协议头，从一个应用支持子层的协议数据单元 PDU（Protocol Data Unit），生成一个网络协议数据单元 NPDU（Network Protocol Data Unit）。

2）拓扑指定的路由。NLDE 应该可以传输一个 NPDU 给一个合适的设备，它是通信的最终目的地或通信链中朝向最终目的地的下一步。

3）安全。确保通信的真实性和机密性。

NLME 提供一个管理服务，以允许一个应用程序与协议栈相互作用。NLME 应提供以下服务。

1）为所需的操作充分配置协议栈的功能。配置选项包括开始作为一个 ZigBee 协调器的操作，或加入一个已存在的网络。

2）建立一个新网络功能。

3）加入、重新加入和离开一个网络的功能，以及为一个 ZigBee 协调器或 ZigBee 路由器请求一个设备离开网络的功能。

4）ZigBee 协调器和路由器能够给新加入网络的设备分配地址，实现寻址功能。

5）发现、记录和报告关于设备单跳邻居信息的能力。

6）发现并记录通过网络的路径功能，即信息可以有效地传送，实现路由发现功能。

7）一个设备控制何时接收者是激活的，以及激活多长时间，从而使 MAC 子层同步或直接接收，实现接收控制功能。

8）路由功能，即使用不同路由机制的能力，例如单播、广播、多播或者多点传送，在网络中高效交换数据。

网络层通过 MCPS-SAP 和 MLME-SAP 为 MAC 层提供通信接口。通过 MAC 公共部分子层（MAC Common Part Sublayer，MCPS）的数据 SAP，即服务接入点 MCPS-SAP 提供 MAC 数据服务；通过管理接入点 MLME-SAP 提供 MAC 管理服务。

（2）网络层帧结构

网络协议数据单元 NPDU，即网络层的帧结构，如图 4-11 所示。

字节: 2	2	2	1	1	0/8	0/8	0/1	变长	变长
帧控制	目的地址	源地址	广播半径域	广播半列号	IEEE目的地址	IEEE源地址	多点传送控制	源路由帧	帧的有效载荷
网络层帧报头									网络层的有效载荷

图 4-11　网络层数据包（帧）格式

NPDU 结构（帧结构）基本组成包括：网络层帧报头，包含帧控制、地址和序列信息；网络层帧的可变长有效载荷，包含帧类型所指定的信息。图 4-11 表示的是网络层的通用帧结构，不是所有的帧都包含地址和序列域，但网络层帧的报头域，还是按照固定的顺序出现。只有多播标志值是"1"时才存在多播（多点传送）控制域。

在 ZigBee 网络协议中，定义了两种类型的网络层帧，即数据帧和网络层命令帧。数据帧与网络层的通用帧结构相同，帧的有效载荷为上层要求传送的数据。网络层命令帧结构与通用网络层命令帧结构基本相同，为向下层传送的命令数据。

5. ZigBee 应用层

ZigBee 技术将主要嵌入到消费性电子设备、家庭和建筑物自动化设备、工业控制装置、电脑外设、医用传感器、玩具和游戏机等设备中，支持小范围内基于无线通信的控制和自动化。其应用包括家庭安全监控设备、空调遥控器、照明灯和窗帘遥控器、电视和收音机遥控器、老年人和残疾人专用无线电话、无线鼠标、键盘和游戏手柄，以及工业和楼宇自动化系统等。

通常符合下列条件之一的应用，就可以考虑采用 ZigBee 技术。

1）设备间距较小。

2）设备成本很低，传输的数据量很小。

3）设备体积很小，不容许放置较大的充电电池或者电源模块。

4）只能使用一次性电池，没有充足的电力支持。

5）无法做到频繁更换电池或反复充电。

6）需要覆盖的范围较大，网络内需要容纳的设备较多，网络主要用于监测或控制。

ZigBee 技术的应用领域可以划分为消费性电子设备、工业控制、智能汽车、农业自动化、医学辅助控制等。

（1）消费性电子设备和智能家居

消费性电子设备和智能家居是 ZigBee 技术最有潜力的市场。消费性电子设备包括手机、PDA、笔记本电脑、数码相机等，家用设备包括电视机、录像机、PC 外设、儿童玩具、游戏机、门禁系统、窗户和窗帘、照明、空调和其他家用电器等。利用 ZigBee 技术很容易实现相机或者摄像机的自拍、窗户远距离开关、室内照明系统的遥控、窗帘的自动调整等功能。特别是在手机或者 PDA 中加入 ZigBee 芯片后，就可以用来控制电视开关、调节空调温度、开启微波炉等。基于 ZigBee 技术的个人身份卡能够代替家居和办公室的门禁卡，可以记录所有进出大门的个人的信息，加上个人电子指纹或者人脸识别技术，将有助于实现更加安全的门禁系统。嵌入 ZigBee 设备的信用卡可以很方便地实现无线提款和移动购物，商品的详细信息也将通过 ZigBee 设备广播给顾客。

在家居和个人电子设备领域，ZigBee 技术有着广阔而诱人的应用前景，必将在智慧生活方面给人们带来更多新的体验。

（2）工业控制

生产车间可以利用传感器和 ZigBee 设备组成传感器网络，自动采集、分析和处理设备运行的数据，适合危险场合、人力所不能及或者不方便的场所，如危险化学成分的检测、锅炉炉温监测、高速旋转机器的转速监控、火灾的检测和预报等，以帮助相关人员及时发现问题，同时借助物理定位功能，还可以迅速确定事故或异常发生的位置。ZigBee 技术用于现代化工厂中央控制系统的通信系统，可以免去生产车间内的大量布线，降低安装和维护的成本，便于网络的扩容和重新配置。

（3）智能汽车

汽车车轮或者发动机内安装的传感器，可以借助 ZigBee 网络把监测数据及时地传送给司机，从而能够及早发现问题，降低事故发生的可能性，使汽车更加智能化。但是汽车中使用 ZigBee 设备需要克服恶劣的无线电传播环境对信号接收的影响以及金属结构对电磁波的屏蔽效应，因此，内置电池的寿命应该大于或者等于轮胎或者发动机本身的寿命。

（4）农业自动化

农业自动化领域的特点是需要覆盖的区域很大，因此需要由大量的 ZigBee 设备构成监控网络，通过各种传感器采集诸如土壤湿度、氮元素浓度、pH 值，降水量、温度、空气湿度和气压等信息，以帮助农民及时发现问题，并且准确定位发生问题的位置，这样农业将有可能逐渐地从以人力为中心、依赖于孤立机械的生产模式，转向以信息和软件为中心的现代自动化生产模式。

（5）医学辅助控制

医院里借助各种传感器和 ZigBee 网络，能够准确而实时地监测病人的血压、体温和心率等关键信息，帮助医生做出快速反应。特别适用于对重病和病危患者的看护和治疗。带有微型纽扣电池的自动化、无线控制的小型医疗器械，将能够深入病人体内完成手术，从而在一定程度上减轻病人开刀的痛苦。

4.2.4 蓝牙技术

"蓝牙（Bluetooth）"是一个开放性的短距离无线通信技术标准。它可以在较小的范围内（10 m 左右），通过无线连接的方式，安全、低成本、低功耗地实现网络互联，使得近距离内各种通信设备能够实现无缝资源共享，也可以实现在各种数字设备之间的语音和数据通信。由于蓝牙技术可以方便地嵌入到单一的 CMOS 芯片中。因此，特别适用于小型的移动通信设备，去掉了连接电缆的不便，建立无线通信。

蓝牙技术以低成本、近距离、无线连接为基础，采用高速跳频（Frequency Hopping，FH）和时分多址（Time Division Multi-Access，TDMA）等先进技术，为固定与移动设备通信环境建立了一个特别连接，使得一些便于携带的移动通信设备和计算机以及 Internet 实现无线联网。其实际应用范围还可以拓展到各种家电产品、消费电子产品和汽车等信息家电，组成一个巨大的无线通信网络。打印机、PDA、传真机、键盘、游戏操纵杆以及所有其他的数字设备都可以成为蓝牙系统的一部分。

目前，蓝牙的标准是 IEEE 802.15，工作在 2.4 GHz 频带，通道带宽为 1 Mbit/s，异步非对称连接最高数据速率为 723.2 kbit/s。新的蓝牙标准 2.0 版支持高达 10 Mbit/s 以上速率（4 Mbit/s、8 Mbit/s 及 12~20 Mbit/s），这是适应未来愈来愈多宽带多媒体业务需求的必然趋势。

1. 蓝牙技术的工作原理

蓝牙的基本原理是蓝牙设备依靠专用的蓝牙芯片，使设备在短距离范周内发送无线电信号来寻找另一个蓝牙设备，一旦找到，相互之间便开始通信和交换信息。其无线通信技术采用 1600 次/s 的快跳频和短分组技术，减少干扰和信号衰减，保证传输的可靠性；以时分方式进行全双工通信，传输速率设计为 1 MHz；采用前向纠错（Forward Error Correction，FEC）编码技术，减少远距离传输时的随机噪声影响。其工作频段为无须授权的工业、医学、科学频段，保证能在全球范围内使用这种无线通用接口和通信技术，语音采用抗衰减能力很强的连续可变斜率调制（Continuously Variable Slope Delta-modulation，CVSD）编码方式，以提高话音质量；采用频率调制方式，降低设备的复杂性。

蓝牙核心系统包括射频收发器、基带及协议堆栈。该系统可以提供设备连接服务，并支持在这些设备之间变换各种类别的数据，系统支持点对点以及点对多点的通信方式。蓝牙系统采用一种灵活的无基站组网方式，使得一个蓝牙设备可同时与 7 个其他的蓝牙设备相连接，其网络拓扑结构有两种形式：微微网（Piconet）和分布式网络（Scatternet）。微微网是通过蓝牙技术以特定方式连接起来的一种微型网络，一个微微网可以只是两台相连的设备，比如一台便携式计算机和一部移动电话，也可以是 8 台连在一起的设备。在一个微微网中，所有设备的级别是相同的，具有相同的权限。蓝牙采用自组网方式（Ad-hoc），微微网由 1 个主设备 M（Master）单元（发起链接的设备）和 7 个从设备 S（Slave）单元构成。主设备单元负责提供时钟同步信号和跳频序列，从设备单元一般是受控同步的设备单元，接受主设备单元的控制。分布式网络是由多个独立、非同步的微微网组成的，如图 4-12 所示。它靠调频顺序识别每个微微网。同一微微网所有用户都与这个调频顺序同步。一个分布式网络中，在带有 10 个全负载的独立微微网的情况下，全双工数据速率超过 6 Mbit/s。

2. 蓝牙网络基本结构

蓝牙系统由天线单元、链路控制单元、链路管理单元、软件功能单元等 4 个单元组成。

1）天线单元。蓝牙是以无线 LAN 的 IEEE 802.11 标准技术为基础的，使用 2.45 GHz ISM 全球通自由波段。蓝牙天线属于微带天线，空中接口是建立在天线电平为 0 dBm 基础上的，遵从 FCC（美国联邦通信委员会）有关 0 dBm 电平的 ISM 频段的标准。系统设计通信距离为 10 cm～10 m，当采用扩频技术时，其发射功率可增加到 100 mW，距离可长达 100 m。

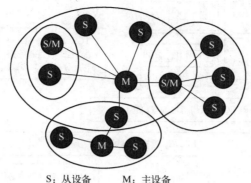

S：从设备　　　M：主设备

图 4-12　由 4 个微微网组成的分布式网络

2）链路控制单元。链路控制硬件单元包括 3 个集成器件：链路控制器、基带处理器以及射频传输/接收器，此外还使用了 3～5 个单独调节元件。链路控制单元（即基带）描述了基带链路控制器的数字信号处理规范，基带链路控制器负责处理基带协议和其他一些低层常规协议。

3）链路管理单元。链路管理（Link Management，LM）软件模块携带了链路的数据设置、鉴权、链路硬件配置和其他一些协议，LM 能够发现其他远端 LM，并通过链路管理协议（Link Manager Protocol，LMP）与之通信。链路管理器提供的服务项目包括：发送和接收数据、设备号请求（LM 能够有效地查询和报告名称或者长度最大可达 16 位的设备 ID）、链路地址查询、建立连接、验证、协商并建立链接方式、确定分组类型、设置保持方式及休眠方式等。

4）软件功能单元。蓝牙的软件体系是一个独立的操作系统，不与任何操作系统捆绑。蓝牙规范接口可以直接集成到蜂窝电话、笔记本计算机等设备中，也可以通过 PC 卡或 USB 接口与附加设备连接。其功能主要包括：配置及故障诊断工具、自动识别其他蓝牙设备、电缆仿真、与外网设备通信、音频通信与呼叫控制和商用卡的交易与号簿网络协议等。

3. 蓝牙的协议栈

蓝牙协议规范的目标是允许遵循规范的应用能够进行互操作，完整的蓝牙协议栈如图 4-13 所示。为了实现互操作，在相互通信的仪器设备上同一应用程序必须以同一协议运行，不同应用可运行于不同协议栈。但是，每个协议栈都要使用同一公共蓝牙数据链路的物理层。

整个蓝牙协议栈包括蓝牙指定协议（LMP 和 L2CAP）和非蓝牙指定协议（如对象交换协议 OBEX 和用户数据包协议 UDP）。设计协议和协议栈的主要原则是尽可能利用现有的各种高层协议，以保证现有协议与蓝牙技术的融合以及各种应用之间的互通性，充分利用兼容蓝牙技术标准的软硬件系统。

蓝牙技术标准体系结构中的协议可分为以下四层。

1）核心协议。由基带协议 BBP、链路管理协议 LMP、逻辑链路控制和适配协议 L2CAP、服务搜索协议 SDP 等 4 部分组成。

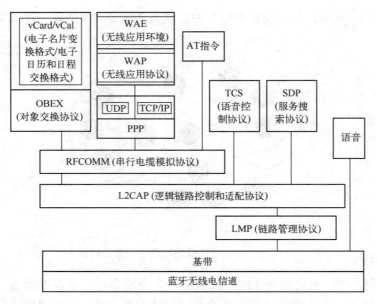

图 4-13 蓝牙协议栈

BBP 确保各个蓝牙设备之间的射频连接，以形成微微网络。LMP 负责蓝牙各设备间连接的建立和设置，并通过连接的发起、交换和核实进行身份验证和加密，通过协商确定基带数据分组大小；控制无线设备的节能模式和工作周期，以及微微网络内设备单元的连接状态。L2CAP 是基带的上层协议，可以认为 L2CAP 与 LMP 并行工作，当业务数据不经过 LMP 时，由 L2CAP 为上层提供服务。SDP 用来查询设备信息和服务类型，从而在蓝牙设备间建立相应的连接。

2）电缆替代协议（RFCOMM）。RFCOMM 是基于 ETSI-07.10 规范的串行仿真协议，它在蓝牙基带协议上仿真 RS-232 控制和数据信号，为使用串行传送机制的上层协议（如 OBEX）提供服务。

3）电话传送控制协议。包括二元电话控制协议（TCS-Binary 或 TCSBIN）和 AT 命令集。TCS 是面向比特的协议，定义了蓝牙设备间建立语音和数据呼叫的控制信令，以及处理蓝牙 TCS 设备群的移动管理进程。基于 ITU TQ.931 建议的 TCSBinary 被指定为蓝牙的二元电话控制协议规范。SIG 定义了控制多用户模式下移动电话和调制解调器的 AT 命令集，该 AT 命令集基于 ITU TV.250 建议和 GSM07.07，还可以用于传真业务。

4）可选协议。包括点对点协议 PPP、UDP/TCP/IP、对象交换协议 OBEX、无线应用协议 WAP、vCard、vCal、IrMC、无线应用环境 WAE 等。

在蓝牙技术中，PPP 位于 RFCOMM 上层，完成点对点的连接。在蓝牙设备中，使用 UDP/TCP/IP 互联网协议是为了与互联网相连接的设备进行通信。IrOBEX（简写为 OBEX）是由红外数据协会（IrDA）制定的会话层协议，采用简单的和自发的方式交换目标，是一种类似于 HTTP 的协议。电子名片交换格式（vCard）、电子日历及日程交换格式（vCal）等都是开放性规范，均没有定义传输机制，而只是定义了数据传输格式。SIG 采用 vCard/vCal 规范，是为了进一步促进个人信息交换。WAP 是由无线应用协议论坛制定的，它融合了各种广域无线网络技术，其目的是将互联网内容和电话传送的业务传送到数字蜂窝电话和其他无线终端上。

除上述协议层外，蓝牙标准还定义了主机控制器接口（Host Controller Interface，HCI），为基带控制器、链路管理器、硬件状态和控制寄存器提供命令接口，可位于 L2CAP 的下层或者上层。

4. 蓝牙的特点

蓝牙技术是一种短距离无线通信的技术规范，其最初目标是取代现有的掌上电脑、移动电话等各种数字设备上的有线电缆连接。蓝牙技术的特点可以归纳为以下几点。

1）全球范围适用。蓝牙设备工作的工作频段是全球通用的 2.4 GHz ISM 频段。全球大多数国家和地区的 ISM 频率范围是 2.4~2.4835 GHz，这样用户不必经过任何申请就能使用该频段的蓝牙技术。

2）可同时传输语音和数据。蓝牙技术的传输速率设计为 1 Mbit/s，以时分方式进行全双工通信，其基带协议是电路交换和分组交换的组合，一个跳频频率发送一个同步分组，每个分组占用一个时隙，也可以扩展到 5 个时隙。蓝牙技术支持一个异步数据通道，或 3 个并发的同步话音通道，或一个同时传送异步数据和同步话音的通道，每一个话音通道支持 64 kbit/s 的同步话音，异步通道支持最大速率 721 kbit/s、反向应答速率为 57.6 kbit/s 的非对称连接，或者是 432.6 kbit/s 的对称连接。

3）具有较强的抗干扰能力。蓝牙技术采用跳频技术来解决干扰的问题。跳频技术是把频带分成若干个跳频信道，在一次连接中，无线电收发器按一定的码序列不断地从一个信道跳到另一个信道，只有收发双方是按这个规律进行通信的，其他的干扰不可能按同样的规律进行传输。因此这种无线电收发器是窄带、低功率、低成本的，具有很高的抗干扰性。

4）组网灵活性强。设备和设备之间是平等的，无严格意义上的主次之分，这使得各类设备之间的数据交换更加便利灵活。甚至被测设备也能发出测试请求，从而为测试系统的智能化提供了更可靠的保障依据，特别对于多传感器数据融合测试系统具有更广泛的实用意义。

另外，跳频、TDD 和 TDMA 等技术的使用，使蓝牙技术的射频电路较为简单，通信协议的大部分内容可由专用集成电路和软件实现，保证了蓝牙仪器设备的高性能、低功耗和低成本。

目前，已经出现了多种蓝牙设备，如蓝牙手机、蓝牙 PC、蓝牙相机等。另外，工业自动化系统中，蓝牙测控也随处可见。随着测控技术的不断发展，对数据传输、处理和管理提出了越来越高的自动化和智能化要求，蓝牙技术可以在短距离内用无线接口来代替有线电缆连接，这对于需要采集大量数据的测控场合非常有用。例如，数据采集设备可以集成单独的蓝牙技术芯片，或者采用具有蓝牙芯片的单片机提供蓝牙数据接口，在采集数据时，蓝牙设备就可以迅速地将所采集到的数据传送到附近的数据处理装置（例如 PC、笔记本电脑、PDA）中，不仅避免了在现场铺设大量复杂连线和对这些接线是否正确的检查与核对，而且不会发生因接线可能存在的错误而造成测控的失误。与传统的以电缆和红外方式传输测控数据相比，在测控领域应用蓝牙技术的优点主要有以下几点。

1）抗干扰能力强。采集测控现场数据经常遇到大量的电磁干扰，而蓝牙系统因采用了跳频扩频技术，故可以有效地提高数据传输的安全性和抗干扰能力。

2）无须铺设缆线，降低了成本，方便了工作。

3）没有方向上的限制，可以从各个角度进行测控数据的传输。

4）可以实现多个测控仪器设备间的联网，便于进行集中测量与控制。

由于蓝牙技术的诸多优势，将在家庭娱乐和办公室自动化、智能家居、电子商务、工业自动化及楼宇自动化等领域具有广阔的应用前景。

4.2.5 NFC 技术

1. NFC 技术概述

NFC（Near Field Communication）技术，即近距离无线通信技术。技术的发展在于用户的需求，NFC 和其他短距离通信技术一样都满足一定用户的需求。其他短距离通信技术如WiFi、UWB、Bluetooth 等在某个领域都得到了相应的应用，如 WiFi 提供一种接入互联网的标准，可以看作是互联网的无线延伸；UWB 应用在家庭娱乐短距离的通信传输，可直接传输宽带视频数据流；蓝牙主要应用于短距离的电子设备直接的组网或点对点信息传输。由飞利浦公司和索尼公司共同开发的 NFC **是一种非接触式识别和互联技术，**可以在移动设备、消费类电子产品、PC 和其他小型智能设备进行近距离无线通信；还集成了许多安全功能，成为付款机制与金融应用的理想选择，带有 NFC 模块的移动设备可在网络世界中扮演安全网关的角色，让消费者不论在家中或移动中，都能随时储存或接收各种信息。只要将两个NFC 设备简单地靠拢，便会自动启动网络通信功能，不必另行设定和安装任何程序。因此，结合非接触识别技术与各种网络技术发展起来的 NFC 技术将成为富有竞争力的短距离无线通信技术之一。

2. NFC 技术的特点

与其他近距离通信技术相比，NFC 具有鲜明的特点，主要体现在以下几个方面。

1）距离近、能耗低。NFC 是一种安全、快捷的无线连接技术，且向下兼容 RFID，通过无线电磁感应耦合方式传递信息。但由于 NFC 采取了独特的信号衰减技术，其通信距离不超过 20 cm，能耗相对较低。

2）更具安全性。NFC 还是一种近距离连接协议，提供各种设备间轻松、安全、迅速而自动的通信。与无线领域中的其他连接方式相比，NFC 是一种近距离的私密通信方式，加上其距离近、射频范围小的特点，因此其通信更具安全性。

3）与非接触智能卡技术兼容。NFC 将非接触读卡器、非接触卡和点对点（Peer-to-Peer）功能整合到一块芯片上，为消费者的生活方式开创了不计其数的全新机遇。这是一个开放接口平台，可以对无线网络进行快速、主动设置，也是虚拟连接器，服务于现有蜂窝状网络、蓝牙和无线 802.11 设备。NFC 标准目前已经成为越来越多主要厂商支持的正式标准。

4）传输速率较低。NFC 标准规定了数据传输速率最高仅为 424 kbit/s，传输速率相对较低，不适合诸如音视频数据流的传输，但 NFC 在门禁、公交、手机支付等领域内发挥着巨大的作用。

3. 高速率 NFC 的关键技术

（1）调制技术

NFC 的工作频段是 12.33~14.99 MHz。为了保证 NFC 信号的频谱范围在 13.56 MHz 频段内，NFC 信号的波特率必须小于 1 Mbit/s。当数据传输速率大于 1 Mbit/s 时，只有采用多进制调制才能满足高速传输要求。但如果采用多进制 ASK 调制脉冲波形，其调制度和分辨率都较低，将导致系统输出信噪比严重下降。

多进制差分相移键控（Differential Phase Shift Keying，DPSK）可解决这一难题。DPSK信号是利用前后两个相邻码元载波的相位差来传送数字信息，而与载波信号的幅值没有关系，因此调制信号的幅值在传输过程中始终保持不变。DPSK 的发送机与幅移键控（Amplitude Shift Keying，ASK）类似，只增加了一个差分编码器。同时，在 DPSK 接收机中避免了复杂的相干解调，价格低廉、容易实现。因此在高速数据传输时，采用多进制 DPSK调制是一种理想的选择。

（2）信源编码

随着数据传输速率的上升，脉冲的宽度变得越来越窄，对电路的脉冲响应要求也越来越高。为了减小电路的实现难度，在高速传输时可以采用 Miller 码进行信源编码。它是 Manchester 码的一种变形，其编码规则如下。

"1"：用比特周期中心点出现跃变来表示，即用 "01" 或 "10" 表示。

"0"：分两种情况编码。单个 "0" 时，在比特持续时间内不出现电平跃变，且与相邻比特的边界处也不跃变；连续 "0" 时，在两个 "0" 码的边界处出现跃变，即用 "00" 或"11" 交替。

（3）防冲突机制

NFC 通信系统是个典型的多用户开放式系统。为了防止影响正在工作的其他 NFC 设备（包括工作在此频段的其他电子设备），任何 NFC 设备在呼叫工作前都要进行系统初始化，以检测周围正在工作的其他设备。当检测到周围的射频场小于规定的门限值时，方可呼叫，所以防冲突机制的设计对于 NFC 系统的正常工作尤为重要。防冲突的射频场检测可分为系统初始化和传输相关协议两部分。

（4）传输协议

传输协议的设计主要考虑数据传输的有效性与可靠性。传输协议一般分为三个过程：协议激活、数据交换、协议关闭。

4. NFC 技术的应用

NFC 是一种非常短距离的无线通信技术，通信距离仅有数厘米，适合各种装置之间不需使用者事先设定的一种直接、简便与安全的通信方式。为了使两个装置进行通信，使用时必须让它们靠近甚至接触，装置内的 NFC 界面会自动连接并形成一个点对点网络。NFC 也可以借由交换组态与 "对话（Session）" 资料来启动其他通信协定如蓝牙或 WiFi。

目前，NFC 技术主要应用于手机支付，同时还能实现智能门控、电子票务等功能，符合现代消费者的需求，也能为移动化服务创造更多商机。因为它基于国际标准，所以可在全球范围提供各种服务，应用前景广阔。

NFC 技术的应用可以分为以下 4 种类型。

1）付款和购票。NFC 手机可作为乘车凭证，通过接触（靠近）进行票费支付，也可当作电子钱包，通过接触和密码确认进行支付，提高付费便利性。

2）电子票证。作为电子入场券和钥匙的 NFC 手机可通过接触完成认证。使用时通过手机上网下载电子票券，带着手机就可以入场。NFC 手机当作公寓钥匙时，只要将手机贴近门，就可以开锁，还可在大楼内设置一台多媒体终端，方便用户直接利用手机交付房租及水电费。

3）智能媒体。智能媒体将成为手机下载的应用端。例如，表面晃动即可下载票务信息、铃声及现场其他信息等；还可作为简易的资料获取应用，例如从海报上的智能标签直接读取相关网址或下载关于该活动的相关信息。

4）交换和传输数据。现今大多数手机都配备了蓝牙等相关功能，所以 NFC 可以充当启动设备，使电话之间的数据交换传输更加便捷。NFC 还支持多台手机间的多人聊天、多人游戏等，允许用户与环境进行交互式通信，而无须浏览复杂的菜单或执行复杂的设置程序。

NFC 技术应用广泛、市场巨大。与国外业界巨头相比，我国 NFC 的研发工作起步较晚，因此国内的相关研究机构和企业已经联手进行 NFC 的研发，尽量避免重复投入，缩小与国际先进水平的差距；同时，围绕自己掌握的知识产权，结合国际上的 NFC 技术标准规范，进行我国 NFC 芯片的研制与开发，为 NFC 的产业化铺平道路。

随着物联网技术的发展，NFC 技术不仅会淘汰传统信用卡，而且还将取代传统的钥匙、员工身份识别卡、各种晚会门票等。目前，万事达卡已经将信用卡数据通过移动网络传输装载于 NFC 手机中，从而省下传统的发卡成本。但 NFC 的目标并非完全取代蓝牙、WiFi 等其他无线通信技术，而是在不同的场合、不同的领域起到互补作用。相信在不久的将来，基于 NFC 技术的产品将会融入人们生活的每一个角落。

4.2.6 UWB 技术

超宽带（Ultra-Wide Bandwidth，UWB）**是一种新型的无线通信技术。它采用时间间隔极短（小于 1 ns）的脉冲进行通信，又称为脉冲无线电（Impulse Radio）、时域（Time Domain）或无载波（Carrier Free）通信**。具体定义为相对带宽（信号带宽与中心频率的比）大于 25% 的信号或带宽超过 1.5 GHz 的信号。实际上 UWB 信号是一种持续时间极短、带宽很宽的短时脉冲。其主要形式是超短基带脉冲，宽度一般在 $0.1 \sim 20 \, ns (1 \, ns = 10^{-9} \, s)$、脉冲间隔为 $2 \sim 5000 \, ns$，精度可控，频谱为 $50 \sim 10 \, GHz$。频带大于 100% 中心频率，典型占空比为 0.1%。传统的 UWB 系统使用一种称为"单周期（Monocycle）脉形"的脉冲。一般情况下，它通过隧道二极管或者水银开关产生，在计算机仿真中用高斯脉冲来近似代替。

典型的 UWB 直接发射冲击脉冲串，不再具有传统的中频和射频的概念，此时发射的信号既可看成基带信号（依常规无线电而言），也可看成射频信号（从发射信号的频谱分量考虑）。

UWB 技术最基本的工作原理是发送和接收脉冲间隔严格受控的高斯单周期超短时脉冲，超短时单周期脉冲决定了信号的带宽很宽，接收机直接用一级前端交叉相关器就把脉冲序列转换成基带信号，省去了传统通信设备中的中频级，极大地降低了设备复杂性。

基于 CDMA，UWB 开发了一个具有最高空间容量的新无线信道和无线脉冲收发信机。在发送端，时钟发生器产生一定周期的脉冲序列，用户要传输的信息和表示其地址的伪随机码，分别或合成后对上述周期脉冲序列进行一定方式的调制，调制后的脉冲序列驱动脉冲产生电路，产生一定形状和规律的脉冲序列，然后放大到所需功率，再耦合到 UWB 天线发射出去。在接收端，UWB 天线接收的信号经低噪声放大器放大后，送到相关器的一个输入端，相关器的另一个输入端加入一个本地产生的与发射端同步且经用户伪随机码调制的脉冲序列。相关器对两输入脉冲序列进行乘法、积分和取样保持等运算，产生一个与用户地址信息分离的信号，其中仅含用户传输信息以及其他干扰，然后再对该信号进行解调运算。

1. UWB 的关键技术

按美国联邦通信委员会（Federal Communications Commission，FCC）的定义，UWB 带宽是比中心频率高 25%或者是大于 1.5 GHz 的带宽。例如，一个中心频率在 4 GHz 的信号只有跨越从 3.5 GHz（或更低）至 4.5 GHz（或更高）的范围才能称得上是一个 UWB 信号，如图 4-14 所示。UWB 无线系统的关键技术主要包括：产生脉冲信号串（信号源）的方法、脉冲串的调制方法、适用于 UWB 的有效天线设计方法及接收机的设计方法等。

图 4-14　UWB 信号带宽示意图

（1）UWB 脉冲信号的产生

产生宽度为纳秒级的脉冲信号源是 UWB 技术的前提条件。单个无载波窄脉冲信号有两个突出的特点，一是激励信号的波形为具有陡峭前沿的单个短脉冲；二是激励信号从直流到微波波段，包括很宽的频谱。

目前产生脉冲源的方法有两类：一是利用光导开关导通瞬间的陡峭上升沿获得脉冲信号的光电法；二是对半导体 PN 结反向加电，使其达到雪崩状态，并在导通的瞬间取陡峭的上升沿作为脉冲信号的电子法。光电法是最有发展前景的一种方法；而电子法是目前应用最广泛的一种，但由于采用电脉冲信号触发，其前沿较宽，触发精度受到限制，特别是在要求精确控制脉冲发生时间的场合，达不到控制的精度。

冲激脉冲通常采用高斯单周期脉冲，宽度在纳秒级，具有很宽的频谱，一个信息比特可映射为数百个这样的脉冲。实际通信中使用的是一长串的脉冲，由于时域中的信号有重复周期性，将会造成频谱离散化，对传统无线电设备和信号产生干扰，需要通过适当的信号调整来降低这种干扰的影响。

（2）信息的调制

脉冲的幅值、位置和极性变化都可以用于传递信息。因此，适用于 UWB 的主要单脉冲调制技术包括：脉冲幅值调制（Pulse Amplitude Modulation，PAM）、脉冲位置调制（Pulse Position Modulation，PPM）、通断键控（On-Off-Keying，OOK）、二相调制（Binary Phase Modulation，BPM）和跳时/直扩二进制相移键控调制（Time Hopping/Direct Spread-Binary Phase Shift Keying，TH/DS-BPSK）等。其中 PPM 和 PAM 是超宽带无线电的两种主要调制方式。

PPM 又称时间调制（Time Modulation，TM），是用每个脉冲出现的位置超前或落后于某一标准或特定的时刻来表示某个特定信息的，因此对调制信号需要在接收端用匹配滤波技术来正确接收，即对调制信息用交叉相关器在达到零相差的时候进行检测，否则，达不到正确接收的目的。PAM 是用信息符号控制脉冲幅值的一种调制方式，它既可以改变脉冲的极性，也可以仅改变脉冲的幅值，而通常所讲的 PAM 只改变脉冲幅值的大小。BPM 和 OOK 是PAM 的两种简化形式。BPM 通过改变脉冲的正负极性来调制二元信息，所有脉冲幅值的绝对值相同；而 OOK 通过脉冲的有无来传递信息。在 PAM、BPM 和 OOK 调制中，发射脉冲的时间间隔是固定不变的。

（3）多址方式

在移动通信中，许多用户同时通话，以不同的移动信道相分隔，防止相互干扰的技术方式称为多址方式。在 UWB 系统中，多址接入方式与调制方式有密切联系。当系统采用 PPM 调制方式时，多址接入方式多采用跳时多址；若系统采用 BPSK 方式时，多址接入方式通常有两种，即直序方式和跳时方式。基于上述两种基本的多址方式，许多其他多址方式也陆续提出，主要有以下几种。

1）伪混沌跳时多址方式（Pseudo-Chaotic Time Hopping，PCTH）。PCTH 根据调制的数据产生非周期的混沌编码，用它替代 TH-PPM 中的伪随机序列和调制的数据，控制短脉冲的发送时刻，使信号的频谱发生变化。PCTH 调制不仅能减少对现有无线通信系统的影响，而且不易被检测到。

2）DS-BPSK/TH 混合多址方式。此方式在跳时（TH）的基础上，通过直接序列扩频码进一步减少多址干扰，其多址性能优于 TH-PPM，与 DS-BPSK 相当。在实现同步和抗远近效应方面具有一定的优势。

3）DS-BPSK/FixedTH 混合多址方式。此方式的特点是打破了 TH-PPM 多址方式中采用随机跳时码的常规思路，利用具有特殊结构的固定跳时码，减少不同用户脉冲信号的碰撞概率。即使有碰撞发生，利用直接序列扩频的伪随机码特性，也可以进一步削弱多址干扰。

此外，由于 UWB 脉冲信号具有极低的占空比，其频谱能够达到 GHz 数量级，因而 UWB 在时域中具有其他调制方式所不具有的特性。当多个用户的 UWB 信号被设计成不同的正交波形时，根据多个 UWB 用户时域发送波形的正交性以区分用户，实现多址，称为波分多址技术。

（4）天线

UWB 系统采用极短的脉冲信号来传送信息，信息被调制在这些脉冲的幅值、位置、极性或相位等参数上，对应所占用的带宽甚至高达几 GHz。因此，能够有效辐射时域短脉冲的天线是 UWB 研究的一个重要方面。

UWB 天线应该是输入阻抗具有 UWB 特性和相位中心具有超宽频带不变特性，这就要求天线的输入阻抗和相位中心在脉冲能量分布的主要频带上保持一致，以保证信号的有效发射和接收。

时域短脉冲辐射技术早期采用双锥天线、V-锥天线、扇形偶极子天线，这几种天线存在馈电难、辐射效率低、收发耦合强、无法测量时域目标等特性，只能用作单收发。现在出现了利用光刻技术制成的毫米、亚毫米波段的集成天线，还有利用微波集成电路制成的 UWB 平面槽天线，其特点是能产生对称波束、可平衡 UWB 馈电、具有 UWB 特性。

（5）收发信机

在得到相同性能的前提下，UWB 收发信机的结构比传统的无线收发信机要简单。传统的无线收发信机大多采用超外差式结构，UWB 收发信机采用零差结构，实现起来也比较简单，无须本振、功放、压控振荡器、锁相环、混频器等环节。

在接收端，天线收集的信号经放大后通过匹配滤波或相关接收机处理，再经高增益门限电路恢复原来信息。距离增加时，可以在发信端用几个脉冲发送同一信息比特的方式增加接收机的信噪比，同时可以通过软件控制，动态地调整数据速率、功耗与距离的关系，使UWB 具有极大的灵活性，这种灵活性正是未来移动计算所必需的。

现代数字无线技术常采用数字信号处理器（Digital Signal Processor，DSP）芯片的软件无线电来产生不同的调制方式，这些系统可逐步降低信息速率以在更大的范围内连接用户，即使最简单的收发信机也可采用这一数字技术。

2. UWB 技术的特点

UWB 技术的特点如下。

1）抗干扰性能强。UWB 采用跳时扩频信号，系统具有较大的抗干扰处理增益（一般在 50 dB 以上），在发射时将微弱的无线电脉冲信号分散在宽阔的频带中，使系统具有较强的抗干扰能力。

2）传输速率高。UWB 的数据速率可以达到几百 Mbit/s 到几 Gbit/s，有望高于蓝牙100 倍。

3）带宽极宽。UWB 使用的带宽在 1GHz 以上，最高达几 GHz，并且可以和目前的窄带通信系统同时工作而互不干扰。

4）耗电少。通常情况下，无线通信系统在通信时需要连续发射载波，因此要消耗一定电能。而 UWB 不使用载波，只是发出瞬间脉冲电波，并且在需要时才发送脉冲电波，所以消耗电能少。

5）保密性好。UWB 保密性表现在两方面：一方面是采用跳时扩频，接收机只有已知发送端扩频码时才能解出发射数据；另一方面是系统的发射功率谱密度极低，用传统的接收机无法接收。

6）发送功率非常小。UWB 系统发射功率非常小，用小于 1 mW 的发射功率就能实现通信。低发射功率大大延长了系统电源工作时间。

7）成本低，适合于便携型使用。由于 UWB 技术使用基带传输，无须进行射频调制和解调，所以不需要混频器、过滤器、RF/TF 转换器及本地振荡器等复杂元件，系统结构简化，成本大大降低，同时更容易集成到 CMOS 电路中。

3. UWB 技术的应用

UWB 技术具有系统结构简单、发射信号功率低、抗多径衰落能力强、安全性高、穿透特性强等优点，尤其适用于在室内建立高效的无线个域网 WPAN。目前全球各大通信运营商和电子产品生产厂商已经推出各自的基于 UWB 的 WPAN 设备，其应用与发展主要表现在以下两个方面。

（1）在高速 WPAN 中的应用

高速 WPAN 的主要目标是解决个人空间内各种办公设备及消费类电子产品之间的无线连接，以实现信息的高速交换、处理、存储等，其应用场合包括办公室、家庭等。目前，个人空间内的消费电子产品、个人计算机及其外围设备之间互连都采用 USB 2.0 或 IEEE 1394标准，但同时也被这些有线传输的线缆所束缚。而超宽带技术具有个人空间设备无线化的潜力，以至实现整个移动通信工业产品之间的互联。

（2）在低速 WPAN 中的应用

低速 WPAN 与电信网络相结合的应用主要在信息服务、移动支付、远程监控以及某些点对点（P2P）技术应用等，这些应用归纳到无线传感器网络的范畴。无线传感器网络拓扑具有随机变化的特点，节点信息往往需要通过中间节点进行多次转发才能到达目标节点，而在无线传感器网络中采用超宽带技术作为无线连接手段，可以提供高精度测距和定位业务（精度 1 m 以内），以及实现更长的作用距离和超低耗电量，可用于车载防撞雷达、远程传感器网络、家庭智能控制系统等很多领域。

4.3 新一代无线通信及网络技术

随着物联网技术应用需求的不断增长，通信技术也在飞速发展。本节简要介绍近几年出现和正在研究的一些新的无线通信和网络技术，如 3G～5G、移动互联网、三网融合、下一代互联网和下一代网络等。

4.3.1 3G 通信

所谓 3G（The Third Generation Communication System，3G），既第三代移动通信系统。是指**支持高速数据传输的蜂窝移动通信技术，3G 服务能够高速传送声音（通话）及数据信息（电子邮件、即时通信等），速率一般在几百 kbit/s 以上。**

1. 3G 的产生与发展

1995 年问世的第一代模拟式手机（1st Generation，1G），只能进行语音通话。是以模拟技术和频分多址（Frequency Division Multiple Address，FDMA）技术为基础的移动通信。

1996～1997 年出现的第二代数字式手机（2nd Generation，2G），以时分多址（Time Division Multiple Access，TDMA）和码分多址（Code Division Multiple Access，CDMA）技术为基础，以全球移动通信（Global System for Mobile Communication，GSM）和 CDMA 为代表，增加了低速接收数据的功能，如接收电子邮件或网页，但速率较低，最高不超过几十 kbit/s。

2000 年开始了 3G 系统的研究，2009 年 3G 产品上市。3G 系统的框架结构是将卫星网络与地面移动通信网络相结合，形成一个全球无缝覆盖的立体通信网络，是一个无线通信与国际互联网等多媒体通信相结合的新一代移动通信系统，支持话音、数据和多媒体业务，实现人类个人通信的愿望。3G 与 2G 的主要区别在于传输声音和数据速度上的提升，它能够在全球范围内更好地实现无线漫游，并处理图像、音乐、视频流等多种媒体业务，具有支持从话音、分组数据到多媒体业务的能力，并能根据需要提供带宽服务，特别是支持 Internet 业务。提供包括网页浏览、电话会议、电子商务等多种信息服务，同时能与已有 2G 进行良好兼容。为了提供这种服务，无线网络必须能够支持不同的数据传输速度。国际电信联盟 ITU 规定，3G 在室内、室外和行车的环境中能够分别支持至少 2 Mbit/s、384 kbit/s 以及 144 kbit/s 的传输速度。

2. 3G 标准

目前，ITU 一共确定了全球四大 3G 标准，即欧洲 WCDMA、美国 CDMA2000、中国 TD-SCDMA 和美国 WiMAX。中国也确定了 3 个支持 ITU 的无线接口标准，分别是中国电信的 CDMA2000，中国联通的 WCDMA，中国移动的 TD-SCDMA。

WCDMA（Wideband CDMA），也称为 CDMA Direct Spread，简称 WCDMA 或 W-CDMA。

意为宽频码分多重存取，是基于 GSM 网发展起来的 3G 技术规范。该标准提出了 GSM（2G）→GPRS-EDGE→WCDMA（3G）的演进策略。这套系统能够架设在现有的 GSM 网络上，具有先天的市场优势。

CDMA2000 是由窄带 CDMA（CDMA IS95）技术发展而来的宽带 CDMA 技术，也称为 CDMA Multi-Carrier，它是由美国高通北美公司为主导提出的，摩托罗拉、Lucent 和后来加入的韩国三星都有参与，韩国现在成为该标准的主导者。该标准提出了从 CDMA IS95（2G）→CDMA20001x（2.5G）→CDMA20003x（3G）的演进策略。CDMA20001x 被称为 2.5 代移动通信技术。CDMA20003x 与 CDMA20001x 的主要区别在于应用了多路载波技术，通过采用三载波使带宽提高。

TD-SCDMA，即时分同步 CDMA（Time Division-Synchronous CDMA，TD-SCDMA），该标准是由中国独立制定的 3G 标准。特点是将智能无线、同步 CDMA 和软件无线电等当今国际领先技术融于其中；不经过 2.5G 中间环节，直接向 3G 过渡；辐射低，在频谱利用率、业务支持灵活性及成本等方面具有独特优势，被誉为绿色 3G。

WiMAX，即全球微波互联接入（Worldwide Interoperability for Microwave Access，WiMAX），又称为 802.16 无线城域网，是一种为企业和家庭用户提供"最后一英里"的宽带无线连接方案。2007 年 10 月 19 日，ITU 在日内瓦举行的无线通信全体会议上，WiMAX 正式被批准成为继 WCDMA、CDMA2000 和 TD-SCDMA 之后的第 4 个全球 3G 标准。

4.3.2　4G 通信

随着科技的高速发展，从模拟蜂窝技术、GSM、GPRS、CDMA 到第 4 代移动通信（The Fourth Generation Communication System，4G）系统的兴起，通信技术的日新月异，给人类生活带来了根本性的改变。从无线通信的发展历程来看，1G、2G 已被淘汰，3G 也接近淘汰，现在高速 4G 时代已经普及，5G 也开始使用。

4G 技术的概念可称为**宽带接入和分布网络**，是集 3G 与 WLAN 于一体，能够传输高质量视频图像，并具有非对称和超过 2 Mbit/s 数据传输能力的通信系统。它**包括宽带无线固定接入、宽带无线局域网、移动宽带系统和交互式广播网络**。4G 比 3G 拥有更多的功能，可以在不同的固定平台、无线平台和跨越不同频带的网络中提供无线服务，可以在任何地方用宽带接入互联网（包括卫星通信和平流层通信），能够提供定位定时、数据采集及远程控制等综合功能。

1. 4G 的主要特征

如果说 2G、3G 通信对于人类信息化的发展是微不足道的话，那么 4G 通信却给人类带来真正的沟通自由，并显著改变了人们的生活方式甚至社会形态。

4G 具有以下主要特征。

1）通信速度快，频带宽。人们研究 4G 的目的就是提高蜂窝电话和其他移动装置无线访问 Internet 的速率，因此 4G 具有更快的无线通信速度，一般为 10~20 Mbit/s，最高可以达到 100 Mbit/s，而且每个 4G 信道占有 100 MHz 的频谱，相当于 3G 网络的 20 倍，多媒体业务、远程视频和语音通话更方便。

2）融合性和兼容性更平滑。4G 集成了不同模式的无线通信，从无线局域网和蓝牙等室内网络、蜂窝信号、广播电视到卫星通信等，用户可以自由地从一个标准漫游到另一个标准，实现各种需求；而且具备全球漫游、接口开放、能与多种网络互联、终端多样化等特点，使得各种业务应用、系统平台间的互联更便捷、更安全、更富有个性化。

3）智能性能更高。具体表现在 4G 终端设备的设计和操作具有智能化，而且 4G 手机可以实现许多难以想象的功能。4G 手机已经等同于一台小型电脑，从外观和式样上看也有更惊人的突破，各种智能穿戴设备，如眼镜、手表、化妆盒、旅游鞋等已经或有望成为 4G 的一个智能终端，发挥各种智能效应。

4）引入方便，成本低廉。4G 通信不仅解决了与 3G 的兼容性问题，让更多用户能轻易地升级到 4G，而且 4G 引入了许多尖端通信技术，部署容易、方便快捷、成本低。

2. 4G 的网络结构和关键技术

4G 的网络结构可分为 3 层：物理层、中间层、应用层。物理层提供接入和路由选择功能，由无线和核心网的结合格式完成；中间层实现 QoS 映射、地址变更和完全性管理等功能；应用层提供各种服务功能。3 层之间的接口是开放的，使 4G 发展和提供新的应用及服务变得更为容易，提供无缝高数据率的无线服务，并运行于多个频带。这一服务能自适应多个无线标准及多模终端能力，跨越多个运营者，提供大范围服务。

4G 的关键技术主要包括以下几点。

1）正交频分复用技术。正交频分复用技术（OFDM）是一种特殊的多载波传输方案。技术核心是先将总带宽分割为 N（通常取偶数）个等宽且相互正交的窄带子载波，再将高速串行的数据码流转换成 N 路并行的低速数据流，然后将这 N 路低速数据流分别调制到 N 个子载波上。因此，OFDM 技术网络结构扩展性好，可以高效利用频谱资源，具有良好的抗噪声和抗多信道干扰能力，能够提供质量更高（速率高、时延小）、性价比更好的通信服务。主要缺点是功率效率不高，对频偏和相位噪声比较敏感。

2）智能天线技术。智能天线（Smart Antenna，SA）是在自适应滤波和阵列信号处理的基础上发展起来的，其基本思想是利用各种用户信号空间特征的差异，采用阵列天线技术，根据某个接收准则自动调节各天线阵元的加权向量，达到最佳接收和发射，使得在同一信道上接收和发送多个用户的信号而又互不干扰。智能天线采用先进的波束转换技术（Switched Beam Technology，SBT）和自适应空间数字处理技术（Adaptive Spatial Digital Processing Technology，ASPT），判断有用信号到达方向，通过选择适当的合并权值，在此方向上形成天线主波束，同时将低增益旁瓣或零陷对准干扰信号方向，在发射上能使期望用户的接收信号功率最大化，同时使窄波束照射范围外的期望用户受到的干扰最小，甚至为零。智能天线能获得更大的天线覆盖范围，有抑制信号干扰、自动跟踪以及数字波束调节等智能功能，被认为是未来移动通信的关键技术之一。

3）多输入/多输出技术。多输入/多输出（Multiple Input Multiple Output，MI/MO）技术是在通信链路两端均使用多个天线，发射端将信号源输出的串行码流转成多路并行子码流，分别通过不同的发射线阵元同频、同时发送，接收端则利用多径引起的多个接收天线上信号的不相关性，从混合信号中分离出原始子码流，这相当于频带重复利用，可以在原有的频带内实现高速率的信息传输，使频谱利用率和链路可靠性更高。MIMO 技术主要有两种表现形式，即空间复用和空时编码。这两种形式在 WiMAX 协议中都得到了应用。

4）软件无线电技术。软件无线电（Software Defined Radio，SDR）是美国 MILTRE 公司于 1992 年提出的一种以软件为主的无线电技术。其基本思想是将标准化、模块化的硬件功能单元经过一个通用硬件平台，利用软件加载方式来实现各种类型的无线电通信系统，所有体制和标准的更新，以及不同体制之间的兼容，都可以通过适当的软件来完成。软件无线电的核心思想是在尽可能靠近天线的地方使用宽带 A/D 和 D/A 变换器，并尽可能多地用软件来定义无线功能，各种功能和信号处理都尽可能用软件实现。其软件包括各类无线信令规则与处理软件、信号流变换软件、信源编码软件、信道纠错编码软件、调制解调算法软件等。软件无线电使得系统具有较高的灵活性和适应性，能够适应不同的网络和空中接口。

5）多用户检测技术。多用户检测的概念最早是在 1979 年由 K. S. Schneider 提出的，又称联合检测和干扰消除，是联合考虑同时占用某个信道的所有用户或某些用户，消除或减弱其他用户对任一个用户的影响，并同时检测出所有同一信道用户信息的一种信号检测方法。传统检测技术采用经典的直接序列扩频理论，对每个用户的信号分别进行扩频码匹配处理，抗多址干扰能力较差；多用户检测技术在传统检测技术的基础上，充分利用造成多址干扰的所有用户信息对其信号进行检测，从而具有优良的抗干扰性能，解决了远近效应问题，提高了 CDMA 的系统容量，增加了用户数，而用户数的增加，意味着更高的无线频谱效率。

6）全 IP 网络接入技术。4G 是一个全 IP 网络，可支持 IPv6，解决了 IPv4 地址不足的问题并能实现移动 IP。全 IP 网络支持各种类型的接入系统，包括固定接入系统和移动接入系统、第三代合作伙伴计划（3rd Generation Partnership Project，3GPP）接入系统和非3GPP 接入系统、传统的接入系统和新型的接入系统等。在所提供的多接入系统环境中，用户可以同时通过多个接入系统与网络相连；网络可以向用户提供接入系统可知的业务和跨接入系统的认证、授权、寻址和加密机制等服务。全 IP 网络，在业务控制分离的基础上，网络呼叫控制和核心交换传输网络进一步分离，使网络结构层次分明，相互联系又相对独立。

4G 网络能融合现有各种无线接入技术，已成为一个无缝连接的统一系统，覆盖全球所有用户，给人们的工作、生活，以及交通、通信等行业带来了更完美的体验。移动通信网的代际及特点见表 4-3。

表 4-3　移动通信网的代际及特点

代　际	1G	2G	2.5G	3G	4G
信号	模拟	数字	数字	数字	数字
制式	FDMA	GSM，CDMA	GPRS	WCDMA，CDMA2000，TD-SCDMA	TD-LTE
主要功能	语音	数据	窄带	宽带	广带
典型应用	通话	短信-彩信	蓝牙	多媒体	高清

4.3.3　5G 通信

移动通信系统发展到了 4G 时代出现了两个较为明显的分支，一是大流量、高速率、高移动、高宽带，二是小数据、广覆盖、大容量。为了满足未来网络容量的急速增长、巨大的物联网业务需求以及超高速数据传输速率的要求，在推动移动通信网络构架的发展基础上，出现了**第五代移动通信系统**（The Fifth Generation Communication System，5G）。

5G 的任务是着力于如下三个维度的发展：**提升频谱效率、扩展可工作的频段、增大网络密度。**

当前，全球 5G 进入商用部署和技术攻关的关键时期。2019 年 6 月 6 日中国工业和信息化部正式向中国电信、中国移动、中国联通和中国广电发放 5G 商用牌照，这标志着我国正式进入 5G 时代，而 2019 年也就成为我国 5G 商用元年。目前我国 5G 中频段系统设备、终端芯片、智能手机处于全球产业第一梯队，具备了商用部署的条件。5G 支撑应用场景由移动互联网向移动物联网拓展，将构建起高速、移动、安全、泛在的新一代信息基础设施；与此同时，5G 将加速许多行业的数字化转型，并且更多用于工业互联网、车联网等领域，拓展大市场，带来新机遇，有力支撑数字经济蓬勃发展。中国信息通信研究院发布的《5G 产业经济贡献》认为，预计 2020~2025 年，我国 5G 商用直接带动的经济总产值将达到 10.6 万亿元，直接创造的就业岗位将超过 300 万个。

5G 相比于 4G 在网络延迟、峰值数据速率、移动连接数、用户设备发射功率等方面具有更强的优势，如图 4-15 所示。

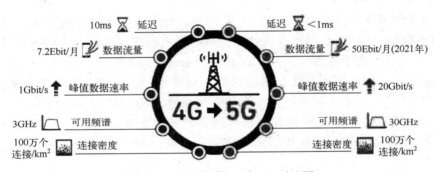

图 4-15　移动通信 4G 与 5G 对比图

1. 5G 的技术目标

5G 研发的技术指标主要包括：用户体验速率、流量密度、连接数密度、端-端延迟、移动性与用户峰值速率等。5G 具体的性能指标见表 4-4。

表 4-4　5G 性能指标

项　　目	定　　义	性能指标
用户体验速率	真实网络环境中，在有业务加载的情况下，用户实际可以获得的速率	$0.1 \sim 1$ Gbit/s
流量密度	单位面积的平均流量	10（Mbit/s）/m^2
连接数密度	单位面积上支持的各类在线设备数	1×10^6/km^2
端-端延迟	在已经建立连接的发送端与接收端之间，数据从发送端发出到接收端接收所需要的时间	1 ms
移动性	在特定的移动场景下，用户可以获得的体验速率的最大移动速度	500 km/h
用户峰值速率	单用户理论峰值速率	常规情况 10 Gbit/s 特定场景 20 Gbit/s

2. 5G 的关键技术

5G 的关键技术主要包括：**毫米波技术、大规模天线阵列技术、新型调制编码技术、多载波聚合技术、网络切片技术、设备到设备直接通信技术、超密集异构网络技术和新型网络架构技术**八个方面。

（1）毫米波技术

1G~4G 移动通信技术的工作频段主要集中在 3 GHz 以下（即米波和分米波），这样的工作频段使得频谱资源比较拥挤，为了有效缓解频谱资源的紧张状况，实现极高速短距离通信，5G 将主要工作频段扩展到高频段，如厘米波（10~1 cm，3~30 GHz）、毫米波（10~1 mm，30~300 GHz）和亚毫米波（1~0.1 mm，300~3000 GHz），以支持大容量和高速率等方面的需求。高频段在移动通信中的应用是未来的发展趋势，我国华为就使用的是厘米波。高频波移动通信主要有以下几个优点：足够量的可用宽带、小型化的天线和设备、较高的天线增益、较好的绕射能力以及适合部署大规模天线阵列（Massive MIMO）等。但也有一些问题，如传输距离短、穿透能力差、容易受气候环境影响等；同时，射频器件、系统设计等方面也存在一些有待解决的问题。为了全面实现 5G，各大研究机构和通信公司正在紧锣密鼓地开展高频段毫米波和亚毫米波的研究和遴选工作。目前，5G 通信已经在实验室层面取得令人瞩目的成果，相信在不久的将来，5G 大规模商用将指日可待。

（2）大规模天线阵列技术

从无源到有源、从二维到三维、从高阶 MIMO 到大规模天线阵列，多天线技术随着科学技术的发展也经历着复杂的变迁，而 5G 技术的重要研究方向之一，就是实现多天线技术在频谱效率上的大幅度提升。最新的多天线技术发展到有源天线阵列和毫米波技术，基站侧同样大小的物理空间可支持的协作天线数量将达到 128 根，甚至更多。此外，原来的 2D 天线阵列也逐渐扩展为 3D 阵列，发展成一种新型的 3D-MIMO 和立体多维 MIMO 技术。该技术支持多用户波束智能赋型，可以有效减少用户之间的干扰，同时结合高频段毫米波技术，将进一步改善无线信号的覆盖性能。目前，针对大规模天线信道测量与建模、阵列设计与校准、导频信道、码本及反馈机制等相关关键性难题的研究工作正在紧密进行中。这些问题一旦被解决，未来的大规模天线阵列技术将会支持更多的用户空分多址（Space Division Multiple Address，SDMA），显著降低发射功率，实现天线阵列绿色节能，提升无线信号的覆盖性能。

（3）新型调制编码技术

5G 包括多种应用场景，特别是在密集部署场景，无线回传会广泛应用，这就需要有更先进的信道编码设计和路由策略来降低节点之间的干扰，充分利用空口的传输特性，以满足系统高容量的需求。先进调制编码涵盖许多单点技术，大致可以分为**链路级调制编码、链路自适应、网络编码**等三大领域。其中链路级技术包括多元域编码、比特映射技术和联合编码调制等。多元域编码通过伽罗华域的运算和比特交织，使得链路在高信噪比条件下更容易逼近香农极限，并且增大分集效益；新的比特映射技术采用同心辐射状的幅值相位调制（APSK），能够提高频谱利用效率；联合调制编码采用相位旋转等技术，使得链路在快衰信道下鲁棒性更好。链路自适应包括基于无速率（Rateless）和码率兼容的，以及一些工程实现类的编码，可以通过对码字结构的优化以及合理的重传比特分布，让调制编码方式更准确地匹配快衰信道的变化。网络编码利用无线传输的广播特性，捡拾节点之间无线传播中所含的有用比特信息，能够提高系统的吞吐量。

事实上5G采用哪种编码方式主要取决于译码吞吐量、时间延迟、纠错能力、误块率、灵活性，以及软硬件实现的复杂性、成熟度和后向兼容性等因素。目前，5G所采用的新型调制编码技术主要包括256QAM高阶调制、LDPC和Polar编解码技术。

1）256QAM高阶调制技术。**多进制正交幅值调制（MQAM）是一种集振幅和相位二维信息承载的高效数字调制技术，256QAM是一种十六进制调制技术**。在移动通信LTE系统的基带调制中普遍使用二进制、四进制和八进制QAM（4 QAM、16 QAM和64QAM），它们为无线通信系统缓解传输资源紧张、提高有效传输速率发挥了极其重要的作用。随着LTE演进技术（LTE-A）的普及应用和5G技术的广泛研究，为了满足移动用户海量数据的快速增长，传统的低阶基带调制技术已力不从心，取而代之的必将是十六进制QAM（256QAM）或更高阶QAM（MQAM），使之成为系统获取更高传输速率和更大信道容量的首选方式。256QAM调制技术的高阶变化只是调制载波的幅值电平变化值增加了，表面上这与ASK调制方式没有多大区别，技术上却有许多不同。因为信号矢量点的分辨已从线性转向平面，就相同条件下的信息调制密度来看，QAM将是ASK的几何倍数，而256QAM的信息调制密度又将是64QAM的许多倍，在幅值相位的矢量信号平面中，调制码元间最小距离相同时，星座图可容纳的星座点更多，可获得的频带利用率更高。

2）LDPC。低密度奇偶校验码（Low Density Parity Check Code，LDPC）最早于1963年由MIT的Robert G. Gallager博士提出，它是一类具有稀疏校验矩阵的线性分组码，不仅具有逼近香农极限的良好性能，而且译码复杂程度较低，结构较为灵活，这也使得它成为信道编码领域的研究热点。正是由于LDPC的校验矩阵存在这种稀疏性，保证了译码复杂度和最小码距都随码长呈现线性增加。除了校验矩阵是稀疏矩阵外，码本身与任何其他的分组码基本相同。LDPC码的研究主要集中在译码算法的性能分析、编码方法、码的优化算法等领域。

经过几十年的发展，LDPC码被各种通信系统所采纳，目前已经广泛应用于深空通信、光纤通信、卫星数字视频和音频广播等领域。与其他编码方式，如香农极限、Turbo码（3G/4G标准采用）等相比，LDPC码主要的优势表现在：第一，LDPC码的译码算法是一种基于稀疏矩阵的并行迭代译码算法，运算量小，并且由于结构并行的特点，在硬件实现上比较容易；第二，LDPC码的码率可以任意构造，实现上有更大的灵活性；第三，LDPC码具有更低的错误平层，可应用于有线通信、深空通信以及磁盘存储工业等对误码率要求更加苛刻的场合；第四，LDPC码是20世纪60年代发明的，理论和概念方面已经不存在什么秘密，因此在知识产权和专利上不再会有麻烦，这一点给进入通信领域较晚的国家和公司，提供了很好的发展机会。尽管经过研究人员的努力，LDPC码的研究取得了很大的进展，但仍有许多问题需要进一步研究，主要表现在：①尽管在LDPC码校验矩阵的构造方面取得了一些进步，但目前还没有一套系统的办法来构造所需要的好码，特别是在码字长度有限、码率一定的条件下，构造性能优异的好码是一个非常具有挑战性的课题；②LDPC编码系统的联合优化设计，将编码技术与调制技术、均衡技术、时空编码技术、OFDM技术结合进行性能优化是当前及将来的发展方向之一；③无线衰落信道及MIMO技术下LDPC码的性能分析方法及优化设计准则。目前LDPC码字的优化设计主要是在加性高斯白噪声信道下进行的，而无线衰落信道下，特别是时变信道非线性环境下码字的性能分析方法、优化设计准则和信道估计的影响也是非常关键的课题，需要进一步的研究探索。此外，基于 LDPC 码的链路自适应技术，LDPC 码在集成通信网物理层、应用层联合优化系统中的应用，LDPC 码在无线局域网和深空宇航中的应用，基于 LDPC 码的图像传输、图像数字水印系统中的应用以及寻找更适合硬件实现的 LDPC 码编译码方法等都是非常值得研究的课题。

3）Polar 码。在 2008 年的国际信息论 ISI 会议上，土耳其毕尔肯大学埃达尔·阿利坎教授首次提出了信道极化的概念，基于该理论，他给出了人类已知的第一种能够被严格证明达到信道容量的信道编码方法，并命名为**极化码（Polar Codes）。Polar 码的构造核心是通过信道极化（Channel Polarization）处理**，在编码侧使各个子信道呈现出不同的可靠性，当码长持续增加时，部分信道将趋向于容量接近 1 的完美信道（无误码），另一部分信道趋向于容量接近 0 的纯噪声信道。选择在容量接近 1 的信道上直接传输信息以逼近信道容量，是目前唯一能够被严格证明可以达到香农极限的方法。极化码是一种新型编码方式，也是目前 3GPP 标准制定中的一种候选编码技术方案，通过对华为极化码试验样机在静止和移动场景下的性能测试，针对短码长和长码长两种场景，在相同信道条件下，可以获得 0.3~0.6 dB 的误包率性能增益（相对于 Turbo 码）。同时，华为还测试了极化码与高频段通信相结合，实现了 20 Gbit/s 以上的数据传输速率，验证了极化码可有效支持 ITU 所定义的三大应用场景。Polar 码出现较晚，在 5G 之前还没有任何标准采用，因此发展空间巨大。

（4）多载波聚合技术

为了满足单用户峰值速率和系统容量提升的要求，一种最直接的办法就是增加系统传输带宽。因此，在 5G 之前的 LTE-Advanced 系统就已经引入了一项增加传输带宽的技术，也就是载波聚合（Carrier Aggregation，CA）。**载波聚合技术可以将 2~5 个 LTE 成员载波（Component Carrier，CC）聚合在一起，实现最大 100 MHz 的传输带宽，可有效提高上下行传输速率**。终端根据自己的能力大小决定最多可以同时利用几个载波进行上下行传输。多载波聚合功能可以支持连续或非连续载波聚合，每个载波最大可以使用的资源是 110 个 RB。每个用户在每个载波上使用独立的 HARQ 实体，每个传输块只能映射到特定的一个载波上。每个载波上面的 PDCCH 信道相互独立，可以重用 R8 版本的设计，使用每个载波的 PDCCH 为每个载波的 PDSCH 和 PUSCH 信道分配资源，也可以使用 CIF 域利用一个载波上的 PDCCH 信道调度多个载波的上下行资源分配。

目前，LTE R12 已经支持 5 个 20 MHz 的载波聚合，而 5G 环境下多载波聚合数量会达到 32 个。此外，未来的 5G 网络将是一个融合的网络，载波聚合技术将大大支持各种不同类型的无线链路间的载波聚合，如 LTE 内多达 32 载波的聚合、系统间与 3G-HSPA+无线链路的载波聚合、支持 FDD+TDD 链路聚合（即上下行非对称的载波聚合）、支持 LTE 授权频谱辅助接入（LAA/eLAA）（即支持与非授权频谱，如 WiFi 无线链路之间的载波聚合）等。

（5）网络切片技术

在 5G 时代，移动网络服务的对象将不再是单纯的移动手机，而是各种类型的设备，比如平板电脑、各种移动穿戴设备、固定传感器、车辆等；应用场景也将多样化，比如移动宽带、大规模互联网、任务关键型互联网等；需要满足的要求也会多样化，比如移动性、安全性、时延性、可靠性等。这就为网络切片提供了用武之地。

网络切片（Network Slice，NS）就是将一个网络切割成多个虚拟的端到端的切片（子

网络），每一个切片都可获得逻辑独立的网络资源，且各切片之间可相互绝缘。因此，当某一个切片中产生错误或故障时，并不会影响其他切片。5G 网络切片，就是将 5G 网络切出多张虚拟网络，从而支持更多业务，如图 4-16 所示。

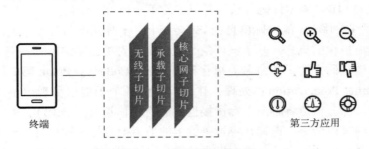

图 4-16　网络切片示意图

网络经过功能虚拟化后，无线接入网部分叫作边缘云（Edge Cloud，EC），而核心网部分叫作核心云（Core Cloud，CC）。边缘云中的虚拟主机（Virtual Machines，VM）和核心云中的虚拟主机，通过软件定义网络（Software Defined Network，SDN）互相联通，实现网络设备软件和硬件的解耦，达到控制与承载彻底分离的效果。一般，针对不同的应用场景，网络被"切"成四"片"，即**高清视频切片（UHD Slice）、手机切片（Phone Slice）、大规模物联网切片（Massive IoT Slice）以及任务关键性物联网切片（Mission Critical IoT Slice）**。

网络切片的优势在于其能让网络运营商自己选择每个切片所需的特性，例如低延迟、高吞吐量、连接密度、频谱效率、流量容量和网络效率等，这些有助于提高创建产品和服务方面的效率，提升客户体验。不仅如此，运营商无须考虑网络其余部分的影响就可以进行切片更改和添加，既可节省时间又能降低成本支出，也就是说，网络切片可以带来更好的成本效益，而且，从切片的角度讲，可以将传统的 EPC 当成一个服务可支持的移动装置的大切片。网络切片不是一门单独的技术，而是以云计算、虚拟化、软件定义网络、分布式云架构等技术群为基础形成的，通过上层统一的编排让网络具备管理、协同的能力，从而实现基于一个通用的物理网络基础架构平台，能够同时支持多个逻辑网络的功能。相较于 3G/4G 网络，5G 网络的 CP/UP 分离，使得网络部署更加集约、灵活，控制面的重构让会话管理和移动管理功能可以按需独立部署，不再是仅满足于面向人类、车辆移动状态的通信，也可以满足水、电、气抄表等静止类业务的机器会话；移动边缘计算更是把网络能力向靠近用户的分布式云数据中心推进。

从虚拟现实、增强现实，到自动驾驶，智能交通及无人机，再到物流仓储，工业自动化，作为信息化的基础设置，5G 将提供适配不同领域需求的网络连接特性，推动各行业的能力提升及转型。5G 网络提供端到端的网络切片能力，可以将所需的网络资源灵活动态地在全网中面向不同的需求进行分配及能力释放，进一步动态优化网络连接，降低成本，提升效益。运营商在面向 5G 时代，需要具备业务快速上线、灵活部署的能力。5G 网络不仅需要满足大量并行业务上线的需求保证端到端的性能，还要规避市场培育阶段新兴的业务投资风险，如果按照传统思路构建专网，势必造成资源浪费，但通过网络切片便能实现逻辑专网的需求，一旦某专网业务不具投资价值，运营商还能及时撤出，动态删除切片，有效降低客户投资的风险成本。因此，网络切片对于性能和成本的考虑也就需要实现动态化。

（6）设备到设备直接通信技术

传统蜂窝通信系统的组网方式是以基站为中心实现小区域范围内的覆盖，而基站及中继站是不方便移动的，对网络结构在不同场景中的应用带来了一定的限制，即网络结构在灵活度和可移动性上有所不足。在 2008 年，3GPP 组织于中国深圳举办的先进的国际移动通信讨论会（IMT-A workshop）上，**高通公司提出了蜂窝网下的设备到设备（Device-to-Device，D2D）通信技术**，从而成功地将 D2D 通信技术引入 LTE-A 的讨论中。到 5G 时代，D2D 通信技术使邻近的终端可以通过直连链路进行数据传输，不再需要中心节点（如基站）进行转发，同时拓展了网络连接和接入方式。因此，相比传统的蜂窝网通信模式，D2D 通信技术具有明显的优势：一是针对网络中广泛分布的用户端，采用合理的 D2D 通信调度，可以提高资源的空分复用增益，提高频谱利用率；二是在蜂窝网覆盖边缘，可以通过蜂窝网内 D2D 用户到蜂窝网外 D2D 用户的传输，增大蜂窝网覆盖范围；三是在蜂窝网覆盖范围外或蜂窝网故障时，D2D 通信技术可以实现无基站调配用户间的通信；四是利用 D2D 发现机制，可以实现无基站参与周围 D2D 通信的用户搜索。

D2D 通信技术作为蜂窝网的一项关键技术，是未来无线移动通信系统的重要技术之一。目前，D2D 采用广播、组播和单播技术方案，未来将发展其增强技术，包括基于 D2D 的中继技术、自组织网络技术、多天线技术和联合编码技术等。

（7）超密集异构网络技术

为了解决未来移动网络数据流量增大 1000 倍以及用户体验速率提升 10~100 倍的需求，除了增加频谱带宽和利用先进的无线传输技术提高频谱利用率外，提升无线系统容量最为有效的办法就是通过加密小区部署提升空间复用度。传统的无线通信系统通常采用小区分裂的方式减小小区等效半径，然而随着小区覆盖范围的进一步缩小，小区分裂也将很难进行，需要在室内外热点区域密集部署低功率小基站，形成超密集组网。而**超密集异构网络（Ultra-Dense Hetnet Network，UDHN）被公认为是大幅提升无线网络容量、解决蜂窝网所面临的1000 倍数据量挑战**最富有前景的一种 5G 组网技术，如图 4-17 所示。

图 4-17　超密集异构网络技术示意图

未来 5G 网络将采用立体分层超密集异构网络模式，在宏蜂窝网络层中部署大量微蜂窝小区（Micro Cell，MC）、微微蜂窝小区（Pico Cell，PC）、毫微微蜂窝小区（Femto

Cell，FC），覆盖范围将从几百米到十几米。超密集网络能够改善网络覆盖性能，大幅度提升系统容量，并对业务进行分流，具有更灵活的网络部署和更高效的频率复用。5G超密集组网网络架构一方面通过控制承载分离，即覆盖与容量的分离，实现未来网络对于覆盖和容量的单独优化设计，根据业务需求灵活扩展控制面和数据面资源；另一方面通过将基站部分无线控制功能抽离，进行分簇化集中式控制，实现簇内小区间干扰协调、无线资源协同、移动性管理等功能，提升网络容量，实现用户的极致体验。此外，网关功能下沉、本地缓存、移动边缘计算等增强技术，同样对实现本地分流、内容快速分发、减少基站骨干传输压力等问题有着巨大的帮助。但与此同时，在超密集组网场景下，低功率基站较小的覆盖范围会导致具有较高移动速度的终端用户遭受频繁切换，降低用户体验速率；另外，虽然超密集异构网络通过降低基站与终端用户的路径损耗提升了网络吞吐量，但在增大有效接收信号的同时也提升了干扰信号。因此，如何有效进行干扰消除，实现小区快速发现、密集小区间相互协作、负载动态平衡以及终端能力提升的移动性增强等技术，也将成为超密集异构组网提升网络容量需要重点解决的问题。目前，对这些热点问题的技术研究仍处在初步探索阶段，如何利用超密集无线异构网络的高维度、高灵活性和可扩展性的架构特征，来实现其泛的绿色部署也还需要深入的研究。

（8）新型网络架构技术

适应于5G通信的新型网络架构主要有3C-RAN、SDN、NFV等，每一种架构技术都有其优缺点和不同的应用场合。

1）3C-RAN。目前网络通信处于4G时代，各国移动运营商正计划着开发和准备步入未来千兆级LTE及5G网络时代。未来5G网络需要支持多种业务和应用场景，主要有：更高带宽、更低时延的增强移动宽带（Enhanced Mobile Broadband，EMBB）业务；支持海量用户连接（Massive Machine-Type Communication，MMTC）的物联网业务；超可靠性、超低时延通信（Ultra Reliable and Low Latency Communication，URLLC）的工业物联网等垂直行业应用。从无线接入网的角度看，支持未来5G网络存在如下需求：灵活的无线资源管理需求、空口协调和站点协作需求、功能灵活部署及边缘计算的需求以及增强网络自动化管理的需求。

5G的实现及部署，一方面是技术上的创新，例如网络架构、空口技术等的不断演进；另一方面也对运营商的网络运营和管理提出了更高的要求。运营商们已逐步意识到，随着5G的来临，传统运营方式需要向综合平台运营方式转型。如何提供一个能够面向各类应用、高效、灵活、低成本、易维护、开放、便于创新的网络平台，将是运营商在5G时代竞争力的核心所在。为此，**集中式、协作式、云接入网络架构（Centralized，Cooperative，Cloud and Clear RAN，3C-RAN）**应运而生，如图4-18所示。

3C-RAN是基于分布式拉远基站和云接入网，将所有或部分的基带处理资源进行集中，形成一个基带资源池，并对其进行统一管理与动态分配，在提升资源利用率、降低能耗的同时，通过对协作化技术的有效支持而提升网络性能。通过近些年的研究，C-RAN的概念也在不断演进，尤其是针对5G高频段、大带宽、多天线、海量连接和低时延等需求，引入集中单元（Centralized Unit，CU）和分布单元（Distributed Unit，DU）的功能重构及下一代网络接口（Next-Generation Network Interface，NGNI）前传架构。与传统4G无线网络相比，5G的C-RAN网络具有集中化处理、协作式无线电、云计算构架和绿色无线接入四大特征。

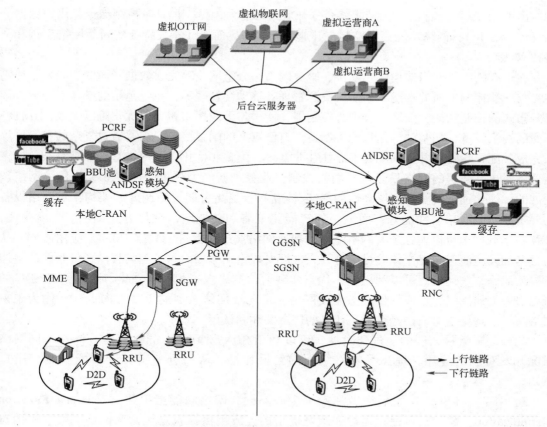

图 4-18　基于 C-RAN 的 5G 无线接入网络架构

2）SDN。**软件定义网络（Software Defined Network，SDN）**是一种新型的网络架构，主要思想是将网络的控制平面与数据转发平面进行分离，并实现可编程化控制，如图 4-19 所示。

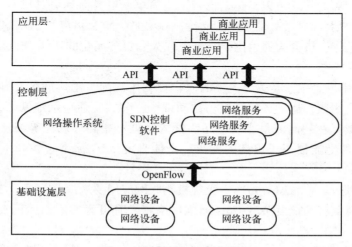

图 4-19　典型的 SDN 架构图

由图 4-19 可以看出，SDN 能够充分开放网络能力，是一种具有控制信令与用户数据分离（C-U Split）、网络功能集中控制、开放应用程序界面 API 三大特征的新型网络架构和网络技术。

在现有的无线网络架构中，基站、服务网关、分组网关除完成数据平面的功能外，还需要参与一些控制平面的功能，如无线资源管理、移动性管理等，在各基站的参与下完成，形成分布式的控制功能，网络没有中心控制器，使得与无线接入相关的优化难以完成，并且各厂商的网络设备，如基站等往往配备制造商自己定义的配置接口，需要通过复杂的控制协议来完成其配置功能，并且其配置参数往往非常多，配置和优化以及网络管理非常复杂，使得运营商对自己部署的网络只能进行间接控制，业务创新能力严重受限。SDN 将传统网络软硬件的一体化逐渐转变为底层高性能存储/转发和上层高智能灵活调度的架构，对网络设备的要求是功能简单、性能好，而上层的智能化策略和功能则以软件方式提供。也就是说，SDN 在承载网上可以增强现有网络能力、加速网络演进、促进云数据中心/云应用协同，从而对基础设施演进和客户体验提升这两大维度发挥重大作用。这一点与移动通信系统的整体发展趋势一致。运营商可以利用这一优点实现通信网络虚拟化、软件化。因此，将 SDN 的概念引入无线网络，形成软件定义无线网络，是无线网络发展的重要方向。SDN 作为未来网络演进的重要趋势，已经得到了业界的广泛关注和认可。

此外，随着接入网的演进和发展，可以利用 SDN 预留的标准化接口，针对不同网络状况开发对应的应用，提高异构网络间的互操作性，从而进一步提升系统性能和用户感知。

3）NFV。与 SDN 始于研究者和数据中心不同，**网络功能虚拟化（Network Function Virtualization，NFV）则是由运营商联盟提出的，应用目标也是运营商网络**。很多机构对 NFV 已经进行了广泛深入的研究，如欧洲电信标准协会（European Telecommunication Standards Institute，ETSI）成立了专门的 NFV 研究组，但目前还没有发布关于 NFV 的相关标准。网络虚拟化通过分离数据和控制平面，部署标准化网络硬件平台，使得许多移动网络设备中的软件可以按需安装、修改、卸载，实现业务扩展。这与 SDN 数据中心的理念是一致的，因此，SDN 相关的技术可以给运营商带来更简单、更灵活和更具成本效益的网络运营。NFV 能够为 SDN 的运行提供基础架构的支持，在将来，NFV 可以和 SDN 的目标紧密联系在一起，二者协同工作，将会为通信网络提供更强大和更智能化的功能。

3. 5G 的应用场景

5G 典型的应用场景主要是关于人类的衣、食、住、行，尤其是在人口密集大中型城市的居住区域，办公区域，运动场所，娱乐活动现场，公共交通包括地铁、公交、高速公路、高铁等。这些区域有着超高流量密度、超高接入密度、超高移动性等特点，而这些特点对 5G 移动通信网络的性能提出了更高的要求。具体来说，5G 通常包含如下三个方面的应用场景。

1）大规模物联网（Massive IoT）：大规模物联网应用要求海量设备（超高密度）连接，超低功耗，深度覆盖，超低复杂度，5G 通信网络将大有可为。例如远程农业灌溉和物流跟踪管理等应用。

2）任务关键控制（Mission Critical Control，MCC）：任务关键控制的应用方面主要包括无人驾驶、智能工厂、智能电网等领域。它要求整个系统具有超高的安全性能，超低的时间延迟和超高的可靠性，这样的通信网络也称为超可靠低延迟通信（URLLC）。例如，当需要异地对办公室电脑进行远程桌面控制，或者需要实行远程游戏控制等相关业务时，就要求将数据传送到云端进行分析处理，并将处理后的数据或指令实时传回到主控方。任务关键控制就是要求这样往返传送数据的通信过程中存在的时间延迟要足够低，甚至低到一般用户无法明显察觉到。而相比于一般人类用户，机器对时间延迟敏感度较高，尤其是实现 5G 移动通信的智能交通、智能制造和远程机器人、远程医疗器械操作等应用时，任务关键控制就显得格外重要。

3）增强的移动宽带（Enhanced Mobile Broadband，EMBB）：5G 时代将面向 4K/8K 超高清视频、全息技术（Holographic Technique，HT）、增强现实（Argument Reality，AR）/虚拟现实（Virtual Reality，VR）等应用，移动宽带的主要需求则是追求超高的传输速度，要求传输速率大于 10 Gbit/s。

4.3.4 移动互联网

移动互联网是移动和互联网融合的产物，继承了移动随时、随地、随身和互联网分享、开放、互动的优势，是整合二者优势的"升级版本"，即运营商提供无线接入，互联网企业提供各种成熟的应用。**移动互联网被称为下一代互联网** Web 3.0。比如 Dropbox，uDrop 就是典型的移动互联网应用。最近几年，移动互联网成为信息通信业发展最为迅猛的领域，以2007 年苹果公司 iPhone 的推出为标志，全球移动互联网进入了一个全新的发展阶段。移动互联网的发展使人们的工作和生活更加丰富多彩，已成为新的媒体传播平台、信息服务平台、电子商务平台、公共服务平台和生活娱乐平台。移动互联网既有互联网的特征，又具备智能化终端和移动化特征，具有极强的生命力。

移动互联网是 Web 3.0，这昭示了移动互联网不等于"移动+互联网"，也不等于简单的"无线接入+互联网"。实质上，移动互联网体现的是融合，即移动和互联网的融合，发生的不是物理变化，而是化学变化，继承了移动和互联网的特征优势，二者有机结合出现新的产业形态，用数学的方法来表示就是：移动互联网=移动×互联网。移动互联网的基本特征就是：用户身份可识别、随时随地、开放互动和用户更方便的参与。因此，也有人认为，移动互联网就是用户身份可识别的、口袋中的新型互联网。

1. 移动互联网的要素

移动互联网主要指由蜂窝移动通信系统，通过终端（如手机、GPRS 卡、CDMA 1x 卡等）向互联网接入，和 3G、4G、5G 等可以构成一个统一的无线、移动、互联网系统，使用户既可以在任何地点、任何时间都能方便地接入，又可获得互联网上丰富的信息资源和成千上万种服务。因此，移动互联网主要包括以下 3 个要素。

1）移动通信网络接入。包括 3G/4G/5G 等（不含通过没有移动功能的 WiFi 和固定宽带无线接入提供互联网服务）。

2）公众互联网服务（WAP 和 www 方式）。根据业务模式的不同，公众互联网服务有两种方式：一种是以中国移动"移动梦网"为代表的，采用无线应用协议（Wireless Application Protocol，WAP）网关方式接入的"围墙花园"方式；另外一种是开放式互联网模式，移动用户通过移动网络关口，直接接入到互联网的 www 方式。

3）移动终端。包括手机、移动互联网设备（Mobile Internet Device，MID）和数据卡方式的便携式电脑等。

2. 移动互联网的特点

移动互联网相比于固定互联网最大特点是移动性和充分个性化。

（1）移动性

移动用户可随时随地方便接入无线网络，实现无处不在的通信能力；通过移动性管理，可获得相关用户的精确定位和移动性信息。

（2）个性化

个性化表现为终端、网络和内容/应用的个性化。终端个性化表现在消费移动终端与个人绑定，个性化呈现能力非常强；网络个性化表现在移动网络对用户需求、行为信息的精确反映和提取能力，并可与 Mashup 等互联网应用技术、电子地图等相结合；互联网内容/应用个性化表现在采用社会化网络服务（SNS）、博客、聚合内容（RSS）、Widget 等 Web 2.0 技术与终端个性化和网络个性化相互结合，使个性化效应极大释放。

3. 移动互联网的关键技术

支撑移动互联网的关键技术主要包括：代表了互联网演进趋势的 Web 2.0 技术，注入了新内容的 HTML 5.0 技术，体现新一代软件架构的 SOA（Service-Oriented Architecture）技术，软件即服务（Software as a Service，SaaS）技术，和满足海量计算需求的云计算技术。

（1）Web 2.0

Web 2.0 是新的互联网应用的统称。相对于早期的 Web 1.0 服务，Web 2.0 以用户为中心，强调用户既是内容的创造者也是内容的消费者，侧重用户之间的交互和用户对于网络内容的贡献，由此带来人与人之间沟通方式的深刻变革。Web 2.0 包含一系列技术，如 Mashup、RSS（Really Simple Syndication）、P2P、Ajax、Widget 等。

（2）HTML 5

与以前的 HTML 版本相比，HTML5 提供了一些新的元素和属性。如嵌入了音频、视频、图片的函数，客户端数据存储和交互式文档，内建了 WebGL 加速网页 3D 图形界面的技术标准等，有利于搜索引擎、索引整理和手机等小屏幕装置的使用。

（3）SOA

SOA 可以使用户通过定义好的独立接口联系应用程序的不同功能单元，使各种服务可以以一种统一和通用的方式进行交互，便于构建开放、可扩展、集成的分布式系统。SOA 使用描述服务语言（Web Services Description Language，WSDL）描述服务，通过 UDDI（Universal Description，Discovery and Integration）来注册和查找服务，使用简单对象访问协议（Simple Object Access Protocol，SOAP）进行消息传递。

（4）SaaS

SaaS 是一种基于互联网提供软件服务的应用模式，体现在服务上是变卖为租的业务提供模式。从实现上看，SaaS 提供商搭建应用需要的网络基础设施及软、硬件运作平台，负责前期实施、后期维护等服务；企业根据实际需要，向服务提供商租赁软件服务。SaaS 能够根据用户需求量身定做应用，满足处于长尾效应尾部的各种小众市场的要求，大大降低企业投入成本，使得业务提供更加灵活、简便和实用。

（5）云计算

云计算是网格计算、分布式计算、并行计算、效用计算、网络存储、虚拟化、负载均衡等计算机技术和网络技术发展、融合的产物。云计算通过网络把多个成本相对较低的计算实体整合成一个具有强大计算能力的系统。借助先进的商业模式将强大的计算能力分布到终端用户手中。云计算技术通过不断提高"云端"的处理能力，减少用户终端的处理负担。最终把终端简化成一个单纯的输入、输出设备，按需享受"云端"的强大计算处理能力。一般认为云计算能够把资源利用率从目前的5%～15%提高到60%～80%。例如Google计算成本是对手的1%，存储成本是对手的1/30。

4. 移动互联网的应用发展趋势

目前，移动通信与互联网正在逐渐走向融合，主要体现在终端的融合、网络的融合以及业务内容的融合。随着移动互联网的出现，将步入移动网和互联网融合发展的新时代，为移动通信发展提供了更为广阔的空间。各种从互联网上移植过来的下载、邮箱、搜索、博客、即时通信、电子商务、拍卖和网络电话VoIP等业务正在通过手机得到日益广泛的应用和普及。

（1）国外移动互联网发展趋势

国外将移动互联网的发展，分化成运营商（系统门户侧）和终端厂商（终端门户侧）两家之间的竞争。

1）运营商移动互联网业务。尽管全球移动通信用户数仍在迅猛增长，但是由于竞争激烈，移动电话资费不断下降以及新增用户多为利润率较低的低端用户等原因，传统话音业务用户平均收入（Average Revenue Per User，ARPU）下降趋势明显，移动互联市场正逐渐成为移动运营商新的业务增长点。纵观全球运营商所发展的增值业务，可以发现个人娱乐仍然是增值业务发展的主要方向，另外，随着网络和业务平台承载能力的提高，综合行业应用成为新的亮点和发展趋势。国际知名运营商都已经纷纷加大在移动信息化业务上的投入，如沃达丰的电子邮件、移动办公，BT的面向大型/中小型企业的综合信息化平台，T-Mobile的跨国企业管理系统等都是典型的新兴商务模式。表4-5给出了国外大型运营商移动互联网业务范围及应用情况。

表4-5　国外运营商移动互联网业务

运 营 商	个 人 应 用	行 业 应 用
SK-telecpm	下载（下载丰富的MP3、墙纸、活动影像、铃声、图片）；短信；电子邮件；手机游戏、电子商务（移动银行等）；手机电视；社区服务（提供Messenger、论坛、名片夹、聊天等）；生活信息（提供各种生活相关信息服务及电子图书服务）；音乐视频频道（音乐广播、电影频道等）	● B2B ● Groupware ● M2M ● 汽车导航 ● 家庭控制
Vodafone	铃声、图片、动画、视频、3D游戏下载、IMPS（聊天）；Mobile Email；Video Messaging；语音邮件；MMS；移动互联网；手机游戏；短信；Music Download；Mobile Search	● Mobile Office
Do-Co-Mo	下载业务（铃声、图片、动画、视频）；可视电话、可视会议；短信、电子邮件；语音邮件；视频和音乐配送业务；视频邮件、视频点播和卡拉OK；手机游戏；信息导航（提供电子地图、路况信息、停车指南、气象预报）；移动银行；远程教育视频购物；手机电视	● 远程信息处理 ● 汽车导航 ● 家庭控制
BT	高速上网；音乐、视频频道；位置信息频道；手机游戏；下载业务等多种多样的业务和内容频道	大型/中小型企业的综合信息化平台
T-Mobile	高速上网；动态菜单、信息服务、Music Download、MMS、铃声/图片下载业务等	跨国企业管理系统

2）终端厂商移动互联网业务。和 PC 对固定互联网的作用一样，移动终端是移动互联网中最重要的设备，因此，一个拥有友好界面、能耗低、可管理的手机是移动互联网成功的法宝。未来的移动终端操作系统将是网络服务与终端软件的有机组合。国外终端生产巨头已经明晰未来发展战略，开始从终端入手渗透移动互联网。通过移动终端乃至移动终端的操作系统控制用户界面成为终端厂商共同目的。

（2）中国移动互联网应用及发展趋势

2008 年电信行业重组和 3G 牌照发放后，各运营商开始在全国各地积极部署 3G 网络，推进了移动网络升级的步伐，中国移动互联网时代拉开序幕。从移动互联网应用的角度来看，以 2008 年北京奥运会为契机，全新的电信业务开始展现在人们面前。移动互联网应用缤纷多彩，娱乐、商务、信息服务等各种各样应用开始渗入人们的基本生活，手机电视、视频通话、手机音乐下载、手机游戏、手机 IM、移动搜索、移动支付等移动数据业务开始带给人们新的体验。

未来，中国移动互联网应用的发展趋势主要表现在以下 4 个方面。

1）手机游戏领域将快速发展。近年来，手机游戏一直是投资者关注的重点领域，同时也是移动互联网产业中发展最早也最为成熟的一块领域，用户习惯逐年养成，但在产品种类、创意开发以及运营模式上仍存在一定欠缺，因此这一市场仍存在巨大发展潜力。自从 3G 商用后，网络和终端提升开始加快，内容服务也逐步丰富。

2）位置服务将得到运营商青睐。由于位置服务方面存在一定的政策壁垒，是运营商一直占据较大优势的领域，而利用 4G/5G 网络，以位置服务为基础整合移动互联网其他内容服务（社区、搜索）等已成为运营商追求的领域。

3）移动搜索向垂直化方向发展。受到终端、资费等多种因素的影响，移动搜索的用户需求存在较大的特定性，因此，呈现出垂直化发展的趋势。例如生活服务类信息搜索、音乐类搜索、地图及交通等都是移动搜索发展较快的领域。此外，"搜索+位置服务"将成为移动互联网服务整合的重要平台，例如与电子商务、社区的整合等。

4）移动社区发展潜力巨大。目前，全球移动社区网络发展非常迅速，移动互联网流量的 40% 都指向社区服务，尤其在韩国、欧美、南非、印尼等地发展迅速。全球著名的电信运营商，如 SKT、Vodafone、Verizon 等都在移动社区方面取得了成功经验，中国移动则推出了 139 移动社区。

4.3.5 三网融合

1. "三网融合"的概念

所谓 **"三网融合"，是指电信网、有线电视网和计算机通信网的相互渗透，互相兼容、并逐步整合成为全世界统一的信息通信网络**。具体是指电信网、广播电视网、互联网在向宽带通信网、数字电视网、下一代互联网演进过程中，三大网络通过技术改造，其技术功能趋于一致，业务范围趋于相同，网络互联互通、资源共享，能为用户提供语音、数据和广播电视等多种服务。三网融合并不意味着三大网络的物理合一，而主要是指高层业务应用的融合，使声音、图像、视频影像等变为数字信号在计算机中加工、存储，并在统一的网络上传输。

"三网融合"的目标是实现网络资源的共享，避免低水平重复建设，形成适应性广、容易维护、费用低廉的高速带宽多媒体基础平台。提高信息产业的整体水平，为社会经济网络化、数字化创造条件，形成具有多种业务融合能力的智能终端。三网融合会给人们带来不少益处：一是方便，三项服务一次完成，用户不需向三家公司分别申请；二是价格低廉，三项费用合而为一；三是方便快捷。三网融合以后，手机可以看电视、上网，电视可以打电话、上网，电脑也可以打电话、看电视。三者之间相互交叉，形成你中有我、我中有你的格局，会给人们的工作、生活带来不一样的新感觉。

2. "三网融合"的特征

随着技术的不断发展，三网融合后，相应地三大业务对应的三大市场和行业界限也将趋于模糊，会逐渐形成一个统一的网络系统，并以全数字化的网络设施来支持包括数据、话音、视频图像、影视游戏在内的所有业务的通信。"三网融合"主要表现为技术上趋向一致，网络层上实现互联互通，业务层上互相渗透和交叉，IP 交换平台成为统一的应用平台或智能终端。因此，这种网络体系具有以下几种特征。

1) 网络在物理层上是互通的，也就是说，网络之间互相透明。

2) 用户只需一个物理网络连接，就可以享用其他网络的资源或者与其他网络上的用户通信。

3) 在应用层上，网络之间业务是相互渗透和交叉的，但又可以相互独立，互不妨碍，并且在各自的网络上可以像以往那样独立发展自己的新业务。

4) 网络之间的协议兼容，可以进行转换。

3. "三网融合"的基础

从不同角度和层次分析，三网融合可以涉及技术融合、业务融合、行业融合、终端融合及网络融合。

1) 数字技术。数字技术的迅速发展和全面采用，使语音、数据、图像、视频等信号都可以通过统一的编码进行传输和交换，所有业务在数字网络中都将成为统一的"0"和"1"的比特流，从而使得各种形式的信息内容（无论其特性如何）都可以通过不同的网络来传输、交换、处理和共享，并通过数字终端存储起来，或以视觉、听觉的方式呈现在人们的面前。目前，数字技术已经在电信网和计算机网中得到了全面应用，并在广播电视网中迅速发展起来。数字技术的迅速发展和全面采用，为各种信息和多媒体（流媒体）信号的统一传输、交换、选路和处理奠定了基础。

2) 宽带技术。宽带技术的主体就是光纤通信技术。网络融合的目的之一是通过一个网络提供统一的业务，若要提供统一业务就必须有能够支持音视频等各种多媒体业务传送的网络平台。这些业务的特点是业务需求量大、数据量大、服务质量要求高，而成本也不宜太高，在传输时一般都需要非常大的带宽。因此，容量巨大且可持续发展的大容量光纤通信技术就成了传输介质的最佳选择。宽带技术特别是光通信技术的发展为传送各种业务信息提供了必要的传输质量和低成本。作为当代通信领域的支柱技术，光通信技术正以每 10 年 100 倍的速度增长，具有巨大容量的光纤传输网是"三网"理想的传送平台和未来信息高速公路的主要物理载体。目前，无论是电信网，还是计算机网、广播电视网，大容量光纤通信技术都已经在其中得到了广泛的应用。

3) 软件技术。软件技术是信息传播网络的神经系统，软件技术的发展，使得三大网络及其终端都能通过软件变更最终支持各种用户所需的特性、功能和业务。现代通信设备已成为高度智能化和软件化的产品。今天的软件技术已经具备三网业务和应用融合的实现手段。

4）IP 技术。内容数字化后，还不能直接承载在通信网络介质之上，还需要通过 IP 技术在内容与传送介质之间搭起一座桥梁。IP 技术（特别是 IPv6 技术）的产生，满足了在多种物理介质与多样的应用需求之间建立简单而统一的映射需求，可以顺利地对多种业务数据、多种软硬件环境、多种通信协议进行集成、综合、统一，对网络资源进行综合调度和管理，使得各种以 IP 为基础的业务都能在不同的网络上实现互通。IP 协议不仅已经成为主导地位的通信协议，而且人们首次有了统一的、为三大网都能接受的通信协议，从技术上为三网融合奠定了最坚实的联网基础。从用户驻地网到接入网再到核心网，整个网络将实现协议的统一，各种各样的终端最终都能实现透明连接。对于计算机网络，IP 技术是它赖以存在的基础；对于数据通信网络，IP 协议已经成为占主导地位的通信协议；对于广播电视网络，随着数字电视的逐渐推广，IP 技术的应用也越来越广。从技术发展的角度来看，以电话为基本业务和以电路交换技术为基础的传统网络结构，正在被以 IP 技术为基础的新一代宽带网构架所代替。

经过多年的发展，当前三网融合的技术条件已经基本具备，业务和市场需求已经出现，三网融合已经成为相关网络技术和产业发展的共同方向。

4. 我国的三网融合现状

1）电信通信网：2008 年中国电信重组，形成中国电信、中国联通、中国移动三大信息企业。目前，电信业的基本内容包括电信基础网和电信服务两大部分，其中电信服务可以允许多家竞争，而基础网的使用仍需要求租于中国电信。

2）有线电视网：有线电视网，传输内容主要以图像、语音为主，有频带宽等多种业务特点，并可通过改造支持双向交互。随着"三网融合"技术的快速发展，新型媒体逐渐涌现，网络电视、移动电视、手机电视等层出不穷，与传统的广播电视之间日渐形成激烈争夺用户的情形，造成传统广播电视地位、作用受到严重的影响，使有线电视网用户逐渐减少。根据格兰研究统计数据，截至 2019 年 3 月，我国有线电视用户总量已降至 2.22 亿户，其中有线数字电视用户降至 1.98 亿户，比 2018 年同期分别减少 144.2 万户和 65.7 万户。虽然有线电视整体用户持续流失，但在业务发展层面仍保持一定增速。2019 年第一季度，我国有线视频点播用户总量达 6623.5 万户，季度净增 137.5 万户；4K 视频点播用户总量达 1484.9 万户，季度净增 187.7 万户。随着提速降费的深入推进，有线宽带用户有望维持小幅增长；另外，智能终端的出现是有线电视行业的一个突出的亮点，2017 年以来，各省市的广电网络企业纷纷加大了智能终端的部署推进，其用户规模放量增长，应用示范特色突出。

3）三网融合的优势。目前我国"三网"在主干网上都实现了光纤化，国家级光缆干线迄今已完成大部分省市联网，为实现"三网融合"奠定了基础。

总之，三网融合是网络发展的必然趋势。随着新技术的不断突破和新业务模式的相继涌现，中国将进入以新一代高可信网络为唯一信息基础设施，统一为用户提供高质量的语音、视频、数据等各种信息服务的网络融合高级阶段。基于当前发展现状，未来"互联网+广电网+电信网+电网"一定会形成当今社会发展迫切需要的**"四网融合"**，在打造互联网"智慧生活"的同时，也构筑能源与互联网发展新格局。四网有效融合能够一次性同步完成架设、运行、维护、管理等工作，降低人力物力的消耗，同时四网的真正融合也将极大程度上减少因网络明线的互相缠绕带来的视觉污染。

4.3.6 NB-IoT

窄带物联网（Narrow Band Internet of Things，NB-IoT）是一种基于移动蜂窝网，面向低功耗、广覆盖的接入技术。 NB-IoT 的提出能够很好地应对未来移动蜂窝网接入技术在应用规模、运营成本以及接入成本等方面的竞争。

1. NB-IoT 起源与发展

早在 2013 年，包括运营商、设备制造商、芯片提供商等产业链上下游就对窄带蜂窝物联网产生了前瞻性的兴趣，最初他们将窄带物联网起名为 LTE-M（Long Term Evolution for Machine to Machine）。希望基于 LTE 产生一种革命性的专门为物联网服务的新空口技术。LTE-M 从商用的角度同时提出了广域覆盖与低成本两大目标。从此以后，3GPP 主导的窄带物联网技术迅速发展。2014 年 5 月，LTE-M 正式更名为蜂窝物联网（Cellular Internet of Things，CIoT），反映了蜂窝物联网的技术定位与技术选型态度。2015 年 5 月，华为与高通达成共识，共同提出了一种融合的物联网技术解决方案，即上行采用频分多址（FDMA）方式，下行采用正交频分多址（Orthogonal FDMA）方式。并将这类物联网解决方案命名为窄带蜂窝物联网，这一融合方案奠定了窄带物联网的基础架构。直至 2016 年 6 月，NB-IoT 的核心标准已基本完成。在中国，中国移动联合华为等厂商进行了 3GPP 标准的 NB-IoT 商用产品实验室测试，以加快实现蜂窝物联网产品的商用进程，来推动我国物联网行业的发展。

2. NB-IoT 技术特点

NB-IoT 的技术架构也分为感知层、网络层和应用层，接入网物理层设计大部分沿用 FDD-LTE 系统技术，高层协议设计沿用 LTE 协议，主要针对其小数据包，即低数据传输功率、低功耗、深度广覆盖和大连接等特性进行了功能性增强。NB-IoT 核心网络部分是基于 S1/S11 接口连接，并引入 T6a 接口支持一些非 IP 数据的传输，支持独立部署以及升级部署等方式。此外，NB-IoT 终端对数据传输处理的时间延迟也有一定容忍度。NB-IoT 的技术特点可以概括为**超强覆盖、超大容量、超低功耗和超低成本**四个方面。

1）超强覆盖。NB-IoT 的设计目标是在 GSM 的基础上覆盖增强 20 dB，GSM 的最小耦合路径损耗（Minimum Coupling Loss，MCL）为 144dB，而 NB-IoT 设计的 MCL 为 164dB；NB-IoT 覆盖半径约为 GSM/LTE 的 4 倍。NB-IoT 覆盖增强可用于提高物联网终端的深度覆盖能力和网络的覆盖率，或者减少站址密度，从而降低网络部署的运营和维护成本。

2）超大容量。NB-IoT 在最初设计的时候就锁定目标为 5 万连接数/小区，而预期的单个小区最高能支持 10 万个移动终端接入。根据初期计算估计，目前版本可达到此要求，但是否可达到该设计目标，要取决于小区内各 NB-IoT 终端业务模型等因素，需要后续进一步测试与评估。

3）超低功耗。在 3GPP 标准中，终端电池寿命的设计目标为 10 年，而在实际的应用过程中，NB-IoT 引入多种节点模式来降低功耗，如增强不连续接收（Enhanced Discontinuous Reception，eDRX）和功率节省模式（Power Save Mode，PSM）等，该技术通过降低峰均比以提升功率放大器效率，通过减少周期性测量及仅支持单进程等多种方案提升电池效率，以此达到 10 年的寿命预期值。

4）超低成本。NB-IoT 采用更简单的调制解调和编码方式，不支持 MIMO，从而降低存储器以及处理器的要求，采用半双工的方式，无须双工器、降低带外及阻塞指标等一系列方法来降低终端模块的成本。事实上，目前 NB-IoT 终端模块成本可达 5 美元以下，在今后技术和市场规模发展扩大的情况下，这一价格很有可能进一步降低。

3. NB-IoT 应用

NB-IoT 在其覆盖、功耗、成本和连接数等方面具有的强大优势，使得它作为物联网中一种经济、实用的接入技术，可以广泛应用于公共事业、医疗健康、智慧城市、消费者、农业环境、物流仓储、智能楼宇及制造行业等多个行业中。

公共事业：抄表（水/气/电/热）、智能水务（管网/漏损/质检）、智能灭火器/消防栓。

医疗健康：药品溯源、远程医疗监测、血压表监控等。

智慧城市：智能路灯、智能停车、城市垃圾桶管理、公共安全及报警、建筑工地/城市水位监测。

消费者：可穿戴设备、自行车/助动车防盗、智能行李箱、VIP 跟踪（小孩/老人/宠物/车辆租赁）、支付/POS 机。

农业环境：精准种植（环境参数：水/温/光/药/肥）、畜牧养殖（健康/追踪）、水产养殖、食品安全追溯、城市环境监控（水污染/噪声/空气质量 PM2.5）。

物流仓储：资产/集装箱跟踪、仓储管理、车队管理/跟踪、冷链物流（状态/追踪）。

智能楼宇：门禁、智能 HVAC、烟感/火警检测、电梯故障/维保。

制造行业：生产/设备状态监控、能源设施/油气监控、化工园区监测、大型租赁设备、预测性维护（家电、机械等）。

综上所述，NB-IoT 是新兴的物联网技术，因为低功耗、连接稳定、成本低、架构优化等出色等特点而备受关注，随着 NB-IoT 技术越来越成熟，更多领域会出现它的身影。

4.3.7 NGI 和 NGN

NGI（Next Generation Internet，NGI），即**下一代国际互联网**；**NGN**（Next Generation Network，NGN），即**下一代网络**。NGI 是现有第一代互联网协议和性能的改善和推进，是一种新的计算机网络，具有更大、更快、更安全、更及时、更方便等特点；NGN 则主要包含软交换和移动技术，是电信网的发展方向，具有多业务、宽带化、分组化、开放性、移动性、泛在性、兼容性、安全性、可管理性等特点。

1. NGI

第一代互联网始于 20 世纪 70 年代，基于第 4 版协议（IPv4），可以提供的 IP 地址大约为 40 多亿个，随着网络的飞速发展，IPv4 地址的消耗速度也在加快。到 2010 年前后，IPv4 地址已全部分配完成，互联网资源面临枯竭，迫切需要新一代 IP 协议的出现。

20 世纪 90 年代初，人们就开始研究新的互联网络协议。1995 年底 Internet 任务工程组（Internet Engineering Task Force，IETF）确定了下一代互联网的协议规范，并称为"IP 版本 6"，即**下一代互联网协议 IPv6**。IPv6 采用 128 位编码方式，**能够无限地增加 IP 地址数量**，使得互联网地址资源非常充足，任何一个电器都可能成为一个网络终端；此外，下一代互联网还解决了现有互联网无法知道数据来源的不足，使网络具有卓越的安全性能。

互联网的更新换代是一个渐进的过程。虽然学术界对于下一代互联网还没有统一定义，但对其主要特征已达成如下共识。

1）更大：采用 IPv6 协议，入口地址数量从原来的 2^{32} 个增加到 2^{128} 个，使 NGI 具有非常巨大的地址空间，网络规模更大，接入网络的终端种类和数量更多，网络应用更广泛。

2）更快：NGI 具有 100Mbit/s 以上的高性能通信速率，比原来的网络传输速度提高 1000 倍以上。

3）更安全：可进行网络对象识别、身份认证和访问授权，具有数据加密和完整性，实现一个可信任的网络；此外，IP 地址数量的大幅增加，也有利于锁定黑客、病毒传播者和垃圾邮件的来源，也有效地减少了安全隐患。

4）更及时：提供组播服务，进行服务质量控制，可开发大规模实时交互应用。

5）更方便：无处不在的移动和无线通信应用，可实现有序的管理、有效的运营、及时的维护。因此，可创造更大的社会效益和经济效益。

2. NGN

NGN 是继 20 世纪 90 年代中后期的 NGI 提法及国际电信联盟 ITU 与欧洲电信协会 ETSI、Internet 任务工程组 IETF 相应工作的结晶。2004 年 2 月，ITU-T 给出的 NGN 的基本定义为：NGN 是一个基于分组交换技术的网络，它能提供包括电信服务在内的各种服务，能够利用多种宽带且具有保证服务质量（QoS）能力的传送技术。目前一般认为**下一代网络基于 IP，支持多种业务，能够实现业务与传送分离，控制功能独立，接口开放，具有服务质量保证和支持通用移动性的分组网**。其主要思想是在一个统一的网络平台上以统一管理的方式提供多媒体业务，在整合现有固定电话、移动电话的基础上（统称 FMC），增加多媒体数据服务及其他增值型服务。其中话音交换将采用软交换技术，而平台的主要实现方式为 IP 技术，逐步实现统一通信，其中 VoIP 将是下一代网络中的一个重点。

NGN 是传统电信技术发展和演进的一个重要里程碑。从网络特征和网络发展上看，它源于传统智能网的业务和呼叫控制相分离的基本理念，并将承载网络分组化、用户接入多样化等网络技术思路在统一的网络体系结构下实现。因此，准确地说 NGN 是一种网络体系的革命。它继承了现有电信技术的优势，以软交换为控制核心、以分组交换网络为传输平台、结合多种接入方式（包括固定网、移动网等）的网络体系。

（1）网络功能

从网络功能层次上看，NGN 在垂直方向从上向下依次包括网络业务层、控制层、媒体传输层和接入层，在水平方向应覆盖核心网和接入网乃至用户网。网络业务层负责在呼叫建立的基础上提供各种增值业务和管理功能，网关和智能网是该层的一部分；控制层负责完成各种呼叫控制和相应业务处理信息的传送；媒体传输层负责将用户侧送来的信息转换为能够在网上传递的格式并将信息选路送至目的地，该层包含各种网关并负责网络边缘和核心的交换/选路；接入层负责将用户连至网络，集中其业务量并将业务传送至目的地，包括各种接入手段和接入节点。因此，NGN 不仅实现了业务提供与呼叫控制的分离，而且还实现了呼叫控制与承载传输的分离。

（2）业务的特点

从业务能力上看，NGN 将支持话音、数据和多媒体等多种业务，具有开放的业务 API 接口以及对业务灵活的配置和客户化能力。其特点包括以下几点。

1）多媒体化：NGN 中发展最快的特点是多媒体化，同时多媒体特点也是 NGN 最基本、最明显的特点。

2）开放性：NGN 网络具有标准的、开放的接口，可以快速为用户提供多样化的定制服务。

3）个性化：个性化业务的提供给运营商带来了丰厚的利润。

4）虚拟化：虚拟化业务使得个人身份、联系方式甚至住所都虚拟化。用户使用个人号码，可以实现在任何时候、任何地方的通信。

5）智能化：NGN 的通信终端具有多样化、智能化的特点，网络业务和终端特性结合起来可以提供更加智能化的服务。

（3）提供业务的主要方式

NGN 网络提供业务的主要方式有以下几种。

1）直接由软交换提供公共电话交换网（Public Switched Telephone Network，PSTN）基本业务及补充业务。

2）软交换系统和现有智能网的业务控制点（Service Control Point，SCP）进行互通，充当业务交换点（Service Switching Point，SSP），从而实现现有 PSTN 网络的传统智能网业务。

3）利用应用服务器，实现现有的增值业务、智能业务及未来的各项业务。

4）由第三方提供业务。

5）和 ISP/ICP 或专用平台互联，提供 SIP/ICP 和专用平台所具有的业务。

（4）关键技术

NGN 有九大支撑技术，即 IPv6、光纤高速传输、光交换与智能光网、宽带接入、城域光网、软交换、4G 和 5G 移动通信系统、IP 终端、网络安全。

1）NGN 将基于 IPv6，扩大了地址空间、提高了网络的整体容量、使网络服务质量和安全性有了更好的保证、支持即插即用和移动性、更好地实现了多播功能。

2）光纤高速传输。到目前为止最理想的传送媒介仍然是光纤，NGN 只有利用光纤的高速传输，才能带来充裕的带宽。光纤高速传输技术现正沿着扩大单一波长传输容量、超长距离传输和密集波分复用系统三个方向在发展。单一光纤的传输容量目前已达到 40 Gbit/s，预计几年后将达到 6.4 Tbit/s；超长距离实现了 1.28T（128×10G）无再生传送 8000 km；波分复用实验室最高水平已达到 273 个波长、每波长 40 GB（日本 NEC）。

3）光交换与智能光网。光有高速传输是不够的，NGN 需要更加灵活、更加有效的光传送网。组网技术正从具有分插复用和交叉连接功能的光联网向利用光交换机构成的智能光网发展，从环形网向网状网发展，从光-电-光交换向全光交换发展。智能光网能在容量灵活性、成本有效性、网络可扩展性、业务灵活性、用户自主性、覆盖性和可靠性等方面比点到点传输系统和光联网具有更强的优势。

4）宽带接入。NGN 必须有宽带接入技术的支持，因为只有接入网的带宽瓶颈被打开，各种宽带服务与应用才能开展起来，网络容量的潜力才能真正发挥。主要支撑技术包括：基于高速数字用户线；基于以太网无源光网的光纤到户；自由空间光系统；无线局域网等。

5）城域光网。城域光网是代表发展方向的城域网技术，其目的是把光网在成本与网络效率方面的好处带给最终用户。城域光网是一个扩展性非常好并能适应未来的透明、灵活、可靠的多业务平台，能提供动态的、基于标准的多协议支持，同时具备高效的配置能力、生存能力和综合网络管理的能力。

6）软交换。为了把控制功能（包括服务控制和网络资源控制）与传送功能完全分开，NGN 需要使用软交换技术。软交换的概念基于新的网络分层模型（接入与传送层、媒体层、控制层与网络服务层四层）概念，从而对各种功能做不同程度的集成，把它们分离开来，通过各种接口协议，使业务提供者可以非常灵活地将业务传送协议和控制协议结合起来，实现业务融合和业务转移，非常适用于不同网络并存互通的需要，也适用于从话音网向多业务多媒体网的演进。

总之，从广义角度来看，NGN 是一种目标网络，它不是下一代 Internet，也不是下一代 PSTN、下一代电信网、下一代有线电视网及广播电视网，而是一代由新的分组交换传送及 IP 协议为基础，融语音、图像、数据于一体的全新网络。NGN 将真正实现网络设施不受时间、空间和带宽的限制，充分实现网络个性化与个体化，使基于网络的虚拟世界与现实世界完美地融合；充分体现其满足社会与个人愈来愈高的综合性全球通信要求。即多业务、高质量、宽带化、分组化、智能化、移动性、安全性、开放性、分布性、兼容性、可管理性与可赢利性等一系列全业务综合运作的基本特征，这是目前 Internet、电信网、移动网、广播电视网及专用通信网等均不能全面具备的。因此，各类在 NGN 概念导引下前向演进产生的新一代网络均为 NGN 集合的子集，而 NGN 的核心理念为"开放、创新与融合"。

本章小结

伴随着通信和网络技术的飞速发展，人们对无线通信和网络技术的要求越来越高。本章主要介绍了无线通信、移动通信和网路通信中的一些热点技术。介绍了 5 种短距离无线通信技术：WiFi、ZigBee、蓝牙、NFC 以及 UWB 技术的关键技术、特点及其应用；探究了目前的热点问题：3G/4G/5G 通信及移动互联网、三网融合、NB-IoT、NGI 和 NGN 技术等。通过对目前的通信热点问题的介绍，会对学生更好地了解通信技术的发展及其趋势提供帮助。

思考题

4-1　简述 WiFi 的关键技术、特点及其应用。

4-2　简述 ZigBee 的关键技术、特点及其应用。

4-3　简述蓝牙的关键技术、特点及其应用。

4-4　简述 NFC 的关键技术、特点及其应用。

4-5　简述 UWB 的关键技术、特点及其应用。

4-6　简述 3G 的关键技术和特点。

4-7　简述 4G 的关键技术和特点。

4-8　简述 5G 的关键技术、特点及其发展前景。

4-9　简述三网融合的含义、关键技术、特点及其发展前景。

4-10　简述移动互联网的特点及其发展前景。

4-11　简述 NB-IoT 的特点、关键技术及其发展前景。

4-12　简述 NGI 和 NGN 的特点、关键技术及其发展前景。

第5章 智能处理技术

【核心内容提示】
(1) 掌握自动控制及智能控制的特点、原理及应用。
(2) 掌握人工智能的基本概念、研究领域、实现方法及应用。
(3) 掌握嵌入式系统原理及应用。
(4) 了解 MEMS 系统原理、特点及应用。
(5) 掌握智能制造的概念、原理，了解当前智能制造部署的重点及应用。

扫码观看本章
知识点视频

在物联网体系中，数据处理技术是物联网的核心及应用技术，负责对物联网前端感知和传输来的"物"的信息进行处理，使之能很好地和广大的应用平台相结合，从而使物联网的技术和应用深入到人类社会的各个角落。在物联网系统中，所有的数据处理都是通过计算机来完成的，即所谓智能处理。智能是人类所独有的思维特性，人的一切智能都来自大脑的思维活动，人类的一切知识都是人们思维的产物。人的智能表现在人不但能够学习知识，还能够了解和运用已有的知识开发新的知识。一个系统之所以有智能是因为它具有可运用的知识，要让计算机"智慧"起来，首先要解决计算机如何学会一些必要知识，以及如何运用所学到的知识去解决问题。简单来说，**智能技术就是如何用"机器"代替人类脑力劳动的一种技术，包括自动控制、智能控制、人工智能、智能制造等。**

本章主要学习几种最基本的智能处理技术，包括自动控制及智能控制技术、人工智能技术、嵌入式系统技术、微机电系统技术和智能制造技术等，学习这几种数据处理技术的特点、原理及应用。对于云计算、边缘计算和大数据等更高级的数据处理技术将在第6章学习。

5.1 自动控制和智能控制

在各种数据处理技术中，最基础的就是自动控制和智能控制。本节主要学习自动控制和智能控制的基本原理、组成、特点及应用。

5.1.1 自动控制

(1) 自动控制的基本概念和原理

过去的一百年是科学和工程技术发展最迅速的一个世纪。人类的许多希望和梦想，被科学和技术变成现实，其中，自动控制技术所取得的成就和起到的作用给各行各业的人们留下了深刻的印象。从最初的机械转速、位移的控制到工业过程中温度、压力、流量、物位的控制，从宇宙飞船到卫星上天的控制，从电动假肢到机器人的控制，从远洋巨轮到深水潜艇的控制等，自动控制技术的应用几乎无处不在。从电气、机械、航空、化工、核反应到经济管理、生物工程，自动控制理论和技术已经深入到许多学科，渗透到各个工程领域。所以，大多数工程技术人员和科学工作者都希望具备一定的自动控制知识，以能够设计自动控制系统。所谓**自动控制**（Automatic Control，AC）就是**在没有人直接操作**的情况下，通过**控制装置**操纵**受控对象**（一台仪器、一套装置或一个生产过程），使之**自动地按照给定的规律运行**，使被控变量能按照给定的规律变化。能够实现自动控制任务的系统称为**自动控制系统**。例如人造卫星按指定的轨道运行，并始终保持正确的姿态，使它的太阳能电池一直朝向太阳，无线电天线一直指向地球；电网的电压和频率自动地维持不变；金属切削机床的速度在电网电压或负载发生变化时，能自动保持近似地不变。以上这些，都是自动控制的应用。

现代数字计算机的迅速发展，为自动控制技术的应用开辟了广阔的前景。使它不仅大量应用于空间技术、科技、工业、交通、环境生态等领域，而且它的基本概念和分析问题的方法也向其他领域渗透。例如政治、经济、教学等领域中的各种体系，人体的各种功能，自然界中的各种生物学系统，都可视为一种自动控制系统。自动控制系统的广泛应用能使生产设备或过程实现自动化，极大地提高了生产效率和产品质量，改善了劳动条件。

一个完整自动控制系统的组成如图 5-1 所示。

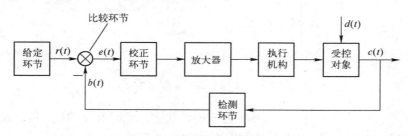

图 5-1　自动控制系统的组成

系统中的 5 个信号量如下。

给定信号 $r(t)$：也称给定量，是与被控量期望值对应的标准电信号。

输出信号 $c(t)$：也称被控量，是描述受控对象特征的关键参数。

扰动信号 $d(t)$：也称扰动量，是影响被控量变化的主要干扰信号。

反馈信号 $b(t)$：也称反馈量，是检测环节的输出量，与被控量一一对应。

偏差信号 $e(t)$：也称偏差量，是比较环节对于给定量和反馈量代数运算的结果。

各环节的作用如下。

1）给定环节：给出与期望输出值对应的输入电信号 $r(t)$。

2）比较环节：求输入量 $r(t)$ 与反馈量 $b(t)$ 的偏差量 $e(t)$。常采用集成运算放大器来实现。

3）放大器：对微弱的偏差信号 $e(t)$ 进行放大，以驱动执行机构工作。包括电压放大及功率放大。

4）执行机构：直接驱动被控对象按要求工作，使输出量发生变化。常用的有电动机、电磁阀、伺服电动机、驱动单元等。

5）检测环节：检测被控量 $c(t)$（一般为非电量）并转换为所需要的电信号 $b(t)$，反馈到输入端。在控制系统中常用各种传感器来实现，如用于速度检测的测速发电机、光电编码盘等，用于位置与角度检测的旋转变压器、自整机等，用于电压、电流检测的电压、电流互感器及用于温度检测的热电偶等。

6）校正环节：也叫补偿环节，其结构和参数便于调整，用以改善系统的性能。通常以串联或反馈的方式联接在系统中，完成所需的补偿运算功能。

如图5-2所示为水箱水位自动控制系统示意图。系统控制的任务是，无论何时用水，也无论怎么用水，系统通过自动调节到达稳态后，都能够维持水位在某个值恒定。在这里用水量相当于干扰，工作原理分析如下。

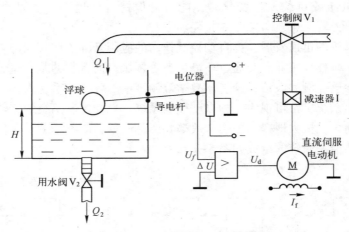

图5-2　水箱水位自动控制系统

理想情况下，当没有人用水时，系统处于稳定状态，此时有$H=H_0$，其中H_0为水箱水位期望维持的高度值（设定值）。此时，水面浮球和导电杆处于水平位置，$U_f=0$，$U_d=0$，电动机不工作。

当有人打开用水阀V_1用水时，系统稳定状态被破坏，此时有$H\downarrow\rightarrow U_f>0$，$\Delta U=U_f>0$，经放大后$U_d$驱动电动机工作，经减速器减速打开控制电磁阀$V_2$放水，$H\uparrow$；直到$H=H_0$，水面浮球和导电杆重新恢复水平位置，则$U_f=0$，$U_d=0$，电动机停止，系统恢复平衡状态。但由于电磁阀打开，水位又会反超，即$H<H_0$，$U_f<0$，$U_d<0$此时电动机立即反向起动，关闭电磁阀。此工作在较短的时间内反复循环，直到$H=H_0$系统稳定下来。这样保证了在无人参与的情况下，无论怎么用水，经系统的自动调节，水位均能维持恒定。

系统原理框图如图5-3所示。其中，比较环节"$\otimes$"和放大器构成控制器，电动机M、减速器I和控制阀V_1为执行器，水箱为被控对象，浮球、导电杆和电位器构成检测环节。

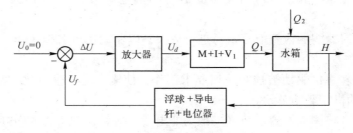

图5-3　水位控制系统原理框图

图 5-4 为自动控制理论的基本内容。

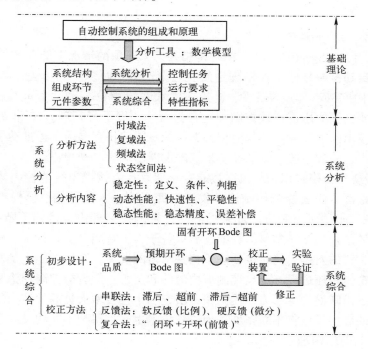

图 5-4　自动控制理论的基本内容

（2）自动控制的研究及发展

自动控制是理论性较强的工程技术科学。它的发展与计算机及数学的发展关系密切。数学的发展为控制理论提供了理论上的可行性，而计算机的发展为控制系统的具体实现提供了强有力的支持。通常将控制理论划分为两大部分，即**经典控制理论**与**现代控制理论**。经典控制理论又称为古典控制理论，是在第二次世界大战前后，为适应军事及工业控制的需要逐步发展起来的完整的理论体系。经典控制理论主要以传递函数为工具和基础，以频域法和根轨迹法为核心，研究单变量控制系统的分析和设计。经典控制理论在 20 世纪 50 年代就已经发展成熟，至今在工程实践中仍得到广泛的应用。20 世纪 60 年代，为适应航空航天技术的发展，自动控制理论迎来了新的发展阶段——现代控制理论。现代控制理论以状态空间时域方法为核心，以传函矩阵为分析工具和基础，研究多变量控制系统和复杂系统的分析和设计，以便满足军事、空间技术和复杂的工业领域对精度、速度、重量、加速度及成本等的严格要求。

由于科技的飞速发展，对控制性能要求不断提高，控制系统向着包括人文因素和环境因素在内的复杂、开放的巨系统方向发展。与此同时，控制理论也正从传统的反馈控制到最优控制、随机控制，再到自适应控制、自学习控制、自组织控制，并最终向以控制论、信息论、仿生学为基础的智能控制这个更高阶段发展。不同阶段的理论有着不同的适用范围。同时，随着数学与计算机的发展，经典控制理论和现代控制理论在其本身范畴内的研究也在不断地深入。

5.1.2　智能控制

（1）智能控制的基本概念

智能控制 IC（Intelligent Control，IC）**是指在无人干预的情况下能自主地驱动智能机器实现控制目标的自动控制技术**。控制理论发展至今已有 100 多年的历史，经历了"经典控制理论"和"现代控制理论"的发展，已进入"大系统理论"和"智能控制理论"阶段。智能控制理论的研究和应用是现代控制理论在深度和广度上的拓展。20 世纪 80 年代以来，信息技术、计算技术的快速发展及其他相关学科的发展和相互渗透，也推动了控制科学与工程研究的不断深入，控制系统向智能控制系统的发展已成为一种趋势。

自 1971 年美籍华裔模式识别与机器智能专家傅京孙教授提出智能控制概念以来，智能控制已经从二元论（人工智能和控制论）发展到四元论（人工智能、模糊集理论、运筹学和控制论），在取得丰硕研究和应用成果的同时，智能控制理论也得到不断的发展和完善。智能控制是多学科融合的交叉学科，它的发展得益于人工智能、认知科学、模糊集理论和生物控制论等许多学科的发展，同时也促进了相关学科的发展。智能控制也是发展较快的新兴学科，尽管其理论体系还远没有经典控制那样成熟和完善，但智能控制理论和应用研究所取得的成果，已显示出旺盛的生命力，受到相关研究和工程技术人员的关注。随着科学技术的发展，智能控制的应用领域将不断拓展，理论和技术也必将得到不断的发展和完善。

（2）智能控制的结构理论

从结构上看，智能控制可以用下式表示：

$$IC = AI \cap AC \cap OR$$

式中　IC—智能控制（Intelligent Control）；

AI—人工智能（Artificial Intelligence），是一个知识处理系统，具有记忆、学习、信息处理、形式语言、启发式推理等功能；

AC—自动控制（Automatic Control），描述系统的动力学特性，是一种动态反馈；

OR—运筹学（Operational Research），是一种定量优化方法，如线性规划、网络规划、调度、管理、优化决策和多目标优化方法等；

∩—表示交集。

可见，**智能控制就是应用人工智能的理论与技术和运筹学的优化方法，并将其同自动控制理论与技术相结合，在未知环境下，仿效人的智能，实现对系统的控制**。因此，智能控制代表着自动控制学科发展的最新进程。

（3）智能控制与常规控制的关系

常规（或传统）控制包括经典控制和现代控制。智能控制与常规控制有密切的关系，不是相互排斥的。常规控制往往包含在智能控制之中，智能控制也利用常规控制的方法来解决"低级"的控制问题，力图扩充常规控制方法并建立一系列新的理论与方法来解决更具有挑战性的复杂控制问题。

1）常规自动控制建立在确定数学模型的基础上，而智能控制的研究对象则存在严重的模型不确定性，一般为非数学广义模型和以数学模型表示的混合过程，也往往是那些含有复杂性、不完全性、模糊性或不确定性以及不存在已知算法的非数学过程。即模型未知或知之甚少，且模型的结构和参数在很大的范围内变动，比如工业过程的病态结构问题、某些干扰的无法预测，致使无法建立其模型，这些问题对基于确定数学模型的传统自动控制来说是很难解决的。

2）常规自动控制系统的输入/输出设备只认识机器语言（各种指令或程序），与人及外界环境的信息交换很不方便。近几年，计算机及多媒体技术的迅速发展，为智能控制在这一方面的发展提供了物质上的准备，使智能控制变成了多方位"立体"控制系统。既能接收文字、图形、手写体和口头命令等形式的信息输入，还能接收、分析和感知各种"看得见"的信息，如人脸、手势、指纹等，以及"听得着"的声音、声音组合以及外界其他的情况，使控制系统能够更加深入、灵活地和外界进行信息交流。

3）传统自动控制系统对控制任务的要求要么使输出量为定值（恒值系统），要么使输出量跟随期望的运动轨迹（跟随系统），因此控制任务比较单一，而智能控制系统的控制任务则比较复杂。例如在智能机器人系统中，要求系统对一个复杂的任务具有自动规划、预测和决策的能力，有自动诊断和躲避障碍物的功能等。

4）传统控制对线性问题有较成熟的理论，而对高度非线性的控制对象虽然有一些非线性方法可以利用，但不太理想。智能控制对这类复杂的非线性问题有一套行之有效的解决途径。

5）与传统自动控制系统相比，智能控制系统还有一些明显的优点：如具有足够的关于人的控制策略，和关于被控对象及环境的有关知识以及运用这些知识解决问题的能力；能以知识表示的非数学广义模型和以数学表示的混合控制过程，采用开、闭环控制和定性及定量控制相结合的多模态控制方式；具有变结构特点，能总体自寻优，具有自适应、自组织、自学习和自协调、自补偿、自修复和判断决策能力。

总之，智能控制是通过智能机自动地完成其目标的控制过程，智能机可以在熟悉或不熟悉的环境中，自动地或人-机交互地完成模拟人的任务。

智能控制是自动控制理论发展的必然趋势，人工智能为智能控制的产生提供了机遇。傅京孙在1971年指出，为了解决智能控制的问题，用严格的数学方法研究发展新的工具，对复杂的"环境-对象"进行建模和识别，以实现最优控制，或者用人工智能的启发式思想建立对不精确环境和任务的控制设计方法。这两者都值得一试，而更重要的也许还是把这两种途径紧密地结合起来，协调地进行研究。也就是说，对于复杂的环境和复杂的任务，如何将人工智能技术中较少依赖模型问题的求解方法与常规的控制方法相结合，这正是智能控制所要解决的问题。Saridis 在学习控制系统研究的基础上，提出了分级递阶和智能控制结构，将傅京孙关于智能控制是人工智能与自动控制相结合的提法，发展为智能控制是人工智能、运筹学和控制系统理论三者的结合。近年来，智能控制技术在国内外已有了较大的发展，并进入工程化和实用化的阶段，但作为一门新兴的理论技术，它还处在一个发展时期，然而，随着人工智能技术和计算机技术的迅速发展，智能控制必将迎来新的发展机遇。

5.2 人工智能

5.2.1 AI 的基本概念

"人工智能（Artificial Intelligence，AI）"一词最初是在 1956 年 Dartmouth 学会上提出

的，它是研究、开发用于模拟、延伸和扩展人类智能行为（如学习、推理、思考、规划等）的理论、方法、技术及应用系统的一门新的技术科学。具体包括用机器实现智能的原理、制造类似于人脑智能的计算机、使计算机能实现更高层次的应用等。人工智能涉及计算机科学、心理学、哲学和语言学等学科，可以说几乎是自然科学和社会科学的所有学科，其范围已远远超出了计算机科学的范畴。人工智能与思维科学的关系是实践和理论的关系，人工智能处于思维科学的技术应用层次，是它的一个应用分支。美国麻省理工学院的温斯顿教授认为：“人工智能就是研究如何使计算机去做过去只有人才能做的智能工作。”这种说法反映了人工智能学科的基本思想和基本内容。即人工智能是研究人类智能活动的规律，构造具有一定智能的人工系统，研究如何让计算机去完成以往需要人的智力才能胜任的工作，也就是**研究如何应用计算机的软、硬件来模拟人类某些智能行为的基本理论、方法和技术**。人工智能是计算机科学的一个分支，20世纪70年代以来被称为世界三大尖端技术（空间技术、能源技术、人工智能技术）之一。也被认为是21世纪三大尖端技术（基因工程、纳米科学、人工智能）之一。这是因为近几十年来它获得了迅速的发展，在很多学科领域都获得了广泛应用，并取得了丰硕的成果。人工智能已逐步成为一个独立的分支，在理论和实践上都已自成系统。它企图了解智能的实质，研究出一种新的能以与人类智能相似的方式做出反应，并能够胜任一些通常需要人类智能才能完成的复杂工作的智能机器。

从实用观点来看，人工智能是一门知识工程学，即以知识为对象，**研究知识的获取、表示方法和使用技术**。人工智能中的**知识表示形式有产生式、框架、语义网络**等，而在专家系统中运用得较为普遍的知识是产生式规则。产生式规则以“IF…THEN…”的形式出现，就像BASIC等编程语言里的条件语句一样，IF后面跟的是条件（前件），THEN后面的是结论（后件），条件与结论均可以通过逻辑运算与（AND）、或（OR）、非（NOT）等进行复合。在这里，产生式规则的理解非常简单：如果前提条件得到满足，就产生相应的动作或结论。人工智能研究的近期目标，是使现有的计算机不仅能做一般的数值计算及非数值信息的数据处理，而且能运用知识处理问题，能模拟人类的部分智能行为，并按照这一目标，根据现行计算机特点，研究实现智能的有关理论、技术和方法，建立相应的智能系统。而人工智能研究的最终目标是要求计算机不仅能模拟而且可以延伸、扩展人的智能，达到甚至超过人类智能的水平，这在目前已初步得到尝试。

5.2.2　AI的研究领域

目前，人工智能的研究是与具体领域相结合进行的。主要包括：**专家系统、机器学习、模式识别、自然语言理解、智能决策支持系统、人工神经网络**等方面。

（1）专家系统（Expert System，ES）

专家指的是那些对解决专门问题非常熟悉的人们，他们的这种专门技术通常源于丰富的经验，以及他们处理问题的渊博专业知识。**专家系统主要指的是一个智能计算机程序系统，是依靠人类专家已有的知识建立起来的知识系统**，包括以下3个特点：第一，内部含有大量的某个领域专家水平的知识与经验，能够利用人类专家的知识和解决问题的方法来处理该领域的高水平难题；第二，应用人工智能技术和计算机技术，根据某领域一个或多个专家提供的知识和经验，进行推理和判断，模拟人类专家的决策过程，解决那些需要人类专家处理的复杂问题；第三，具有启发性、透明性、灵活性、不确定性推理等特点。简而言之，**专家系**

统是一种模拟人类专家解决领域问题的计算机程序系统。

专家系统通常由知识库、推理机、综合数据库、解释器、知识获取和人机交互界面6个部分构成，其基本结构如图5-5所示。

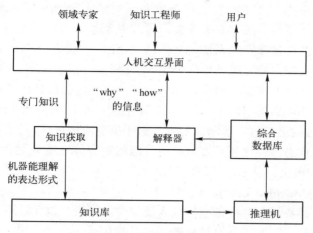

图5-5　专家系统结构图

知识库用来存放领域专家提供的专门知识，相当于专家的大脑存储器。专家系统对问题的求解过程是通过知识库中的知识来模拟专家的思维方式的，因此，知识库是专家系统质量是否优越的关键所在，即知识库中知识的质量和数量决定着专家系统的质量和水平。一般来说，专家系统中的知识库与专家系统程序是相互独立的，用户可以通过改变、完善知识库中的知识内容来提高专家系统的性能。

推理机的作用是模拟领域专家的思维过程，相当于专家的大脑神经网络。其作用是根据当前已知的事实，利用知识库中的知识，推理出对问题的求解。推理机针对当前问题的条件或已知信息，反复匹配知识库中的规则，获得新的结论，以得到问题的求解结果。在这里，推理方式有正向和反向两种。正向推理是从条件匹配到结论，反向推理则先假设一个结论成立，再看它的条件有没有得到满足。

综合数据库专门用于存储推理过程中所需的原始数据、中间结果和最终结论，往往是作为暂时的存储区。

解释器能够通过不断回答用户提出的问题，解释系统的结论、求解和推理过程，使专家系统更具有人情味和对用户的透明度。

知识获取是专家系统知识库是否优越的关键，也是专家系统设计的"瓶颈"问题，通过知识获取，扩充和修改知识库中的内容，建立起健全、完善和有效的知识库，以满足求解领域问题的需要，实现自动学习功能。

人机交互界面是专家系统与用户进行交流的界面。通过该界面，用户输入基本信息、回答系统提出的相关问题，并输出推理结果及向用户做出相关的解释等。

专家系统是人工智能研究中开展较早、最活跃、成效最多的领域，是目前国内外人工智能研究的热点。1965年，美国科学家费根鲍姆（Feigenbaum）等人，在总结通用问题求解系统成功与失败经验的基础上，结合化学领域的专门知识，研制了世界上第一个化学专家系统——DENDRAL，可以推断化学分子结构。20多年来，知识工程的研究，专家系统的理论和技术不断发展，应用渗透到几乎各个领域，包括化学、数学、物理、生物、医学、农业、气象、地质勘探、军事、工程技术、法律、商业、空间技术、自动控制、计算机设计和制造等众多领域，开发了上万个专家系统，其中不少在功能上已达到甚至超过同领域中人类专家的水平，并在实际应用中产生了巨大的经济效益。如个人理财专家系统、油田勘探专家系统、贷款损失评估专家系统、医学专家系统、游戏专家系统、各类学习及教学专家系统等。例如美国斯坦福大学的霉菌素专家系统（MYCIN），是对细菌感染疾病的诊断和治疗提供咨询的计算机咨询专家系统。该专家系统能识别51种病菌，正确使用23种抗生素，可协助医生诊断、治疗细菌感染性血液病，为患者提供最佳处方，成功地处理了数百个病例。它还通过以下的测试：在互相隔离的情况下，用 MYCIN 系统和 9 位斯坦福大学医学院医生，分别对 10 位不清楚感染源的患者进行诊断和处方，由 8 位专家进行评判，结果是 MYCIN 和 3 位医生所开出的处方对症有效；而在是否对其他可能的病原体也有效而且用药又不过量方面，MYCIN 则胜过了 9 位医生，显示出较高的智能化水平。

（2）机器学习（Machine Learning，ML）

机器学习是研究计算机怎样模拟或实现人类的学习行为，以获取新知识或新技能，重新组织已有的知识结构使之不断改善自身性能，尽可能接近人类学习和认知行为的过程。它是人工智能的核心，是使计算机具有智能的根本途径，其应用遍及人工智能的各个领域。

机器学习系统主要由环境、学习环节、知识库和执行环节等 4 部分构成，基本结构如图 5-6 所示。由环境（如书本、网络或教师）提供信息，学习环节（如学生或其他求知者）实现信息转换，用能够理解的形式记忆下来，并从中获取有用的信息。在学习过程中，学生（学习环节）使用的推理越少，对教师（环境）的依赖就越大，教师的负担也就越重。

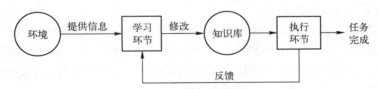

图 5-6　机器学习系统基本结构

"环境"和"知识库"是以某种知识表示形式表达信息的集合，分别代表外界信息来源和系统自身现有的知识。"环境"是为"学习环节"提供获取知识所需要相关对象的素材或信息；"知识库"用于存放由学习环节所学到的知识。"学习环节"和"执行环节"代表两个过程。"执行环节"是整个系统的核心，负责根据知识库的知识处理系统面临的实际问题，并对执行效果进行评价，将评价的结果反馈给"学习环节"，以便系统进一步学习；"学习环节"将"执行环节"所反馈的信息和环境提供的信息进行比较，根据所得结果对知识库不断进行修改和完善。

影响机器学习系统设计的重要因素有两个。第一就是环境向系统提供的信息质量。知识库里存放的是指导执行部分动作的一般原则，但环境提供的信息却是复杂多样的。如果信息的质量比较高，与一般原则的差别比较小，则学习环节比较容易处理。如果环境提供的是杂乱无章的指导执行具体动作的具体信息，则学习环节需要在获得足够有用的数据之后，删除不必要的细节，进行总结推广，形成指导动作的一般原则，放入知识库，这样学习环节的任务就比较繁重，设计起来也较为困难。因为学习环节获得的信息要通过执行效果加以检验，正确的能使系统的效能提高，应予保留；不正确的应予以修改或从数据库中删除。知识库是影响学习系统设计的第二个因素。知识的表示有多种形式，比如特征向量、产生式规则、语义网络和框架等。这些表示方式各有其特点，在选择时要兼顾表达能力强、易于推理、容易修改和易于扩展4个方面。

学习是一项复杂的智能活动，学习过程与推理过程是紧密相连的，按照学习中使用推理的多少，机器学习所采用的策略大体上可分为6种基本类型，即机械学习（Rote learning）、示教学习（Learning from instruction 或 Learning by being told）、演绎学习（Learning by deduction）、类比学习（Learning by analogy）、基于解释的学习（Explanation-based learning）和归纳学习（Learning from induction）。学习中所用的推理越多，系统的能力就越强。

机器学习是继专家系统之后人工智能应用的又一重要研究领域，也是人工智能和神经网络的核心研究课题之一。现有的计算机系统和人工智能系统学习能力很有限，不能满足科技和生产提出的新要求。因此，对机器学习的讨论和研究，必将促使人工智能和整个科学技术的进一步发展。

（3）模式识别（Pattern Recognition，PR）

模式识别是借助计算机，自动模拟人类对外部世界某一特定环境中客体、过程和现象所具有的识别功能（包括视觉、听觉、触觉、判断等）的科学技术。模式识别主要研究如何使机器具有感知和识别能力，如识别物体、地形、图像、字体（如签名）等。

模式识别是人类的一项基本智能，在日常生活中，人们经常在进行"模式识别"。随着20世纪40年代计算机的出现以及20世纪50年代人工智能的兴起，人们当然也希望能用计算机来代替或扩展人类的部分脑力劳动。（计算机）模式识别在20世纪60年代初迅速发展并成为一门新学科。具体来说，**模式识别是指对表征事物或现象的各种形式（如数值、文字和逻辑关系等）的信息进行处理和分析，以对事物、过程或现象进行描述、辨认、分类和解释的过程，是信息科学和人工智能的重要组成部分。**

模式识别研究主要集中在两方面：一是研究生物体（包括人）是如何感知对象的，属于认识科学的范畴；二是在给定的任务下，如何用计算机实现模式识别的理论和方法。前者是生理学家、心理学家、生物学家和神经生理学家的研究内容；后者通过数学家、信息学专家和计算机科学工作者近几十年来的努力，已经取得了系统的研究成果。

模式识别方法通常有统计识别法和句法识别法。

1）**统计识别法又称决策理论识别法**，是受数学中决策理论的启发而产生的一种模式识别方法，它一般假定被识别的对象或经过特征提取的向量，是符合一定分布规律的随机变量。其基本思想是将特征提取阶段得到的特征向量定义在一个特征空间中，这个空间包含了所有的特征向量，不同的特征向量，或者说不同类别的对象都对应于该空间中的一点。在分类阶段，则利用统计决策的原理对特征空间进行划分，从而达到识别不同特征对象的目的。统计模式识别中应用的统计决策分类理论相对比较成熟，是发展较早也比较成熟和典型的一种模式识别方法。

2）**句法识别法又称结构识别法或语言识别法**，主要着眼于对识别对象结构特征的语言描述。其基本思想是把一个模式描述为较简单的子模式的组合，子模式又可描述为更简单的子模式的组合，最终得到一个树形的结构描述，底层最简单的子模式称为模式基元。基元本身不含重要的结构信息，模式以一组基元和其他子模式的组合关系来描述，称为模式描述语句，基元组合成模式的规则，由所谓语法来指定。一旦基元被鉴别，识别过程可通过句法分析进行，即分析给定的模式语句是否符合指定的语法，满足某类语法的即被分入该类。

模式识别方法的选择取决于问题的性质。如果被识别的对象极为复杂，而且包含丰富的结构信息，一般采用句法识别；被识别对象不很复杂或不含明显的结构信息，一般采用统计法识别。这两种方法不能截然分开，在语言识别法中，基元本身就是用决策理论方法抽取的。在应用中，将这两种方法结合起来分别施加于不同的层次，通常能收到较好的效果。

模式识别技术是人工智能的基础技术，21世纪是智能化、信息化、计算化、网络化的时代，在这个以数字计算为特征的时代里，作为人工智能技术基础学科的模式识别技术，必将获得巨大的发展空间。目前，模式识别已经在天气预报、卫星航空图片解释、工业产品检测、字符识别、语音识别、指纹识别、医学图像分析等许多方面得到了成功的应用。所有这些应用都是和问题的性质密切不可分的，至今还没有发展成统一的、有效的可应用于所有的模式识别的理论。当前的一种普遍看法是，不存在对所有的模式识别问题都使用的单一模型和解决识别问题的单一技术，人们现在拥有的是一个工具袋，所要做的就是根据具体问题，把统计和句法两种模式识别结合，再与人工智能中的启发式搜索相结合；把人工神经元网络与各种已有技术以及人工智能中的专家系统相结合，深入挖掘各种工具的效能和应用的可能性，互相取长补短，开创模式识别应用的新局面。

（4）自然语言理解（Natural Language Understanding，NLU）

自然语言理解俗称人机对话，是人工智能的分支学科。研究用计算机模拟人类语言的交际过程，使计算机能理解和运用人类社会的自然语言（如汉语、英语等），实现人与计算机之间通过自然语言进行有效通信的各种理论和方法。

计算机能够理解自然语言后，将代替人的部分脑力劳动，包括查询资料、解答问题、摘录文献、汇编资料以及一切有关自然语言信息的加工处理，这在当前新技术革命的浪潮中占有十分重要的地位。研制第5代计算机的主要目标之一，就是要使计算机具有理解和运用自然语言的功能。计算机如能"听懂"人的语言，便可以直接用语音操作计算机，这将给人们带来极大的便利，目前在这方面的研究已有所突破，如语音手机、语音视频、语音学习机等。计算机处理自然语言的研究有以下3个目标：一是计算机能正确理解人类自然语言输入的信息，并能正确答复或响应；二是计算机对输入的信息能产生相应的摘要，而且能复述输入的内容；三是计算机能把输入的自然语言翻译成要求的另一种语言，如将汉语译成英语或将英语译成汉语等。目前，在研究计算机进行文字或语言的自动翻译方面，人们做了大量的尝试，循环神经网络（Recurrent Neural Network，RNN）作为当前解决NLU的主要方法，已取得了不错的成绩。

RNN是在传统的前馈神经网络结构中引入了时间动态的概念，如图5-7所示。它使用独特的内部隐含状态来处理序列输入，上一个时刻网络内部的隐含状态（图5-7中S_t）可以被网络所记忆并且作为下一个时刻网络的输入信号。可试着将同一个神经网络在时间序列上串联，如图5-7中从S_{t-1}到S_t，再到S_{t+1}，其中每一时刻的网络具有相同结构，并且都与其上一个时刻和下一个时刻相对应的神经网络相连接。经过训练后，RNN的隐含状态便具有了记忆功能，因而能够处理序列输入，这使得RNN在解决手写识别、语音识别等问题时有着优异的表现。

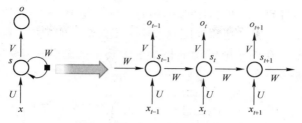

图 5-7　RNN 基本结构

（5）智能决策支持系统（Intelligence Decision Supporting System，IDSS）

智能决策支持系统的概念最早由美国学者波恩切克（Bonczek）等人于 20 世纪 80 年代提出。IDSS 的核心思想是将 AI 与其他相关科学成果相结合，使决策支持系统（Decision Supporting System，DSS）具有人工智能的特点，扩大了决策支持系统的应用范围，提高了系统解决问题的能力，这就成为 IDSS。

较完整与典型的 IDSS 结构是在传统三库 DSS 的基础上增设了专家系统部分，即知识库、知识库管理系统与推理机，在人机对话子系统中加入自然语言理解系统（Natural Language Understanding System，NLUS），与四库之间插入问题处理系统（Problem Processing System，PPS），从而构成了 IDSS 的四库结构，如图 5-8 所示。

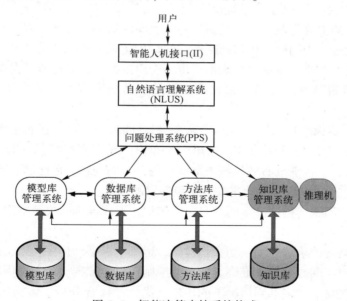

图 5-8　智能决策支持系统构成

1）智能人机接口（II）。一般又简称为智能接口（Intelligent Interface，II），接受用自然语言或接近自然语言的方式表达决策问题及决策目标，使人与计算机之间的交互能够像人与人之间的交流一样自然、方便，它对于改善人机交互的友好性，提高人们对信息系统的应用水平，以及促进相关产业的发展都具有重要意义。

2）自然语言理解系统（NLUS）。转换产生的问题描述，由问题分析器判断问题的结构化程度，对结构化问题选择或构造模型，采用传统的模型计算求解；对半结构化或非结构化问题则由规则模型与推理机制来求解。

3）问题处理系统（PPS）。处于 IDSS 的中心位置，是 IDSS 中最活跃的部件，它既要识别与分析问题，设计求解方案，还要为问题求解调用四库中的数据、模型、方法及知识等资源，是联系人与机器及所存储求解资源的桥梁，主要由问题分析器和问题求解器两部分组成。其工作流程如图 5-9 所示。

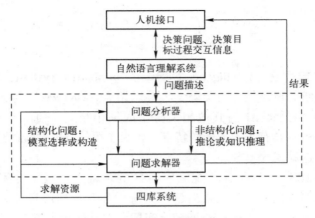

图 5-9　问题分析系统工作流程

4）知识库子系统。知识库子系统由 3 部分组成：知识库管理系统、知识库及推理机。知识库管理系统功能主要有两个：一是回答对知识库的知识进行增、删、改等知识维护的请求；二是回答决策过程中问题分析与判断所需知识的请求。知识库是知识库子系统的核心，知识库中存储的是那些既不能用数据表示，也不能用模型方法描述的专家知识和经验，同时也包括一些特定问题领域的专门知识。推理机是从已知事实推出新事实（结论）的一组程序。

IDSS 的核心是决策支持系统 DSS 和专家系统 ES 的有机结合，它既充分发挥了 DSS 在数值分析方面的优势，又充分利用了 ES 在知识及知识处理方面的特长；既可进行定量分析，又可进行定性分析；不仅能够有效地解决那些结构良好的问题，还能够有效地解决半结构化及非结构化的问题。目前，IDSS 的主要应用包括以下几点。

1）分析和识别问题，描述决策问题和决策知识，形成候选的决策方案。如目标、规划、方法、途径等。

2）构造决策问题的求解模型。如数学模型、运筹学模型、程序模型、经验模型等。

3）建立评价决策问题的各种准则。如价值准则、科学准则、效益准则等。

4）多方案、多目标、多准则情况下的比较、优化及综合分析。包括决策结果或方案对实际问题产生的作用和影响的分析，以及各种环境因素、变量对决策方案或结果的影响程度分析等。

目前广泛应用的 IDSS 如企业销售决策支持系统 ESDSS、企业智能综合决策支持系统 IDSS 等。

（6）人工神经网络（Artificial Neural Networks，ANN）

人工神经网络也简称为**神经网络**（NN）或连接模型（Connectionist Model），它**是一种模拟人类大脑神经网络行为特征，进行分布式并行信息处理的数学运算模型**。这种网络依靠系统的复杂程度，通过调整内部大量节点之间相互连接的关系，从而达到处理信息的目的。

人工神经网络具有自学习和自适应的能力，可以通过预先提供的一批相互对应的输入-输出数据，分析和记忆两者之间潜在的规律，最终根据这些规律，用新的输入数据来推算输出结果，这种学习分析的过程被称为"训练"。

人工神经网络是在现代神经科学研究成果的基础上提出的，由大量处理单元互联组成的非线性、自组织和自适应信息处理系统，其本质是通过网络变换和动力学行为，试图模拟人类大脑神经网络处理、记忆信息的方式进行信息处理，得到一种并行分布式的信息处理功能，并在不同程度和层次上模仿人脑神经系统的信息处理能力。人工神经网络是一种涉及神经科学、思维科学、人工智能、计算机科学等多个领域的交叉学科，是在研究人脑的奥秘中得到启发，试图用大量的处理单元（人工神经元、处理元件、电子元件等）来模仿人脑神经系统工程结构和工作机理。在人工神经网络中，信息的处理是由神经元之间的相互作用来实现的，知识与信息的存储表现为网络元件相互连接的分布式物理联系，网络的学习和识别取决于和神经元连接权值的动态演化过程。

人工神经网络是一种运算模型，由大量的节点（或称**神经元**）以及这些节点之间的相互连接构成。每个节点代表一种特定的输出函数，称为激励函数，其功能是对输入向量与权向量求和，再经一个非线性传递函数作用后得到一个标量的输出结果。每两个节点间的连接都代表一个对于通过该连接信号的加权值，称之为权重，相当于人工神经网络的记忆功能。网络的输出则因网络的连接方式、权重值和激励函数的不同而不同。而网络自身通常都是对自然界某种算法或者函数的逼近，也可能是对一种逻辑策略的表达。人工神经网络中，神经元处理单元可表示不同的对象，例如特征、字母、概念，或者一些有意义的抽象模式。网络中处理单元分为输入单元、输出单元和隐单元三种。输入单元接受外部世界的信号与数据，输出单元实现系统处理结果的输出，隐单元是处在输入和输出单元之间，不能由系统外部观察的单元。神经元间的连接权值反映了单元间的连接强度，信息的表示和处理体现在网络处理单元的连接关系中，如图5-10所示。

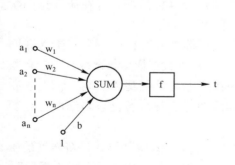

$a_1 \sim a_n$ 为输入向量的各个分量，t为神经元输出
$w_1 \sim w_n$ 为神经元各个突触的权值
SUM 为求和函数，b为偏置
f为非线性传递函数

a)

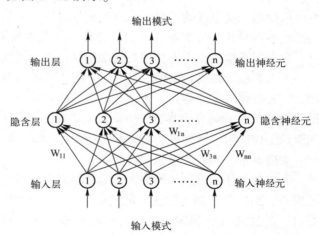

W_{ij} 为第 i 个节点和第 j 个节点之间的权值

b)

图5-10　神经元和ANN结构图
a）神经元示意图　b）人工神经网络示意图

人工神经网络是并行分布式系统，采用了与传统人工智能和信息处理技术完全不同的机理，克服了传统的基于逻辑符号的人工智能在处理直觉、非结构化信息方面的缺陷，具有自适应、自组织和实时学习的特点。多年来，人工神经网络的研究取得了较大的进展，成为具有一种独特风格的信息处理学科。当然目前的研究还只是一些简单的人工神经网络模型，要建立起一套完整的理论和技术系统，还需要做出更多努力和探讨。因此，人工神经网络已经成为人工智能中极其重要的一个研究领域。

5.2.3 AI 的实现及应用

人工智能在计算机上有两种实现方法。一种是采用传统的编程技术，使系统呈现智能化的效果，而不考虑所用方法是否与人或其他动物相同或相近。这种方法叫工程学方法（Engineering Approach，EA），它已在一些领域内获得了应用，如文字识别、电脑下棋等。另一种是**模拟法**（Modeling Approach，MA），它不仅要看效果，还要求实现方法和人类或其他动物相同或相类似。如遗传算法（Generic Algorithm，GA）和人工神经网络等。遗传算法模拟人类或生物的遗传—进化机制，需要人工详细规定程序逻辑，一般用于简单系统的分析；人工神经网络则是模拟人类或动物大脑中神经细胞的活动方式，编程时无须对角色的活动规律做详细规定，一般应用于复杂问题的解决。

在物联网中，人工智能技术主要负责对物品"讲话"的内容进行分析，实现计算机自动处理功能，是物联网的智能处理技术之一。在物联网中信息感知、传输网络和数据处理都是智能化的，网络能智能地感知、收集和融合来自底层设备的各种数据；而功能强大的人工智能、云计算或大数据算法则能对海量数据进行分析和处理，使其能实时地对对象做出相应的智能反应。人工智能的目的就是让终端网络能够像人一样思考。什么样的终端网络才是智慧的呢？在计算机出现以前，科学家虽然已经制作出了能模仿人身体器官功能的汽车、火车、飞机、收音机等，但不能模仿人类大脑的功能。当计算机出现后，人类开始真正有了一个可以模拟人类思维的工具，在以后的岁月中，无数科学家为这个目标努力着。现在人工智能已经不再是几个科学家的专利了，全世界几乎所有大学的计算机系都有人在研究这门学科，在大家不懈的努力下，现在终端网络似乎已经变得十分聪明了。

人工智能支撑着物联网"后端"，从"后端"来看，物联网可以看作一个基于互联网的，以提高物理世界运行、管理、资源使用效率等水平为目标的大规模信息系统。由于物联网"前端"在对物理世界感知方面具有高度并发性，并将产生大量引发"后端"深度互联和跨域协作需求，从而使得物联网信息处理表现为不可预见性、涌现智能、多维度动态变化、大数据量、实效性等强劲优势。

人工智能技术已经开始嵌入人类社会发展的方方面面，有效地提高了国民经济发展的质量效益。2017 年，国务院发布的《新一代人工智能（AI）发展规划》（以下简称"规划"）提出，到 2020 年，我国人工智能核心产业规模将达到 1500 亿元，2025 年达到 4000 亿元，2030 年达到 1 万亿元。《规划》表明 AI 已经上升至国家核心竞争战略高度，储备 AI 专业人才资源已经提上日程。2017 年以来，我国已有多个高校设立了人工智能专业，为培养 AI 专门人才做储备。《规划》指出人工智能发展已进入新阶段，意味着新一代人工智能相关学科发展、理论建模、技术创新、软硬件升级等的整体推进，正在引发链式突破，推动经济社会各领域从数字化、网络化向智能化加速跃升。

5.3 嵌入式系统

5.3.1 嵌入式系统概述

在信息化社会的今天，计算机和网络已经全面渗透到日常生活的每一个角落。人们需要的已经不仅仅是那种放在桌面上处理文档，进行工作管理和生产控制的计算机"机器"。各种各样的新型嵌入式系统设备在应用数量上已经远远超过通用计算机，任何一个普通人可能拥有各种各样使用嵌入式技术的电子产品，小到智能手机、平板电脑等微型数字化产品，大到网络家电、智能家电、车载电子设备等。而在工业和服务领域中，使用嵌入式技术的数字机床、智能工具、工业机器人、服务机器人等也将逐渐改变传统的工业生产和服务方式。目前，嵌入式系统技术已经成为最热门的技术之一，吸引了大批的优秀人才投入其中，但是对于何为嵌入式系统，什么样的技术又可以称为嵌入式技术，仍在讨论之中。目前，国内普遍认同的定义是：**以应用为中心，以计算机技术为基础，软、硬件可裁剪，适用于对功能、可靠性、成本、体积、功耗等有严格要求的专用计算机系统**。嵌入式系统通常嵌入在更大的物理设备中而不被人们所察觉，如手机、平板电脑、甚至空调、微波炉、冰箱中的控制部件都属于嵌入式系统。

如图 5-11 所示是嵌入了智能芯片的宠物狗，它有情感，而且还能通过手机和人进行通信，听人指挥。

嵌入式系统一般指非 PC 系统，有计算机功能但又不称之为计算机的设备或器材。简单地说，嵌入式系统集系统的应用软件和硬件于一体，类似于 PC 中 BIOS（Basic Input/Output System）的工作方式，具有软件代码少、高度自动化、响应速度快等特点，特别适合于要求实时和多任务的系统。嵌入式系统主要由嵌入式处理器、相关支撑硬件、嵌入式操作系统及应用软件系统等组成，是可独立工作的"器件"。硬件部分包括处理器/微处理器、存储器、外设器件、I/O 端口和图形控制器等。嵌入式系统有别于一般的计算机处理系统，它不具备像

图 5-11　嵌入了智能
芯片的宠物狗

硬盘那样大容量的存储介质，而大多使用 EPROM、EEPROM 或闪存 FM（Flash Memory）作为存储介质。软件部分包括实时和多任务操作系统和应用程序，应用程序控制着系统的运作和行为，操作系统控制着应用程序编写与硬件的交互作用。

关于嵌入式系统的含义可从以下 3 方面来理解。

1）嵌入式系统是面向用户、面向产品、面向应用的，它必须与具体应用相结合才会具有生命力、才更具有优势。因此嵌入式系统具有很强的专用性，必须结合实际系统需求进行合理的裁剪。

2）嵌入式系统是将先进的计算机技术、半导体技术、电子技术和各个行业的具体应用相结合后的产物，因此，它是一个技术密集、资金密集、高度分散、不断创新的知识集成系统。

3）嵌入式系统必须根据应用需求对软、硬件进行裁剪，满足应用系统的功能、可靠性、成本、体积等要求。所以，如果能建立相对通用的软、硬件基础，然后在其上开发出适

应各种需要的系统，是一个比较好的发展模式。目前，嵌入式系统的核心往往是一个只有几KB到几十KB的微内核，需要根据实际的使用进行功能扩展或者裁剪，而由于微内核的存在，使得这种扩展能够顺利进行。

嵌入式系统可以称为后PC时代和后网络时代的新秀。与传统的通用计算机及数字产品相比，使用嵌入式技术的产品有以下特点。

1）由于嵌入式系统采用的是微处理器，实现相对单一的功能，采用独立的操作系统，所以往往不需要大量的外围器件。因而在体积上、功耗上有一定的优势。

2）嵌入式系统是一个软、硬件高度结合的产物。为了提高执行速度和系统可靠性，其软件一般都固化在存储器芯片或单片机本身中，而不是存储于磁盘等载体中。片上系统SoC（System on Chip）的实现，使得以PAD等为代表的这类产品拥有更加熟悉的操作界面和操作方式，比传统的商务通等功能更加完善和实用。

3）为适应嵌入式分布处理结构和应用上网需求，面向21世纪的嵌入式系统要求配备标准的一种或多种网络通信接口。针对外部联网要求，嵌入设备必须配有通信接口，相应需要TCP/IP软件支持；由于家用电器相互关联（如防盗报警、灯光能源控制、电气设备控制、影视设备和终端信息交换等）及实验现场仪器的协调工作等要求，新一代嵌入式设备还需具备IEEE 1394、USB、CAN、Bluetooth或IrDA等通信接口，同时也需要提供相应的通信组网协议软件和物理层驱动软件。为了支持应用软件的特定编程模式，如Web或无线Web编程模式，还需要相应的浏览器，如HTML、WML等。

4）因为嵌入式系统往往和具体应用有机地结合在一起，其升级换代也是和具体产品同步进行，因此嵌入式系统产品一旦进入市场，具有较长的生命周期。

嵌入式系统几乎包括了生活中的所有电器设备，如移动计算设备、电视机顶盒、手机上网、数字电视、多媒体、汽车、微波炉、数码相机、家庭自动化系统、电梯、空调、安全系统、自动售货机、消费电子设备、工业自动化仪表与医疗仪器等。

5.3.2 嵌入式系统的相关概念

嵌入式系统中有许多非常重要的概念需要了解和掌握，现介绍如下。

（1）嵌入式微处理器

嵌入式微处理器是嵌入式系统的核心，是控制、辅助系统运行的硬件单元。范围极其广阔，目前最具有嵌入式功能特点的微处理器有：微单片机（Single Chip Microcomputer，SCM）、微控制器（Micro Controller Unit，MCU），微处理器（Micro Processor Unit，MPU）、嵌入式DSP处理器（Embedded Digital Signal Processor，EDSP）以及现场可编程门阵列（Field Programmable Gate Array，FPGA）等30多个系列。

（2）实时操作系统

实时操作系统是嵌入式系统目前最主要的组成部分，是能从硬件方面支持实时控制系统工作的操作软件。其中实时性是第一要求，需要利用一切可利用的资源完成实时控制任务，满足对时间的限制和要求；其次才是着眼于提高计算机系统的使用效率。

实时操作系统中有一些重要的时间概念，如系统响应时间（System response time）是指系统发出处理要求到系统给出应答信号的时间；任务换道时间（Context-switching time）是指任务之间切换而使用的时间；中断延迟（Interrupt latency）是指计算机接收到中断信号到操作系统做出响应，并完成换道转入中断服务程序的时间。

（3）分时操作系统

分时操作系统，主要用于软件执行时间上要求并不严格，时间上的错误一般不会造成灾难性后果的系统。分时操作系统的强项在于多任务管理。

（4）多任务操作系统

系统支持多任务管理和任务间的同步与通信。传统的单片机系统和 DOS 系统等对多任务支持的功能很弱，而目前流行的 Windows、UNIX、Linux 等都是典型的多任务操作系统。在嵌入式应用领域中，多任务是一个普遍的要求。

实时多任务操作系统有 4 种工作状态：运行（Executing）、就绪（Ready）、挂起（Suspended）和冬眠（Dormant）。

1）运行：获得 CPU 控制权。

2）就绪：进入任务等待队列，通过调度转为运行状态。

3）挂起：任务发生阻塞，移出任务等待队列，等待系统实时事件的发生而唤醒，从而转为就绪或运行。

4）冬眠：已经完成或错误等原因被清除的任务，也可以认为是系统中不存在的任务。

任何时刻系统中只能有一个任务在运行状态，各任务按级别通过时间片分别获得对 CPU 的访问权。

5.3.3 嵌入式系统组成

一个嵌入式系统一般可以看作由硬件层（硬件设备）、引导层（引导程序）、内核层（操作系统）、IU 层（用户界面）和应用层（应用程序）5 层结构组成，如图 5-12 所示。

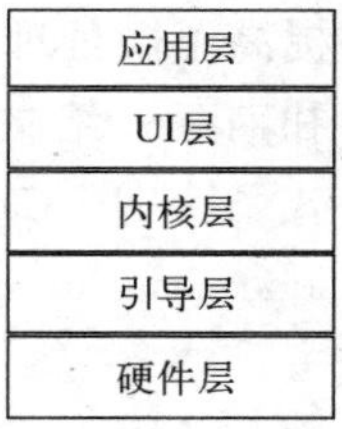

（1）硬件层

最底层硬件设备是嵌入式系统的基石，为系统提供可触摸的"实体"。硬件层主要包含嵌入式微处理器、存储器（SDRAM、ROM、Flash 等）、通用设备接口和 I/O 接口。在一片嵌入式处理器基础上，添加电源电路、时钟电路和存储器电路等，就构成了一个嵌入式核心控制模块。其中操作系统和应用程序都可以固化在 ROM 中。

| 应用层 |
| UI层 |
| 内核层 |
| 引导层 |
| 硬件层 |

图 5-12　嵌入式系统
五层结构

图 5-13 为基于 ARM 的嵌入式硬件平台体系结构。

1）嵌入式微处理器。嵌入式系统硬件层的核心是嵌入式微处理器，嵌入式微处理器与通用 CPU 最大的不同在于，嵌入式微处理器大多工作在特定用户群的专用系统中，它将通用 CPU 许多由板卡完成的任务集成在芯片内部，从而使硬件设计趋于小型化，同时还具有很高的效率和可靠性。

嵌入式微处理器的体系结构可以采用冯·诺依曼体系或哈佛结构；指令系统可以选用精简指令系统（Reduced Instruction Set Computer，RISC）和复杂指令系统（Complex Instruction Set Computer，CISC）。RISC 系统在通道中只包含最有用的指令，确保数据通道快速执行每一条指令，提高了执行效率并使 CPU 硬件结构设计变得更为简单。

2）存储器。嵌入式系统需要存储器来存放执行代码。嵌入式系统的存储器包含高速缓冲存储器 Cache、主存储器（简称主存）和辅助存储器（简称辅存）。

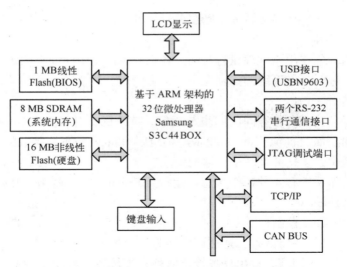

图 5-13　基于 ARM 的嵌入式硬件平台体系结构

Cache 是一种容量小、速度快的存储器阵列，它位于主存和嵌入式微处理器内核之间，存放的是最近一段时间微处理器使用最多的程序代码和数据。在需要进行数据读取操作时，微处理器尽可能地从 Cache 中读取数据，而不是从主存中读取，这样就大大改善了系统性能，提高了微处理器和主存之间的数据传输速率。Cache 的主要目标就是：减小存储器（如主存和辅存）给微处理器内核造成的存储器访问瓶颈，使处理速度更快，实时性更强。在嵌入式系统中，Cache 全部集成在嵌入式微处理器内，可分为数据 Cache、指令 Cache 或混合 Cache，Cache 的大小依不同处理器而定。一般中高档的嵌入式微处理器才会把 Cache 集成进去。

主存是嵌入式微处理器能直接访问的寄存器，用来存放系统和用户的程序及数据。它可以位于微处理器的内部或外部，其容量为 256 KB ~ 1 GB，根据具体应用而定，一般片内存储器容量小、速度快，片外存储器容量大。常用作主存储器的有：ROM（NOR Flash、EPROM 和 PROM 等）和 RAM（SRAM、DRAM 和 SDRAM 等）。其中，NOR Flash 凭借其可擦写次数多、存储速度快、存储容量大、价格便宜等优点，在嵌入式领域得到了广泛应用。

辅存主要用来存放大数据量的程序代码或信息，它容量大，但读取速度与主存相比慢很多，用来长期保存用户信息。嵌入式系统中常用的辅助存储器有硬盘、NAND Flash、CF 卡、MMC 和 SD 卡等。

基本输入输出系统（BIOS）可以视为永久记录在 ROM 中的一个软件，是操作系统中输入-输出管理系统的一部分。它包括自检（Power On Self Test，POST）程序、基本启动程序、基本硬件驱动程序等。主要用来负责计算机的启动和系统中重要硬件的控制和驱动，并为高层软件提供基层调用。因 ROM 中主要存储的就是 BIOS，因此，也可混称为 ROM BIOS，或系统 ROM BIOS。早期的 ROM BIOS 芯片是"只读"的，一旦写入，就不能更改；现在的主机板都使用 Flash EPROM 芯片来存储系统 BIOS，其内容可擦除重写，给用户升级 BIOS 提供了极大的空间。

3）通用设备接口和 I/O 接口。嵌入式系统和外界交互需要一定形式的通用设备接口，如 A/D、D/A、I/O 等，外部通用设备（简称外设）通过和片外其他设备或传感器的连接来实现微处理器的输入/输出功能，每个外设通常都只有单一的功能，它可以在芯片外也可以内置于芯片中。外设的种类很多，可从一个简单的串行通信设备到非常复杂的 802.11 无线设备。目前，嵌入式系统中常用的通用设备接口有 A/D、D/A，I/O 接口有串行通信接口 RS-232、以太网接口 EtherNet、通用串行总线接口（Universal Serial Bus，USB）、音频接口、视频图形阵列接口（Video Graphics Array，VGA）、两线式串行总线接口（Inter-Integrated Circuit，I^2C）、串行外设接口（Serial Peripheral Interface，SPI）、红外线接口（Infrared Data Association，IrDA）和国际通用调试接口或者国际标准测试协议接口等。

（2）引导层

引导是使系统启动和运转的第一步，是系统从硬件走向软件的开始，是建立静止的硬件与动态运行的操作系统之间关系的桥梁。从这一刻开始，系统由采用固化的代码和静态的电路转变为动态运行的程序和具有功能的系统，在引导之后，系统便开始真正地运转起来。

系统引导是通过固化在 ROM 中的引导程序来完成的，其主要作用包括：系统自检及初始化、硬件设备驱动、硬件中断处理和程序服务请求。

（3）内核层

内核层是操作系统的内核部分。嵌入式操作系统（Embedded Operation System，EOS）是嵌入式系统的软件基础与核心，负责嵌入式系统全部软、硬件资源的分配、任务调度、控制和协调工作，在嵌入式系统中起着举足轻重的作用。一般来说，内核是操作系统最基本的部分，是为众多应用程序提供对计算机硬件的安全访问和运行过程中相互之间通信的一部分软件，主要决定什么程序在什么时候对某部分硬件操作多长时间等。

（4）UI 层

用户界面（User Interface，UI）层是计算机和用户之间的对话接口。包括图形用户界面（Graphical User Interface，GUI）及其他系统与用户的接口。GUI 为用户提供界面友好、所见即所得的桌面操作环境；其他系统与用户接口统称为广义接口（Generalized Interface，GI），是同一结点内相邻层之间交换信息的连接点。

UI 层和内核层一起构成了中间件，也称为硬件抽象层（Hardware Abstract Layer，HAL）或板级支持包（Board Support Package，BSP），它将系统上层应用软件与底层硬件设备分离开来，使系统的底层驱动程序与硬件无关，上层软件开发人员无须关心底层硬件的具体情况。从系统设计和延续的角度来看，它是非常重要的一个环节。

（5）应用层

应用层是嵌入式系统与对象最接近的层次。嵌入式系统是为特定用途而设计的专用计算机系统，这些"特定"用途如严格的时间、精度和控制要求等，最终就是要依靠应用程序来实现的。可以说，嵌入式系统的硬件、引导、内核和 UI 最终都是为应用层服务的，应用层在这四层的支持下，实现整个嵌入式系统的功能。目前，如何保证应用层上的应用软件和数据的开放及兼容性是整个行业和学科面临的基础问题。

5.3.4 嵌入式系统的发展趋势

虽然嵌入式系统这一名词在最近几年才流行起来。但早在 20 世纪 80 年代，国际上就有一些 IT 组织或公司，开始进行商用嵌入式系统和专用操作系统的研发。从硬件方面讲，32 位和 64 位微处理器是目前嵌入式系统的核心，它们的使用同样也是未来发展的一大趋势。

为了抢占这个无限广阔的市场，各大硬件厂商竞相推出产品，包括 Intel、Motorola、Philips、AMD 等等均不甘示弱，几乎每个月都有新产品出现。近年来，Microchip 推出具有数字信号处理能力的微控制器，Atmel 也推出针对消费市场的可编程系统芯片。市场竞争日益激烈，同时也给嵌入式技术的发展带来了无限活力。

未来的几年内，随着信息化、智能化、网络化的发展，嵌入式系统技术也将获得广阔的发展空间。20 世纪 90 年代以来，嵌入式技术全面发展，目前已成为通信和消费类产品的共同发展方向。在通信领域，数字技术正在全面取代模拟技术；在广播电视领域，数字电视广播已在全球大多数国家推广，数字音频广播也已进入商品化阶段；而软件、集成电路和新型元器件在产业发展中的作用日益重要。目前，对于企业专用解决方案，如物流管理、条码扫描、移动信息采集等，具有嵌入式系统的小型手持设备正发挥着巨大的作用；在自动控制领域，可以用于 ATM 机，自动售货机，工业控制等专用设备，和移动通信设备、GPS、多媒体娱乐设备等相结合，嵌入式系统同样也发挥着不可替代的作用；以长虹 ADSL 产品为代表的智能化家电也日新月异，受到人们的青睐。由此可见，嵌入式系统技术发展的空间是无比广大的。

在硬件方面，不仅有各大公司的微处理器芯片，还有用于学习和研发的各种配套开发包，底层系统和硬件平台经过若干年的研究，已经相对比较成熟，实现各种功能的芯片应有尽有。在软件方面，也有相当部分成熟的软件系统。国外商品化的嵌入式实时操作系统已进入我国市场的有：WindRiver、Microsoft、QNX 和 Nuclear 等产品。我国自主开发的嵌入式系统软件产品有科银（CoreTek）公司的嵌入式软件开发平台 DeltaSystem、中科院推出的 Hopen 嵌入式操作系统等。

信息时代使得嵌入式产品获得了巨大的发展契机，为嵌入式技术展现了美好的前景，同时也提出了新的挑战。未来嵌入式系统的发展趋势如下。

1）嵌入式开发是一项系统工程，要求不仅要提供嵌入式软硬件系统本身，还需要提供强大的硬件开发工具和软件支持包。

目前很多厂商已经充分考虑到这一点，在主推系统的同时，将开发环境也作为重点推广。比如三星在推广 Arm7、Arm9 芯片的同时还提供开发板和板级支持包，而 Windows CE 在主推系统时也提供 Embedded VC++作为开发工具，还有 VxWorks 的 Tornado 开发环境，DeltaOS 的 Limda 编译环境等，都是这一趋势的典型体现。当然，这也是市场竞争的结果。

2）智能化要求随着互联网及带宽技术的日益成熟而不断提高，使得以往单一功能的设备，如电话、手机、冰箱、微波炉等功能不再单一，结构更加复杂。这就要求嵌入式系统不仅在硬件上要集成更多的功能，采用更强大的嵌入式处理器如 32 位、64 位 RISC 芯片或 DSP 等，来增强处理能力；同时增加功能接口和扩展总线类型等，加强对多媒体、图形、视频等复杂数据的处理，逐步实施片上系统（System on Chip，SoC）；而且在软件方面，采用实时多任务编程技术和交叉开发工具技术来控制功能复杂性，简化应用程序设计，保障软件质量和缩短开发周期。

3）网络互联成为必然趋势。未来的嵌入式设备为了适应网络发展的要求，必然要求硬件上提供各种网络通信接口。传统的单片机对于网络支持不足，而新一代的嵌入式处理器已经开始内嵌网络接口，除了支持 TCP/IP，还有的支持 IEEE 1394、USB、CAN、Bluetooth 或 IrDA 通信接口中的一种或者几种，同时也需要提供相应的通信组网协议和物理层驱动软件。

软件方面系统内核支持网络模块，甚至可以在设备上嵌入 Web 浏览器，真正实现随时随地能用各种设备上网。

4）精简系统内核、算法，降低功耗和软硬件成本。未来的嵌入式产品是软、硬件紧密结合的设备，为了降低功耗和成本，需要尽量精简系统内核，只保留和系统功能紧密相关的软、硬件，利用最低的资源实现最适当的功能。这就要求编程模型、软件算法、编译器性能等不断改进、优化和完善。

5）提供友好的多媒体人机界面。嵌入式设备能与用户亲密接触，最重要的因素就是它能提供非常友好的用户界面。如手写文字输入、语音输入、收发电子邮件以及彩色图形、视频图像等，使用户获得自由和舒适的感受。

从物联网、云计算、三网融合、高铁、智能电网等国家重要的产业规划及重点项目，再到当前工作生活中已无处不在的移动互联、多媒体显示、智能终端等诸多应用，我们看到，嵌入式系统的应用已在各领域发生翻天覆地的变化。越来越多的半导体公司已经开始重视嵌入式软件系统。网络电视、无线医疗、视频监控在终端上都是嵌入式系统，而物联网技术的发展给嵌入式系统带来了新的巨大发展空间。

5.4 微机电系统

5.4.1 微机电系统（MEMS）概述

微机电系统（Micro-Electro-Mechanical Systems，MEMS），也称为**微机械系统**或者**微系统，是指可批量制作的，集微型机构、微型传感器、微型执行器以及信号处理和控制电路、接口、通信和电源等于一体的微型器件或系统**。理想的 MEMS 主要由微传感器、微处理器、微执行器和通信接口 4 部分组成，模型结构图如图 5-14 所示。其工作原理是：外部环境的输入信号（物理、化学、生物等方面），通过微传感器检测并转换成电信号，经过微处理器进行信号处理（模拟信号和数字信号）后，由微执行器执行动作，达到与外部环境"互动"的功能。

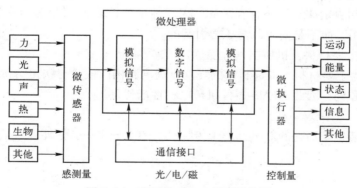

图 5-14　理想的 MEMS 模型结构图

MEMS 是随着半导体集成电路、微细加工技术和超精密机械加工技术的发展而产生和发展起来的，尺寸在几厘米以下乃至更小的微型装置，是一个独立的智能系统，其技术基础包括设计与仿真技术，材料与加工技术，封装与装配技术，测量与测试技术，集成与系统技术等。MEMS 技术的目标是通过系统的微型化、集成化来探索具有新原理、新功能的元件和系统。

我们知道，物联网就是把感应器嵌入和装备到物理实体中，形成"物-物"互联，然后将其接入互联网，来实现人类社会与物理实体的整合。物联网技术实现的过程中，技术难点之一便是如何让"无生命、无思想"的物品，对环境变化做出恰当反应，即实现"传感+执行"的过程。在这一过程中，传感器、无线通信、云计算、人工智能、电源等技术都是物联网的关键技术，这些关键技术中的技术难点，主要在于物联网特别是无线传感器网络对物理尺寸的敏感，而这一难题恰恰可通过 MEMS 来解决。根据现在 MEMS 的发展趋势，未来的 MEMS 芯片将整合进声音、光线、化学分析及压力、温度感测等子系统于一体，发展成具有人体眼睛、鼻子、耳朵、皮肤等感官功能的智能芯片；如果再加入对电磁、电源的感应与控制能力，将赋予物品一定的"生命力和思想"，使物联网系统变得更加有效和智能化。MEMS 是解决传感器微型化的关键手段，MEMS 对于物联网的重要性，与集成电路技术对于 IT 产业的重要性是一样的。

MEMS 发展的目标在于，通过微型化、集成化来探索新原理、新功能的元件和系统，开辟一个新技术领域和产业。MEMS 可以完成大尺寸机电系统所不能完成的任务，也可嵌入大尺寸系统中，把自动化、智能化和可靠性提高到一个新的水平。21 世纪 MEMS 将逐步从实验室走向实用化，对工农业生产、信息、环境、生态、医疗、生物工程、空间技术、国防和科学技术等的发展产生重大影响。

5.4.2　MEMS 基本特点

MEMS 有以下几个显著特点。

（1）微型化

MEMS 器件体积小、质量轻、耗能低、惯性小、谐振频率高、响应时间短。其体积可达亚微米以下，尺寸精度达纳米级，质量可至纳克。MEMS 系统与一般的机械系统相比，不仅体积缩小，而且在力学原理和运动学原理，材料特性、加工、测量和控制等方面都发生变化。在 MEMS 系统中，所有的几何变形是如此之小（分子级），以至于结构内应力与应变之间的线性关系（胡克定律）已不存在。MEMS 器件中摩擦表面的摩擦力主要是由于表面之间的分子相互作用，而不是由于载荷压力引起的。

（2）以硅为主要材料，机械电气性能优良

MEMS 以硅为主要材料，而硅材料的强度、硬度和杨氏模量与铁相当，密度类似铝，热传导率则接近钼和钨，因此 MEMS 器件机械电气性能优良。

（3）能耗低、工作效率高

很多微机械装置所消耗的能量远小于传统机械的十分之一，但能以十倍以上的速度来完成同样的工作。

（4）批量生产

MEMS 采用类似集成电路的生产工艺和加工过程，用硅微加工工艺在一片硅片上可同时制造成百上千个微型机电装置或完整的 MEMS，自动化程度极高。可批量生产，使 MEMS 的生产成本大大降低，而且地球表层硅的含量为 26.4%，几乎取之不尽，因此 MEMS 产品在经济性方面更具竞争力。

（5）方便扩展

由于 MEMS 技术采用模块设计，因此在增加系统容量时只需要直接增加器件/系统数量，非常方便扩展。

（6）集成化

MEMS 可以把不同功能、不同敏感方向或制动方向的多个传感器或执行器集成于一体，形成微传感器阵列、微执行器阵列，甚至把多种功能的器件集成在一起，形成复杂的微系统。微传感器、微执行器和微电子器件的集成可制造出可靠性、稳定性很高的 MEMS。

（7）学科上的综合交叉

MEMS 技术是一个典型多学科交叉的前沿性研究领域，几乎涉及自然及工程科学的所有领域，如电子技术、机械技术、物理学、化学、生物医学、材料科学、能源科学等，并集中了当今科学技术发展的许多尖端成果。通过微型化、集成化，可以探索新原理、新功能的元件和系统，将开辟一个新的技术领域。

图 5-15 是 MEMS 元器件示意图。

图 5-15　MEMS 元器件示意图

5.4.3　MEMS 主要技术形式

MEMS 的主要技术形式如下。

（1）传感 MEMS 技术

传感 MEMS 技术是指用微电子技术和微机械工艺加工出来的、用敏感元件（如电容、压电、压阻、热电偶、谐振、隧道电流等）来感受和转换信号的器件和系统。它包括速度、压力、湿度、加速度、气体、磁、光、声、生物、化学等各种微传感器。按种类分主要有面阵触觉传感器、谐振力敏感传感器、微型加速度传感器、真空微电子传感器等。由于传感器是人类探索自然界的触角，是各种自动化装置的神经元，且应用领域广泛，未来传感 MEMS 技术将备受世界各国的重视。

（2）生物 MEMS 技术

生物 MEMS 技术是用 MEMS 技术制造的化学/生物微型分析和检测芯片或仪器。生物 MEMS 系统具有微型化、集成化、智能化、成本低的特点。功能上有获取信息量大、分析效率高、系统与外部连接少、实时通信、连续检测等特点。国际上生物 MEMS 的研究已成为热点，不久将为生物、化学分析系统带来一场重大的革新。

（3）光学 MEMS 技术

随着信息技术、光通信技术的迅猛发展，MEMS 发展的又一领域是与光学相结合，即综合微电子、微机械、光电子等基础技术，开发新型光器件，称为微光机电系统（Micro Opto-Electro Mechanical System，MOEMS）。它能把各种 MEMS 结构件与微光学器件、光波导器件、半导体激光器件、光电检测器件等完整地集成在一起，形成一种全新的功能系统。目前，MOEMS 较成功的科学研究主要集中在两个方面：一是基于 MOEMS 的新型显示、投影设备，主要研究如何通过反射面的物理运动来进行光的空间调制，典型代表有微扫描镜、数字微镜芯片等。二是通信系统，主要研究通过微镜的物理运动来控制光路发生预期的改变，较成功的有光开关调制器、光滤波器及光复用器等光通信器件。MOEMS 是综合性和学科交叉性很强的高新技术，开展这个领域的科学技术研究，可以带动大量新功能器件的开发。

（4）射频 MEMS 技术

射频 MEMS 技术传统上分为固定的和可动的两类。固定的 MEMS 器件包括本体微机械加工传输线、滤波器和耦合器，可动的 MEMS 器件包括开关、调谐器和可变电容。按技术又分为三个层面，即由微机械开关、可变电容器和电感谐振器组成的基本器件层面；由移相器、滤波器和 VCO 等组成的组件层面；由单片接收机、变波束雷达、相控阵雷达天线组成的应用系统层面等。

5.4.4　MEMS 主要应用

MEMS 的应用领域包括信息、生物、医疗、环保、电子、机械、航空、航天、军事等。它不仅可形成新的产业，还能通过产品的性能提高、成本降低，有效地改造传统产业。MEMS 在生物医学方面的一个典型应用是胶囊式内窥镜系统。具有我国自主知识产权的"HT 型胶囊式内窥镜系统"，是 MEMS 技术、图像处理技术、无线通信技术等与生物医学相结合的一项高科技成果。这一成果在低功耗数模混合集成电路芯片解决方案、低功耗 SoC 设计、射频无线启动开关、医学图像处理以及高清数字视频的研发等方面获得重大突破，技术设计完全达到世界顶尖水平。在采用相同电池的情况下，这种胶囊式内窥镜的工作时间比同类产品长 1.5~2 倍，使医生有足够的时间进行完整的肠胃检查，即使对肠胃蠕动能力差的患者也可以轻松完成。而美国研制成功用于汽车防撞和节油的 MEMS 加速度表和传感器，可提高汽车的安全性，节油 10%。仅此一项美国国防部系统每年就可节约几十亿美元的汽油费。MEMS 在航空航天系统的应用可大大节省费用，提高系统的灵活性，并将引起航空航天系统的大变革，例如一种微型惯性测量装置的样机，尺寸仅为 2 cm×2 cm×0.5 cm，质量也只有 5 g。在军事应用方面，美国国防部高级研究计划局正在进行微型分析仪器、微型医用传感器、微光纤网络开关、环境与安全监测用的分布式无人值守 MEMS 等方面的研究。

MEMS 在不同应用领域对应的技术见表 5-1。

表 5-1　MEMS 在不同应用领域对应的技术

应用领域	微系统	微器件
汽车	安全系统	微加速度，角速度计，微惯性传感器，位移、位置和压力传感器，微阀，微陀螺仪
	发动机和动力系统	歧管绝对压力传感器，硅电容绝对压力传感器、制动致力器
	诊断和健康监测系统	压阻型压力传感器，微继电器
生物医学	临床化验系统	生化分析仪，生物传感器
	基因分析和遗传诊断系统	微镜阵列，电泳微器件
	颅内压力监测系统	硅电容式压力传感器
	微型手术	微驱动器
	超声成像系统	微型成像探测器（探头）
	电磁微机电系统	磁泳，微电磁膜片钳
	人工/仿生器官	电子鼻、植入式微轴血泵
	流体测控系统	微喷，微管路，微腔室，微阀，微泵，微传感器
	药物控释系统	微泵，微注射管阵列，微阀，微针刀，微传感器，微激励器

应用领域	微系统	微器件
航空航天	微型惯性导航系统	微陀螺仪，微加速计，压力传感器
	空间姿态测定系统	微型太阳和地球传感器，磁强计，推进器
	动力和推进系统	微喷嘴，微喷气发动机，微压力传感器，化学传感器，微推进器阵列，微开头
	通信和雷达系统	RF微开头，微镜，微可变电容器、电导谐振器，微光机电系统
	控制和监视系统	微热管，微散热器，微热控开头，微磁强计，重力梯度监视屏
	微型卫星	微电动机，微传感器，微处理器，微型火箭，微控制器等
信息通信	光纤通信系统	光开头，光检测器，光纤耦合器，光调制器，光图像显示器
	无线通信系统	微电感器，微电容器，微开头，微谐振器
能源	微动力系统	微内燃发动机，静电、电磁、超声微电机，微发电机，微涡轮机
	微电池	微燃料电池，微太阳能电池，微型电池，微核电池

5.5 智能制造

5.5.1 智能制造概述

当前，信息技术、新能源、新材料、人工智能等重要领域和前沿方向的革命性突破和交叉性融合，正在引发"第三次工业革命"，而智能制造可以说是引领"第三次工业革命"浪潮的核心动力。一般认为，**智能制造**（Intelligent Manufacturing，IM）是指一种**由智能机器和人类专家共同组成的人机一体化智能系统**，它在制造过程中能进行诸如分析、推理、判断、构思和决策等智能活动。智能制造通过人和智能机器的合作，能扩大、延伸和部分地取代人类专家在制造过程中的脑力劳动。智能制造不只是"人工智能系统，而是人机一体化智能系统，是混合智能"。智能制造系统可独立承担分析、判断、决策等任务，突出人在制造系统中的核心地位，同时机器智能和人的智能真正地融合在一起，互相配合，相得益彰，本质是人机一体化。

为贯彻落实《中华人民共和国国民经济和社会发展第十三个五年规划纲要》和《国务院关于深化制造业与互联网融合发展的指导意见》，工业和信息化、财政部于2016年联合制定了《智能制造发展规划（2016-2020年)》。"规划"指出**智能制造是基于新一代信息通信技术与先进制造技术的深度融合，贯穿于设计、生产、管理、服务等制造活动的各个环节，具有自感知、自学习、自决策、自执行、自适应等功能的新型制造过程、系统与模式的总称**。智能制造是物联网一大新的应用技术，内容包括智能工厂和智能服务两大范畴，结构包括工业基础、智能生产、智能协作和智能服务4个层次。如图5-16所示。

具体体现在制造过程的各个环节与新一代信息技术的深度融合，如物联网、大数据、云计算、人工智能等。智能制造一般具有4大特征：以**智能工厂为载体**，以**关键制造环节智能化为核心**，以**端到端数据流为基础**和以**网通互联为支撑**。其主要内容包括智能产品、智能生产、智能工厂、智能物流等。目前，急需建立智能制造标准体系，大力推广数字化制造，开

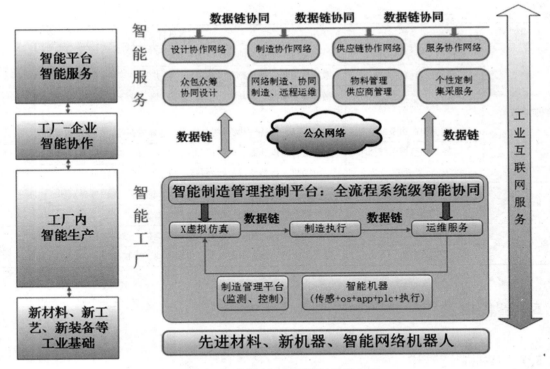

图 5-16　智能制造的层次结构示意图

发核心工业软件。传统数字化制造、网络化制造、敏捷制造等制造方式的应用与实践对智能制造的发展具有重要支撑作用。加快发展智能制造，是培育我国经济增长新动能的必由之路，是抢占未来经济和科技发展制高点的战略选择，对于推动我国制造业供给侧结构性改革，打造制造业竞争新优势，实现制造强国具有重要战略意义。智能制造技术不同于传统的数字化制造技术，数字化制造技术侧重于产品全生命周期数字化技术的应用，而智能制造以数字化制造技术为基础，但更侧重于人工智能技术的应用，即采用智能方法，实现智能设计、智能工艺、智能加工、智能装配、智能管理等，进一步提高产品设计制造管理全过程的效率。

5.5.2　智能制造的发展

20 世纪 80 年代以来，智能制造已经处于飞速发展阶段，各国政府均将此列入国家发展计划，大力推动实施。1991 年，日本、美国和欧洲共同发起实施"智能制造国际合作研究计划"，定义智能制造系统为一种在整个制造过程中贯穿智能活动，并将这种智能活动与智能机器有机融合，将整个制造过程从订货、产品设计、生产到市场销售等各个环节以柔性方式集成起来的、能发挥最大生产效能的先进生产系统。

（1）北美智能制造的发展

在美国，1988 年纽约大学的怀特教授和卡内基梅隆大学的布恩教授出版了《智能制造》一书，首次提出了智能制造的概念，认为智能制造的目的，是通过集成知识工程、制造软件、机器人视觉和机器控制等技术，对制造技工的技能和专家知识进行建模，以使智能机器人在没有人工干预的情况下进行小批量生产。1992 年美国开始执行新技术政策，大力支持所谓的关键技术（Critical Technology），包括信息技术和新的制造工艺，智能制造技术则是其重要内容之一，美国政府希望借助此举改造传统工业并启动新产业。2011 年美国提出"先进制造业伙伴计划"（Advanced Manufacturing Partnership，AMP），旨在通过规划加强先进制造布局，提高美国国家安全相关行业的制造业水平，保障其在未来的全球竞争力。2012 年美国接着推出"先进制造业国家战略计划 2012"（A National Strategic Plan for Advanced Manufacturing，2012），该计划的主要政策包括：为先进制造业提供良好的创新环境，促进先进制造技术规模的迅速扩大和市场渗透，促进公共和私人部门对先进制造技术基础设施进行投资等。2017 年 1 月，由美国国防部牵头组建的第 8 家制造创新机构——先进机器人制造创新机构成立，同年 10 月，由美国能源部牵头的清洁智能制造创新机构（CESMII）发布了"2017~2018 技术路线图"，明确指出智能制造是 2030 年左右可以实现的新型制造方式。

加拿大早在 1994~1998 年制定的发展战略计划中，就认为未来知识密集型产业是驱动全球经济和加拿大经济发展的基础，其中发展和应用智能系统至关重要，并将具体研究项目选择为智能计算机、人机界面、机械传感器、机器人控制、新装置、动态环境下系统集成等。

（2）欧洲智能制造发展

欧洲联盟的信息技术相关研究有 ESPRIT 项目，该项目大力资助有市场潜力的信息技术。1994 年又启动了新的研发项目，选择了 39 项核心技术，其中信息技术、分子生物学和先进制造技术三项中均突出了智能制造的位置。英国自 2011 年开始持续增加对增材制造技术的研发经费，设立了多个研究中心，开始了智能制造的发展新模式。所谓**增材制造**（Additive Manufacturing，AM），俗称 **3D 打印**，是一种融合了计算机辅助设计、材料加工与成形技术、以数字模型文件为基础，通过软件与数控系统将专用的金属材料、非金属材料以及医用生物材料，按照挤压、烧结、熔融、光固、喷射等方式逐层堆积，制造出实体物品的制造技术。相对于传统的、对原材料去除、切削、组装的加工模式不同，3D 打印是一种"自下而上"材料累加的制造方法。这种方法使得过去无法实现的复杂结构件制造成为可能。法国增材制造协会致力于技术标准的研究；西班牙在政府资助下，启动了一项专项研究，内容包括增材制造共性技术、材料、技术交流及商业模式等；而德国提出的"工业 4.0"是在全球具有广泛影响的新战略，是欧洲智能制造发展的典型代表。德国在 2013 年 4 月发表了《保障德国制造业的未来——关于实施工业 4.0 战略的建议》报告，正式推出了"工业 4.0"战略。报告指出，德国在制造技术创新、复杂工业过程管理以及信息技术领域都表现出很高的水平和能力，在嵌入式系统和自动化工程方面也颇有建树，这些因素共同奠定了德国在制造行业的领军地位。**工业 4.0 战略的核心是，通过信息物理系统（Cyber-Physical System，CPS）实现人、设备与产品的实时连通、相互识别和有效交流，构建一个高度灵活的个性化和数字化的智能制造模式。**其内涵是利用 CPS，将生产中的供应、制造和销售等信息数据化、智慧化，最后达到快速、有效、个性化的产品供应。"工业 4.0"出现后，在欧洲乃至全球工业领域都引起了极大的关注和认同，德国学术界和产业界认为，"工业 4.0"即是以智能制造为主导的第四次工业革命，它描绘了制造业的未来愿景，是继前三次工业革命后，人类迎来的以 CPS 为基础的，以生产高度数字化、网络化、机器自组织为标志的第四次工业革命。

"工业4.0"有三大主题。

1) 智能工厂：重点研究智能化生产系统及过程，以及网络化分布式生产设施的实现。

2) 智能生产：主要涉及整个企业的生产物流管理、人机互动以及3D技术在工业生产过程中的应用等。该计划将特别注重吸引中小企业参与，力图使中小企业成为新一代智能化生产技术的使用者和受益者，同时也成为先进工业生产技术的创造者和供应者。

3) 智能物流：主要通过互联网和物联网整合物流资源，充分发挥现有物流资源供应方的效率，而需求方则能够快速获得服务匹配，得到物流支持。

智能制造和"工业4.0"异曲同工，"工业4.0"的本质是通过充分利用CPS，将制造业推向智能化的转型。而智能制造是一种新的制造模式，从智能制造系统由低层级向高层级逐步演进发展的角度来看，智能制造的内涵包含了"工业4.0"的三大主题。

（3）日本智能制造发展

日本政府高度重视智能制造及其发展，早在1989年就提出了智能制造系统，并于1994年启动了先进制造国际合作研究项目，包括了公司集成和全球制造、制造知识体系、分布智能系统控制、快速产品实现的分布智能系统技术等。在2004年制定了《新产业创造战略》，其中将机器人、信息家电等作为重点发展的新兴产业。近年来日本更加重视机器人等先进制造业的发展，连续发布白皮书提出智能制造新战略。2013年发布的《制造业白皮书》将机器人、新能源汽车以及3D打印等作为今后制造业发展的重点领域；2014年版《制造业白皮书》进一步指出，日本制造业在发挥IT作用方面落后于欧美，建议日本转型为利用大数据的"下一代"制造业。2015年又发布了《机器人新战略》，提出机器人发展的3个核心目标，即："世界机器人创新基地""世界第一的机器人应用国家""迈向世界领先的机器人新时代"。2018年6月发布了《日本制造业白皮书》，指出为了进一步提高日本制造业的劳动生产率，不应该仅仅追求通过机器人、信息技术、物联网等技术的灵活应用和工作方式变革达到业务效率提升和优化，更重要的是通过灵活运用数字技术获得新的附加价值。

（4）中国智能制造发展

我国自20世纪80年代末90年代初，就开始了智能制造的研究工作，正式将"智能模拟"列入国家科技发展规划的主要课题，并且在专家系统、模式识别、机器人、汉语机器理解方面取得了一批成果。《中国机械工程技术路线图》是我国较早出版的研究智能制造技术的专著，它定义智能制造技术是研究制造活动中的信息感知与分析、知识表达与学习、智能决策与执行等的一门综合交叉技术，是实现知识属性和功能的必然手段。随后，国家科技部正式提出了"工业智能工程"，作为技术创新计划中创新能力建设的重要组成部分，智能制造是该项工程中的重要内容。

由此可见，智能制造正在世界范围内蓬勃兴起，它是制造技术发展，特别是制造信息技术以及自动化和集成技术向纵深发展的必然结果。

5.5.3 中国智能制造

考虑到我国制造业大而不强的产业结构特点，结合人口大国的基本国情，实现智能制造的远景应当是产业规模大、产品质量高、资源能耗小。因此，智能制造的转型路线必然要经过优化产业结构、提升良品比例、提高资源效率的道路。目前，企业的战略部署优先级依次为：数字化工厂、设备和用户价值深度挖掘、工业物联网、重构未来商业模式、人工智能等。

1. 数字化工厂

智能制造是以制造环节的智能化为核心，以端到端数据流为基础，以数字作为核心驱动力，因此数字化工厂被企业列为智能制造部署的首要任务。目前，企业数字化工厂部署以打通生产环节到执行环节的数据流为主要任务，其中产品数据流和供应链数据流提升空间巨大。数字化工厂通过新一代信息技术，实现从设计、生产、物流和服务等各个环节的数据串联，加快决策，提高准确性。只有打通数据流才能实现基于实时数据变化，对生产过程进行分析和优化处理，进而实现业务流程、工业流程和资金流程的协同，以及生产资源（包括材料、能源等）在企业内部及企业之间的动态配置。打通数据流也是工厂建立"数字孪生"的前提，数字孪生不仅指产品的数字化，也包含工厂本身和工艺流程及设备的数字化，从而实现全面追溯、物理与虚拟双向共享和交互信息。打通数据流主要包括三类数据的连通，即生产数据流、产品数据流以及供应链数据流。

1）生产流程数据。打通生产流程数据除了从生产计划到执行的数据流，如从企业资源计划（Enterprise Resource Planning，ERP）到制造执行系统（Manufacturing Execution System，MES），还包括 MES 与监控设备之间的数据流，现场设备与控制设备之间的数据流，以及 MES 与现场设备之间的数据流等。

2）产品数据流。打通产品数据流主要体现在产品全生命周期数字一体化和产品全生命周期可追溯。前者是以缩短研发周期为核心，建立产品全生命周期管理系统。研发是数字化工厂"数据链条"的起点，研发环节产生的数据将在工厂各个系统之间实时传递，使得工厂效率大大提升，缩短产品研制周期。后者以提升产品质量管控为核心，主要是使产品在全生命周期具有唯一标识，应用传感器、智能仪表、自动控制系统等自动采集质量管理所需要的数据，通过 MES 系统开展在线质量检测和预警。

3）供应链数据流。打通供应链数据流主要体现在供应链上下游协同优化，实现网络协同制造。主要应用是建设跨企业制造资源系统平台，实现企业间研发、管理和服务系统的集成和对接，为接入企业提供研发设计、运营管理、数据分析、知识管理、信息安全等服务，开展制造服务和资源的动态分析和柔性配置。

2. 设备和用户价值深度挖掘

制造业面临愈发激烈的市场竞争和日益透明的产品定价，不得不寻找新的价值来源。设备和用户价值深度挖掘是企业智能制造部署的第二重点领域。围绕设备进行价值挖掘可以说是制造型企业的主要任务之一。如在研发设计阶段，嵌入新技术，生产更加智能或更多样化的产品；在销售阶段，提供设备相关金融服务；在售后阶段，对出厂设备和产品进行实时数据采集和监控，并进行性能分析、预测性维护等，既提升安全性，也为企业创造更多服务机会。企业对设备和用户的价值挖掘本质上是对其所采集到信息的数据挖掘，相比于过去传统的抽样调查等数据采集手段带来的样本分布不均、源头数据失真等缺陷，尽管大数据时代的数据有样本丰富、采集手段多样、信息可溯源等优点，但其过于庞大的样本量所包含的冗余数据势必也带来了数据处理负担，因此要对数据进行深度挖掘和优化，主要从处理手段和应用场景两方面考虑。

从处理手段来说，首先考虑使用分位数图，将那些偏离标准值过大的异常数据进行清洗；其次，使用"置信度"与"支持度"对数据进行评估，其中"支持度"可以删除无关联的数据，而"置信度"可以判断数据是否处于规则允许之内；最后，使用偏离分析法对数据之间的偏差进行计算，研究其对应的不同意义，将样本集与测试集的信息进行对比，做出预估。

从应用场景来说，就设备数据本身而言，可以通过对设备传感器或在线监测得到的动态数据与定期检查得到的静态数据结合考虑，实现对设备的运行状态评估。通过这种"动静态数据结合→状态评估→预警/保养"的诊断策略，可以兼顾设备的效率与寿命；同时建立对各设备运行状态与诊断结果规则库，并随时更新，可以不断优化诊断结果。对用户数据的使用，一方面可以结合其数据使用习惯建立专家系统，针对其需求推荐产品；另一方面可以由用户提出其个性化需求，制造商与用户直接沟通，易于对那些定制性强的产品进行按需生产。

3. 工业物联网

美国"工业互联网"的愿景是在产品生命周期的整个价值链中将人、数据和机器连接起来，形成开放的全球化工业网络。实施的方式是通过通信、控制和计算技术的交叉应用，建造一个信息物理系统，促进物理系统和数字系统的融合。而工业物联网的核心是分析与服务，是感知指导行动。当前，在云平台上进行工业物联网各种功能的设计与开发已经成为发展潮流，随着各企业对云平台的加大投入，工业物联网云平台的优越性不言而喻。在智能制造领域，我国已经向数字化迈步，越来越多的生产车间在数字化设备之上，建立工业物联网。工业物联网平台一般有 4 层结构。

1）数据采集层。数据采集层需要对数据进行精准、实时的采集。随着设备智能化的发展，除去基本的信息采集功能外，还逐步拓展了自适应、自诊断、远程调控等功能，提升了生产流程的自主性与可靠性。考虑到计算能力，少部分数据通过边缘计算进行处理，其余数据将传回远端进一步挖掘。

2）基础设施即服务 IaaS 层。IaaS 层负责对硬件资源的整合与调配。服务的使用者可以利用该层的 CPU、存储设施与网络等进行计算并统一管理企业的信息，实现对企业设施的精简化，节约空间资源并降低运作成本。相比于传统"分布运算→网络传输"的特点，使用云平台不必经历多级设备传递，精简了通信层级，提升了数据的处理效率。

3）平台即服务 PaaS 层。不同企业针对其业务特点需要开发不同的软件，云平台为开发软件提供了一个基础环境，免去了最底层的环境配置与资源部署，平台用户可以在此进行软件开发或功能拓展，大大降低硬件成本。

4）软件即服务 SaaS 层。通过软硬件资源调配和数据的加工处理，SaaS 实现了以软件终端的形式面向客户展现服务。该层可以支撑平台用户的业务开展与资源管理，以一种直观的形式完成企业任务的"生产-管理-调度"，优化企业的运行效率与资源配置。

4. 重构未来商业模式

物联网广阔的应用场景已经影响到方方面面，其新颖的产业模式也引领了商业模式的重构。智能制造不仅能够帮助制造型企业实现降本增效，也赋予企业重新思考价值定位和重构商业模式的契机。

从商品需求的角度说起，主要分为消费类需求，如智能家居、共享单车与自动泊车等；商业类需求，如能效管理、故障诊断与产品溯源等；政府类需求，如环境监测、智能执法与交通调度等。这些应用借助于物联网平台真正实现了物与物的延伸，通过万物相连的形式实现了远程管理。

从产业链的角度考虑，主要有直接型模式、平台型模式和生态型模式。直接型模式通常指提供硬件服务或"浅加工"服务，如云侧收费、端侧收费与管侧收费等，目前这部分模式正在向"产品+服务"方向发展，提供两大模块并行的整体解决方案。平台型模式将盈利的重心放在了软件服务能力上，而非硬件本身，如上文提到的 SaaS 模式、软件平台 API 模式与资金平台等；另外通过对自身平台服务的拓展，逐步形成自己的平台生态系统。

从企业类型的角度来说，物联网企业的商业模式可分为硬件类服务模式、应用类服务模式和平台类服务模式。其中硬件类服务模式主要面向需要减小硬件成本与维护成本的企业；应用类服务模式旨在为软件开发企业省去构建底层环境的时间成本，便于直接开发；平台类服务模式通过提供多种支持解决方案，完成用户企业的目标需求。

总体说来，未来的商业模式基本可归纳为以下几类：平台型企业、规模化定制型企业、"产品+服务"为核心型企业、以知识产权为核心型企业以及其他类型企业。每种商业模式的特点、未来发展趋势以及所面临的挑战见表 5-2。

表 5-2　不同商业模式特点及挑战

商业模式	特点及趋势	面临的挑战
平台型企业	● 多种软件服务+生态系统 ● 竞争力体现在平台上的软件服务能力，而非平台本身 ● 大部分企业会选择扩展性更强的公有云平台搭建基础设施 ● 未来不会出现类似 BAT 的巨头，而是垂直行业的领军企业或平台	● 工业企业更擅长实物产品创新而非软件服务创新 ● 软件平台需要支持多种软件服务方案，包括尚未开发的服务 ● 数据所有权问题 ● 可能需要进行一系列软件企业收购 ● 平台业务搭建培育期较长，领导层、股东能否接受较长回报期的压力 ● 平台业务很难与现有业务竞争人力资源和财务资源，企业可能需要重组业务单元，改变会计实务
规模化定制型企业	● 直接面向用户、多维交叉分析、了解用户行为、建立数据模型 ● 多采用模块化设计方法 ● 数据链条贯通用户、制造商和供应商 ● 业务流程符合柔性制造特点 ● 很多行业都可能走向规模化定制，如纺织服装、消费电子、汽车、装备制造等	● 客户交互、数据仓库、数据分析等技术投入预算将大幅度增加 ● 为应对个性化定制生产，供应链也需要数字化转型 ● 尽管生产环节复杂程度提高，但必须保持成本数量和成本结构可控
"产品+服务"为核心型企业	● 提供由产品和服务两大模块组成的整体解决方案 ● 服务是产品战略的重要组成部分和利润来源 ● 服务创新与产品创新双轨进行	● 从围绕现有产品提升客户体验到围绕客户需求提供解决方案 ● 系统集成能力有待提高 ● 创新投入会大幅增加但收益不尽人意 ● 收入模式改变
知识产权为核心型企业	● 企业往往通过专利战略，形成技术壁垒占领市场 ● 收入来源：专利授权许可收费、专利产品和解决方案组合、技术转让 ● 技术许可常与标准化战略相结合	● 技术研发投入大 ● 技术成果产业化时间的不确定性 ● 专利授权之前主要收入来源不确定性 ● 投入大量资源进行专利维护

5.5.4　智能制造的应用及实例分析

智能制造的应用包括开发智能产品、应用智能装备、由下而上建立智能生产线、构建智能车间、打造智能工厂、践行智能研发、形成智能物流和供应链体系、开展智能管理、推进智能服务并最终实现智能决策等一条龙的智能化生产与服务。

实际上，在国外智能化的改造实践早已开启，例如家电行业，西门子安贝格电子工厂实现了多品种工控机的混线生产；机器人行业，FANUC公司实现了机器人和伺服电动机生产过程的高度自动化和智能化，并利用自动化立体仓库在车间内的各个智能制造单元之间传递物料，实现了最高720 h无人值守；电器加工行业，施耐德电气实现了电气开关制造和包装过程的全自动化；美国哈雷戴维森公司广泛利用以加工中心和机器人构成的智能制造单元，实现大批量定制；三菱电机名古屋制作所采用人机结合的新型机器人装配生产线，实现从自动化到智能化的转变，显著提高了单位生产面积的产量；全球重卡巨头MAN公司搭建了完备的厂内物流体系，利用AGV装载进行装配的部件和整车，便于灵活调整装配线，并建立了物料超市，取得明显成效。

在国内，汽车、家电、轨道交通、食品饮料、制药、装备制造、家居等行业对生产和装配线进行自动化、智能化改造，以及建立全新智能工厂的需求十分旺盛，涌现出海尔、美的、东莞劲胜、尚品宅配等智能工厂建设的样板。海尔佛山滚筒洗衣机工厂可以实现按订单配置、生产和装配，采用高柔性的自动无人生产线，广泛应用精密装配机器人，采用MES系统全程订单执行管理系统，通过RFID进行全程追溯，实现了机-机互联、机-物互联和人-机互联；尚品宅配实现了从款式设计到构造尺寸的全方位个性定制，建立了高度智能化的生产加工控制系统，能够满足消费者个性化定制所产生的特殊尺寸与构造板材的切削加工需求；东莞劲胜全面采用国产加工中心、国产数控系统和国产工业软件，实现了设备数据的自动采集和车间联网，建立了工厂的数字映射模型（Digital Twin），构建了手机壳加工的智能工厂等。另外，在钢铁制造业、纺织服装业和高端装备制造业等大行业领域，智能制造的应用也凸显其优势。下面将分别给予实例分析。

1. 钢铁冶金行业——上海宝钢股份

钢铁行业自动化程度较高，在生产、销售、管理等方面用到的智能制造技术主要有物联网、云计算、大数据等。2016年10月工信部发布了《钢铁工业调整升级规划（2016-2020年》。规划到2020年钢铁智能制造示范试点发展到10家，夯实智能制造基础，全面推进智能制造。重点培育流程型智能制造、网络协同制造、大规模个性化定制、远程运维服务等智能制造新模式试点示范，支持优势企业搭建工业互联网平台，以互联网订单为基础，满足客户多品种、小批量的个性化需求，鼓励优势企业建设关键设备智能监测体系，开展远程运维服务。总结试点示范经验和模式，提出钢铁智能制造路线图。这些政策统筹长远和近期，体现以点带面、聚焦重点，支持制造业开展智能制造，也为钢铁行业推进智能制造指明主攻方向和实施路径，侧重于打造智能生产线、数字化车间和智能工厂。

在全球制造业面临重大调整、国内钢铁业步入"冬常态"之际，面对工业4.0带来的巨大机遇，宝钢早在2009年就开始从战略高度推进智能制造。它制定"2010-2015六年发展规划"时提出，建设"技术领先、服务先行、数字化宝钢、绿色产业链、产融结合"等五大核心能力，开启宝钢向服务转型、打造智慧钢铁的征程，如图5-17所示。

在2012年，宝钢提出的"三大转型目标"中，"从制造到服务"为首要目标，具体实践就是在淘汰落后产能的同时加快建设钢铁智能"梦工厂"。旗下宝钢股份热轧智能车间、钢铁冷轧数字化车间均被工信部列入首批智能制造试点示范项目，并取得可以推广的经验。

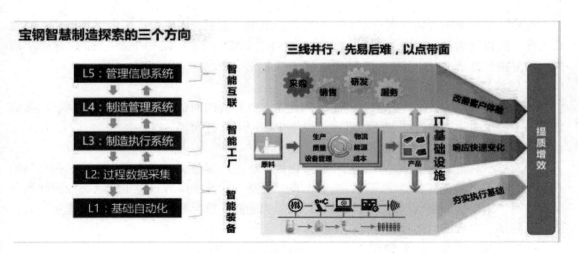

图 5-17　宝钢智慧制造探索的三个主要方向

宝钢智慧钢铁由智能制造和个性化服务两翼构成。在智能制造方面，注重智能制造技术改造与应用，以信息化支撑由制造转向"智造"，与德国西门子公司合作推进"宝钢-西门子联合探索工业 4.0 项目"，并在工信部智能制造试点项目"1580 热轧智能车间"上先行试验，进而推动建立中国钢铁行业工业 4.0 标准。作为宝钢钢铁制造核心环节——1580 热轧智能车间，通过无人化板坯库、全流程质量监控、智能点检、机器人应用、节能环保、虚拟工厂等，实现热轧产线的智能化应用，提升产线制造稳定性和灵活性，降低制造成本。智能改造后，热轧车间能源利用率、全自动轧钢率、劳动效率分别提升 5%、6% 和 10%，使宝钢生产更安全、更高效、更环保，如图 5-18 所示。在个性化服务方面，宝钢则以欧冶云商为主体，着重打造契合智能制造的个性化服务平台，构建最具活力的钢铁服务共享生态圈。宝钢EVI（供应商早期介入）模式，通过与国内所有主流汽车制造商建立深入合作关系，形成涵盖从先进工艺设计、早期（概念）和车身设计、模（工）具设计开发、车型投产和批量生产等汽车开发制造全过程，面向不同用户需求层次的 EVI 合作类型和一揽子解决方案。宝钢 EVI 模式应用领域已被扩展推广到家电、造船等行业。

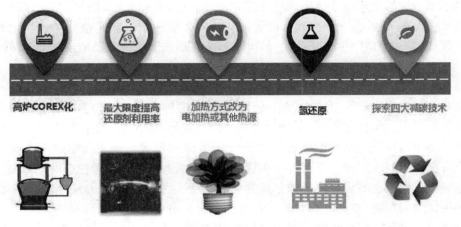

图 5-18　宝钢绿色环保低碳工艺技术示意图

此外，宝钢全面将物联网技术嵌入到管理系统中，建成仓库库位、搬运工具以及仓储物品三合一的识别系统，同时，联合上海宝信软件公司建设了由 IaaS、PaaS、SaaS 三层架构构成的宝钢私有云平台，使企业实行全过程的智能化生产、运营与管理。

2. 纺织及服装行业——青岛红领集团

纺织产业要成功转型，迈向智能制造，首先需要解决的问题便是实现设备互联、消除信息孤岛。纺织服装行业智能制造的重点主要集中在以下三方面。

（1）装备智能化——智能制造的基础

当前纺织装备普遍采用了数字化和网络化控制技术，具备了一些智能化功能。在此基础上，智能制造要求新型智能纺织装备能够实现三个基本功能，即对自身工作状态的感知和自诊断功能，能根据作业数据进行自调整和自适应，能够通过互联网与制造商平台连接，为制造商开展基于大数据的远程服务提供支撑。

（2）产品智能化——智能服装

产品智能化是纺织行业与其他行业差异最大的领域，智能服装是最典型的代表，如情绪手套、保温袜子、防蚊虫衬衫、保湿保暖羊绒内衣等。其智能化功能主要通过以下三种途径实现：一是开发智能纤维，做成服装；二是通过新型染色或新型整理加工方法，使普通织物具有智能特性，再做成服装；三是应用物联网技术，将普通服装与外加智能电子元器件组合，形成智能服装。

（3）生产过程智能化——智能制造的核心

生产过程智能化系统，向下连接智能化设备，向上与智能管理软件系统集成。生产过程智能化四大重点任务如图 5-19 所示。

图 5-19　生产过程智能化四大重点任务

青岛红领集团（以下简称"红领"）是服装智能化的典型代表。十多年来，红领投入数亿元，将原本传统的流水线升级为信息化的定制工厂，通过整合互联网、3D 打印、大数据等最新技术，实现了 M 端（制造端）的智能化改造，创建了一套完整的、个性化大规模定制的"红领模式"（如图 5-20 所示），解决了传统高端定制中生产线灵活度低和转换成本高的难题。

红领自主研发的电子商务定制平台——反向定制模式（Customer to Manufactory，C2M）平台，是一种消费者线上入口的大数据平台，通过互联网将消费者和生产者、设计者等直接连通，实现服装在线个性化定制，订单直接提交给工厂，从下单、支付到产品，实现全过程数字化和网络化运作。这是典型"按需生产"的零库存模式，企业和用户可实现双赢。对企业来说，没有中间商加价，没有资金和货品积压，成本会大大下降；对用户来说，不但能得到快速响应，而且也不需要再分摊传统零售模式下的流通和库存等成本。红领通过 C2M 平台，将传统服装定制 20~50 个工作日的生产周期，缩短至 7 个工作日内，实现了性价比最优。过去只有少数人穿得起的"高大上"贵族定制，通过"红领模式"变成了普通人也能享受的高级定制，这是智能制造和物联网技术具体应用的现实体现。

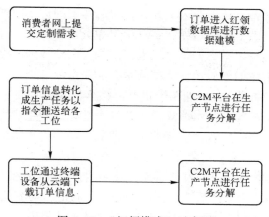

图 5-20 "红领模式"示意图

红领把智能制造、物联网等技术融入大规模生产和大批量个性化定制,打造 C2M 平台,实现了在一条流水线上能制造出灵活多变的多种个性化产品,并把这套解决方案进行编码化、程序化和一般化,将其命名为"SDE"(Source Data Engineering)。包含 C2M 平台消费者端的个性化定制直销、大数据平台的数据模型和智能逻辑算法、制造端的工厂个性化定制柔性制造解决方案、组织流程再造解决方案等整套基础源代码,以及"智能化的需求数据采集、研发设计、计划排产、制版""数据驱动的生产执行体系、物流和客服体系"等多个智能系统。将传统"先产后销的高库存模式"转变为现代"先销后产的零库存模式",成功实现了制造业转型升级,如图 5-21 所示。

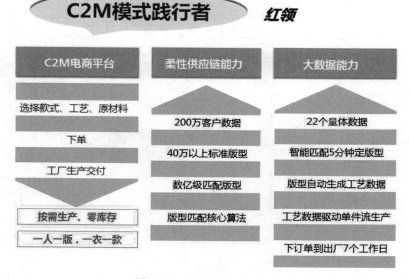

图 5-21 红领 C2M 示意图

消费者定制需求通过 C2M 平台生产订单,订单数据进入红领自主研发的版型数据库、工艺数据库、款式数据库、原料数据库等进行自动处理,突破了人工制作版型的瓶颈,实现一对一专属版型、专属款式,生产过程中,每件定制产品都有专属芯片,伴随生产全流程。

每个工位都有专用终端设备，从工业云下载和读取芯片上的订单数据，进行定制生产。信息系统实现集成和协同，打破了企业边界，多个生产单元和上下游企业共享数据、协同生产。穿梭在改造后的红领车间可以看到，每个工人面前都有一个数据终端，工人操作前刷射频芯片卡，下达给他的处理指令即刻显示在终端屏幕，无关指令则被过滤，工人只需按照指令完成不同工序（如镶边、钉扣等），就能精准生产出完全不同的服装。正是通过这样一套精准的智能系统，让看似完全相悖的流水线规模生产和个性化定制生产完美融合，既满足了消费者与众不同的新需求，也在一定程度上降低了企业的生产和管理成本。

数据统计，自 2015 年以来，红领集团定制业务年均销售收入、利润增长均超过 150%，而这其中的 70% 来自美国，由 C2M 模式带来的个性化定制服装在欧美市场获得巨大成功。"红领模式"是一个完整的价值链再造，无论是研发、制造、物流还是服务都发生了根本性的转变，颠覆了传统服装企业的商业规则和经营模式。"红领模式"证明，智能制造及物联网技术给传统企业在新常态形势下带来了新的经济增长点，是助推产业转型升级的有效路径。

3. 高端装备制造行业——中国中车股份

高铁是我国高端装备制造业的典型代表，而中国中车股份有限公司（以下简称"中车"）制造的高铁动车组产品已达到国际一流水平。中车是 2015 年 6 月由南车和北车合并而成的，正在试图从优秀的子公司开始，推动整个企业向智能制造转型。其将企业的管理和制造水平分为 5 个等级：传统化管理、精细化管理、精益化管理、数字化管理和智能化管理；并计划通过智能制造转型达成 4 个指标：研发效率提高 30%、产品不合格率降低 30%、节能减排率提高 30% 以及劳动生产率提高 40%。目前，中车高铁动车组生产企业已由精细级发展到数字级，实现了各业务流程的电子化全线覆盖，并且已经进行了部分智能化管理的尝试，目标是逐步由"制造"走向"智造"。如图 5-22 所示。

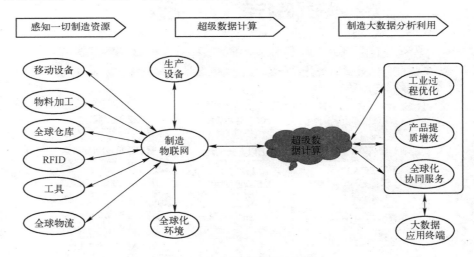

图 5-22　中车智造网示意图

中车推进数字化、智能化，重心放在骨干子公司的关键工序、关键车间的智能化改造，也就是择优推进。目前主要做的是动车组和高端机电一体化产品，未来高铁装备智能制造的发展大致可以朝着以下六个方向迈进：标准化、精益化、智能化、可视化、国际化和体系化，如图 5-23 所示。

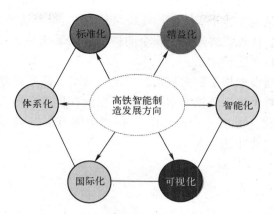

图 5-23　高铁装备智能制造发展方向

（1）标准化——产品及数据标准化

以"一个行业，一套标准，一套数据"为总体目标。规范企业产品模型、分类、状态等信息，制定各企业间数据交换的标准，使产品信息可以充分、高效地传递与利用，缩短产品研发周期，节约成本，实现行业国内产品、数据统一共享。

（2）精益化——管理数字化、研发协同化、生产智能化

以精益管理为目标，围绕市场、研发、工艺、生产、销售、安全、环保等核心业务，推进信息化与智能化建设，优化内部运营管理流程，打造一体化协同运作的信息支撑平台，提升核心竞争力。对基础好、产品附加值高的子公司开展智能化流水线、智能化车间、智能化试点建设，取得经验后总结推广，实现向智能制造转型的四大指标。

（3）智能化——过程、服务、产品智能化

通过搭建多种服务平台，如管控平台、智能生产平台及客户运维平台等，实现过程、服务、产品智能化。业务范围包括专家服务、远程诊断、远程控制、远程维护、知识维护、客户培训、产品档案等。

（4）可视化——供应链可视化

以电子商务平台建设为契机，重点推进战略资源管理、供应商管理及协同，实现供应链可视化。供应链可视化就是将采集、传递、存储、分析、处理供应链中的订单信息，和物流以及库存等相关指标信息，按照供应链的需求，以直观的方式展现出来。供应链可视化主要体现在业务资源可视化、流程处理可视化、仓储可视化、数据分析可视化及物流追踪可视化五个方面。

（5）国际化——经营范围国际化

建设符合国际标准的海外业务管理信息化平台，为高铁装备向国际化拓展提供保障，达到经营范围国际化。具体包括海外财务管理平台、海外 IT 基础架构及治理平台、海外项目管理平台、海外人力资源管理平台、海外客户管理平台、海外供应链平台及海外重点项目业务协同管理平台等。海外信息化平台主要体现在统一规划、统一标准、统一投资、统一建设、统一平台及统一运维等。

（6）体系化——信息安全体系化

落实高铁装备保密工作要求，开展信息安全等级保护和 ISO27001 信息安全管理体系认

证工作，建立健全行业信息安全管理体系。以积极防御、综合防范为原则，围绕内外网分离、员工身份统一认证、计算机终端统一安全防护、信息系统安全、工业控制系统安全等方面，建设行业信息安全技术防护体系。

近年来，中国高铁建设取得了巨大成就，以高速铁路、高原高寒铁路、重载铁路为代表的技术创新成果，标志着中国铁路技术水平整体上已走在世界前列。中国高铁建设和运营正逐步走向智能化、一体化，采用"中国标准"和"中国方案"建设的铁路工程越来越多，中国高铁正在不断加快"走出去"的进程。

本章小结

本章主要学习物联网的智能处理技术，主要包括自动控制和智能控制技术、人工智能技术、嵌入式系统技术、微机电系统技术、智能制造技术等。通过本章的学习，掌握自动控制的基本原理和自动控制系统的组成、特点和工作过程；了解智能控制的基本概念和表现形式；理解人工智能的基本概念、研究领域和实现方法；掌握嵌入式系统的基本含义、相关概念、系统组成、应用领域及发展前景；理解微机电系统 MEMS 的结构模型、基本特点、技术领域和应用形式；掌握智能制造基本含义、基本特点、技术领域、应用形式和发展前景等。

思考题

5-1　什么是自动控制？简述自动控制系统的组成和工作过程。

5-2　什么是人工智能？其研究领域有哪些？

5-3　什么是智能控制？有哪些表现形式？

5-4　什么是嵌入式系统？有哪些基本特点？

5-5　嵌入式系统由哪几部分组成？各部分有什么作用？

5-6　什么叫微机电系统？由哪几部分组成？

5-7　微机电系统有哪些显著特点和技术形式？

5-8　智能制造的基本概念是什么？它的发展历程是怎样的？

5-9　智能制造部署重点有哪些？

5-10　智能制造的具体应用有哪些？

第6章 云计算与大数据

【核心内容提示】

（1）掌握云计算的基本概念、类型，云计算模式下的网络和体系结构，了解云计算的典型应用平台和云计算的安全问题。

（2）了解边缘计算的概念、模式、意义、应用及面临的挑战。

（3）掌握大数据的基本概念、突出特征、技术体系及应用，正确理解大数据与物联网的关系。

扫码观看本章
知识点视频

6.1 概述

云计算、边缘计算、大数据等，都是物联网大系统对不同海量数据存储、处理、服务的具体理论、方法和技术。随着科技的飞速发展，以及人类生活质量的日益提升，各行各业的信息、数据、服务、需求等都在逐渐走向细微化、泛在化，随之便衍生出了诸如云计算、边缘计算、大数据等新概念和新技术。

云计算（Cloud Computing，CC）是用来解决海量数据如何存储、如何检索、如何使用、如何不被滥用等关键问题的一种新的信息处理技术，是物联网发展的基石。云计算作为一种全新的网络服务和计算模式，将传统以桌面为核心的任务处理转变为以网络为核心的任务处理，利用互联网实现要完成的一切处理任务，使网络成为传递服务、计算和信息的综合媒介，真正实现按需计算、多人协作。"云"不是指漂浮在天空中的云，而是由成千上万的计算机和服务器集群组成，通过互联网实现网络服务的"电脑云"。

边缘计算（Edge Computing，EC）是指把计算和数据处理放在网络的边缘端进行，是在靠近物体或数据源头的网络边缘侧，融合网络、计算、存储、应用核心能力的开放平台，能够就近提供边缘智能服务，满足行业数字化在敏捷连接、实时业务、数据优化、应用智能、安全与隐私保护等方面的关键需求。因此，边缘计算是对云计算模式的优化，是对云计算服务的有效补充。

大数据（Big Data，BD）是一种海量数据服务业务，大数据技术是指从各种各样类型的数据中快速获得有价值信息的能力。具体来说，就是建立在对互联网、物联网、云计算、边缘计算等泛在渠道、大量数据资源收集基础上的数据存储、价值提炼、智能处理和业务分发等信息服务。大数据企业大多致力于让所有用户几乎能够从任何数据中获得可转换为业务执行的洞察力，包括之前隐藏在非结构化数据中的洞察力。

云计算、边缘计算、大数据都是物联网对于海量数据处理和服务的核心技术，本章分别对这三种核心技术的基本概念、原理、意义及典型应用进行介绍和分析。

6.2　云计算

6.2.1　概述

随着多核处理器、虚拟化、分布式存储、宽带互联网和自动化管理等技术的发展及信息化处理需求的增长，普通计算机的计算和存储能力在一定程度上制约着现代化应用的发展。人们都希望利用一台普通PC，通过网络服务来实现所需要完成的一切功能，甚至包括超级计算这样的高级应用任务。另一方面，互联网信息搜索和处理包括网页全文索引、镜像网页消重、天气模拟、星系模拟、上亿字符串的排序、大容量数据存储等业务，如果只是利用个人和企业自身计算机设备，则无法满足需求。由此云计算应运而生。

2009年，互联网维基百科给出云计算的定义是：**云计算是一种动态的、易扩展的、且通常是通过互联网提供虚拟化的资源计算方式**。"云"是网络、互联网的一种比喻说法，因此可以说，云计算是一种基于互联网相关服务的增加、使用和交付模式。狭义的云计算是指IT基础设施的交付和使用，广义的云计算是指服务的交付和使用。云计算系统以免费或付费使用的形式向用户提供各种服务，它意味着计算能力也可作为一种商品通过互联网进行流通。这种服务主要分为三种形式，即基础设施即服务（Infrastructure as a Service，IaaS）、平台即服务（Platform as a Service，PaaS）和软件即服务（Software as a Service，SaaS）。这三种服务可以是与IT和软件、互联网相关的，也可以是任意其他的服务，具有超大规模、虚拟化、可靠安全等特点。确切地说，云计算是一种基于互联网的超级计算模式，通过这种模式，共享的软硬件资源和信息可以按需提供给计算机和其他设备。其**核心思想是将大量用网络连接起来的计算资源进行统一管理和调度，构成一个"像云一样"的计算资源池（称为数据中心），向用户按需服务，提供资源的网络，称为"云"**。在远程的数据中心里，成千上万台电脑和服务器连接成一片"电脑云"。用户只需将自己的电脑、笔记本、手机等接入云端——数据中心，按自己的需求进行相关运算即可，而不需要了解"云"的内部细节，不必具有"云"的专业知识，也不需要直接控制基础设施。

云计算是计算模式的飞跃性转变，是计算机科学概念的商业化实现。就像如今的自来水网，只要政府确保自来水可靠正常，广大用户只需要安装简单便捷的水管和水龙头就可以随时用水，而不需要家家户户挖水井、购买蓄水设备。

目前，个人电脑依然是人们日常工作生活中的核心工具。传统的PC只有安装相应的操作系统和各种应用处理软件，才能进行文字处理、绘图、看电影、玩游戏等工作。如果硬盘坏了，会因为资料丢失而陷入尴尬；而且其中的文件或数据只能被单机或同一网络的其他计算机访问，网络以外的计算机则不能访问。而在"云计算"时代，整个运行模式将被改变，不需要在个人电脑上安装各种应用软件，也不需要一个越来越大的硬盘或移动存储设备来存储文件和数据，只需要一个简单的上网设备联上互联网即可，"云"会做好各种存储和计算工作。"云"的好处还在于，其中的计算机可以随时更新，保证"云"长生不老。谷歌（Google）就有好几个这样的"云"，其他IT巨头，如IBM、微软（Microsoft）、雅虎（Yahoo）、亚马逊（Amazon）等，也有或正在建设这样的"云"。使用时，人们只需要一台能上网的电脑、PAD或手机，不需关心存储或计算发生在哪朵"云"上，一旦有需要，可以在任何地点，快速地计算和找到这些资料，再也不用担心资料丢失。云计算的应用包含这样一种思想：把力量联合起来，给其中的每一个成员使用。

云计算是实现物联网的核心技术之一。运用云计算模式，使物联网中海量的各类物品的实时动态管理和智能分析变得可能。随着物联网业务量的增加，数据存储和计算量也越来越庞大，"云计算"的作用举足轻重。尤其在物联网高级阶段，虚拟网络、大型多人在线等，需要虚拟化云计算技术和面向服务的体系结构（Service-Oriented Architecture，SOA）等技术的结合来实现物联网的泛在服务（every Thing as a Service，TaaS）。云计算与物联网的关系可以认为是物在前端，云在后端，相辅相成的关系。一方面，物联网的发展需要云计算强大的处理和存储能力作为支撑。具体来说，云计算不但解决了物联网中服务器节点不可靠和资源受限的问题，还让物联网在更广泛的范围内进行信息资源共享，增强了物联网中的数据处理能力，并提高了智能化处理水平。另一方面，物联网产业作为云计算最大的用户，为云计算取得更大的商业成功奠定了基础。尽管云计算凭借其强大的处理能力、存储能力和极高的性价比，成为物联网的后台支撑平台，但是云计算与物联网的发展也产生一些不可避免的问题。首先，云计算和物联网都需要达到一定的规模，否则实际效果难以显现；其次，云计算和物联网标准化问题也是目前制约二者发展的主要因素之一。

6.2.2 云计算的发展

云计算作为一种新兴的数据处理技术，已经在不知不觉中为人们所广泛使用。如网络中文档视频的在线处理、在线阅读、在线观看、在线游戏等。由于云计算是多种技术混合演进的结果，其成熟度较高，又有大公司推动，发展极为迅速。Google、Amazon、IBM、Microsoft 等美国大公司是云计算的先行者。

Google 是目前最大的云计算技术使用者。Google 的搜索引擎就建立和分布在 200 多个站点、遍布全球的数据中心的支撑之上，而且这些设施的数量正在迅猛增长，其开放式平台体现了云计算模式的精髓。Google 云的一系列成功应用平台，包括 Google 地球、地图、Gmail、Docs 等也同样使用了这些基础设施。采用 Google Docs 应用，用户数据会保存在互联网上某个位置，可以通过任何一个与互联网相连的终端十分便利地访问和共享这些数据。目前，Google 已经允许第三方在 Google 云中通过 Google App Engine 运行大型并行应用程序，而且已经拥有超过 200 万用户。Google 以学术论文的形式公开了其云计算的三大法宝：分布式文件系统（Google File System，GFS）、用于大规模数据集（大于 1 TB）并行处理的软件构架（MapReduce，MR）和用来分布存储大规模结构化数据的分布式数据库档案系统（BigTable，BT），并在美国、中国等高校开设云计算编程的相关课程。

Amazon 是互联网最大的在线零售商，研发了为企业提供计算和存储服务的弹性计算云（Elastic Compute Cloud，EC2）和简单存储服务（Simple Storage Service，S3）。收费的服务项目包括存储空间、带宽、CPU 资源以及月租费。月租费与电话月租费类似，存储空间、带宽按容量收费，CPU 根据运算量、时长收费。在诞生不到两年的时间内，注册用户就多达 44 万人，其中包括为数众多的企业级用户。

IBM 早在 2007 年 11 月就推出了"改变游戏规则"的"蓝云（Blue Cloud，BC）"计划，为用户带来即买即用的云计算平台。它包括一系列自我管理和自我修复的虚拟化云计算软件，数据中心在类似于互联网的环境下运行计算，使来自全球的应用可以访问分布式的大型服务器池。2008 年 8 月，IBM 投资约 4 亿美元用于对其设在北卡罗来纳州和日本东京的云计算数据中心的改造。2009 年在 10 个国家投资 3 亿美元建设了 13 个云计算中心。

Microsoft 拥有全世界数以亿计的 Windows 用户，通过 Windows Live 提供云计算服务，实现从一般的设备存储转变为任何时候都可以存储的模式，并于 2008 年 10 月推出了 Windows Azure 操作系统。Azure（译为"蓝天"）是继 Windows 取代 DOS 之后，微软的又一次颠覆性转型——通过在互联网架构上打造新云计算平台，让 Windows 真正由 PC 延伸到"蓝天"上。Azure 的底层是微软全球基础服务系统，由遍布全球的第四代数据中心构成，用户可以使用其数据中心来运行和制作网络应用程序。目前，微软已经配置了 220 个集装箱式数据中心，包括 44 万台服务器。

每个云计算平台具有不同的特点，特别是在平台的使用上，透明的计算平台为用户同时提供了可实际接触的客户端节点以及无法接触的远程虚拟存储服务器，是一个半公开的环境。Google 云是私有环境，只开放有限的应用程序接口，例如谷歌网页工具包（Google Web Toolkit，GWT）、谷歌应用程序引擎（Google App Engine，GAE）以及谷歌地图应用程序接口（Google Maps API，GMA）等，并没有将云计算的内部基础设施共享给外部的用户使用；IBM 的蓝云则是可供销售的软、硬件集合，用户基于这些软、硬件产品可以构建自己的云计算应用；Amazon 的弹性计算云则是托管式的云计算平台，用户可以通过远端的操作界面直接操作使用，看不到实际的物理节点。

表 6-1 给出了三种典型云计算系统的性能比较。

表 6-1　三种典型云计算系统的比较

比较项目	Google 云计算架构	IBM 云计算产品	Amazon 弹性计算云
与传统软件的兼容性	在搜索基础上建立的新的网络系统；当前的软件还不能在该架构下运行，无兼容性	采用了虚拟技术，既能运行传统软件又能提供新的云计算接口给新应用程序开发	采用了虚拟技术，可以运行传统软件
系统开放性	采用内部技术	采用开源技术	内部技术和开源技术的结合
系统虚拟技术的采用	未采用系统虚拟技术，只能支持新应用	采用开源软件 Xen	采用开源软件 Xen
目标用户	用户可以直接使用，同时提供网络应用、程序编程标准给开发人员	开发人员	开发人员
编程支持	提供网络应用程序编程标准	局部分布式应用程序编程接口	网络远程操作接口

表 6-1 从多个方面比较了三种云计算系统的不同之处。可以看出，虽然各种云计算系统在很多方面具有共性，但实际上各系统之间还是有很大的不同，这也给云计算用户或者开发人员带来了不同的体验。随着云计算技术的统一和应用的进一步明朗，云计算团队将迅速壮大，并延伸出广阔的产业链，无论是个人用户还是企业用户都能充分体验到云计算带来的好处。

在国内，阿里云是云计算的先行者，并以先发优势已经成为国内公认的公有云"霸主"。其后，百度云、腾讯云、UCloud、金山云等纷纷诞生，在云计算领域各占一席之地，其中 BAT（百度、阿里、腾讯）三巨头的"云计划"均已经上升到了空前的高度。

阿里云（Alibaba Cloud Computing）创立于 2009 年，是国内较为领先的云计算及人工智能科技公司，致力于以在线公共服务方式，提供安全、可靠的计算和数据处理能力，让计算和人工智能成为普惠科技。阿里云主要服务于制造、金融、政务、交通、医疗、电信、能源等多个行业，是众多领域和明星互联网公司的领军企业。在天猫"双 11"全球狂欢节、12306 春运购票等极富挑战的应用场景中，阿里云保持着良好的运行纪录。同时，阿里云也在全球各地部署了高效、节能的绿色数据中心，利用清洁计算为万物互联的新世界提供源源不断的能源动力。目前已经服务的区域包括中国、新加坡、美国、欧洲、中东、澳大利亚、日本等，几乎实现了全球互联网市场的全覆盖。

2016 年 10 月，阿里云发布城市 ET 大脑（一种机器人），帮助治理交通；2017 年 12 月，阿里云在云栖大会·北京峰会上正式推出了整合城市管理、工业优化、辅助医疗、环境治理、航空调度等全局能力为一体的 ET 大脑，是全球首个类脑架构的人工智能。2018 年 9 月，杭州·云栖大会上，阿里云宣布成立全球交付中心，这也意味着阿里云把建设全球范围的交付能力放到了更高的位置，更加注重产品和技术能力向交付端沉淀。

百度云（现名为百度网盘）是百度推出的一项云存储服务，已覆盖主流 PC 和手机操作系统，包含 Web 版、Windows 版、Mac 版、Android 版和 iPhone 版，用户可以轻松地将自己的文件上传到网盘上，并可跨终端地随时随地查看和分享。

2013 年 9 月，百度宣布百度云用户破亿；2014 年 11 月，百度云总用户数突破 2 亿，移动端的发展全面超越 PC 端；2015 年 9 月，百度云加速 3.0 上线。2016 年 10 月，百度云改名为百度网盘，用户数突破 4 亿。此后百度更加专注发展个人存储、备份功能。百度网盘个人版是百度面向个人用户的网盘存储服务，满足用户工作生活中的各类需求。已上线的产品包括：网盘、个人主页、群组功能、通信录、相册、人脸识别、文章、记事本、短信、手机找回等。

腾讯云是腾讯公司倾力打造的云计算品牌，以卓越科技能力助力各行各业数字化转型，为全球客户提供领先的云计算、大数据、人工智能服务，以及定制化行业解决方案。

腾讯公司的第一个产品 QQ，其实就是一朵"优秀的云"。从此，腾讯为数百万的企业和开发者提供了各种安全稳定的云计算服务，不管是社交、游戏、零售还是其他领域，都有成熟的云产品服务。具体包括云服务器、云存储器、云数据库（Cloud Data Base，CDB）、视频与 CDN（Content Delivery Network）、弹性 Web 引擎等基础云服务；腾讯云分析（MTA）、腾讯云推送（信鸽）等腾讯整体大数据能力；以及 QQ 互联、QQ 空间、微信、微云、微社区等云端链接社交体系，为各行业和领域提供了高品质全方位的技术支持和集云计算、云数据、云运营于一体的云端服务体验。

UCloud（优刻得）成立于 2012 年 3 月，是中国知名的中立云计算服务商，专注于提供可靠的企业级云服务，包括云主机、云服务器、云数据库、混合云、CDN 等，服务于约 10 万家企业级客户，涉及制造、零售、金融、游戏、直播等行业。

UCloud 是基础云计算服务提供商，长期专注于移动互联网领域，并且针对特定场景，通过自主研发，提供了一系列专业的解决方案，包括计算资源、存储资源和网络资源等企业必需的基础 IT 架构服务，可以满足互联网研发团队在不同场景下的各类需求。

总之，云计算为 IT 领域乃至整个商业市场带来的变革早已不是空谈。传统企业在云时代得以根本意义上的转型，大企业在云端获得源源不断的生命力，中小企业通过云更快地面向市场获得发展机遇。未来将会有更多的企业加入云的世界，更高质量、更加生态化、更加快捷的云服务平台将不断涌现。

我国云计算发展非常迅猛，大致可以分为 3 个阶段。如图 6-1 所示。

图 6-1　中国云计算的发展阶段

市场引入阶段（2007~2010年），这一阶段，人们对云计算概念还不太明确，对云计算的认知度还比较低，云计算的技术和商务模式还不成熟等。随着2009年云计算概念的广泛普及，至2010年下半年，市场逐步向着成熟方向迈进。

成长阶段（2011~2015年），这一阶段，云计算的应用案例逐渐丰富，人们对云计算有了一定程度的了解和认可，云计算商业应用概念开始形成。此外，人们已经开始比较主动地考虑云计算与自身IT应用的关系，同时，随着物联网的普及应用，这五年云计算的发展速度也得到迅猛提升。

成熟阶段（2015年以后），表现为云计算厂商竞争格局基本形成，云计算的解决方案更加成熟。经过几年的发展，云计算创新技术无论在规模效应还是性能成熟度上相比2015年前的"雏形阶段"都不可同日而语，以此为新型架构的IT布局方式正从互联网行业向医疗、金融等行业渗透；在软件方面，SaaS的应用模式成为主流，市场规模也保持在一个比较稳定的水平。

值得注意的是，虽然云计算突飞猛进，但市场渗透率并不高。在全球IT市场中，云计算渗透率只占10%左右。我国云计算经过十年左右的发展，整体行业趋于成熟，但云计算市场渗透率更低，只有5%~7%，仍处于相对早期阶段，融合和智能化是云计算领域的两大重要趋势。总体来看，当前我国云计算市场整体规模较小，与全球云计算市场相比有3~5年的差距。细分来看，国内IaaS市场处于高速增长阶段，以阿里云、腾讯云、UCloud为代表的厂商不断拓展海外市场，并开始与Amazon、微软等国际巨头展开正面竞争。国内SaaS市场较国外差距明显，服务成熟度不高，缺乏行业领军企业，市场规模偏小。

为了推进云计算的快速发展，工业和信息化部相关的支持政策陆续出台。如《云计算发展三年行动计划（2017-2019年）》，《推动企业上云实施指南（2018-2020年）》（以下简称"实施指南"），以指导和促进企业运用云计算加快数字化、网络化、智能化的转型升级。

实施指南从实施的云路径、强化政策保障、完善支撑服务等层面上，为推进企业上云给出了具体指导，并提出到 2020 年，云计算将在企业生产、经营、管理中的应用广泛普及，全国新增上云企业 100 万家。随着云计算步入第二个发展 10 年，全球云计算市场趋于稳定增长，我国云计算市场也将进入高速增长阶段。目前，云计算的应用已逐步深入到政府、金融、工业、交通、物流、医疗健康等传统行业，从产业协同的角度，提供计算、存储、网络等 IT 设施，助推中国制造产业转型升级、提质增效，实现大数据的数据汇集、数据存储和数据价值挖掘等产业功能。

6.2.3　云计算的类型

云计算是一种计算资源的网络应用和服务模式，通常有 **3 种基本类型，即公有云、私有云和混合云**。如图 6-2 所示。

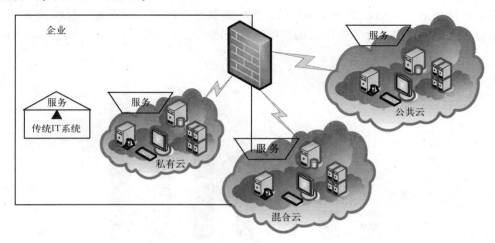

图 6-2　云计算模式示意图

1. 公有云

公有云是指企业通过自己的基础设施**直接向大众或者大行业提供的云服务**，外部用户通过互联网访问服务，并不拥有云计算资源。目前，典型的公有云有微软的 Windows Azure Platform、亚马逊的 AWS、Salesforce.com，以及国内的阿里巴巴、用友和伟库网等。

公有云被认为是云计算的主要形态，一般可通过 Internet 提供有吸引力的服务给最终用户，创造新的业务价值，而这种服务的提供可能是免费的或成本低廉的。公有云作为一个支撑平台，还能够整合上游的服务（如增值业务、广告等）提供者和下游最终用户，打造新的价值链和生态系统。

对于使用者而言，公有云的最大优点是，其所应用的程序、服务及相关数据都存放在公有云的提供者处，自己无须做相应的投资和建设，可直接通过 Internet 访问，使用方便，成本低廉。最大的问题是，由于数据不存储在自己的数据中心，其安全性存在一定风险；同时，公有云的可用性不受使用者控制，这方面也存在一定的不确定性。

2. 私有云

私有云是指企业自己使用的云，**是将云基础设施与软硬件资源创建在防火墙内，以供企业内各部门共享的数据资源**。其所有的服务都不对外供别人使用，而是供企业内部人员或分支机构使用。私有云的部署比较适用于有众多分支机构的大型企业或政府部门。随着这些大型企业数据中心的集中化,私有云将会成为部署 IT 系统的主流模式。

相对于公有云,私有云部署在企业自身内部,因此其数据安全性、系统可用性都可由自己控制。但其缺点是投资较大,尤其是一次性的建设投资较大。

3. 混合云

混合云是企业提供给自己和客户共同使用的云,其所提供的服务既可以供别人使用,也可以供自己使用。相比较而言,混合云的部署方式对提供者的要求较高。

根据前瞻产业研究院发布的《中国云计算产业发展前景与投资战略规划分析报告》统计数据显示,我国公有云市场保持 50% 以上的增速,私有云市场增速也达到了 24%。预计 2019-2021 年仍将保持快速增长态势。其中,基础设施即服务(IaaS)成为公有云中增速最快的服务类型。随着大量地方行业 IaaS 服务商的进入,预计未来几年 IaaS 市场仍将快速增长;而软件即服务(SaaS)市场规模居中,平台即服务(PaaS)市场整体规模偏小。

2015-2021 年我国云计算整体市场规模统计及增长情况预测如图 6-3 和图 6-4 所示。

图 6-3　公有云市场统计及预测

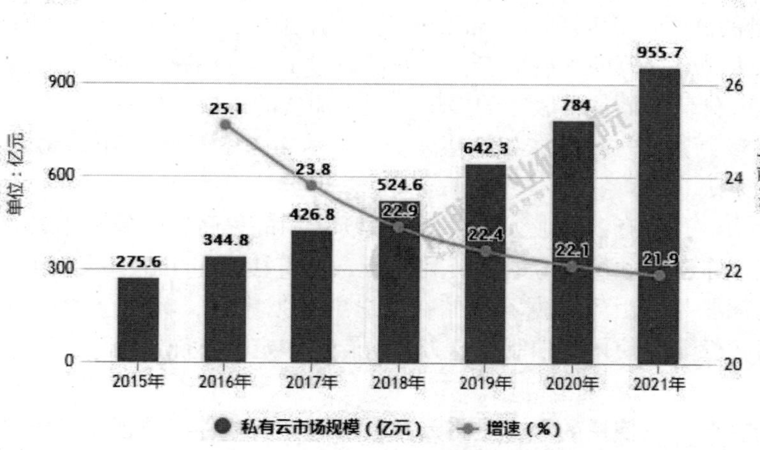

图 6-4　私有云市场统计及预测

196

6.2.4 云计算的网络

网络正在深刻地改变着人们的工作、学习和生活，随着云计算这种新型模式的出现，网络在传统模式中的角色发生了巨大的转变，将网络的能效提升到了前所未有的高度，称为"云网络"。云网络的突出特点就是将数据资源由一对一转换为多对多，实现充分共享的需求。

在 PC 时代，用户对软件、硬件及相应服务的需求都体现在实体上。使用计算机前首先要购买、组装必要的硬件，安装操作系统和所需要的 Office 套件、杀毒软件、绘图软件、媒体播放器等应用软件。在计算机网络时代，连接到互联网的计算机用户对软件、硬件及相应服务的需求也体现在实体上，不同的是网络中提供了大量的免费和收费资源，部分资源需要先下载再应用。而部分资源在网络高速发展的今天已经初现云计算的身影，如某些软件的下载处理方式，就是利用并行计算和分布式处理方式来完成。到云计算时代，其最终目标是将计算、服务和应用作为一种公共设施提供给公众，使人们能够像使用水、电、煤气那样使用计算资源。云网络在云计算新型基础架构中附加了角色，一是可以提供各类应用软件服务，二是可以提供云计算、云存储服务，三是可以提供开发平台接口服务，四是可以提供商业服务和管理服务等。

总之，云服务商与 IT 巨头在云计算时代通过网络实现了人们希望实现的一切在云端的附加服务，云用户端定制服务和接受服务。在用户端只需要一台连接互联网，并预置了"云操作系统"的计算机即可，用户要应用的软件及硬件均是云的服务形式。

云网络的工作模式如图 6-5 所示。

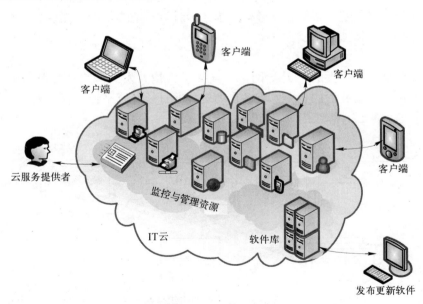

图 6-5 云网络的工作模式

在此模式下，网络不仅传递信息，还传送服务，包括软件服务和硬件服务，网络成为服务和信息的传送媒介。云计算的关键要素还包括个性化的用户体验，即用户的本地计算机不再需要安装各种所需的软件，所有的计算服务不是来自本地，而是来自具有大量分布式计算机的"云端"。这不但解放了本地的存储空间，而且极大地扩张了计算资源，人们不再担心由于计算资源的不足而造成无法使用计算机的情况。云计算将连接"显示器"和主机的连接线路变成了无限大和无限长的网络，将计算机使用者本地主机变成云服务提供商的服务器集群，加上必要的中间件。这样，用户就不再需要面对主机，也就不会再有传统模式下计算机使用中可能出现的一系列问题。计算机设备（主机+显示器）、网络在传统模式下和云计算模式下的关系比较如图 6-6 所示。

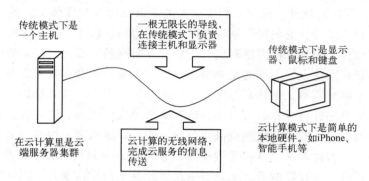

图 6-6　传统计算机网络和云网络的模式对比

6.2.5　云计算的体系结构

云计算充分利用网络和计算机技术实现资源的共享和服务，解决云进化、云控制、云推理和软计算等复杂问题。其体系结构包括组织体系、服务体系和技术体系。组织体系即云计算平台，描述云计算的基础架构；服务体系描述云计算对应提供的功能或服务类型；技术体系描述云计算平台的软硬件构成。

1. 组织体系

云计算平台是一个强大的"云"网络，连接了大量并发式网络计算和服务，可利用虚拟化技术扩展每一个服务器的能力，将各自的资源通过云计算平台结合起来，提供超级计算和存储能力。通用的云计算组织体系如图 6-7 所示。

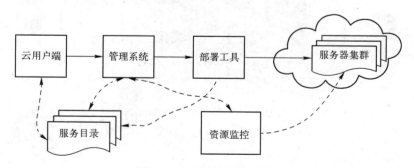

图 6-7　云计算的组织体系

1）云用户端。提供云用户请求服务的交互界面，也是用户使用云的入口，用户通过 Web 浏览器可以注册、登录及定制服务、配置和管理用户。打开应用实体与本地操作桌面系统一样简单方便。

2）服务目录。云用户在取得相应权限（付费或输入用户名和密码等其他要求）后可以选择和定制服务列表，也可以对已有服务进行退订操作，在云用户端界面生成相应的图标或列表的形式展开相关的运用。

3）管理系统和部署工具。为云用户提供管理和服务。能对云用户进行授权、认证、登录等管理，并可以管理可用的计算资源和服务；接收用户发来的请求，根据用户请求转发相应的应用程序；完成各类资源的实时部署、配置、调度、应用和回收工作。

4）资源监控。监控和计量云系统资源的使用情况，以便做出迅速反应，完成节点同步配置、负载均衡配置和资源监控，确保用户能各取所需。

5）服务器集群。虚拟的或物理的服务器，由管理系统管理，负责高并发量的用户请求处理、大运算量计算处理、用户 Web 应用服务，云数据存储时采用相应数据切割算法和并行方式上传和下载大容量数据。

用户可通过云用户端从列表中选择所需的服务，请求管理系统调度相应的资源，并通过部署工具分发请求、配置 Web 应用。

2. 服务体系

在云计算中，根据服务集合所提供的服务类型，整个云计算服务体系可以划分为 4 个层次，即应用层、平台层、基础设施层和虚拟化层。这 4 个层次分别对应着 1 个子服务集，如图 6-8 所示。

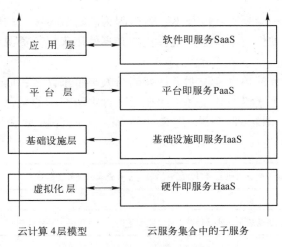

云计算4层模型　　　　云服务集合中的子服务

图 6-8　云计算服务体系

IaaS 是通过互联网提供数据中心、基础架构硬件和软件资源，还可以提供服务器、操作系统、磁盘存储、数据库或信息资源等；PaaS 则提供基础架构，即将软件研发平台作为一种服务，软件开发者可以在这个平台上构建新的应用，或者扩展已有的应用；SaaS 是较为成熟、出名，也是应用较广泛的一种云计算，它通过 Internet 提供软件服务，用户可以通过 Internet 来访问和使用这些软件。PaaS 和 IaaS 可以直接通过 SOA/Web Services 向平台用户提供服务，也可以作为 SaaS 模式的支撑平台间接向最终用户服务。相对于传统的软件，SaaS 解决方案有明显的优势，包括较低的前期成本，便于维护，快速展开使用等，这是云计算的根本理念所在，即通过网络提供用户所需的计算处理、存储空间、软件功能和信息服务等。

云计算 IaaS、PaaS 和 SaaS 服务的关系如图 6-9 所示。

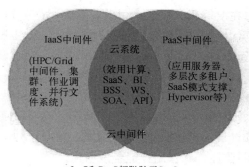

IaaS和PaaS都脱胎于SaaS

HPC — 高性能计算，Grid — 网格计算

图 6-9　IaaS、PaaS 和 SaaS 的关系

由于云计算的服务层次是根据服务类型来划分的，所以每一层次都可以独立完成一项用户的请求而不需要其他层次的支持。在云计算服务体系中，各层次对应的典型产品如下。

SaaS：Google Apps、Software+Services；

PaaS：IBM IT Factory、Google App Engine、Force. com；

IaaS：Amazon EC2、IBM Blue Cloud；

HaaS：服务器集群。

云计算之所以成为一个划时代的技术，就是因为它将数量庞大的廉价计算机放进资源池中，用软件容错来降低硬件成本，通过规模化的共享使用来提高资源利用率。

3. 技术体系

云服务体系是从服务的角度来说明云计算能给人类带来什么；而云技术体系主要是从系统属性和设计思想的角度来说明软硬件资源在云计算中所充当的角色。从技术角度来看，云计算也由四部分构成，即物理资源、虚拟化资源、中间件管理和服务接口。如图 6-10 所示。

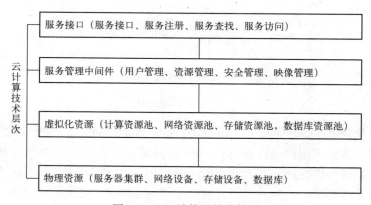

图 6-10　云计算的技术体系

1）服务接口。是用户端与云端交互操作的入口。统一规定了在云计算时代使用计算机的各种规范、协议、云计算服务的各种标准等，可以完成用户或服务注册和对服务的定制和使用。

2）服务管理中间件。位于云服务和服务器集群之间，提供管理和服务，即云计算组织体系中的管理系统。对标识、认证、授权、目录、安全性等服务进行标准化和操作，为应用提供标准化程序接口和协议，隐藏底层硬件、操作系统和网络的异构性，统一管理网络资源。其中用户管理包括：身份识别、用户许可、定制管理；资源管理包括：负载均衡、资源监控、故障检测等；安全管理包括：身份验证、访问授权、安全审计、综合防护等；映像管理包括：映像创建、部署、管理等。

3）虚拟化资源。指一些可以实现一定操作和具有一定功能，但本身是虚拟而不是真实的资源，如计算池、存储池、网络池和数据库资源等，通过软件技术来实现相关的虚拟化功能，包括虚拟环境、虚拟系统、虚拟平台等。

4）物理资源。主要指能支持计算机正常运行的一些硬件设备及技术，可以是价格低廉的 PC，也可以是价格昂贵的服务器及磁盘阵列等设备，可以通过现有网络技术、分布式技术将分散的计算机组成一个能提供超强功能的集群，用于计算和存储等云计算操作。

6.2.6 典型云计算平台

云计算的研究吸引了不同技术领域的巨头，其云计算理论及实现架构也各有特色。本节将以 Google 云计算核心技术和架构以及阿里云 ET 工业大脑的部署原理和使用流程为例做基本分析。

1. Google 云计算核心技术与架构

Google 的云计算平台能实现大规模分布式计算和应用服务程序，平台包括 MapReduce、Hadoop、GFS（Google File System）、BigTable 以及 Google 其他的云计算支撑要素。它通过对资源层、平台层和应用层的虚拟化以及物理上的分布式集成，将庞大的 IT 资源整合在一起，为人们提供了一种管理机制，使整个体系作为一个虚拟的资源池对外提供服务，并赋予开发者透明获取资源、使用资源的自由。

（1）MapReduce 分布式处理技术

MapReduce 是 Google 开发的工具，用于大规模数据集（大于 1 TB）的并行运算，是云计算的核心技术。MapReduce 实质上是一种分布式运算技术，或者说是一种简化的分布式编程模式，适合用来处理大量数据的分布式运算，用于解决问题的程序开发模型，也是开发人员拆解问题的方法。MapReduce 模式的思想是将要执行的问题拆解成"Map（映射）"和"Reduce（化简）"的方式，先通过 Map 程序将数据切割成不相关的区块，分配（调度）给大量分布式计算机进行处理，再通过 Reduce 程序进行汇整，输出开发者需要的结果。

MapReduce 的软件实现是指一个 Map 函数，把键值对（Key/value）映射成新的键值对，形成一系列中间形式的键值对，然后把它们传给 Reduce 函数，把具有相同中间形式的 Key 和 value 合并在一起。Map 和 Reduce 函数具有一定的关联性。

① map（k1,v1）→list（k2,v2）。

② reduce（k2,list(v2)）→list（v2）。

其中，k1、v1 可以是简单数据，也可以是一组数据，对应不同的映射函数规则。在 Map 过程中将数据并行，即将数据用映射函数规则分开，而 Reduce 则把分开的数据用化简函数规则组合在一起。MapReduce 应用广泛，包括简单计算任务、海量输入数据、集群计算环境等，如分布 grep、分布排列、单词计数、Web 连接图反转、每台机器的词矢量、Web

访问日志分析、反向索引构建、文档聚类、机器学习、基于统计的机器翻译等。

（2）Hadoop 架构

2004 年，开源社群用 Java 搭建出一套分布式计算 Hadoop 框架，用于实现 MapReduce 算法，能够把应用程序分割成许多很小的工作单元，每个单元可以在任何集群节点上执行或重复执行。此外，Hadoop 还提供一个可扩展、结构化的分布式文件系统 GFS，支持大型、分布式大量数据的读写操作，容错性较强。而分布式数据库（BigTable）是一种压缩的、高效能的、高可扩展性的 Google 档案系统，用于存储大规模结构化资料，适用于云端计算。Hadoop 框架具有高容错性及对数据读写的高吞吐率，能自动处理失败节点，如图 6-11 所示为 Google Hadoop 架构。

在架构中，MapReduce API 提供 Map 和 Reduce 处理，GFS 分布式文件系统和 BigTable 分布式数据库提供数据存取。基于 Hadoop 可以非常轻松和方便运行处理海量数据的分布式并行程序，并运行于大规模集群上。

图 6-11　Google Hadoop 架构

（3）Google 云计算执行过程

云计算服务方式多种多样，基于对 Google 云计算框架和技术的理解，将用户要执行的程序或处理的问题提交云计算的 Hadoop 平台，其执行过程如图 6-12 所示。

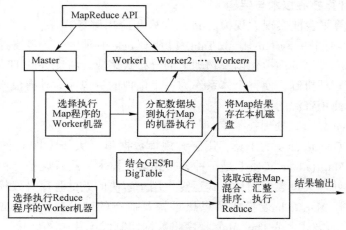

图 6-12　Google 云计算执行过程

Google 云计算的执行过程，包括以下步骤：

1）将要执行的 API 程序复制到 Hadoop 框架中的 Master 和每一台 Worker 计算机中。

2）Master 选择由哪些 Worker 机器来执行 Map 和 Reduce 程序。

3）分配所有的数据区块到执行 Map 程序的 Worker 机器中进行 Map（切割成小块数据）。

4）将 Map 后的结果存入 Worker 机器。

5）执行 Reduce 程序的 Worker 机器，远程读取每一份 Map 结果，进行混合、汇整与排序，同时执行 Reduce 程序。

6）将结果输出给用户（开发者）。

在云计算中为了保证计算和存储等操作的完整性，充分利用 MapReduce 的分布和可靠性，在数据上传和下载过程中，根据各 Worker 节点在指定时间内反馈的信息判断节点的状态是正常还是死亡，若节点死亡，则将其负责的任务分配给别的节点，确保文件数据的完整性。

2. 阿里云 ET 工业大脑

阿里云 ET 工业大脑的目标是将人工智能与大数据技术接入到传统的生产线中，帮助生产企业实现数据流、生产流与控制流的协同，提高生产效率，降低生产成本，以自主可控的路径实现自主可控的智能制造。具有感知、传递和自我诊断功能，通过分析工业生产中收集的数据，优化机器的产出和减少废品成本；通过并不昂贵的传感器、智能算法和强大的计算能力，解决企业的核心问题。ET 工业大脑的部署原理可以分为以下 4 个步骤。

1）数据采集。对企业系统数据、工厂设备数据、传感器数据、人员管理数据等多方工业企业数据进行采集。

2）数据预处理。包括滤波、消噪、解决数据的多源异构、找回丢失数据以及修正错误数据等；同时，根据用途对数据进行分割、分解、分类，为下一步的算法建模做好准备。

3）算法建模。通过 ET 工业大脑 AI 创作间内置的算法引擎或算法市场提供的算法，对所收集并预处理完成的历史数据进行快速建模，该模型可以是描述模型、预测模型或优化模型。

4）模型应用。将已经建立的算法模型，发布成服务并集成到生产系统中，作用到业务，完成数据的智能应用。

阿里云 ET 工业大脑产品的使用流程如图 6-13 所示。

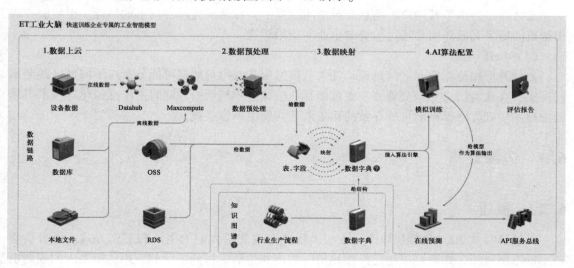

图 6-13　阿里云 ET 工业大脑产品使用流程示意图

6.2.7　云安全

云安全（Cloud Security），顾名思义，是一个从云计算演变而来的新名词。"云安全"是指通过网状的大量客户端对云网络中软件异常行为进行监测，获取互联网中木马、恶意程序等"病毒"的最新信息，推送到服务器端进行自动分析和处理，再把病毒和木马的解决方案分发到每一个客户端，以消除其攻击和影响。云安全的策略构想是：使用者越多，每个使用者就越安全，因为如此庞大的用户群足以覆盖互联网的每个角落，只要新木马、病毒一出现，就会立刻被截获。

云计算在使用中应注意的安全问题包括以下几个方面。

（1）虚拟化安全问题

虚拟化技术带来的可扩展性有利于加强在基础设施、平台、软件的层面提供多租户云服务的能力，但虚拟化技术也会带来一些安全问题。例如，如果主机受到破坏，那么主要的主机所管理的客户端服务器有可能被攻克；如果虚拟网络受到破坏，那么客户端也会受到损害。因此，需要保障客户端共享和主机共享的虚拟化安全，因为这些共享有可能被不法之徒利用其漏洞进行侵袭。

（2）数据集中后的安全问题

用户的数据存储、处理、网络传输等都与云计算系统有关。如果关键或隐私信息丢失或被窃取，对用户来说无疑是致命的。如何保证云服务提供商内部的安全管理和访问控制机制符合客户的安全需求；如何实施有效的安全审计，对数据操作进行安全监控；如何避免云计算环境中多用户共存带来的潜在风险等，都成为云计算环境所面临的安全挑战。

（3）云平台可用性问题

用户的数据和业务应用处于云计算系统中，其业务流程将依赖于云服务提供商所提供的云平台，这对云平台服务的连续性、SLA 和 IT 流程、安全策略、事件处理和分析等提出了挑战；另外，当发生系统故障时，云平台如何保证用户数据的快速恢复也是一个重要问题。

（4）云平台遭受攻击的问题

云计算平台由于其用户、信息资源的高度集中，容易成为黑客攻击的目标。拒绝服务攻击造成的后果和破坏明显超过传统的企业网应用环境。

（5）法律风险

云计算应用地域性弱、信息流动性大，信息服务或用户数据可能分布在不同地区甚至不同国家，在政府信息安全监管等方面可能存在法律差异与纠纷；同时由于虚拟化等技术引起的用户间物理界限模糊而可能导致的司法取证问题也不容忽视。

6.3　边缘计算

6.3.1　概述

云计算自从 2009 年提出以来，在很大程度上改变了人们的生活和工作方式。随着科学技术的不断进步，物联网思想已经在科研、生产和生活中得到广泛的应用，但是人们逐渐也发现，在云计算框架下，涉及一个严重影响物联网效能的问题，就是将海量动态数据向云端服务器的推送以及从物联网网络中的拉取。如果把这部分海量数据的处理放在网络的边缘端进行，将是优化云计算模式的有效办法，这就是**边缘计算**（Edge Computing，EC）的提出。这里的"边缘"指的是在数据源和云计算中心之间，任何可以利用的计算资源和网络资源。具体来说，**边缘计算就是在网络边缘节点侧（智能设备或数据源头），提供网络计算、存储、分析和应用等能力，达到更快的网络服务响应和更安全的本地数据传输。**可以满足系统在实时业务、智能应用、安全隐私保护等方面的要求，为用户提供本地的智能化服务。其核心是将部分计算任务从云计算中心迁移到产生源数据的边缘设备上，与云计算互相协同，共同助力各行各业的数字化转型。例如，一部智能手机就是相对于人和云端的一个边缘，一个微型数据中心也是可移动设备和云端的一个边缘。相对于云计算，边缘计算在降低数据传输延时、缓解网络拥堵、降低网络能耗以及隐私保护等方面都有了很大提升。边缘计算作为一个分布式和开放的 IT 基础结构工作，它不依赖于数据中心，专注于分散处理，支持移动计算，有助于处理设备本身的数据。即使在远离完全网络覆盖的情况下，也能够进行数据的处理、分析和执行。

根据国际电信联盟电信标准分局（ITU-T）的研究报告，到 2020 年，将有 500 亿的终端和设备联入 IoT，每个人每秒将产生 1.7 MB 的数据；IDC 也发布了相关预测，到 2025 年，将有超过 50% 的物联网面临网络带宽的限制，40% 的数据需要在网络边缘侧进行分析、处理与储存。美国部署了 3000 余万个监控摄像头，每周生成超过 40 亿 h 的海量视频数据。我国的监控摄像头也随处可见，为国家的安防做出了巨大贡献。可见，未来物联网领域将拥有海量的终端设备，如果将这些设备产生的数据聚集在一起，会是个天文数字，因此，边缘计算意义重大。

6.3.2 边缘计算的模式

当大量数据在网络边缘产生时，云计算模式将会变得不再那么高效。而边缘计算则是一个可行的解决办法。

1. 云计算模式及存在的问题

传统云计算模式如图 6-14 所示。

图 6-14　传统云计算模式示意图

数据的流程是，数据生产者产生并发送数据（可能是视频、图片等）至数据中心；数据消费者（例如观看视频，下载 App 等）发送请求至数据中心，数据中心处理这些请求并发送处理结果，完成数据获取。在此模式中，所有的计算都在数据中心（云端）完成，这已经被证明是一种高效的数据处理方法。然而相对于数据处理速度的飞速发展需求，网络带宽的增速却一直没有跟上，在云网络边缘端产生数据量日益增多的今天，数据传输的速度问题更加成为制约物联网发展的一个瓶颈。现在仅一架波音 787 飞机每秒就会产生 5 GB 的数据，这无论对于卫星还是地面基站的通信带宽来说都无法完成及时传输。况且即便这些数据对云网络完成了传输，中间的数据延时在一些对及时性要求较高的场合还是不能接受的。因此，这种模式存在一些明显缺点：一是当数据量过大时，会导致大量传输带宽和计算资源被占用，降低传输速度和网络效率；二是隐私保护问题也会成为制约物联网发展的障碍；三是一般网络移动终端设备，如智能手机，Pad、笔记本电脑等大多受电量限制。

在这种情况下，如果数据能在网络边缘端（数据消费者自己）就完成了处理，延时问题和网络压力问题就都得到了解决。另外，在物联网系统中，所有电子设备都是其中的一部分，都有可能扮演着数据生产者和数据消费者的角色。当数十亿设备都接入了物联网之后，传统的云计算模式将不足以应对产生的海量数据，这也就要求不应再将数据发送至云端，而应在网络边缘就完成处理和消费，以降低云网络和数据中心的无线通信负担及整个网络的能量消耗。

2. 边缘计算模式

边缘计算的核心是将物联网中的部分计算在网络边缘端执行，用下行数据来代替云服务，上行数据来代替物联网服务。边缘计算的基本理论是数据计算发生在数据源的近段，图6-15展示了边缘计算模式下的数据流向，边缘端设备同时也是数据的生产者。在边缘端，设备不但从云端获取数据内容，而且会从云端获取并执行计算任务，如进行数据的处理、存储以及向用户分配并传达来自云端的服务，同时保证数据处理的可靠性、安全性以及私密性。所以说边缘计算是云计算的有益补充，有了边缘计算，整个云网络计算的效能将会大大提高。

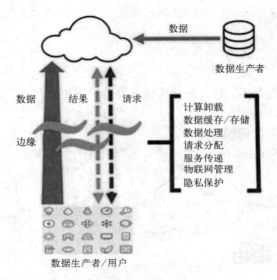

图6-15　边缘计算模式示意图

一般来说，终端设备既是数据消费者，也是数据生产者。例如使用智能手机观看视频、下载图片就是数据消费，而上传分享文档和视频、发微博和微信就成了数据生产。为了节约带宽和数据中心容量，提高数据传输速度，可以在边缘端进行一些功能设置。例如上传视频图片时，可以先将其压缩至更合适的分辨率，之后再上传至云端，这就是边缘计算的简易功能。也就是说云中心和云终端各司其职，各尽所能，从而达到快捷高效。总体来说，物联网边缘计算具有增加数据安全性和应用性、降低运营成本、提高业务效率和可靠性，增强无线通信的可扩展性等优势。

6.3.3　边缘计算的意义

海量数据的分析与存储对网络带宽提出了巨大的挑战，而边缘计算的诞生解决了这一问题。边缘计算的作用具体体现在以下几方面。

1. 减少网络等待时间

海量数据的计算在云中心进行往往并不是最佳策略，计算有时需要在更加靠近数据源的地方执行。在云计算模式中，许多数据流由边缘设备生成，但需通过"远端"的云中心进行处理和分析，会产生时延，不可能做出实时决策。例如，使用可穿戴摄像头的视觉服务，响应时间需要在 25~50 ms 之间，使用云计算会造成严重的延迟；工业系统检测、控制、执行对实时性要求更高，部分场景实时性要求在 10 ms 以内，如果数据分析和控制逻辑全部在云中心实现，则难以满足业务要求；还有那些会生成庞大数据流的多媒体应用，如网络视频或是基于云平台的网络游戏等，依赖云计算也会为使用者造成类似于等待时间过长的问题，无法满足用户的需求。

作为云计算的有益补充，利用边缘节点（如路由器或离边缘设备最近的基站等）完成数据计算，可以减少网络等待时间。例如基于 Web 应用程序和 WiFi 无线通信的各企业 App 能更快地做出响应，在移动用户中变得越来越受欢迎。这说明在更靠近用户的边缘节点侧完成计算可以改进服务质量。

2. 充分利用空闲资源

与云中心的服务器相比，用户终端（例如智能手机）的硬件条件相对受限。这些终端设备以文本、音频、视频、手势或运动的形式获得数据输入，但由于中间件和硬件的限制，终端设备无法执行复杂的分析，而且执行过程也极为耗电。因此，通常需要将数据发送到云端进行处理和运算，然后再将有意义的信息通过中继返回终端。

然而，并非来自终端设备的所有数据都需要由云计算执行，可以利用适合数据管理任务的空闲计算资源，在边缘节点处进行过滤或者简单分析，如视频图片压缩、文档过滤等，可作为云计算的有益补充。

3. 节省云端能源消耗

大量研究显示云计算会消耗大量的能源。随着越来越多的应用转移到云端，能量需求也会日益增长，甚至无法得到满足。未来十年数据中心所消耗的能源量可能是如今消耗量的 3 倍多。因此，采用能源效率最大化的计算策略显得尤为迫切。

一些嵌入式小型设备的基础信息采集处理完全可以在终端完成，即手机传感器将数据传送到网关后，就可以通过边缘计算进行数据过滤和处理，不必将每条原始数据都传送到云端，这样就省去了大量的能源成本。

4. 减轻网络流量压力

边缘设备的数量正在超速增长——到 2020 年，全世界将有超过三分之一的人口会拥有智能手机或者智能可穿戴设备，这些设备每天将生成 43 万亿 GB 的数据。处理这些数据需要进一步扩展数据中心，这再次引起了人们对网络流量压力的广泛关注。

通过在边缘设备上执行数据分析，可有效应对数据爆炸，减轻网络的流量压力。边缘计算能够缩短设备的响应时间，减少从设备到云中心的数据流量，以便在网络中更有效地分配资源。

5. 实现末端智能计算

边缘节点不仅是消费级的物联网终端，还可以通过分担云计算的部分任务，增强云中心的计算能力，可在工业应用中发挥重要的作用。例如，典型的生产流水线可以过滤设备上生成的数据，在传输数据的边缘节点（智能设备）上执行部分分析工作，之后再通过云端执行更加复杂的计算任务。这样将计算任务分层执行，可以有效利用资源，达到提质增效的目的。

目前，业务流程优化、运维自动化与业务创新驱动正走向智能化，边缘计算能够带来显著的效率提升与成本优势。事实上，对于从事工业自动化工作的人而言，边缘计算并不陌生。比如，在目前普遍采用的基于 PLC、DCS、工控机和工业网络的控制系统中，位于底层、嵌于设备中的计算资源，或多或少都是边缘计算的资源。

当前，规模以上的冶金企业，其信息化已经颇具成效，但缺少的恰恰是末端智能。冶金方面的数据经常会出现完整性和一致性的问题，俗称"脏"数据。解决不好这方面的问题，会给能源管理和智能管理环节造成很大的困惑。边缘计算作为物联网末端的智能计算在其中发挥着重要的作用，成为工业物联网技术的有效补充。

6.3.4　边缘计算面临的挑战

边缘计算仍处于起步阶段，当前的云计算服务（如 Amazon Web Service，Microsoft Azure 和 Google App Engine）可以支持数据密集型的应用程序，但在网络边缘进行实时的数据处理仍是一个有待开拓的领域，在硬件、中间件和软件等层面都面临诸多挑战。

1. 可编程性

在云计算中，用户在云端进行编程和程序的执行，云端的管理员将会决定计算怎样在云端进行，对此用户不需付出更多的关心。通常情况下，在云端的程序是以一种语言编写，并在某个特定的平台上执行。而在边缘计算中，计算将由云端转移至边缘端，不同边缘节点所搭载的运行平台很大可能并不相同，从而导致了不同节点的运行时间也会不同。因此，研发人员在将计算任务分散至边缘节点时，就会面临难以编写一个可以在不同边缘节点上执行的应用程序的困惑。

2. 命名

当物联网中接入的设备足够大时，电脑系统命名规则也会遭遇挑战。一个好的命名规则对于编程、寻址、设备识别以及数据交流等都有着重要意义。然而目前还没有一个规范高效的边缘计算命名规则，仍需处理好诸如动态网络的拓扑结构、数据隐私以及可移动设备等的问题。

3. 边缘节点上的通用计算能力

理论上，可以在位于边缘设备和云平台之间的某几个节点上完成边缘计算，包括接入点、基站、网关、业务节点、路由器、交换机等。例如，基站可以根据工作负载能力，执行数字信号处理（DSP）任务。但是在实践中，基站可能并不适合处理分析工作，因为 DSP 并不是为通用计算设计的。此外，这些节点是否可以执行除了现有工作之外的计算还不太清楚，即使用软件解决，也将面临如何开发跨越不同环境的、可移植的软件解决方案的问题。

4. 发现边缘节点

到 2020 年以后将有海量的终端和设备联网，除了边缘设备与终端联网的最大"异构"特征之外，产品生命周期越来越短、个性化需求越来越高、全生命周期管理和服务化的趋势越来越明显，这些新趋势都需要边缘计算提供强大的技术支撑。

如何在分布式计算环境中发现资源和服务是一个有待拓展的领域。为了充分利用网络的边缘设备，需要建立某种发现机制，找到可以分散式部署的适当节点；而且，这些机制必须在不增加等待时间或损害用户体验的前提下，实现不同层次和等级的计算工作流的无缝集成，原有的基于云计算的机制在边缘计算领域不再适用。

5. 任务的部署与调度

对于边缘计算来说，最大的难点在于如何动态、大规模地部署运算和存储数据，以及如何确保云端和边缘端高效协同、无缝对接。不断发展的分布式计算已经催生了许多技术用以在多个地理位置分区执行任务，任务分区通常在编程语言或管理工具中有明确表示。然而，利用边缘节点来实现分区计算不仅带来了如何有效分割计算任务的挑战，在如何能在不需要明确定义边缘节点的位置，以自动化的方式进行计算的问题上也遇到了瓶颈。因此，需要一种新型的调度方式，以便将分割的任务部署到各个边缘节点上。

此外，边缘计算还涉及其他类似数据提取、服务管理、优化方法以及数据安全等问题的解决。

6.4 大数据

6.4.1 概述

大数据（Big Data）概念最初起源于美国，是由思科、威睿、甲骨文、IBM 等公司倡议并发展起来的。大数据是一个不断演变的概念，当前的兴起是因为从 IT 技术到数据积累都已经发生重大的变化。仅仅数年时间，大数据就从大型互联网公司高管口中的专业术语，演变成决定人类未来数字生活方式的重大技术命题，它是集理论、技术和具体应用为一体的一门新兴专业领域。如图 6-16 所示。事实上，大数据产业是指建立在通过互联网、物联网、云计算等渠道广泛、大量数据资源收集基础上的数据存储、价值提炼、智能处理和分发的信息服务业务。大数据企业大多致力于让所有用户几乎能够从任何数据中获得可转换为业务执行的洞察力，包括之前隐藏在非结构化数据中的洞察力。

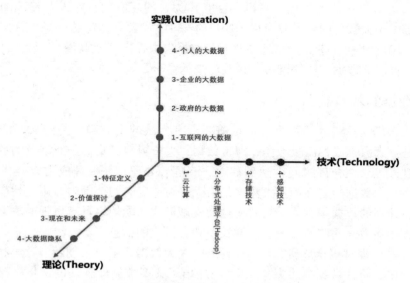

图 6-16　大数据理论、技术与实践三维示意图

从 20 世纪 50 年代"人工智能"提出以来，机器学习和数据挖掘等技术迅速发展。如图 6-17 所示。

尽管"大数据"这一名词直到近几年才受到人们的高度关注，但早在 1980 年，著名未来学家托夫勒就在其所著的《第三次浪潮》中提到了"大数据"，称其为"第三次浪潮的华彩乐章"。《自然》杂志于 2008 年 9 月推出了名为"大数据"的封面专栏。2009 年开始，"大数据"逐渐成为互联网信息技术行业中的热门词汇。而最早

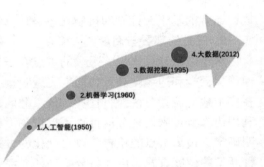

图 6-17　人工智能、机器学习、数据挖掘与大数据的发展

提出"大数据时代已经到来"的机构是全球知名的咨询公司麦肯锡（McKinsey）。2011 年，麦肯锡公司看到了各种网络平台记录的个人海量信息所具有的潜在商业价值，于是投入大量人力物力进行调研，并于同年 6 月发布了《海量数据，创新、竞争和提高生产率的下一个新领域》的研究报告，在报告中指出，数据已经渗透到每一个行业和业务职能领域，逐渐成为重要的生产因素；而人们对于海量数据的运用将预示着新一波生产率增长和消费者盈余浪潮的到来。该报告对"大数据"的影响、关键技术和应用领域等都进行了详尽的分析。麦肯锡的报告得到了金融界的高度重视，并逐渐受到了各行各业的关注。2012 年，联合国发表大数据政务白皮书《大数据促发展：挑战与机遇》。EMC、IBM、Oracle 等跨国 IT 巨头纷纷发布大数据战略及产品。几乎所有世界级的互联网企业都将业务触角延伸至大数据产业，无论社交平台逐鹿，电商价格大战，还是门户网站竞争，都有大数据的影子。美国政府投资 2 亿美元启动"大数据研究和发展计划"，更将大数据上升到国家战略层面。2013 年，澳大利亚、法国等也先后将大数据上升到国家战略层面，这是继美国和英国之后，欧美主流国家又一轮关于大数据的国家战略发展动向。在我国，大数据的发展也受到各界的重视。从 2012 年开始，以 BAT（阿里巴巴、腾讯、百度）为首的互联网企业以及传统的运营商企业也纷纷启动了关于大数据的研发和应用。2014 年 3 月，"大数据"这一概念首次进入我国政府工作报告。2015 年初，李克强总理在政府工作报告中提出"互联网+"行动计划，推动了互联网、云计算、大数据、物联网等与现代制造的结合。

6.4.2　大数据的基本概念

关于"大数据"这一术语的概念，目前并没有公认的十分确切的定义。维基百科对大数据的解读是：大数据或称巨量数据、海量数据、大资料等，指的是所涉及的数据量规模巨大到无法通过人工，在合理时间内达到截取、管理、处理、并整理成为人类所能解读的信息。百度百科对大数据的定义为：大数据是指无法在一定时间范围内，用常规软件工具进行捕捉、管理和处理的数据集合，是需要通过新处理模式才能使之具有更强的决策力、洞察发现力和流程优化能力来适应的海量、高增长率和多样化的信息资产。

2011 年 5 月，麦肯锡全球研究院（MGI）在《大数据：下一个创新、竞争和生产力的前沿》研究报告中，将大数据描述为："其大小超出了典型数据库软件的采集、存储、管理和分析等能力的数据集"，这一界定只是十分基础的定义，仅从数据信息的体量上进行了界定。全球最具权威的 IT 研究与顾问咨询公司研究机构 Gartner 则给出了以下的定义："大数

据是具有更强决策力、洞察发现力和流程优化力的海量、高增长率、多样化的信息资产"。从以上定义来看，可以认为大数据是伴随数据信息的存储、分析等技术进步，而被人们所收集、利用的超出以往数据体量和类型，具有更高价值的数据集合和信息资产。综上所述，**大数据是指无法在一定时间范围内，用常规软件工具进行捕捉、管理和处理的数据集合，是需要通过新处理模式才能使之具有更强的支持决策力、洞察发现力和流程优化力的海量、高增长率和多样化的信息资产**。

从概念演进来看，大数据是一个修辞学意义上的词汇，在数据方面，"大"是一个快速发展变化的术语。一方面，符合大数据标准的数据集大小是变化的，会随着时间推移、技术进步而增长；另一方面，不同行业、不同企业对于符合大数据标准的数据集大小也会存在认知上的差别。目前，大数据的一般范围是从几个 TB 到数个 PB（数千 TB）。随着信息技术的高速发展，数据体量已从 GB（1 GB = 1024 MB）升级到 TB（1 TB = 1024 GB）、PB（1 PB = 1024 TB），甚至 EB（1 EB = 1024 PB）、ZB（1 ZB = 1024 EB）。见表 6-2。根据国际数据公司预测，2020 年全球数据使用量将达到 35.2 ZB。

表 6-2　数据量单位与换算关系

单位	英文标识	单位标识	大小	含义与举例
位	bit	b	0 或 1	计算机处理数据的二进制数
字节	Byte	B	8 位	计算机存储数据的基本物理单元，存储一个英文字母为 1B，存储一个汉字为 2B
千字节	KiloByte	KB	2^{10} 个字节	一张 A4 纸上写满适当大小的文字约为 5 KB
兆字节	MegaByte	MB	2^{20} 个字节	一个普通的 MP3 格式的歌曲约为 4 MB
吉字节	GigaBYte	GB	2^{30} 个字节	一部高清电影约为 1 GB
太字节	TeraByte	TB	2^{40} 个字节	500~900 部高清电影约为 1 TB
拍字节	PetaByte	PB	2^{50} 个字节	NASAEOS 对低观测系统 3 年观测的数据量约为 1 PB
艾字节	ExaByte	EB	2^{60} 个字节	中国近 14 亿人口每人一本 500 页左右书的数据量综合约 1 EB
泽字节	ZetaByte	ZB	2^{70} 个字节	人类在 2010 年时拥有的信息量总和约为 1.2 ZB
尧字节	YottaByte	YB	2^{80} 个字节	超出想象
诺字节	NonaByte	NB	2^{90} 个字节	超出想象
刀字节	GoggaByte	DB	2^{100} 个字节	超出想象

6.4.3　大数据的基本特征

大数据仍然是数据信息的一类，之所以称为"大数据"，因为其具有不同于传统数据信息的特征。关于大数据的特征，美国 Gartner 公司的分析师道格拉斯·兰尼（Douglas Laney）于 2001 年首次提出了大数据必备的 **3V 特征，即数据量大（Volume）、多样化（Variety）和产生速度快（Velocity）**。短短几年时间，随着技术的进步及研究的深入，人们对大数据特征的认识也发生了一些变化，普遍比较认可的是大数据的 **4V 基本特征**（如图 6-18 所示），即在之前 3V 特征的基础上，又呈现出**价值高（Value）**的特征。也就是说，相对于传统数据库，大数据价值密度较低，但同时由于信息关联性更强，其挖掘价值较大，因此具有较高的商业价值。基于大数据的 4V 特征，《大数据时代：生活、工作与思维的大变革》一书提出了三个基于大数据特征的重大思维转变。首先，关注分析与某事物相关的所有数据，而不是依靠分析少量的数据样本；其次，人们乐于接受数据的纷繁复杂，而不再追求精确性；最后，人们不再探求难以捉摸的因果关系，转而关注事物的相关关系。

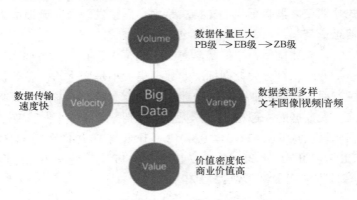

图 6-18　大数据的 4V 基本特征

随着信息化技术的发展，人们越来越意识到对海量数据进行研究与分析可以从中提取出极具价值的信息。因此，在大数据 4V 基本特征的基础上，分析和数据科学界已经看到大数据在其他方面也有所不同，如准确性、可变性、波动性、可视化等，大数据更是有着不同维度的"多 V"特征。主要包括：

（1）**数据量大（Volume）**　是指以秒为单位生成的数据量。今天世界上 90% 的数据都是在过去两年中创建的，并且从那时起，世界上的数据每两年翻一番。如此大量的数据主要由计算机、网络、社交媒体和传感器生成，包括结构化、半结构化和非结构化数据。

（2）**速度快（Velocity）**　是指数据在生成、存储、分析、处理和移动时都能够快速完成。随着互联网连接设备的可用性，无线或有线设备和传感器能够在创建数据后立即传递，实现实时数据流，帮助企业做出有价值的快速决策。

（3）**多样化（Variety）**　是指多种不同的数据格式。数据曾经以数据源（如文件系统、电子表格和数据库等）的 .doc，.txt，.vsd，.xls 等格式存储。这种类型的数据驻留在记录或文件中的固定字段中，称为结构化数据。如今，数据并不总是采用传统的结构化格式。较新的半结构化或非结构化数据形式也是通过各种方法生成的，例如电子邮件、照片、音频、视频、PDF、SMS 等，甚至是人们不知道的部分。这些种类的数据格式会产生存储和分析数据的问题，这是在大数据领域需要克服的主要挑战之一。

（4）**准确性（Veracity）**　是指大数据的质量。数据的可信度、偏差、噪声和异常、损坏等情况都会影响大数据的质量，可能由于多种原因产生，例如拼写错误、缺失，或不常见、不规范的缩写，数据重新处理和系统故障等。如果忽略这些错误数据，可能会导致数据分析不准确，最终导致错误的决策。因此，确保数据在传输时的质量，对于大数据分析非常重要。

（5）**可变性（Variability）**　是指数据的变化。这意味着相同的数据在不同的语境中可能具有不同的含义，在进行情绪分析时，这一点尤为重要。这就要求分析算法要能够理解语境，并发现语境中数据的确切含义。

（6）**波动性**（**Volatility**）　是指数据的有效和存储的时间。这对于实时分析尤为重要，它需要确定数据的目标时间窗口，以便分析人员可以专注于特定问题并从分析中获得良好的性能和正确的结论。

（7）**可视化**（**Visualization**）　是指使数据易于理解的方式。可视化不仅意味着普通的图形或饼图，还使得多维视图中的大量数据易于理解。可视化是一种显示数据变化的创新方法，它需要大数据分析师和业务领域专家之间的大量交互、对话和共同努力，以使可视化变得有意义。

（8）**价值高**（**Value**）　是指从大数据的数据分析中获得知识。大数据的价值在于组织如何将自己转变为大数据驱动型公司，并利用大数据分析的洞察力来决策。

总之，大数据不仅仅涉及大量数据，还包含从现有数据中发现新见解，并指导新数据分析来获得洞察力和科学决策，大数据驱动型企业将更加敏捷，以克服挑战并赢得竞争。

6.4.4　大数据的技术体系

由于云计算技术的出现与计算能力的不断增强，人们从大数据中提取价值的能力也逐渐在提高。此外，由于越来越多的设备通过网络连接起来，产生、传输、分析与分享数据的能力也得到彻底的改变。数据在类型、深度与广度方面都在飞速增长，如何管理和处理当前的大量数据成为亟待解决的问题。目前，大数据领域已经涌现出了大量新的技术，成为大数据采集、存储、处理和呈现的有力武器。大数据的关键技术一般包括：大数据的**采集、预处理、存储及管理、分析及挖掘、展现和应用**等，它们构成了大数据的技术体系。

1. 采集技术

大数据的数据采集技术是指通过 RFID、传感器、社交网络交互及移动互联网等方式**获取**各种类型的结构化、半结构化（或称之为弱结构化）及非结构化的**海量数据**，是大数据知识服务模型的根本。其技术重点主要包括三方面，一是分布式高速高可靠的数据获取或采集、高速数据全映像等大数据收集技术；二是高速数据解析、转换与装载等大数据整合技术；三是数据质量评估模型的设计与开发技术。大数据采集一般分为智能感知与基础支撑两个技术层面。智能感知层主要是针对数据源的智能服务技术，包括数据传感体系、网络通信体系、传感适配体系、智能识别体系及软硬件资源接入体系等，实现对各类海量数据的智能化识别、定位、跟踪、接入、传输、信号转换、监控、初步处理和管理等技术服务。基础支撑层负责提供大数据服务平台所需的虚拟服务器、各类大数据的数据库及物联网网络资源等基础支撑环境，它需要重点掌握分布式虚拟存储技术，大数据获取、存储、组织、分析和决策操作的可视化接口技术，大数据的网络传输与压缩技术，大数据隐私保护技术等。

2. 预处理技术

大数据预处理技术主要是完成对已接收数据的**辨析、抽取、过滤**等操作技术。

1）辨析。是对大数据智能感知层与基础支撑层获得的各种数据进行分析，区分和判断有用数据与无用数据，进行初步筛选。

2）抽取。因获取的数据可能具有多种结构和类型，数据抽取过程有助于将这些复杂的数据转化为单一的或者更便于处理的结构类型，以达到快速分析处理的目的。

3）过滤。由于海量数据并不全是有价值的，有些数据并不是人们所关心的内容，而另一些数据则可能是完全错误的干扰项，因此要对大数据进行过滤"去噪"，最终提取出有效数据。

3. 存储及管理技术

大数据需要用存储器**存储**起来，建立相应的数据库，并进行**管理和调用**。这个过程是对各类复杂大数据进行存储、处理与管理，主要解决大数据的可存储、可表示、可处理、可靠性及有效传输等几个关键问题。需要开发和突破几个技术难点：一是需要开发可靠的分布式文件系统、能效优化的存储、计算融入存储、去冗余及高效低成本的大数据存储技术；二是需要突破分布式非关系型大数据管理与处理技术，异构数据的数据融合技术，数据组织技术，研究大数据建模技术及索引技术；三是需要突破大数据移动、备份、复制等技术；四是需要开发大数据可视化技术、新型数据库技术以及大数据安全技术等。

4. 分析及挖掘技术

大数据分析及挖掘技术包括**改进**已有数据挖掘和机器学习技术，**开发**数据网络挖掘、特异群组挖掘、图挖掘等新型数据挖掘技术，**突破**基于对象的数据连接、相似性连接等大数据融合技术，以及用户兴趣分析、网络行为分析、情感语义分析等面向领域的大数据**挖掘**技术。数据挖掘就是从大量的、不完全的、有噪声的、模糊的、随机的实际应用数据中，提取隐含在其中的、人们事先不知道的、但又是潜在有用的信息和知识的过程。数据挖掘"三阶段"的过程模型如图 6-19 所示。

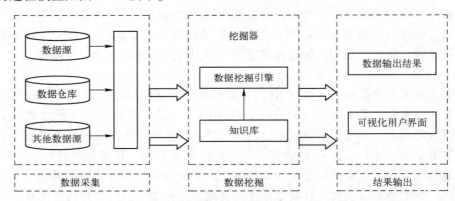

图 6-19　数据挖掘"三阶段"过程模型

数据挖掘涉及的技术方法很多，有多种分类法。根据**挖掘任务**可分为预测模型发现、数据总结、聚类、关联规则发现、序列模式发现、依赖关系或依赖模型发现、异常和趋势发现等。根据**挖掘对象**可分为关系数据库、面向对象数据库、空间数据库、时态数据库、文本数据源、多媒体数据库、异质数据库、遗产数据库以及 Web。根据**挖掘方法**可分为机器学习方法、统计方法、神经网络方法和数据库方法等。从挖掘任务和挖掘方法的角度，需要着重突破以下 5 个方面的技术难点。

1）可视化分析。数据可视化对于普通用户和数据分析专家，都是最基本的功能，其目的就是通过数据图像化让数据自己说话，使用户直观地感受到结果。

2）数据挖掘算法。图像化是将机器语言翻译成人类语言，而数据挖掘则是针对机器的母语。通过数据分割、集群、孤立点分析等各种智能算法，精炼数据，挖掘价值。这些算法一定要能够应付海量的大数据，同时还应具有很高的处理速度。

3）预测性分析。预测性分析是指使分析师可以根据图像化分析和数据挖掘的结果做出一些前瞻性判断。

4）语义引擎。语义引擎是指通过人工智能可以从数据中主动地提取信息。语义处理技术包括机器翻译、情感分析、舆情分析、智能输入、问答系统等。

5）数据质量和数据管理。数据质量与管理是指通过标准化流程，使机器对数据进行处理，可以确保获得一个预设质量的分析结果。

5. 可视化技术

大数据可视化旨在借助于图形化手段，清晰、有效地传达与沟通信息。为了有效、准确地传达信息的思想概念，美学形式与功能需要齐头并进，通过可视化直观地传达大数据特征，实现对于相当稀疏而又复杂的数据集的深入洞察。大数据可视化与信息图形、信息可视化、科学可视化以及统计图形密切相关，在研究、教学和开发领域是一个极为活跃而又关键的技术。大数据可视化技术包含 4 个方面，一是**数据空间**，即由 n 维属性和 m 个元素组成的数据集所构成的多维信息空间；二是**数据开发**，是指利用一定的算法和工具对数据进行定量的推演和计算；三是**数据分析**，指对多维数据进行切片、分块、旋转等动作进行剖析，以便多角度全方位观察数据；四是**数据可视化**，是指将大型数据集中的数据以图形、图像形式表示，并利用数据分析和开发工具发现其中未知信息的处理过程。

大数据时代，大规模、高维度、非结构化数据层出不穷，要将这样的数据以可视化形式完美地展示出来，传统的显示技术已很难满足需求。目前，针对大数据的可视化问题，已经呈现出多种方法，这些方法根据其可视化的原理不同可以划分为：基于几何的技术、面向像素的技术、基于图标的技术、基于层次的技术、基于图像的技术和分布式技术等。此外，高分高清大屏幕拼接可视化技术也是一项有效解决数据可视化问题的新型技术，其具有超大画面、纯真彩色、高亮度、高分辨率等显著优势，结合数据实时渲染技术、GIS 空间数据可视化技术，可以实现数据实时图形可视化、场景化以及实时交互，让使用者更加方便地进行数据的理解和空间知识的呈现，可应用于指挥监控、视景仿真及三维交互等众多领域。

6.4.5 大数据的典型应用

目前，大数据主要来源于物联网、互联网和移动互联网。随着物联网的大规模应用，接入物联网的传感器、RFID 标签、智能硬件等的数量将呈指数式增长，物联网产生的大数据将远远超过互联网，成为大数据的主要来源。物联网与大数据之间的联系具体可以表现为以下三方面。

1）物联网使用不同的感知手段获取大数据并不是目的，而是要通过对大数据的分析处理，提取正确的知识与准确的反馈控制信息，这是物联网对大数据研究提出的真正需求。

2）大数据的应用水平直接影响着物联网应用系统存在的价值与重要性，大数据的应用效果是评价物联网应用系统技术水平的关键指标之一。

3）物联网的大数据应用是国家大数据战略的重要组成部分，融合不同行业、不同用途的物联网大数据研究必将成为物联网研究的重要内容。

大数据无处不在，而基于物联网的大数据应用能够为人们的生产生活带来巨大的经济效益和社会效益，金融、汽车、餐饮、电信、能源、医疗和娱乐等在内的社会各行各业都已经打上了大数据的烙印。如图 6-20 所示。

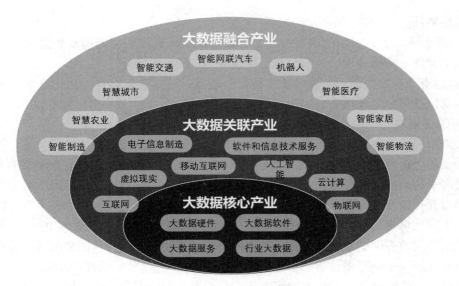

图 6-20　大数据相关应用

① **制造业**。利用工业大数据提升制造业水平，包括产品故障诊断与预测、工艺流程分析、生产工艺改进，生产过程能耗优化、供应链分析、生产计划与安排等。

② **金融行业**。大数据在高频交易、社交情绪分析和信贷风险分析三大金融创新领域发挥着重要的作用。

③ **汽车行业**。利用大数据和物联网技术的无人驾驶汽车，在不远的未来将可能走入人们的日常生活。

④ **互联网行业**。借助于大数据技术，可以分析客户行为，进行商品推荐和针对性广告投放。

⑤ **电信行业**。利用大数据技术实现客户离网分析，及时掌握客户离网倾向，出台客户挽留措施。

⑥ **能源行业**。随着智能电网的发展，电力公司可以掌握海量的用户用电信息，利用大数据技术分析用户用电模式，改进电网运行方式，合理设计电力需求响应系统，确保电网安全运行。

⑦ **物流行业**。利用大数据优化物流网络，提高物流效率，降低物流成本。

⑧ **城市管理**。利用大数据可以实现智能交通、环保监测、城市规划和智能安防等，进而建设智慧城市。

⑨ **生物医学**。大数据可以帮助人们实现流行病预测、智慧医疗、健康管理，同时还可用于解读 DNA，了解更多的生命奥秘。

⑩ **体育娱乐**。大数据可以帮助训练运动队，预测比赛结果；还可以决定投拍哪种题材的影视作品等。

⑪ **安全领域**。政府可以利用大数据技术构建起强大的国家安全保障体系，企业可以利用大数据抵御网络攻击，警察可以借助大数据来预防犯罪。

⑫ **个人生活**。大数据可应用于个人生活，利用与每个人相关联的"个人大数据"，分析个人生活行为习惯，为其提供更加周到的个性化服务。

大数据的价值远远不止于此，大数据对各行各业的渗透大大推动了人们生产和生活的进步，未来必将产生重大而深远的影响。另外，大数据的兴起也催生了诸多新兴职业，如大数据分析师、大数据架构师、大数据可视化工程师、数据库管理员、商业智能分析师等。

本章小结

本章主要学习了云计算、边缘计算和大数据三个物联网数据处理的核心技术。包括云计算的基本概念、发展及基本类型，云网络，云计算体系结构，云平台，云计算的典型应用及云安全等问题；边缘计算的基本概念和数据模式，意义，应用及面临的挑战；大数据的基本概念、起源及发展，基本特征，技术体系和典型应用等。为后续学习物联网系统设计和理解物联网系统的典型应用奠定基础。

思考题

6-1 什么是云计算？其核心思想是什么？服务形式有哪些？

6-2 云计算的先行者有哪些公司？简述 Google、Amazon、IBM "三朵云" 的异同点。

6-3 简述 BAT（百度、阿里、腾讯）"三朵国内云" 的特点及应用。

6-4 简述云计算的基本类型及特点。

6-5 什么是云网络？和传统的计算机网络有什么区别？

6-6 简述云计算的体系结构及特点。

6-7 什么是云安全？云计算在使用中应注意的安全问题有哪些？

6-8 什么是边缘计算？其意义是什么？

6-9 什么是大数据？有哪些基本特征？

6-10 大数据的技术体系包括哪些具体内容？分别有哪些作用？

6-11 简述云计算、边缘计算与大数据的关系。

第7章　物联网应用系统设计

【核心内容提示】
(1) 了解物联网应用系统概况。
(2) 掌握物联网应用系统的设计原则和设计步骤。
(3) 了解 M2M "智慧城市" 平台的功能和性能要求。
(4) 了解 M2M "智慧城市" 平台的总体架构及功能特点。

扫码观看本章
知识点视频

7.1　物联网应用系统概述

随着物联网技术的发展和应用的不断深入，对多业务共性基础平台的需求也越来越强烈。物联网应用系统是综合物联网应用共性特点，贯穿感知、传输、服务三层的功能模块、协议和平台等的总称，是物联网应用的核心支撑平台。其具有终端远程管理、运行监控、警告管理、协议适配、业务数据传输、行业应用接入等综合服务功能，为物联网各种应用提供强大、稳定的运行支撑环境。

物联网应用系统的价值与优势在于：

1) 物联网应用系统的建设将打破孤立 "竖井式" 应用架构所形成的 "信息孤岛"，为物联网应用提供标准体系架构，并支持多应用业务信息融合和服务共享，实现应用业务间无缝集成与协作。

2) 强大易扩展的物联网应用系统支持多种类型感知设备适配接入，兼容现有各类传输网络，提供灵活的应用服务部署和业务交互共享模式，并可根据用户需求在系统上动态添加新的应用。

3) 强大的平台开发及运行维护支撑能力可显著降低物联网应用业务开发成本、服务运营成本及维护成本，降低物联网的准入门槛。

4) 先进、成熟、符合国际标准的软硬件技术和易扩展的开放式体系结构，能根据技术、业务的发展需要对系统功能进行调整、增加，支持二次开发和快速集成。

5) 多种信息加密手段与安全管理协议以及灵活的访问权限机制，为物联网应用提供坚实的安全保障。

物联网应用系统基础服务平台主要是实现承上启下的作用，对下接入多种行业服务终端，对上支持多种行业应用，把各种垂直的物联网应用整合在一个扁平的应用网络体系中，可实现各种资源的最大化共享。物联网应用系统基础服务平台系列产品一般包括共性模块产品、共性传输和网关设备、共性网络协议栈、共性服务平台和各种物联网行业应用平台。由物联网的英文名 "Internet of Things" 可知，物联网的实质就是 "物物互联" 的信息网络，其中包括两层含义，一是物联网的核心承载网络是互联网；二是物联网的客户端延伸和扩展到了任何物与物之间，并能进行数据交换和通信。因此，要被纳入物联网的 "物" 就应满足下列条件：①有相应信息的接收器和发射器；②有数据传输的通路；③有一定的存储和处理功能，即有 CPU；④有操作系统；⑤有专门的应用程序；⑥遵循物联网通信协议；⑦有可被识别的统一编码。

可见，物联网应用系统的核心是利用各种通信设备和线路（包括有线和无线）将分布在不同地理位置、功能各异的物连接起来，通过功能完善的软件系统（包括通信协议）实现数据传输及资源共享。将物有机地组成一个功能完善的物联网的过程称为组网。物联网应用系统的设计是一项系统工程，构建时需要考虑诸多问题，在构建之前要根据各种需求进行很好的规划设计。

7.2 物联网应用系统设计过程

7.2.1 物联网应用系统的设计原则

物联网应用系统是设备围绕网络，而任何可用的网络平台都应遵循一些必要的原则。物联网应用系统的构建应遵循以下原则。

1. 可靠性

系统能够稳定、可靠地运行是系统有用性的前提。可靠性要求物联网应用系统平台能够长时间稳定运行。即使出现故障或突发性事故，也应具有能够保障系统正常运行和快速恢复正常运行的措施。

要保证可靠性，首先，要保证网络中各类电源的可靠供应，尤其是关键网络设备和关键客户机，必须配置足够功率的不间断电源（Uninterrupted Power Supply，UPS），以免数据丢失。如服务器、交换机、路由器、防火墙等关键设备要有 1 h 以上（通常是 3 h）的 UPS 电源供应；而关键客户机则需要 15 min 以上的 UPS 电源支持。其次，应尽量避免出现单点故障而波及整个系统的现象发生。除了在网络结构、网络设备和服务器设备等各个方面进行高可靠性设计外，还要有硬件备份、软件冗余以及严格的管理机制、控制手段和事故监控、网络安全等技术措施，以提高整个系统的可靠性。另外，随着应用业务的不断扩展，平台管理任务也会日益繁重，因此必须建立一套全面的实时监管方案。通过先进的管理策略、管理工具来提高应用系统基础服务平台的运行可靠性，如采用智能化管理设备、最优化管理软件、先进的分布式管理方法等，达到网络资源合理分配、网络负载动态配置、网络故障迅速解决等，最终实现对整个运行平台的实时智能化监控。

2. 实用性

性价比高、实用性强、易于扩展，是任何一个网络系统的基本要求，构建一个物联网应用系统基础服务平台更是如此，应紧密结合实际需求。

1）在选择具体的网络通信和数据处理技术时，应尽可能采用先进和成熟的主流技术，使整个系统在相当一段时期内保持技术上的先进性、实用性和较高的性价比。

2）构建的应用系统平台应尽可能简单易用，使用户经过短期培训便可掌握使用方法。

3）作为物联网的应用基础服务平台，应具备充分灵活的适应能力、可扩展能力和自动升级能力，提供可视化的二次开发、配置工具，并充分考虑软、硬件接口和通信协议的标准化和开放性，使系统具备支持多种通信媒体和多种物理接口能力，能够方便地实现技术升级和设备更新，以尽可能减少维护人员的工作量，实现资源的最大共享。

4）作为物联网应用系统平台，应具备完整的统计、分析、授权、预警、短信、邮件、视频监控、GPS 定位、打印等通用服务功能。

3. 安全性

根据物联网自身的复杂性和现实与虚拟相联系的特殊性，其安全问题除了需要解决物联网机器/感知节点的本地安全、传输网络和承载网络的信息安全外，物联网应用系统平台的业务安全也必须考虑。在物联网应用系统平台的安全性中，除了预防病毒、黑客入侵外，还主要体现在用户对数据的访问权限上，一定要根据对应的工作需求，为不同用户配置不同数据域相应的访问权限；同时，用户账户（特别是高权限账户）的安全也应受到重视，要采取相应的账户防护策略，如密码复杂性策略和账户锁定策略等，保护好用户账户，以防被非法盗取。

7.2.2 物联网应用系统的设计步骤

一个完整的物联网应用系统设计，基本包括用户需求分析、初步方案设计、详细系统设计、应用平台设计等几个步骤。如图 7-1 所示。

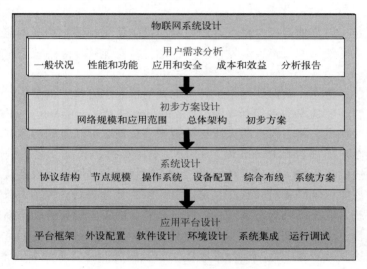

图 7-1 物联网系统设计的内容和步骤

1. 用户需求分析

物联网应用系统平台实质上是一个多应用业务的集合体，是一个覆盖万物的实物互联网。因此，在进行物联网应用系统设计时，应充分调研其应用背景和工作环境，以及对软硬件系统的功能要求等，也就是要详细做好用户需求的调查和需求分析。

（1）基本配置需求分析

充分了解和分析用户当前的设备、人员、资金投入、站点布局、地理分布、业务特点、数据流量和流向、现有软件和广域互联的通信情况，以及当前和未来几年内网络规模及发展情况等。从这些信息中可以得出新的物联网应用系统所应具备的基本配置需求。

（2）性能和功能需求分析

认真调查研究，分析了解用户希望物联网应用系统应实现的功能、接入的速率、所需存储量（包括服务器容量和感知节点数量等）、响应时间、扩展要求、安全需求，以及行业特定应用需求等。

（3）应用和安全需求分析

了解用户现有的和可能发展的业务范围和应用需求，据此分析物联网应用系统应具备的安全等级和保密范围，包括所能延伸到的设备（软硬件）范围和人员情况等。这两个方面在整个用户需求分析中都很重要。应用需求，决定了所设计的物联网应用系统是否能满足用户的需要；而在网络安全威胁日益增强，安全隐患日益增多的今天，安全分析与防范更是必不可少。

（4）成本和效益评估

根据用户的应用需求分析，对物联网应用系统所需投入的人力、财力、物力，以及可能产生的经济、社会效益进行综合评估，撰写评估分析报告。

根据评估分析报告，结合当地环境、政策、形势、发展等情况进行详细的可行性分析，完成可行性论证报告。

2. 初步方案设计

初步方案设计是指，在对各类用户进行详细需求调查与分析的基础上，给出一个初步的设计方案，一般包括以下两个方面。

（1）确定网络规模和应用范围

根据终端用户的地理位置和分布情况，确定物联网的覆盖范围。如用户为特定行业和关键应用，还需定义物联网的应用边界，如管理信息系统（Management Information System，MIS）、企业资源规划（Enterprise Resource Planning，ERP）、数据库系统（DBS）、广域网（WAN）连接、虚拟专用网（Virtual Private Network，VPN）连接等。

（2）构建总体架构

根据用户物联网应用系统规模及终端用户的地理位置和分布情况确定物联网应用系统的总体架构，如集中式还是分布式，是采用客户机/服务器模式还是对等模式等。

总体构架确定后初步方案即可确定，提交用户通过后方可进行下一步设计。

3. 物联网应用系统设计

在完成初步方案确定后，通过以下 5 个过程可完成物联网应用系统的设计方案。

（1）确定网络拓扑结构

将网络中的计算机和通信设备抽象为一个点，将传输介质抽象为一条线，由点和线组成的几何图形就是网络的拓扑结构。拓扑结构反映网络中各实体的结构关系，是实现各种网络协议的基础，其对网络的性能，系统的可靠性及通信费用都有重大影响。基本的物联网拓扑结构有总线型、星型、树型和混合型等。如图 7-2 所示。

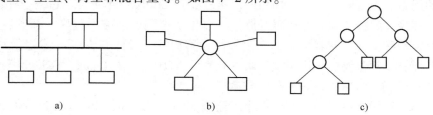

图 7-2　物联网拓扑结构
a）总线型　b）星型　c）树型

总线型拓扑结构是一种基于多点连接的拓扑结构，所有设备通过相应的硬件接口直接连接到一条公共总线上，节点之间按广播式通信，一个节点发出的信息，总线上的其他节点均可"收听"到。优点是结构简单、布线容易、可靠性较高，易于网络扩展；缺点是所有的数据都需经过总线传送，总线成为整个网络的瓶颈，一旦出现故障难以诊断，而且如果某一个节点的传输介质出现故障，将影响整个网络。**星型拓扑结构**是一种以中央节点为中心，把若干外围节点连接起来的辐射式互联结构。星型拓扑结构在网络布线中较为常见，适用于局域网，特别是近年来连接的局域网大都采用这种连接方式。其优点是结构简单、容易实现，通常以集线器（Hub）作为中央节点，便于维护和管理；缺点是中央节点是全网络的瓶颈，一旦出现故障会导致整个网络的瘫痪。**树型拓扑结构**是一种层次型树状结构，节点按层次连结，信息交换主要在上下层节点之间进行，相邻节点或同层节点之间一般不进行数据交换。优点是结构简单，维护方便，适用于汇集信息的应用要求；缺点是资源共享能力较低，可靠性不高，任何一个工作站或链路的故障都会影响整个网络的运行。**混合型**拓扑结构就是将两种或两种以上的拓扑结构混合使用，这样可以取长补短，但网络配置难度较大。

（2）设计节点规模

节点规模的设计是指根据用户网络规模、功能和应用需求、相应设备布局等，确定物联网应用系统主要节点的数量和布局、节点设备性能、容量和应具备的功能等。因为，在接入广域网时，用户主要考虑宽带、可连接性、互操作性、可扩展性等问题，而中继传输网和核心交换网通常都由网络供应商（Network Service Provider，NSP）提供，无须用户关心。一般核心层设备性能要求最高，汇聚层设备性能次之，边缘层设备性能要求最低。

（3）确定网络操作系统

网络操作系统（Network Operating System，NOS）是网络的心脏和灵魂，是向网络计算机提供服务的特殊操作系统，它在计算机操作系统下工作，使计算机操作系统增加了网络操作所需要的功能。目前典型的网络操作系统主要有三大类，第一类是 Microsoft（微软）公司开发的 **Windows** 操作系统，包括 Windows NT4.0、Windows 2000、WindowsXP、Windows 2008 以及最新的 Windows 10 等。这类操作系统在整个局域网配置中最常见，是目前应用最广、最易掌握的操作系统，在绝大多数中小企事业单位中使用。第二类是 UNIX 操作系统，UNIX 操作系统是一种多用户、多任务操作系统。目前常用的 UNIX 系统版本分为 SYSTEM V 系统和 BSD 系统两大类。SYSTEM V 系统主要有：SCO UNIX、HP UNIX、SUN UNIX（SOLARIS）、IBM UNIX（AIX）等，BSD 系统主要有：FreeBSD、OpenBSD、NetBSD、APPle UNIX（MAC OS bsd 内核）等。UNIX 网络操作系统运行稳定，安全性能非常好，但由于它多数是以命令方式进行操作的，不容易掌握，特别是初级用户。因此，UNIX 操作系统一般用于大型的网站或大型的企、事业局域网。第三类是 **Linux** 操作系统，它是一种新型的网络操作系统，其最大的特点就是源代码开放，可以免费得到许多应用程序，开发容易效率高，安全性和稳定性好，而且有着极强的自由性，在移动端、云计算、AI 技术以及嵌入式等各个领域都发挥着非常重要的作用。主要版本有 UBUNTU、SUSE Linux，Fedora 等，也有中文版本的 Linux，如 REDHAT（红帽子）、红旗 Linux 等。

除了上面三种常用操作系统之外，还有 Mac、Chrome OS、OS/2、BE OS、QNX、freeBSD、System 7、AIX、Solaris 等多种操作系统，分别适用于不同的网络。因此，对于不同的应用，需要有目的地选择合适的网络操作系统。

（4）网络设备的选型和配置

根据物联网应用系统的设计方案，应选择性价比较高的网络设备，并以适当的连接方式进行有效的组合。主要的网络设备有服务器、交换机、路由器、不间断电源等。

网络服务器是网络服务的核心设备，通常需昼夜24 h运行，为众多用户提供不间断服务，是网络中不可或缺的组成部分。应按照稳定第一、需求够用、知名品牌等原则选型。常用的名牌服务器有IBM System p5 520+服务器等。**交换机**是集线器的升级换代产品，是按照通信两端传输信息的需要，把要传输的信息送到符合要求的相应端口上的技术的统称。广义的交换机就是一种在通信系统中完成信息交换功能的设备。常用的交换机有锐捷STAR-2126G/2150G二层交换机和华为Quidway S3928TP-SI三层交换机等。**路由器**主要用于不同网络或网段之间的连接，并对所连接网络的数据信息进行相互"翻译"，以实现不同网络或网段之间的互联互通；同时其还具有判断网络地址和选择路径的功能，以及过滤和分隔网络信息流的功能。目前，路由器已成为各种骨干网络内部之间、骨干网之间以及骨干网和互联网之间连接的枢纽。常用的路由器有D-Link DI-504宽带路由器、华为Quidway AR28系列路由器、思科Cisco 800系列路由器等。**UPS**是一种具有一定能源存储能力的不间断电源设备。UPS的选型应考虑选择知名品牌、合适的类型和适当的功率。通常，局域网的中心机房应采用10~20 kVA中等容量的在线式UPS双机并联集中供电，而对于其他众多无法集中的PC设备、路由器、打印机等，通常采用离线式或在线互动式0.5~2 kVA的小容量UPS。

（5）综合布线系统设计

综合布线系统（Generic Cabling System，GCS）是指采用标准化措施，将多种应用布线系统进行统一综合，实现统一材料、统一设计以及统一安装施工，以使整个系统结构清晰、便于管理和维护。综合布线系统设计是物联网应用系统设计的最后一步，要求根据用户需求的感知节点部署和网络规模等设计整个网络的综合布线图。网络综合布线系统需采用国内外标准化部件和模块化组合方式，将语音、数据、图像、控制等各种信号，用统一的传输媒介进行综合，形成一套标准、适用、灵活、开放的布线系统。典型的国际综合布线标准有ISO/IEC/IS 11801，国家标准有ANSI/EIA/TIA-568A（B）等，且ANSI/EIA/TIA-568A（B）与ISO/IEC/IS 11801完全兼容。这些标准确定了综合布线系统中各种应配置的相关器件、线缆的类型、性能和技术标准，确定了综合布线系统的结构，给出了综合布线系统的应用或支持范围，使各系统有效兼容，并采用统一的布线策略和工程器材，从而形成一个完整的标准体系。

4. 应用系统平台的设计

应用系统平台的设计，主要包括具体的用户应用系统平台设计，如M2M系统、ERP系统、MIS管理系统等。

1）应用系统平台设计。分模块设计出满足用户需求的各种应用系统框架和对网络系统的要求，特别是一些特定行业和关键应用。

2）设备配置。根据用户业务特点、应用需求和数据流量，对整个系统的服务器、感知节点、用户终端等外设进行配置和设计。

3）系统软件的选择。为计算机系统选择适当的数据库（DBS）、企业资源计划（ERP）系统、经营管理系统（MIS）及开发平台等。

4）机房环境设计。确定用户端系统的服务器所在机房环境和一般工作站机房环境，包括温度、湿度、通风等要求。

5）系统集成。将整个系统涉及的各个部分加以集成，并最终形成系统集成的正式文档。

6）系统调试和试运行。试运行是对物联网应用系统的基本性能进行评估，是系统正式投入运行前的必要工作。一般要先做一些必要的性能测试和小范围的试运行。性能测试主要是测试网络的接入性能、响应时间，以及关键系统的并发运行情况等。小范围试运行时间不少于一个星期，小范围试运行成功后再进行全面试运行，全面试运行时间不少于一个月。

7.3 基于 M2M 的"智慧城市"平台设计

"智慧城市"是以地理空间框架为定位基准，集成城市自然、社会、经济、人文、环境等综合信息，基于网络基础设施实现城市信息的广泛共享，是物联网技术在城市发展中的重要应用。"智慧城市"代表了城市信息化的发展方向，是推动整个国家信息化的重要手段，城市信息化过程表现为地球表面测绘与统计的信息化（数字调查与地图），政府管理与决策的信息化（智慧政府），企业管理、决策与服务的信息化（智慧企业），市民生活的信息化（智慧城市生活）等。智慧城市框架既是城市的基础信息平台，也是国家空间数据基础设施的基本组成部分，它是信息集成的载体、是智慧城市赖以实现不可或缺的基础支撑。

M2M 是机器对机器（Machine-to-Machine）通信的简称。目前，M2M 重点在于机器对机器的无线通信。有三种方式：机器对机器，机器对移动电话（如用户远程监视），移动电话对机器（如用户远程控制）。

本节主要介绍基于 M2M 的"智慧城市"物联网应用平台总体架构的设计过程。

7.3.1 平台的功能要求

要求 M2M 平台能够提供"智慧城市"物联网各行业应用的核心技术支持，包括接入层、通信层以及行业应用基础层的通用解决方案。实现远程终端管理、运行监控、警告管理、协议适配、业务数据传输、行业应用接入及逻辑处理等综合服务功能，为"智慧城市"各行各业应用系统提供强大、稳定的物联网业务运行支撑环境。

1. 提供统一的终端接入平台

通过 M2M 平台，为所有物联网应用终端提供统一的数据接入方案。数据接入支持多种通信设备、通信协议，对接收到的数据进行辨识、分发，以及报警分析等预处理。

2. 提供统一的应用基础运行平台

物联网应用软件与传统应用软件相比，有底层终端数量多、上层行业应用复杂的特点，各种行业终端数量规模往往能达到几百万甚至更多，要求 M2M 平台能维护大量共享数据和控制数据，提供物联网应用的统一运行环境，从概念、技术、方法与机制等多个方面无缝集成数据的实时处理与历史记录，实现数据的高时效调度与处理，并保证数据的一致性。

3. 提供统一的安全认证

以用户信息、系统权限为核心，集成各业务系统的认证信息，提供一个高度集成且统一的认证平台。

4. 提供统一的数据交换平台

M2M 平台提供统一的数据交换平台，通过中间件作为"黏合剂"连接各种业务相关的异构系统、应用以及数据源，满足重要系统之间无缝共享和交换数据的需要。

5. 提供统一的门户支撑平台

提供一个灵活、规范的信息组织管理平台和全网范围的网络协作环境，实现集成的信息采集、内容管理、信息搜集，能够直接组织各类共享信息和内部业务基础信息，面向不同使用对象，通过门户技术实现个性化服务及信息整合应用。

6. 提供多种业务基础构件

为各种应用业务提供辅助开发工具、快速定制、地理信息服务、权限管理服务、数据展现及挖掘等多种平台支持服务。通过这些基础构件，实现系统的松散耦合，提高系统的灵活性和可扩展性，保障快速开发、降低运营维护成本。

7.3.2 平台的性能要求

1. 处理能力要求

按照中等智慧城市的发展目标，系统应能接入几十万台终端和几十个行业的应用，因此，对 M2M 平台的处理能力要求如下。

1）支持 300 个用户并发 M2M 应用业务请求。

2）满足 10 万个以上终端的监控管理需求。

3）支持 300 个以上用户在线进行并网操作，且系统内响应时间不超过 2 s。

4）CPU 忙时利用率平均不超过 60%。

2. 稳定性和可靠性要求

1）要求平台具有较高的可靠性和稳定性。关键设备应采用负荷分担、分布式多处理机结构，主要模块冗余度至少为 1+1。

2）系统各服务器应保证数据实时的一致性、可用性，主设备和备用设备的切换时间不超过 3 min。

3）系统故障恢复时间不超过 30 min。

4）设备必须支持热插拔功能。

5）系统应满足 7×24 h 不间断工作。

6）存储设备应具有极高的可靠性，有良好的备份和恢复策略。系统数据和业务数据可联机备份、联机恢复，恢复的数据必须保持其完整性和一致性。

7）应对系统的配置数据、操作日志进行备份，并永久保存。

8）在系统失效的情况下，应能够从数据记录中恢复最近的数据。

3. 软件要求

（1）整体要求

1）M2M 平台建设必须基于业界开放式标准，包括各种网络协议、硬件接口、数据库接口等，以保证系统的生命力，体现良好的扩展性和互操作能力。

2）M2M 平台应提供维护管理和实时监控功能，简化系统的使用和维护。

3）M2M 平台的各类软硬件系统应采用先进成熟的设备和技术，确保系统的技术先进性，保证投资的有效性和可延续性。

4）M2M 平台是一个不断发展的业务系统，系统设计时应充分考虑可扩展性。应用软件应能够以多种方式支持系统的扩展，包括业务功能的增加、系统升级以及系统容量和规模的扩大等。

5）M2M 平台应内置服务总线 ESB、ETL 工具、搜索引擎、ORM 中间件、工作流引擎、报表定制工具、BI 引擎（OLAP、Analysis、Query）等辅助产品与工具。

（2）平台软件

1）应具备可移植性，能平滑移植到其他主流操作系统和主流硬件平台上。

2）应采用组件化设计，支持各种组件的在线拆卸、在线加载；支持组件间通信流程的灵活控制及业务流程的灵活变更；组件应具有开放的管理接口和服务接口。

3）能够实现应用部分与数据库部分在逻辑上的分离，便于对应用部分进行修改，从而方便随时添加新的功能或对原有功能进行改动而不影响数据库。

4）能够提供二次开发功能，以适应不断增加的支撑功能和不断拓展的业务空间。应用软件应具备可视化的二次开发工具以及集成开发环境，以提高二次开发的效率。

5）提供灵活多样的服务，快速适应新业务的开展，应用软件的设计应采用灵活的结构，采用面向对象、面向服务、中间件等技术。

6）整个应用软件系统应能够连续 7×24 h 不间断工作。

7）具有完整的操作权限管理功能和完善的系统安全机制，能够对每个操作员的每次操作进行详细的记录，对每次非法操作进行告警。

8）应能为系统管理员提供多种发现系统故障和发现非法登录的手段。

9）提供通用的商业智能组件，如报表、数据抽取及转换、数据挖掘等。

10）提供通用的工作流引擎、电子地图，及移动定位、短信、邮件、视频等服务。

11）采用简洁、直观、友好的图形化界面。

12）支持中文大字符集等相关国家标准规定的汉字字符处理、显示和打印。

7.3.3 平台的总体构架设计

基于 M2M 平台的"智慧城市"物联网应用模式如图 7-3 所示。

1. M2M 平台的技术功能

终端通过网络将数据上报给 M2M 平台的服务器集群，再由路由服务器将数据分发给行业应用平台，各行业有各自独立的应用平台。

1）终端接入。终端通过指定的数据接收服务器 IP 地址及端口，将数据通过网路链路（如 GPRS 网络等）发送到平台，由数据接收服务器负责接收。每个数据接收服务器可以接收几百到几千个终端数据。终端通信协议可以根据需要自定义，平台通过不同的协议插件来支持。

2）数据转发。数据接收服务器收到终端传送来的数据后，先对终端进行注册，然后将数据进行统一数据结构转换，即将数据转换成平台可以处理的结构形式，并由路由网关服务器根据终端唯一的序列号判断数据要发送到哪个行业平台。一个路由网关可以将若干个数据接入服务器，但是每个路由网关最好只接收同一个行业平台的终端数据，这样可以使数据路由的系统开销降低到最小。

3）行业平台。行业平台是针对每个行业的独立平台。终端数据由路由网关转发到行业平台，由行业平台对数据进行逻辑处理并展示给用户查看和分析。当需要对终端下发控制命令时，根据终端在系统中唯一的序列号确认要发送指令的终端，实现远程控制。

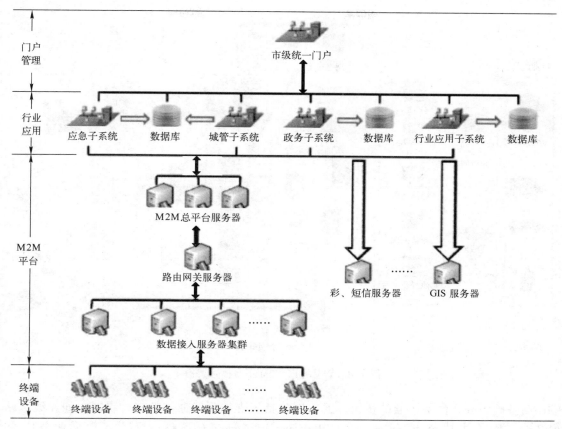

图 7-3　基于 M2M 平台的"智慧城市"物联网应用系统模式

4）能力提供。能力是指平台提供的各种供所有行业平台使用的功能及服务的统称。如彩信、短信、邮件、视频等服务。这些服务通过提供标准接口供其他程序使用，图 7-3 中的彩、短信服务器及 GIS 服务器都属于能力范畴。

5）统一门户。统一门户是对所有行业平台、认证权限、考核评价、经营报表、各种资源及其他平台功能的统一管理门户。

2. M2M 平台的系统架构设计

M2M 平台要求基于 XML/J2EE/Portlet/WFMC 等开放技术，遵循 SOA 架构体系，采用统一的基于 J2EE 的软件平台和全程建模、基于组件分层开发的技术路线，支持大颗粒构件的复用；遵循构件化、模块化、可扩展、可复用的技术架构，以满足物联网应用系统未来的数据扩展和业务发展。因此，"智慧城市" M2M 平台系统的总体架构可设计为包括终端层、通信层、业务和数据处理层、用户层的四层结构。如图 7-4 所示。

1）终端层。终端层位于平台体系的最底层，涵盖了各行业所能涉及的所有终端设备，如工控行业的 RTU、DTU、PLC、智能仪表等；智能交通的 RFID、视频采集摄像头、移动执法终端等；城市管理的数字管理终端、智能采集设备等。所有的终端设备均通过各种有线、无线网络与基础服务平台通信，上报终端数据并执行平台下发的命令。

2）通信层。通信层是各种数据的传输网络，其主要功能是提供数据的透明传输，是终

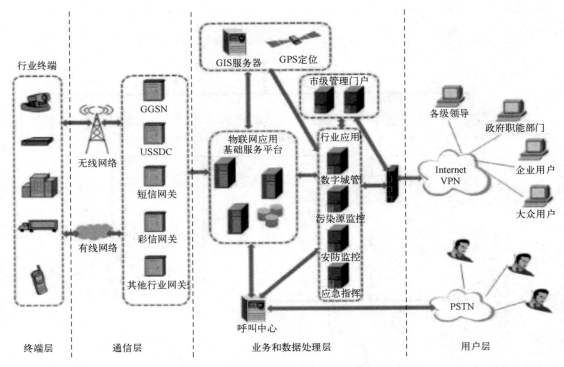

图 7-4　智慧城市 M2M 平台体系架构

端层与基础服务平台层沟通的桥梁。通信层包括了支持无线通信的多种设备，如无线基站（WBS）、网关支持节点（Gateway GPRS Support Node，GGSN）、交互式数据业务中心（Unstructured Supplementary Service Data Center，USSDC）、短信网关、彩信网关等；同时也包括了 Internet、专用网（VPN）、局域网（LAN）等。

3）业务和数据处理层。业务和数据处理层是各种应用业务和数据的处理中心。包括物联网应用系统基础服务平台、物联网各行业应用平台、各种应用业务管理门户等核心数据及业务的处理；也包括呼叫中心、GIS 地理信息服务、GPS 定位功能等支持。

4）用户层。用户层涵盖了物联网统一管理门户及各行业应用的所有用户。通过门户可以全局性地查看各种应用的统一数据，各级职能部门登录各自的应用平台进行监督执法，企业及其他用户登录后可以查看、监控企业实时数据，公众用户可以通过网络上报数据、查询和发布公开信息。

3. M2M 平台的技术架构设计

基于 M2M 的"智慧城市"平台可为城市管理、交通物流、工业控制、节能环保、安全监控、公共服务等领域的应用信息化建设和应用集成，提供高效、稳定的物联网应用系统基础服务平台和一系列物联网应用集成业务基础构件，实现物联网应用的集成化监控、管理和服务。M2M 平台总体采用多层架构和模块功能设计，包括终端感知层、中间平台层、顶端应用层等，其结构及功能如图 7-5 所示。

（1）终端感知层　是各类数据的感知和终端传输网络，主要完成所有行业各类数据的采集、处理和上下传输任务。

（2）中间平台层　即物联网应用系统基础服务平台，是 M2M 应用平台的核心，采用模

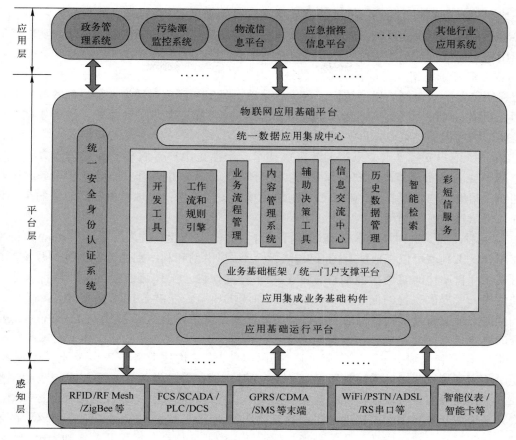

图 7-5　M2M 平台技术架构图

块化设计，完成所有应用功能。主要包括应用基础运行平台、统一安全身份认证系统、统一数据应用集成中心、应用集成业务基础构件等功能组件。

1）应用基础运行平台。物联网应用基础运行平台作为 M2M 平台的数据处理核心和各种构件的运行环境，是一种基于开放服务门户倡议，OSGi（Open Service Gateway initiative）的组件化构架，包含通信、变量、界面、报警、策略、脚本、日程管理、备用等多个功能模块。平台主要用于提供物联网应用系统的统一运行环境，从概念、技术、方法与机制等多方面无缝集成数据的实时处理与历史记录，实现数据的高时效调度与处理，并保证数据的一致性。

2）统一安全身份认证系统。该系统以用户信息、系统权限为核心，集成各业务系统的认证信息，为各应用行业提供一个高度集成统一的认证平台。其结构具有使系统灵活方便、安全可靠、可移动办公等特点。

3）统一数据应用集成中心。包括数据交换中心和数据交换代理两部分。各个应用系统通过数据交换代理参与数据交换，所有数据交换代理在逻辑上是对等的。整个数据应用中心采用集成技术，通过中间件连接与各种业务相关的异构系统、应用以及数据源，实现各个系统之间的业务协同、无缝共享和数据交换的需求。

4）应用集成业务基础构架。M2M 平台应提供一系列高度集成化、构件化和标准化的完整的应用集成业务基础构件。其关键构件至少包括：业务基础框架、门户平台、开发工具、内容管理系统、工作流系统、商业智能构件、服务总线、统一 GIS 构件等模块，功能覆盖整个应用集成领域，各系统模块可独立或组合使用。

① 业务基础框架。提供各类数据的统一表现形式，包含开发 J2EE 应用程序所需要的表现层通用元素，如表格、树型结构、表单、菜单、日历、颜色对话框、分页标签等，实现可重用元素统一封装，具有一整套开发面向 B/S 结构的 J2EE 表现层界面库，包括数据表格控件、树型结构控件、菜单控件、表单控件等。

② 统一门户支撑平台。采用无缝集成技术、个性化用户界面和一站式访问方式，提供一个基于 Web 服务的综合门户支撑系统，向分布在不同地方的用户提供定制业务应用模块的功能，帮助用户管理、组织和查询与组织机构相关的信息，实现面向不同对象的个性化服务和各类信息的有效利用。

③ 开发工具。通过结合应用基础运行平台，提供综合业务开发工具（Studio），开发人员使用开发工具就可以完成所有的开发步骤，无须再借助和利用别的开发工具。开发工具内置可视化和自动化的实用功能插件，如 Portlet 开发插件、工作流建模插件、界面及表单设计插件等。可提供完善的向导、视图、编辑和调试环境；能屏蔽技术复杂性，降低开发难度；全面支持业务基础构件及应用构件的高效开发，支持普通 Web 应用及 J2EE 企业级应用系统的快速开发。

④ 工作流和规则引擎。工作流可通过开发环境快速构建业务流程以及业务处理表单；依托引擎实现流程流转；采用基于 Web 的缺省客户端和管理监控工具完成对流程的调整与监控。工作流可实现可视化构件的开发、强大的流程流转和整合、直观的流程监控和丰富的二次开发等功能。规则引擎实现把当前提交给引擎的 Java 数据对象与加载在引擎中的业务规则进行测试和比对，激活那些符合当前数据状态的业务规则，根据业务规则中声明的执行逻辑，触发应用程序中对应的操作。

⑤ 业务流程管理。应用集成技术和 Web 服务技术，独立于具体应用之外，内置一系列工具，可提供流程建模、模拟、设计、重组、部署、管理、监控、审计、优化等的环境和服务，为不断的、跨部门的流程重组和流程优化提供技术基础平台，实现跨部门的业务协作和流程协同应用。

⑥ 内容管理。针对各行业平台的内外部信息管理、信息加工与处理、信息发布、网站维护和安全管理等，提供基于 Web 交互模式的内容管理、信息发布、统一的访问入口和用户的互动交流等服务功能，简化所录内容复杂的布局和排版需求，实现在线的动态网站维护和管理工作。

⑦ 辅助决策工具。通过联机分析（On-Line Analytical Processing，OLAP）、专业分析和网络数据查询与信息检索等各种辅助决策工具，实现数据分析、共享与筛选，为正确决策提供充足的信息支持。

⑧ 信息交流中心。提供基于可扩展标识语言（eXtensible Markup Language，XML）的各种实时和非实时的通信支持，包括计算机与计算机、计算机与通信设备（主要是移动通信设备）之间的即时数据传输与交换。具体功能包括即时通信、文件传输、办公应用、GPRS 中心、Email 等。

⑨ 数据维护。包括系统级和业务级的数据维护。系统级数据维护包括数据元管理及数

据库的监控与维护；业务级数据维护包括数据清理、数据检查与调整。

⑩ 智能检索。平台集成开源的搜索引擎来提供检索服务，并支持第三方智能搜索引擎产品，如 TRS 搜索引擎系统与 Oracle 数据库协同工作，实现千万海量级数据的智能检索服务，支持本地联机检索和远程网络检索两种方式。可进行精确检索、模糊检索、全文检索，对各检索项实行任意联合组配检索；可实现多级检索，逐级细化检索条件，直至命中满意的检索结果；能够对检索结果排序，提供中英文全文检索功能。对图片可按分类号、作者、拍摄时间、拍摄地点、图片文字说明等项检索。支持逻辑库功能，支持跨库检索。支持文字资料和图片资料的系统链接等。

（3）应用层　是面向对象的系统功能模块，根据各种不同的业务划分和使用群体形成模块化的体系结构，便于业务的管理和功能的扩充。

M2M 平台接口包括与行业终端的接口、与行业应用的接口以及与其他系统联系的预留接口等，这些接口应使用统一和规范的标准接口，以实现标准化。对于已有标准的行业，应支持现有标准。支持的协议包括：工业控制领域中的 OPC、ModBus、RS232/485 协议；环境保护行业国家标准 HJ/T212-2005；中国移动 M2M 终端 WMMP 协议等。接口形式包括企业服务总线（Enterprise Service Bus，ESB）、远程方法调用（Remote Method Invocation，RMI）接口、WebService 接口、数据库接口等。

本章小结

本章主要介绍物联网应用系统的设计过程，是物联网基础知识应用的具体体现，为学习和理解物联网的典型应用奠定基础。本章主要学习：物联网应用系统的基本概况、设计原则和设计步骤。同时以基于 M2M 的"智慧城市"平台建设为例，了解基于 M2M 的物联网应用平台的基本模型、功能要求、性能要求，以及基于 M2M 的物联网应用平台体系架构和技术架构的设计过程。

思考题

7-1　简述物联网应用系统的设计原则。

7-2　简述物联网应用系统的设计步骤。

7-3　简述 M2M 平台的功能要求。

7-4　简述 M2M 平台的性能要求。

7-5　简述 M2M 平台的体系架构及特点。

7-6　简述 M2M 平台的技术架构及功能。

第8章　物联网的典型应用

【核心内容提示】

（1）了解智能电网的基本概念、特点和物联网在智能电网中的作用及基本应用情况。

（2）了解智能交通系统的组成及功能，以及基于 GPRS 的城市智能交通系统的特点及应用。

（3）了解智慧医疗的特点、功能及应用，了解健康卡、远程诊疗、移动式健康监测的系统组成及应用。

扫码观看本章
知识点视频

（4）了解物联网在工业领域的应用，了解感知机械、感知纺织和感知矿山系统的组成、原理、特点及应用。

（5）了解智慧农业的基本内容，了解农产品生产精准管理系统、优质水稻育苗的全程感知与控制系统、基于无线传感器网络的节水灌溉控制系统的组成、特点及应用。

（6）了解智慧环保的概念、特点及应用。

（7）了解智能家居、智慧安防以及智慧旅游的系统组成、特点及应用。

物联网技术全面，用途广泛，遍及工业、农业、军事、交通、环保、政府工作、公共安全、家居生活、医疗健康等生产生活的各个领域。我国《物联网"十二五"发展规划》确定九大领域为重点示范工程，分别是：智能工业、智能农业、智能物流、智能交通、智能电网、智能环保、智能安防、智能医疗、智能家居。本章主要介绍物联网在典型行业的应用实例。

8.1　智能电网

8.1.1　智能电网简介

智能电网（美国称为 IntelliGrid 或 Wise Grid，欧洲称为 Smart Grid）就是电网的智能化，也被称为"电网2.0"，即第二代电网。它是建立在集成、高速、双向通信网络的基础上，通过先进的传感和测量技术、先进的设备技术以及先进的控制方法和先进的决策支持系统技术的实际应用，实现电网的可靠、安全、经济、高效、自愈、兼容和环境友好等目标，用以满足21世纪用户需求的电能质量、容许各种发电形式的接入、启动电力市场以及资产的优化高效营运。

1. 智能电网的基本概念

智能电网是电网发展的高级阶段，其研究与实践尚处于起步阶段。由于世界各国发展环境和经济差异，电网发展不平衡，其对电网建设和关注的侧重点也不尽相同。因此，关于智能电网的确切定义，世界各国都有不同的理解和特征描述。

（1）美国智能电网的基本概念及特征

美国电网建设和技术发展相对比较成熟，但近年来由于对电网建设的投入不足，系统稳定性问题突出，电网运营的可靠性急需提高。因此，在智能电网建设方面更关注加快电力网络基础架构的升级更新，最大限度地利用信息技术来提高系统的自动化水平。美国对智能电网的描述为：智能电网是一种新的电网发展理念，通过利用数字技术提高电力系统的可靠性、安全性和效率，利用信息技术实现对电力系统运行、维护和规划方案的动态优化，对各类资源和服务进行整合重组。智能电网的范畴涵盖输电、配电、用电和调度等方面。

美国提出智能电网需具备以下7大特征。

1）**自愈**。具有实时、在线和连续的安全评估和分析能力，强大的预警和预防控制能力，以及故障自诊断、自隔离和自恢复的能力。即发生故障时，电网可以在没有或只有少量人工干预的情况下，快速隔离故障，自我恢复，避免大面积停电，使停电时间和经济损失减少到最小。

2）**互动**。通过电网与批发及零售电力市场之间的无缝衔接，建立消费者和电网管理者之间的交互功能，使用户能主动参与电力市场，同时给电网、环境及用户带来明显的经济效益和社会效益。

3）**兼容**。容许太阳能、风能等各种分布式、可再生电源，以及新型储能设备的实时接入。

4）**高效**。提高电网输送效率和能源利用率。

5）**创新**。鼓励和推动创新型的产品、服务和市场。

6）**优质**。电压和频率满足要求，谐波污染可以有效控制，并可实现按电能质量差别定价。

7）**安全**。通过坚强的电网网架，提高电网应对物理攻击和网络攻击的能力，可靠处理系统故障。

（2）欧洲智能电网的基本概念及特征

欧洲经济发展水平较高，其电网架构、电源类型及分布臻于完善，负荷发展趋于平衡，电网新增建设规模有限。主要问题在于：一是各国电网运行模式不同，需要解决国与国之间电网互联的一系列问题；二是需要大力推进节能减排，发展低碳经济，以实现国际公约规定的环保目标。因此，欧洲智能电网建设更加关注可再生能源和分布式电源的接入，供电可靠性和电能质量的提高，以及对社会用户增值服务的完善等。欧洲电力工业联盟关于智能电网的概念是：通过采用创新型产品和服务，使用智能监测、控制、通信和自愈技术，有效整合发电方、用户或者同时具有发电和用电特性成员的行为，保证电力供应持续、经济和安全。

欧洲智能电网发展具备以下4大特征。

1）**灵活**。满足社会用户的多样性需求。

2）**易接入**。所有用户连接畅通，清洁能源方便接入。

3）**可靠**。供电连续可靠，减少停电事故；电能质量满足要求。

4）**经济**。实现有效的资产管理，提高设备利用率。

（3）我国智能电网的基本内涵

我国正处于经济和社会持续快速发展的关键时期，电力基础设施建设任务艰巨，同时能源资源分布与生产力布局很不平衡，需要实现能源资源的大范围优化配置。因此，国家电网公司提出**我国智能电网的概念是：以特高压电网为骨干网架、各级电网协调发展的坚强电网**

为基础，以通信信息平台为支撑，具有信息化、自动化、互动化特征，包含发电、输电、变电、配电、用电和调度各个环节，覆盖所有电压等级，实现"电力流、信息流、业务流"的高度一体化融合的现代电网。

我国智能电网包括 5 个基本内涵，如图 8-1 所示。

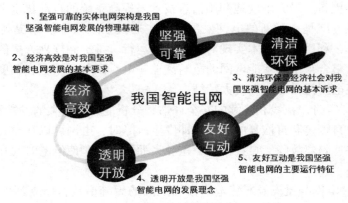

图 8-1　坚强智能电网发展的五大内涵

1) **坚强可靠**。拥有坚强的网架、强大的电力输送能力和安全可靠的电力供应能力，实现能源资源的大范围优化配置，减小大面积停电事故的发生概率。在故障发生时，能够快速检测、定位和隔离故障，并指导作业人员迅速确定停电原因，恢复供电，缩短停电时间。坚强可靠是智能电网发展的物理基础。

2) **经济高效**。提高电网运行和输送效率，降低运营成本，促进能源资源的高效利用。经济高效是智能电网发展的基本要求。

3) **清洁环保**。促进可再生能源的发展与利用，提高清洁电能在终端能源消费中的比重，降低能源消耗和污染物排放。清洁环保是智能电网的基本诉求。

4) **透明开放**。为电力市场化建设提供透明、开放的实施平台，提供高品质的附加增值服务。透明开放是智能电网的基本理念。

5) **友好互动**。灵活调整电网的运行方式，友好兼容各类电源和用户的接入和退出，激励电源和用户主动参与电网调节。友好互动是智能电网的主要运行特性。

2. 智能电网与传统电网的比较

(1) 传统电网的特点

传统电网是一个刚性系统，电源的接入与退出、电力的传输等都缺乏弹性，导致电网没有动态柔性及可组性。主要表现在以下几个方面。

1) 垂直的多级控制机制反应迟缓，无法构建实时、可配置、可重组的系统。

2) 系统自愈、自恢复能力完全依赖于实体冗余。

3) 对客户的服务简单、信息单向。

4) 系统内部存在多个信息孤岛，缺乏信息共享。虽然局部的自动化程度在不断提高，但由于信息的不完善和共享能力的薄弱，使得系统中多个自动化系统是割裂的、局部的、孤立的，不能构成一个实时的有机统一整体，所以整个电网的智能化程度较低。

图 8-2 为传统电网示意图。

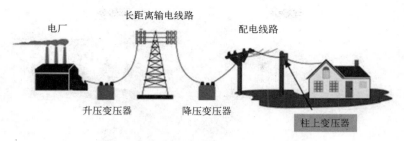

图 8-2　传统电网（单向潮流、简单互联）

（2）智能电网的特点

与传统电网相比，智能电网具有以下突出优点。

1）智能电网将进一步拓展对电网全景信息（指完整的、正确的、具有精确时间的、标准化的电力流信息和业务流信息等）的获取能力，以坚强、可靠、通畅的实体电网架构和信息交互平台为基础，以服务生产全过程为需求，整合系统各种实时生产和运营信息，通过加强对电网业务流实时动态的分析、诊断和优化，为电网运行和管理人员提供更为全面、完整和精细的电网运营状态图，并给出相应的辅助决策支持以及控制实施方案和应对预案，最大限度地实现更为精细、准确、及时、绩优的电网运行和管理。

2）智能电网将进一步优化各级电网控制，构建结构扁平化、功能模块化、系统组态化的柔性体系架构，通过集中与分散相结合，灵活变换网络结构、智能重组系统架构、最佳配置系统效能、优化电网服务质量，实现与传统电网截然不同的电网构成理念和体系。

3）智能电网可以实现信息和潮流的双向监视和智能化控制，可以实现清洁能源和分布式能源的无缝接入，以可靠、稳定、高效的网状拓扑结构实现故障自动隔离和自愈功能，实现与用户的智能交互功能。如图 8-3 所示。这些都是传统电网无法比拟的。

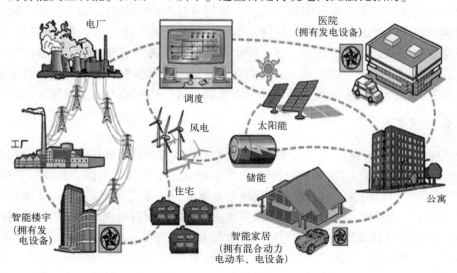

图 8-3　智能电网（双向潮流、多方参与）

（3）智能电网与传统电网的稳定性比较

图 8-4 为智能电网与传统电网稳定性比较的示意图。

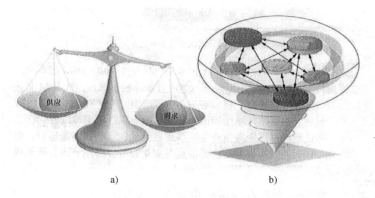

图 8-4　传统电网与智能电网运行可靠性示意图

a）传统电网　b）智能电网

　　图 8-4 给出了传统电网与智能电网在稳定性方面的**形象比喻**。传统电网由于其单向潮流、简单互联，因此在运行稳定性、可靠性等方面都比较差，稍有功率不平衡等问题出现就容易使系统不稳定，甚至崩溃，就像图 8-4a 中的双臂天平；而智能电网则由于坚固柔性架构、双向潮流、多方无缝参与、智能交互、立体化的运行模式及故障自动隔离和自愈功能，其运行稳定性和可靠性要强得多，就像图 8-4b 中的陀螺一样，坚固稳定。

3. 物联网是智能电网的技术支撑

　　从各国智能电网的基本特征可以看出，电网的智能化离不开物联网技术的支撑。物联网先进的信息采集、通信、融合和智能处理技术，不仅是解决电网各个环节运行参数的在线监测、故障诊断和实时信息掌控的有效途径；而且在分布式新能源接入、电网防灾减灾、故障自恢复、提高输电能力、激励用户参与电网调峰、提高资产管理效益等方面起着重要作用；其次有助于实现智能用电和家庭能效管理，实现用户与电网的双向互动。目前，物联网技术已经渗透到了电力系统的各个环节，从清洁能源的接入检测，输变电的生产管理、安全评估与监督，变配电管理自动化，到用电量的采集与营销等，从而实现能源、信息的综合配置和资源共享，极大地促进了节能减排。因此物联网是智能电网的重要技术支撑，而未来智能电网的建设与发展将必然产生世界上最大、最为智能、信息感知最为全面的物联网。

8.1.2　分布式发电

　　智能电网能够将太阳能、风能、地热能等新型分布式能源接入到电网之中，并对其进行分布式管理，如图 8-5 所示。在物联网时代，这些分布式新型能源将与传统能源资源相得益彰。通过物联网技术，可以将各供电、输电和用电设备连接为一体，从而实现各设备物理实体的入网，通过智能化、信息化、网络化的管理来实现能源替代以及对电能的最优配置和利用。

　　其实，在人们的日常生活中可利用的能源有很多，例如可以在房顶上铺设太阳能电池板，安装风力发电机等。但目前由于技术问题这些能源还不能被大规模接入电网，也就不能很好地被利用。在引入智能化的物联网技术以后，就可以方便地利用这部分能源，节能又环保，这就是分布式发电。在不久的将来，随着物联网技术的高度发展，人体、物体每一个动作产生的能源将都被充分利用。家庭太阳能板、风电设备、电动汽车等设备均可接入网络，利用网络信息共享和最优化计算，用户可以将自己用不完的"绿电"，通过"智能终端"出

图 8-5 典型新能源发电示意图

a) 太阳能 b) 风能 c) 地热能

售给供电公司或其他需电用户，真正实现用户与智能电网，以及用户之间能源"互动"的功能。

目前电网技术中最薄弱的环节就是储电，也就是说生产出来的电能必须立即上网用掉，否则将造成能源的巨大浪费。在物联网时代，利用物联网的先进技术可以构建电网运行及管理信息感知服务中心，而这个感知中心就是一个面向智能电网的传感器网络中枢，通过搜集各种用户的智能电表信息，可以计算出一定时间段的用电动态需求量，再将这一信息及时反馈到发电企业，控制发电机组按需发电。实现在提升电网智能程度的同时，避免无效发电的成本浪费。

8.1.3 输变电在线监控

电力系统是一个复杂的网络系统，其安全可靠运行不仅可以保障电力的正常运营与供应，避免安全隐患所造成的重大损失，更是全社会稳定健康发展的基础。利用物联网技术可以全面有效地对整个输变电系统直至用户终端进行智能化实时监控。

图 8-6 是基于物联网技术的智能电网变配电设备信息监测系统示意图。

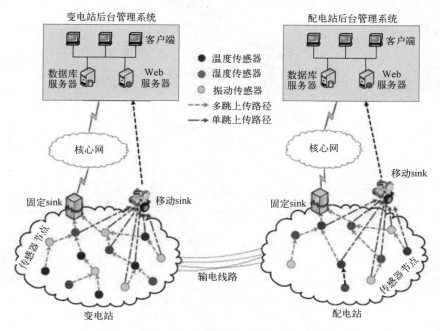

图 8-6 基于 IoT 的智能电网变配电设备信息监测系统

该系统的网络实体包括传感器节点、固定式信息汇集节点（固定 sink）和移动式信息汇集节点（移动 sink）。其中，传感器节点部署于配变电设备的安全部位，负责采集电力设备的运行状况数据以及电力设施周围的环境信息，如设备温度、振动、泄漏电流以及环境湿度等，并具有基本的运算控制和数据处理能力。

移动 sink 点搭载于智能机器人或由工作人员随身携带，用于电力设备的日常巡查和维护。固定 sink 点部署于变、配电站内，负责紧急突发情况（如电力设备起火等）或者特定需求情况下变、配电站级传感器网络的全网信息汇集，并通过核心网发送给远端的后台管理系统。

8.1.4 智能抄表

智能抄表是智能用电管理的重要一环。图 8-7 为基于 ZigBee 技术的电能管理系统。整个系统主要由上行远程工业以太网和下行 ZigBee 无线局域网组成，单个子网主要由智能电表、ZigBee 采集器以及 ZigBee 通信网络组成。智能电表与 ZigBee 采集器之间采用 RS485 通信接口和 Modbus 通信协议；一个 ZigBee 采集器下面最多可以连接 32 个电表，由于 Modbus 地址有限，整个 ZigBee 子网最多能连接 255 个电表。一般为了保障通信连接的可靠性，ZigBee 采集器配置成中继路由功能，以保证某些孤远节点的通信正常。每个子网的无线节点（即 ZigBee 采集器）不超过 60 个，这样能保证网络中的通信质量和通信连接的可靠性；每个 ZigBee 子网都有各自的 ID 识别和频段划分，这样可以帮助扩充更多的表计数。

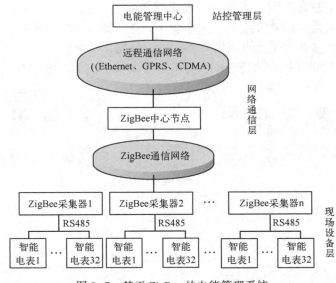

图 8-7　基于 ZigBee 的电能管理系统

管理中心的监控主机通过以太网按照 TCP/IP 把 Modbus-RTU 命令数据传递给 ZigBee 网络中心节点，网络中心节点再通过单点对多点的通信模式，以广播的方式把命令数据帧传递给 ZigBee 无线网络中的各个 ZigBee 采集器，通过 ZigBee 采集器传递给 RS485 总线上的各个表计。如果表计的地址与命令帧中所涉及的地址吻合，则做出相应的数据回复，通过原路返回给监控主机。

系统可以监测整个厂区或整幢楼宇的各个分项的电能计量，例如一个厂区内路灯的耗电量、各个办公室的耗电量、各条生产线的耗电量等；还可以以报表的形式分析该工厂在一段时间内的各个分项能耗占总能耗的百分比，以便了解这段时间内的各个分项的能耗，制定出以后的能耗管理方案，以达到节能减耗的效果。

相信在不久的将来，随着物联网技术的大力发展和不断渗透，智能电网将能够实现"自测自愈"，自动绕过故障节点寻找新的途径，即使有短暂停电，用户也可能感觉不到。因此，物联网技术作为"智能信息感知末梢"，是推动智能电网发展的重要技术手段，将引领电网不断走向智能化。

8.2 智能交通

8.2.1 智能交通简介

随着现代城市的快速发展，交通问题越来越引起人们的广泛关注。城市车辆不断增加，人、车、路三者的关系协调已成为交通管理部门所面临的重要问题。智能交通系统（Intelligent Transportation Systems，ITS）是将物联网先进的信息通信技术、传感技术、智能控制技术以及计算机技术等有效地集成运用于整个交通运输管理体系，建立起一种在大范围内、全方位发挥作用的，实时、准确、高效的综合运输和管理系统。其突出特点是以信息的收集、处理、发布、交换、分析、利用为主线，为交通参与者提供多样性的服务。各种交通信息传感器，将感知到车的流量、车速、车型、车牌、车位等各类交通信息，通过无线传感器网络传送到位于高速数据传输主干道上的数据处理中心进行处理，分析出当前的交通状况。通过基于物联网的交通发布系统为交通管理者提供当前的拥堵状况、交通事故等信息，来控制交通信号和车辆通行，同时发布出去的交通信息将影响人的行为，实现人与路的互动。使得车、路、人相互影响，相互联系，融为一体。

目前，世界上智能交通系统应用最为广泛的地区是日本，该国的道路交通情报通信系统（Vehicle Information Communication System，VICS）相当完善和成熟。美国、欧洲等国家和地区也有普遍应用。在我国的北京、上海等城市也已广泛使用。

8.2.2 智能交通系统的组成及功能

智能交通系统是一个复杂的综合性信息服务系统，主要着眼于交通信息的广泛应用与服务，以提高交通设施的运行效率。其主要功能包括交通引导、Bus通告、停车信息获取、事件发现/处理/发布、车辆状况发布、路况发布、自动收费、乘客通信和娱乐、城市人员分布/流动等。从系统组成的角度可分成以下10个子系统：先进的交通信息服务系统（Advanced Transportation Information Service System，ATIS）、先进的交通管理系统（Advanced Traffic Management System，ATMS）、先进的公共交通系统（Advanced Public Transportation System，APTS）、先进的车辆控制系统（Advanced Vehicle Control System，AVCS）、货运管理系统（Freight Traffic Management System，FTMS）、电子收费系统（Electronic Toll Collection System，ETC）、紧急救援系统（Emergency Rescue System，ERS）、运营车辆调度管理系统（Commercial Vehicle Operation Management System，CVOM）、智能停车场以及旅行信息服务等。如

图 8-8 所示。

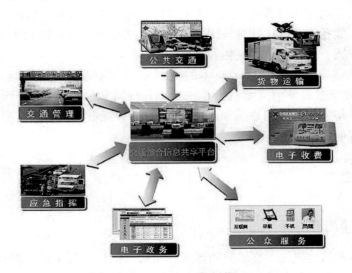

图 8-8　智能交通系统信息共享平台

1. 先进的交通信息服务系统（ATIS）

ATIS 是建立在完善的信息网络基础上的，通过装配在道路、车辆、换乘站、停车场以及气象中心等的传感器和传输设备向交通信息中心提供实时交通信息；ATIS 将得到的这些信息处理后，实时向出行者提供道路交通、公共交通、换乘、气象、停车场等交通信息，出行者可据此确定自己的出行方式和路线。

2. 先进的交通管理系统（ATMS）

ATMS 有一部分与 ATIS 共用信息采集、处理和传输系统，而 ATMS 主要是给交通管理者使用的，用于监控和管理公路交通，在道路、车辆和驾驶员之间建立快速通信联系。它依靠先进的交通数据采集和计算机信息处理技术，获得有关交通状况的实时信息，并据此对交通进行控制和管理，如信号灯提示、诱导信息发布、道路管制、事故处理与救援等。

3. 先进的公共交通系统（APTS）

APTS 的主要目的是采用各种智能技术促进公共交通运输业的发展，使公交系统实现安全、便捷、经济、运量大的目标。如通过互联网、移动通信网和电信/电视网络等向公众就出行方式和时间、路线及车次选择等提供咨询，在公交车站通过大屏幕显示器向候车者提供车辆的实时运行信息。公交车辆管理中心可以根据车辆的实时状态合理安排发车、收车等计划，提高工作效率和服务质量。

4. 先进的车辆控制系统（AVCS）

AVCS 是辅助驾驶员实现车辆安全控制的各种智能技术，包括对驾驶员的警告和帮助，障碍物避让等自动驾驶技术。系统通过安装在汽车上的智能设备，完成车辆智能控制任务。如通过装设在汽车前部和旁侧的雷达或红外探测仪，驾驶员可以准确地判断车与障碍物之间的距离，从而控制好车速，安全行驶；装设车载电脑的"智能汽车"，在遇到紧急情况时，能及时发出警报或自动刹车避让，并根据路况自动调节行车速度，实现安全行驶。目前，美国有 3000 多家公司从事高智能汽车的研制，已推出自动恒速控制器、红外智能导航仪等高科技产品。

5. 货运管理系统（FTMS）

FTMS是指以高速公路网和信息管理系统为基础，利用物流理论进行管理的智能化物流管理系统。综合利用卫星定位、地理信息系统、物流信息及网络技术等有效组织货物运输，提高货运效率。

6. 电子收费系统（ETC）

ETC是目前世界上最先进的路桥收费方式。通过安装在车辆挡风玻璃上的车载器与在收费站ETC车道上的微波天线之间的微波专用短程通信，利用计算机联网技术与银行进行后台结算处理，从而达到车辆通过路桥收费站不需停车而能交纳路桥费的目的，且所交纳的费用经过后台处理后自动分发给相关的收益业主。目前国内大部分高速公路的车道上都已经安装了ETC系统，可以使车道的通行能力提高3~5倍。

7. 紧急救援系统（ERS）

ERS是一个特殊的系统，它的基础是ATIS、ATMS和相关的救援机构和设施，通过ATIS和ATMS将交通监控中心与职业的救援机构联结成有机的整体，为出行者提供车辆故障现场紧急处理、拖车、现场救护、排除事故车辆等服务。具体包括：

1）车辆信息查询。车主可通过互联网、电话、短信三种服务方式了解车辆具体位置和行驶轨迹等信息。

2）车辆失盗处理。系统可对被盗车辆进行远程断油锁电操作，并追踪车辆位置。

3）车辆故障处理。车辆发生故障时，系统自动发出求救信号，通知救援机构进行救援处理。

8. 运营车辆调度管理系统（CVOM）

CVOM是运输企业内部建立的车辆调度管理系统，通过汽车的车载电脑、调度管理中心的计算机与全球定位系统卫星联网，实现驾驶员与调度管理中心之间的双向通信，以谋求最快的效率和最高的效益。CVOM可在调度管理中心对所属车辆进行实时监控和调度。在客运系统中包括旅客自动查询及计算机预售票等功能；在货运系统中则通过电子数据交换（Electronic Data Interchange，EDI）及车辆GPS技术及时掌握车流和物流的流向、配载和换乘信息，使得流向合理、减少空载、提高运输效率。

9. 智能停车场

智能停车场管理系统是现代化停车场车辆收费及设备自动化管理的统称，是将停车场完全置于计算机统一管理下的一种非接触式、自动感应、智能引导、自助收费的停车场管理系统。系统以智能手机为载体，通过扫描二维码记录车辆主人进出的相关信息，同时对其信息加以运算、传送并通过字符显示、语音播报等人机界面转化成人工能够辨别和判断的信号，从而实现计时收费、车辆管理等自动化功能。根据原理，智能停车场管理系统一般分为三大部分：信息的采集与传输、信息的处理与人机界面、信息的存储与查询。根据使用目的，智能停车场管理系统可实现三大功能：即收费盈利，对停车场内的车辆进行统一管理及看护；对车辆在停车场内的流动情况进行图像监控；文字信息的采集并定期保存以备物业和交管部门查询。

随着科技的不断更新，智能停车场的功能也不断增加。最新的智能停车场具有独立的网络平台，且与宽带网相连，终端接口多、容量大、可存储图像并进行数字化影像对比，使用灵活方便，人性化。其优势主要表现在以下几个方面。

1）支持多种收费模式，包括支持大型停车场惯用的集中收费模式和通行的出口收费模式。

2）多种停车凭证，包括 ID、IC、条码纸票、远距离卡。

3）多种付费方式，包括现金、城市一卡通、银行 IC 卡、手机钱包等。

4）高等级系统运行维护，即系统软件自动升级、故障自动报警、出入口灵活切换。在高峰期，通道入口或出口可以灵活变换，以解决高峰拥堵问题。

5）多种防盗措施，包括车牌识别、图像对比、双卡认证等。

6）车位引导，停车场空车位引导功能、空余车位显示、可与城市级/区域级车位引导系统联网。

7）强大的报表生成器，即可灵活生成贴近用户需求的多种规格报表。

8）停车彩铃，不同车辆、不同日期实现个性化语音播报，让车主开心停车。

智能停车场管理系统如图 8-9 所示，车位引导系统如图 8-10 所示。

a)   b)

图 8-9　智能停车场管理系统

a）自动检测系统　b）自动收费终端

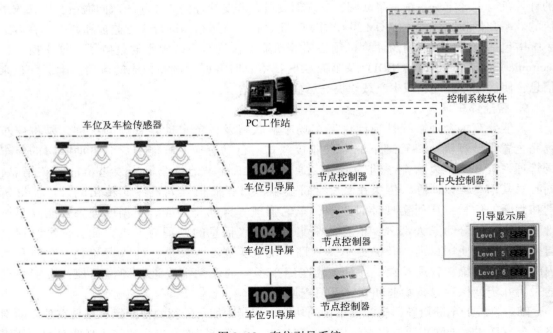

图 8-10　车位引导系统

242

10. 旅行信息系统

该系统是专为外出旅行人员及时提供各种交通信息的系统。系统提供信息的媒介多种多样，如电脑、电视、电话、路标、无线电、车内显示屏等。无论是在办公室、大街上、家中还是在汽车上，只要采用其中任何一种方式，都能从信息系统中获得所需要的信息，灵活方便。

8.2.3　基于 GPRS 的城市智能交通系统

1. 系统概述

基于 GPRS 的城市智能交通系统，是采用先进的控制、通信、信息处理和系统工程等技术，对传统的交通系统进行改造而形成的一种信息化、智能化的新型交通系统，可在不增加道路基础设施的条件下大大改善交通状况，达到减少出行时间，降低燃料消耗，提高行车安全，保护城市环境的目的。系统能实现区域或整个城市交通的统一控制、协调和管理，采用符合工业标准的通信和系统集成技术，具有稳定性好、可靠性高的优点。其网络架构如图 8-11 所示。系统分为三个部分，即监控中心、GPRS 数据传输网络、现场设备。监控中心主要完成信息处理和人机交互工作；GPRS 数据传输网络完成信息的上传与下发；现场设备主要完成现场交通信息的采集和信号灯的控制等。

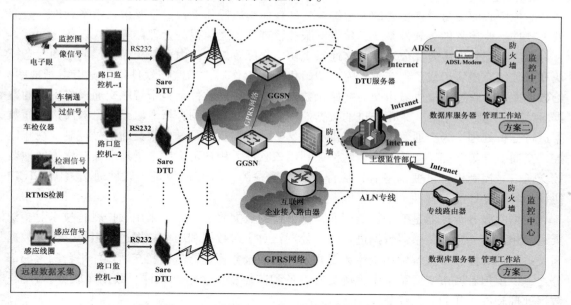

图 8-11　基于 GPRS 的城市智能交通网络架构

2. 现场设备

现场设备包括车辆检测器、路口监控设备、电子警察等。

1）车辆检测器是基于高性能微处理器面向交通信息采集的多通道车辆检测仪器。由地磁线圈、车辆检测卡、微处理器和数据处理软件组成，性能可靠，性价比高，使用方便。

2）路口监控设备是一种基于实时内嵌操作系统的智能型交通信号控制设备，采用了智能控制，ASOS 操作系统等计算机控制的最新技术，实现交通管理与信号控制功能。主要特点是提供各种交通控制方式，如定时控制、多时段控制、感应控制、模糊控制、手动控制、黄闪控制、全红控制等；具有倒计时实时显示功能和强大的通信功能，支持电话线、光纤、无线等多种通信方式；计算能力强，能实现复杂智能控制算法；在结构上采用模块化设计和compactPCI总线控制，硬件配置灵活，可热插拔；具有绿灯信号冲突自动检测、防电网浪涌和抗雷电袭击措施；外形采用全封闭增强型机箱设计，有防雨、防潮、防尘、抗振等能力。

3）电子警察（也称电子眼）是由前端数码摄像机、车辆检测器、数据传输和数据处理部分组成的交通违章自动识别和处理系统。具有违章自动拍摄、图像远程传输、车牌识别、统计分析和违章处罚等一系列功能，为交通违章行为的处罚提供了客观的依据，提高了违规行为的处理效率。

3. GPRS 数据传输网络

GPRS 数据传输网络主要实现监控中心主站与交通控制器的通信功能。系统采用 SARO 3130P GRPS DTU（Data Terminal unit）终端设备，具有方便程序设计的 AT 命令标准界面，可实现轻松互连的 TCP/IP Internet 内嵌协议栈，简便的 RS232 通信接口和串口程序升级等功能。系统采用低功耗高性能的 CPU 处理器，可高速处理协议和大量数据，支持全透明及帧格式数据传输，支持远程控制及动态域名解析，还有软硬件双重看门狗，在 DTU 不能正常工作时能够自动断电复位等性能。

4. 监控中心

监控中心即交通管理中心的大型综合软件智能交通操作平台。主要包括组态软件、数据处理软件、监控软件等软件系统，数据库服务管理器、通信服务管理器等核心设备。

系统组态软件主要完成对城市交通系统初始化配置工作，由两个相互联系的地图组态模块和参数组态模块组成。组态软件完成初始化配置工作后，为监控软件提供城市电子地图，给数据库服务管理器提供城市交通初始化数据。数据处理软件是整个智能交通操作平台的数据后续处理与分析中心，采用先进的数据挖掘技术和交通规划分析专家系统，对海量交通数据进行分析处理，为交通管理部门提供决策支持。监控软件是一个集交通信号控制、视频监控、交通引导等功能于一体的综合软件。利用该软件，用户可以在电子地图上非常方便地监控交通信号控制机、可变信息牌、摄像机、车辆检测器等交通设备。软件通信遵循 NTCIP 协议，具有良好的兼容性。

数据库服务管理器是整个智能交通操作平台的数据服务中心，采用数据融合技术对多源渠道、相互不一致的传感器数据进行融合处理，对实时数据和历史数据进行组织，保证数据间关系的正确性、可理解性和避免数据冗余。通信服务管理器是智能交通操作平台的核心部分之一，承担着城市交通系统中现场交通设备和监控软件、组态软件、数据库服务管理器、数据处理软件之间的通信任务。

8.3 智能医疗

8.3.1 智能医疗简介

智能医疗是利用先进的物联网技术，通过打造健康档案区域医疗信息平台，实现患者与医务人员、医疗机构、医疗设备之间的互动，逐步达到医疗系统的信息化和智能化。在不久的将来，基于物联网技术的"感知医疗"将会形成"一张健康卡、一个同步虚拟诊室和一个信息平台，实现一条龙服务"的智能医疗。高效和高质量的智能医疗不但可以有效提高医疗质量，更可以有效阻止医疗费用的攀升。智能医疗使医生能够搜索、分析和引用大量科学证据来支持其诊断，同时还可以使患者、医生、医学研究人员、药物供应商、保险公司等整个医疗生态圈的每一个群体受益。通过在不同医疗机构间建立医疗信息共享平台，将医院之间的业务流程进行整合，医疗信息和资源可以共享和交换，跨医院也可以进行在线预约和双向转诊，这使得"小病在社区，大病进医院，康复回社区"的居民就诊就医模式成为现实，从而大幅提升了医疗资源的合理化分配，真正做到以病人为中心。

由于国内公共医疗管理系统的不完善，医疗成本高、渠道少、覆盖面窄等问题困扰着普通民众。尤其是大医院人满为患，社区医院门前罗雀，病人就诊手续烦琐等问题都是由于医疗信息不畅，医疗资源两极化等导致。所以需要建立一套综合的医疗信息网络平台体系，使患者用较短的等疗时间、支付基本的医疗费用，就可以享受安全、便利、优质的诊疗服务，从根本上解决"看病难、看病贵"等问题。

将物联网各种先进技术应用于医疗系统，建设医疗信息共享平台、电子健康档案/电子病历、移动医疗设备、个人医疗信息门户、远程医疗服务和虚拟医疗团队等，都将有力地推动智能医疗的建设和发展。

8.3.2　电子病历

电子病历（Electronic Medical Record，EMR），即电子档案或健康卡。系统包括采集、存储、访问和在线帮助，提供信息处理和智能化服务的功能，既包括应用于门（急）诊、病房的临床信息系统，也包括检查检验、病理、影像、心电、超声等医疗技术科室的信息系统；同时还具有用户授权与认证、使用审计、数据存储与管理、患者隐私保护等基础功能。因此，电子病历具有全医疗过程的数据管理能力，并且能够实现一体化集成、智能化服务、多样化展现等一系列功能。引入物联网技术后，病人就诊就不用再带病历，只带一张卡就可以解决所有问题。"十二五"期间，我国医疗信息化改革方向就是建设以电子病历为应用核心的医疗信息化体系和以居民健康档案为核心的区域卫生信息化服务平台。

以 EMR 和电子处方为基础，整合个人电子健康档案，然后进行联网，再拓展到单个医院之外的社区、城市乃至更大范围内的医疗信息共享，可以建立从临床管理信息化深入到区域医疗卫生服务的"区域医疗信息网络"、"医疗协作平台"和"健康卡"的一卡通服务。

电子病历系统如图 8-12 所示。

20 多年来，欧、美一些大医院已经建立了医院内部的医院信息系统（Hospital Information System，HIS），随之 EMR 在美国、英国、荷兰、日本、中国香港等国家和地区有了相当程度的研究和应用。美国政府已在大力推广、普及 EMR 的应用工作，印第安纳大学医学分校利用 EMR 预测癌症早期病人的死亡率，波士顿 EMR 协会正在研究通过 Internet 传输急救病人的 EMR 问题。英国已将 EMR 的 IC 卡应用于孕妇孕期信息、产程提示及跟踪观察。香港医院管理局的患者卡（Patient Card）记录了病人完整的医疗过程，包括医生检查、检验结果、X 片、CT 片及处方等。同时，这些国家和地区已经成立了专门的研究机构，把 EMR 作为一个重点研究课题，组织医疗单位实施和普及。

经过近 20 年的发展，我国医院信息系统也已初具规模，许多医院相继建立起医院范围的信息系统。国家卫生部监制的金卫卡即将向全社会推出，可保存持卡人终生的医疗保健信

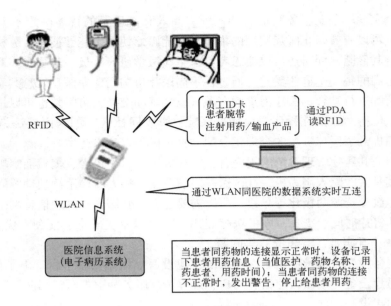

图 8-12　电子病历卡服务系统

息，持卡人可通过计算机网络直接和银行、医疗保险中心和保险机构联网，使医疗活动变得简单、方便、快捷。解放军总医院开展了 EMR 的研究和应用。这些仅是 EMR 研究及应用的起步，相关的研究内容将会随着 EMR 的发展而不断深入。

8.3.3　远程医疗

　　远程医疗是基于物联网技术实现远程诊断服务和远程健康管理服务的技术。远程诊断服务通过网络搭建患者、医院、医生之间的会诊平台，包括远程影像会诊（兼容传统扫描方式），临床交互会诊，临床资料会诊，病例讨论和多专家会诊等。远程健康管理服务是通过远程平台搭建病后康复人群、亚健康人群以及健康人群与健康管理专家的互动平台。包括两方面服务，一是健康管理专家为会员提供疾病风险评估、体质测评、心理咨询，给出测评报告和生活方式干预案等；二是会员可以按照自己的意愿申请个性化体检、医疗、私人医生服务及健康管理等。

　　远程诊断技术可以使社区医疗更加实用。在社区医院，病人只需把一个小夹子夹在手指上，在网络的另一边，大城市医院的医生就能看到测试对象的血液含氧量和心率等一系列信息；通过与医生视频，便可对病情实现远程初诊；一些久病患者也可以通过网上复诊而不用经常跑医院。可见，通过远程诊断，病人在家即可享受到大型医院和相关专家的诊疗。远程健康管理服务可以为个人保健、健康监控等提供帮助。在未来，通过信息互联的健康与医疗设备构成的网络，患者就能够与他们的医生共享医疗数据信息；子女能够远程查看异地父母的健康状况，帮助他们在家中进行安全的健康管理；关注饮食与体形的人们也可以通过互联网与健身顾问共享其体重、体型和锻炼数据。

　　一个远程医疗系统一般包括家庭监护端、社区门诊端、调度端和远程专家端，各部分通过 WLAN/LAN/Internet 相互连接，远程诊断系统提供专家病情诊断界面。如图 8-13 所示。社区门诊首先对病人进行初诊，如能解决则已，如有困难或疑问则可利用 Web Server 将会诊申请和相应的病人信息发布给调度端。病情严重时，病人或家属也可直接通过 WLAN/LAN/Internet 向调度端提出申请。调度端是病人和远程专家联系的桥梁，设备包括计算机、会议服务器和调度工具等。计算机拥有独立的 IP 地址，通过高速、安全的网络接口与 Internet 连接，调度员通过会议服务器和调度工具，为会诊申请预先安排虚拟会议室，并根据申请病人和远程专家的具体情况安排专家诊断或会诊，并及时通知参加会诊各方。远程专家可通过浏览器、智能脉象复现器、摄像头、麦克风等辅助设备与调度员及病人进行交互。远程医疗系统可实现患者在家中的远程医疗诊断，及时将患者情况反映给当地医生及其家属，以实时处理患者的病痛和可能出现的突发情况，为患者治疗赢得了时间，并且免除了患者在家庭与医院之间奔波的劳苦。同时，在医院病房内建立无线监测网络，很多测试项目可在病床上完成，极大地方便了患者的治疗。另外，通过 Internet 可以使远离医院、医护机构的患者也能随时得到必要的医疗监护和远程医生的咨询指导。

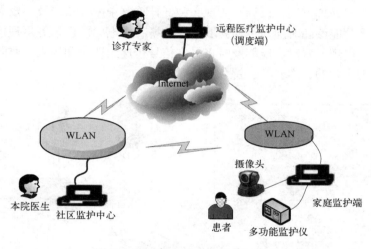

图 8-13 远程医疗监护系统示意图

远程医疗目前主要应用在临床会诊、检查、诊断、监护、指导治疗、医学研究、医学交流、医学教育和手术观摩等方面。远程医疗技术的应用和推广，让老百姓在家中就能够享受到较高水平的医疗保健服务，是物联网技术在感知医疗方面的重要应用。远程医疗是信息技术与医疗技术相结合的产物，其应用远程通信技术和计算机多媒体技术为患者提供医学信息和医疗服务。在信息技术高速发展的今天，已经成为医学领域一道亮丽的风景。

8.3.4 移动式健康监测

图 8-14 是基于 WSN 的移动式人体健康监测系统示意图。系统利用无线传感器网络，将多个传感器节点安装在人体几个特征部位，主要用于监测人体生理数据、老年人健康状况、医院药品管理以及远程医疗等，能够实现任何时间、任何地点的全程监护，不但能进行人体行为模式的监测，如坐、站、躺、行走、跌倒、爬行等，也可以实时地将人体因行动而产生的三维加速度信息进行提取、融合、分类，进而由监控界面显示受监测人的行为模式，以判断人体健康状况；还可以应用到一些残障人士的康复中，对病人的各类肢体恢复进展进

行精确测量，从而为设计康复方案提供参考依据。

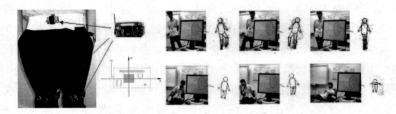

图 8-14　基于 WSN 的移动式健康监测示意图

将基于 ZigBee 的无线体域传感器网络引入生理信号监测领域，不仅能够减少系统的维护成本，而且能给病人提供更多的自由和舒适度，从而使得移动式健康监测成为可能。图 8-15 是一种移动式健康监测平台示意图。该系统采用多变量自回归模型与人体情境识别相结合的信号获取与处理方法，设计并实现一种低计算复杂度、高能效、双向移动式的健康监测平台。移动平台能够随时随地主动获取病人脉搏、心电以及血压等生理信号，有效地提取特征波形，并在出现异常时，能够及时将异常信号传递给医生和病人。监测方式由原来的被动式测量，变为主动的、实时的、持久的健康监测。

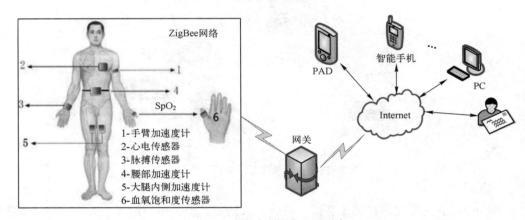

图 8-15　移动式健康监测平台

平台硬件主要包括两个部分：微型传感器模块和无线发送接收模块。传感器模块中主要包括脉搏、心电、SpO_2 和加速度传感器，用于监测人体不同的生理信号和运动情况。图 8-15 中，固定在体表心脏处的 ECG（Electro Cardio Graph）心电传感器 2，用以获取人体心电信号；由脉搏传感器、无线发送接收模块（CC2430）、液晶显示屏共同构成的腕式电子表 3，用以获得人体脉搏信号；固定在大拇指的 SpO_2 传感器 6，用于监测人体血氧饱和度；其他三个加速度传感器，分别安装在手臂、腰部以及大腿内侧的三个特征部位，用于提取人体行为模式产生的信息，如坐、站、躺、行走、跌倒、爬行等。这些传感器采集到人体健康信号后，再通过多变量自回归模型进行融合和算法处理，提高其精度和稳定性；然后由网关（即无线发送模块）发送到 Internet 上。这样，医生、病人及家人可以通过联网的终端设备，如 PC、PDA 或手机等多种方式获得病人的健康状况。方便、实时，不必专门去医院，便可在第一时间发现身体的异常情况。本系统已经初步实验成功，为进一步实现无线体域健康监测的网络化、集成化、规模化、大众化平台提供技术支持。

8.4 智能工业

智能工业，即工业的智能化，是指基于物联网，将信息技术、网络技术和智能技术应用于工业领域，给工业系统注入"智慧"的综合技术。其突出了采用计算机技术模拟人在工业生产过程中和产品使用过程中的智能活动，如分析、推理、判断、构思和决策，从而扩大、延伸和部分替代人类的脑力劳动，实现知识密集型生产和决策的自动化。

8.4.1 感知机械工业

目前，物联网技术已渗透到了机械领域的各个角落，世界机械工业正朝着智能化、柔性化、绿色化和全球化的态势发展。我国的机械工业也在不断向这一趋势发展，工程机械 GPS 智能服务系统就是其中的典型例子。

工程机械 GPS 智能服务系统是利用 GPS 技术，结合当今流行的嵌入式机电控制技术和移动通信技术、计算机信息技术等物联网的先进技术，形成的工程机械远程监控、服务、管理系统。这一系统通过在工程车辆上安装带有 GPS 模块和 GPRS 模块的车载信息采集终端，实时采集车辆的温度、压力、工作时间等运行参数，通过移动网络发送到企业数据库，使企业可以实时监视设备运行状态和各类参数，完成远程管理和车辆租赁工作；在故障发生时提供解决方案，并进行遥控锁车等操作。系统组成如图 8-16 所示。

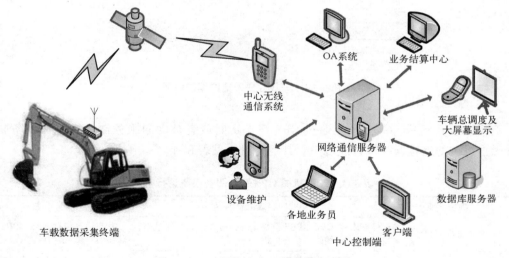

图 8-16 工程机械 GPS 智能服务系统

与其他工业控制系统一样，工程机械 GPS 智能服务系统也由硬件和软件两部分组成。

硬件部分由一个中心控制服务器和若干个车载系统数据采集终端组成。中心控制服务器主要负责车载 GPS 的管理及远程控制，包括网络通信服务器和数据服务器。网络通信服务器具有双网卡，分别在 Internet 和 Intranet 中有固定的 IP 地址，连接有一个或多个无线通信模块。数据库服务器是一台装有 SQL 数据库的内网服务器，通过数据库接口对外提供数据服务，与网络通信服务器在同一个内网子网中。将数据库服务器与通信服务器独立开来，主要是为了使数据库服务器不直接暴露在互联网上，从而更好地保证数据安全。

网络通信服务器作为对外的数据通信接口，其主要功能有：

1）通过无线通信模块接收车载数据采集终端的数据，解析后存入数据库服务器。

2）通过 B/S（Browser/Server）系统为互联网用户提供网络查询服务，C/S（Client/Server）系统为局域网用户提供数据查询服务，并将查询登录日志存入数据库服务器。

3）通过无线通信模块发送控制指令。

车载数据采集终端是一台嵌入式的数据采集终端，主要负责采集工程机械的温度、压力、工作时间等运行参数，并可以根据控制中心命令进行遥控锁车。车载数据采集终端由数据采集器/转换器、GPS 传输模块和 GPS 专用显示器组成。如图 8-17 所示。不同的工程机械可以选择不同的采集器，对于挖掘机等本身带有监控器的机械设备，可以配用简单的数据转换器直接连接，实现设备运行数据的采集；对于不带监控器的装载机等简单机械设备，可以配用数据采集器实现温度、压力和运行时间等数据的采集。

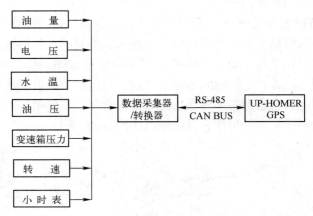

图 8-17　车载数据采集终端的组成

工程机械 GPS 智能服务系统通过 GPS 终端定时或者被动向服务器发送机械设备状态，实现工程机械的远程监控及智能服务。其运行机制见表 8-1。

表 8-1　工程机械 GPS 智能服务系统运行机制

序号	功　能	功能内容或信息内容	备　注
1	系统上电自检	检查内存/GPS/GPRS 模块状态，检查完成后通过串行口或 CAN 总线发送状态广播	状态内容包括 GPS/GPRS 模块状态及定位/通信状态
2	系统恢复供电报告工程机械状态	1. 工程机械地理位置坐标 2. 锁车状态 3. 工程机械累计工作时间	系统缺电是指车载计算机系统备用电池与工程机械蓄电池没电，即 GPS 系统掉电
3	定时信息	1. 工程机械地理位置坐标 2. 工程机械累计总工作时间 3. 各种工作参数信息（温度/压力等） 4. 锁车状态 5. 蓄电池连接状况 6. 发动机是否在工作	定时的时间间隔由控制中心在模块安装完成后设定

序号	功　能	功能内容或信息内容	备　　注
4	回叫信息	1. 工程机械地理位置坐标 2. 工程机械累计总工作时间 3. 各种工作参数信息（温度/压力等） 4. 锁车状态 5. 蓄电池连接状况 6. 发动机是否在工作	内容与定时信息一致，只在模块接收到回叫命令时发送，每天限制回叫不超过 X 次
5	回叫历史信息	回叫前一个月内的某一天信息	终端模块可以存储最长 3 个月的信息
6	工作参数异常报警	工作参数与内置参数比较，参数超限时进行报警	内置参数需要预先设定
7	锁车功能	1. 一级锁车：锁闭工作装置 2. 二级锁车：同时锁闭工作和行走装置	
8	发动机强行启动报警	在锁车条件下，发动机被强行启动后 1 min 发送报警信息	
9	拆除蓄电池报警	蓄电池被拆除时发送报警信息	
10	拆卸 GPS 报警	车载 GPS 被拆除后发送报警信息	
11	自动唤醒功能	在主电源丢失状态下，每间隔 20～30 min，车载计算机自动启动，检测关机后工程机械是否被移动，工作参数是否正常	
12	车载 GPS 终端功能	车载 GPS 适于所有工程机械机型，安装后根据所装工程机械型号设置车载计算机机型	

工程机械 GPS 智能服务系统软件功能如下：

1）用户管理。主服务器管理员及用户增加、车辆增加管理、登录控制等。

2）用户远程连接，车辆查询管理，用户设备信息统计、下载及打印，车辆轨迹回放等。

3）报警信息显示、存储及调阅。

4）保养和维护时间信息查询及保养预报。

5）在线查询设备维护手册。

6）远程车辆闭锁。

7）设置车辆活动区域及防盗状态。

8）设定设备回报信息间隔。

9）地图加载管理。

10）遥控及短信指令发送。

8.4.2　感知纺织工业

当前，物联网技术已经成为新经济增长点的发展方向，在纺织工业的各个领域也已经形成了一定的应用基础，如纺织机械设备的数字化和智能化、纺织品生产过程的自动监测和管理、印染厂生产过程在线监控系统等。

1. 纺织机械设备智能化

对纺机设备制造行业来说，应用智能化技术，借助各种通信手段，通过网络可提供产品的生产加工信息，实现加工产品的精确定位，减小加工误差。虽然我国的棉纺机设备在机电一体化、自动化以及产品的可靠性和稳定性方面与国际先进水平相比还有一定差距，但纺机行业以"数字化成套棉纺织生产线"项目为突破口，通过全面推广使用数字化、信息化技术，带动了其他纺织产品生产加工智能化水平的提高，进而提高了整个行业的市场竞争力。

在信息化发展的今天，纺机行业除了采用 CAD/CAM（Computer Aided Design /Computer Aided Manufacturing）进行产品设计外，还在纺织品的加工手段上大量应用了智能化技术，开发出了具有市场竞争力的纺织机械设备产品。如我国企业急需的 JWF1681 型转杯纺纱机，由天津宏大纺机引进开发，拥有全部知识产权，可实现全过程的纱线质量监控，转杯最高转速可达 15 万 r/min，引纱速度为 250 m/min，具有各种工艺参数远程设置以及自动诊断和自动报警功能，生产加工的纱线质量达到世界先进水平。由青岛宏大纺机研制开发的 JWG1001 型自动络筒机，采用了全新的纱路设计，降低了纱线的附加张力，提高了纱线质量和络纱速度；采用最新无刷直流电机槽筒驱动技术，卷绕速度最高可达 2200 m/min；采用基于 DSP 和 FPGA 的数字控制技术，实现接头循环的逻辑时序控制，每个动作采用独立的电机驱动，实现了智能化和柔性化控制。这两个项目的开发成功，摆脱了国内该类设备长期依赖进口的局面。

当前，对于大多数的中国纺机企业来说，开发智能化的成套设备是企业进步和市场发展的需要。在信息化普及的今天，一些以传统加工技术维持低成本竞争优势的企业，将不得不重新审视自己，制定符合自身企业长期发展的新战略。因此，目前纺机企业关键要考虑的问题是如何将新技术运用于产品中，使设备性能效果更好，成本更低，或者是为新技术寻求新的应用领域。

2. 生产过程的自动监控

虽然物联网是新概念，但是许多相关技术已经在纺织生产加工领域得到了应用。如广东溢达公司采用 RFID 技术，从棉花的采摘、加工、到包装检验，在遍布全国多个省市的生产企业和原料基地通过互联网及时沟通信息，省去了人工检查、统计的时间，大大提高了效率；无锡第一棉纺厂、洛阳白马集团、天津纺织集团等棉纺织企业对纺纱、编织等设备实施了在线数据采集系统，提高了对生产过程的实时监控能力；华纺股份、美欣达集团、杭州汇丽等印染企业应用了生产过程在线检测系统，建立了染色生产和能源系统的实时监测网络，为节能减排发挥了重要作用；福建劲霸公司在其成品仓库和专卖店采用了 RFID 技术，通过电子标签进行实时数据采集，与总部实现及时信息共享和沟通，解决了仓库管理和供应链管理中长期存在的问题；雅戈尔、九牧王等服装企业也有这方面的应用。国内许多相关技术的开发和产业化也取得了一定的进展。厦门软通、无锡华明着力开发棉纺织设备监测系统；江苏鼎峰在针织企业拥有较多用户；杭州开源、常州宏大的印染在线检测和管理系统技术日渐成熟；杭州爱科将服装企业设计与制造管理进行数字化综合集成；北京铜牛将车间物流管理技术推广到服装企业；天泽盈丰应用 RFID，开发出服装企业生产数据在线采集与管理系统，得到很好推广。另外，如江南大学、西安工程大学、天津工业大学、武汉纺织大学等高校也与企业合作，致力于物联网技术在纺织领域内的研发和应用。

目前，生产过程自动监控系统中的一批关键技术尚待突破。纺织服装企业由于生产流程自身的特点，系统检测点较多，电子标签需要量大，而企业经济承受能力有限，像针织内衣出口每件利润不足一元人民币，成本问题是首要问题。因此，需要 IT 行业加大技术研发力度，大幅度降低电子标签的价格，由目前的一元左右降到几角，乃至一角钱左右；进一步改善读取设备的可靠性，使之适用于各种车间生产环境；开发适合纺织行业特点的解决方案，能够与 MES（Manufacturing Execution System）、ERP、CRM（Customer Relationship Management）、SCM（Supply Chain Management）等系统有效集成。

3. 应用实例

下面以人工智能-机器视觉技术在布匹生产在线检测系统（以下简称"布匹检测"）中的应用为例，说明物联网技术在纺织行业中的典型应用。

在现代布匹生产流水线上，需要判别出布匹的颜色是否合格、布匹上是否有杂质及杂质的数量等。由于生产线运行速度较快，要求杂质分辨直径较小，用人工难以做到实时检测，事后抽样检测则效率低下，且抽检后的产品仍然有存在瑕疵的可能。布匹生产在线检测系统基于人工智能-机器视觉新技术，能够快速、高效地检测出布匹的颜色和存在的杂质。机器视觉就是用机器代替人眼来进行测量和判断的一种人工智能技术，可以在没有人工干预的情况下，使用计算机来处理和分析图像信息并做出结论。其特点是自动、客观、非接触和高精度，与一般意义上的图像处理系统相比，机器视觉强调的是精度和速度，以及在工业现场环境下的高可靠性。系统通过机器视觉产品（即图像摄取装置）将摄取目标转换成图像信号，传送给专用的图像处理系统，将像素分布、亮度和颜色等信息转变成数字信号；再对这些数字信号进行各种运算来抽取目标的特征值，输出判别的结果；最后根据判别结果来识别图像内容或控制现场设备动作。

采用机器视觉的自动识别技术完成以前由人工来完成的工作，使布匹生产流水线成为快速、实时、准确、高效的流水线。在流水线上，所有布匹的颜色及数量都可进行自动确认，极大提高了生产效率和生产的自动化程度。

布匹检测的机器视觉系统一般包括：图像采集单元、图像处理单元、图像分析处理软件、通信单元、输入/输出单元等。其组成如图 8-18 所示。

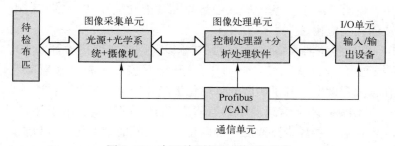

图 8-18　布匹检测的机器视觉系统

系统的实现包括以下几个过程：

1）图像采集。由光源、光学系统、摄像机等组成图像采集单元，通过光学系统，由摄像机采集图像，再转换成数字信号传入计算机存储器。

2）图像处理。处理器运用不同的分析算法来处理对决策有重要影响的图像要素。如对图像进行颜色辨识，面积、长度等参数测量，图像增强，边缘锐化，降低噪声等处理。

3）特性提取。处理器识别并量化图像的关键特性，例如布匹的颜色和杂质的形状等。然后将这些数据传送到控制程序。

4）判决和控制。处理器的控制程序根据收到的数据做出结论。例如，这些数据包括杂质的直径是否在要求规格之内或者布匹的颜色是否合格等。计算机系统实时获得检测结果后，指挥运动系统或 I/O 系统执行分选等相应的控制动作。

在系统执行中，视觉信息的处理技术主要依赖于图像处理方法，包括图像增强、数据编码和传输，平滑、边缘锐化、分割、特征抽取，图像识别与理解等内容。经过这些处理后输出图像的质量高，视觉效果好，便于计算机进行分析、处理和识别。

一般布匹检测先利用高清晰度、高速摄像镜头拍摄标准图像，以此为基础设定一定的标准；然后拍摄被检测布匹的图像，再将两者进行对比。但是在布匹质量检测工程中相对复杂一些，主要因为图像的内容复杂，每块被测区域存在的杂质数量、大小、颜色、位置并不完全一致；杂质的形状难以事先确定；由于布匹快速运动对光线产生反射，图像中可能会存在大量的噪声；在流水线上对布匹进行检测有实时性的要求。基于这些原因，图像识别处理时应采取相应的算法，提取杂质的特征，进行模式识别，实现智能分析。德国 Stemmer 公司的机器视觉软件包 CVB 可以实现颜色和斑点的识别和检测。

总之，应用机器视觉系统能够大幅降低检测成本，提高产品质量，加快生产速度和效率。

8.4.3 感知矿山

1. 感知矿山概述

煤矿的安全生产问题关系重大，一直备受人们关注。由于煤炭生产系统较复杂，工作环境恶劣，如黑暗、狭窄、潮湿、通风条件差、瓦斯浓度大等，并且人员集中，采掘工作面随着煤层变化和采掘工程进度随时移动，而地质条件的变化会使移动的采掘工作面不断出现新情况和新问题，如不及时采取相应的有效措施，会导致透水、塌方、瓦斯爆炸等重大灾害事故的发生。因此，如何应用物联网技术加强煤矿安全生产管理，实现管理的自动化和信息化成为煤矿安全生产的首要问题。基于矿区信息化和智能化建设的"感知矿山"就是物联网技术在煤炭行业的典型应用。

"感知矿山"利用传感器网络技术、信息技术以及网络通信技术等，实现对矿区的人员（人员定位、无线通信）、设备（综合自动化）、环境（安全监控、瓦斯监控等）等的全面感知和监控，在很大程度上提升了矿区的自动化生产和安全生产水平；通过高速网络实现信息全面覆盖，三维 GIS 矿区全信息展示具有直观、形象的特点。用于煤矿（地面、井下）安全生产、煤炭产量监控和煤炭行业的综合信息化。实施的重点是所有与矿区安全、生产相关的感知层网络接入问题。因为在矿区智能化建设过程中，不同类型传感器生产厂商不同，协议接口不统一，因此，全面接入传感器网络，是"感知矿山"的基础。

2. "感知矿山"系统结构

"感知矿山"基于物联网的体系结构和煤矿的实际需求，以矿井综合自动化信息平台为主体，将煤炭生产过程的控制、运行与管理融为一体，采用高速的光纤工业以太环网和工业现场总线等技术共同构建综合数字化信息传输平台，形成高效、可靠、安全的自动化监控和管理网络。以提高煤矿的安全生产、事故灾害预测预报以及生产业务管理水平。"感知矿山"是由感知层、网络层、应用层 3 层结构组成，如图 8-19 所示。

1）感知层由大量用于感知环境、机电、人员等特征参数的传感器构成。需感知的参数包括：井下环境的温度、湿度，空气中所含的甲烷、CO、CO_2、O_2 浓度等；通风的风速、风

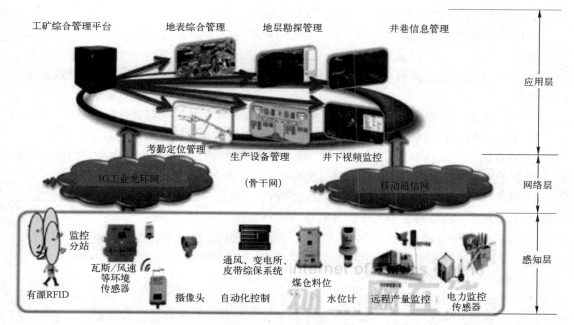

图 8-19　感知矿山系统模型

量；各类机电设备的转速、振动、电压、电流、功率等；锚杆压力、钻孔应力、顶板压力等；堆煤、烟雾、采煤机及输煤皮带跑偏、打滑等；煤仓煤位、煤质等；以及摄像机、RFID 人员定位等。这些传感器遍布在矿区地面和井下，构建了一个庞大的传感器网络。感知层除用于各种需要分布式移动监测，如矿井灾害监测、移动设备监控外，还用于个人安全信息的无线接入，并可扩展为移动语音及视频的传输通道。

2）网络层设备主要包括：铺设在地面、井下的宽带以太网（通常是 1 Gbit/s 以上的矿井防爆局域光纤网）和无线覆盖的 4G/5G、WiFi 或 ZigBee 等移动网络，以及网络交换机、光电转换器、路由器、防火墙、服务器等数据交换和通信设备，共同构建了覆盖整个矿区的信息通信网络。感知层网络通过无线网关分段接入骨干网，实现井下主要工作区域的无线覆盖或全覆盖。

3）应用层是矿区综合信息化应用系统，包含矿区三维 GIS 系统、综合自动化系统、人员管理系统、视频监控系统、短信管理平台、矿区应急指挥系统、调度系统等。应用层软件提供各种通用的数据接口，在此之上，可以方便地将提升机监控系统、安全监控系统、矿井通信系统、应急救援通信系统、视频监控系统、井下调度无线通信系统、大巷运输系统、选煤厂计算机控制系统、主通风机监控系统、压风机监控系统、中央泵房监控系统、工业电视系统等进行无缝链接，最后经过工业以太网平台统一传输到应用层进行统一的管理。真正实现矿井"采、掘、运、风、水、电、安全"等生产环节的信息化和自动化，从而优化生产和管理。

3. "感知矿山"系统特点

"感知矿山"依托矿井防爆工业以太环网的高速控制网络，推进生产过程的自动化控制，促进煤矿全企业综合信息化。即实现数据采集自动化、业务信息集成化、信息管理网络化，最终实现煤矿管理决策科学化、现代化和智能化。

1）各生产过程全面实现自动化，并在信息中心对各生产环节分别进行监控，实现安全、高效的目的。

2）煤矿各种信息均能融入骨干网进行传输，而且快速环形冗余，可使故障得到快速反应和处理。

3）对各监控子系统可建立虚拟专用网络，以保证各子系统的相对独立。

4）系统模块化具有热插拔结构，适合煤矿不间断生产和维护、维修的需要。

5）具有统一的软件编程和组态方式，具有煤矿通用性，而监控系统软件、网络管理软件等均基于 Web 浏览器，支持远程监测和维护。

6）具有丰富的网络管理和监控、调试、诊断等功能，保证系统维护管理的简明、方便、有效，在设备发生故障时能够方便、及时地发现和处理。

7）煤矿生产是移动作业，人员、设备、车辆等集中在巷道中，随着煤矿生产的进行，这些巷道及设备均处于不断变化之中，具有移动感知监控矿山生产的特点。

4. "感知矿山"网络平台

作为物联网应用的一个重要领域，"感知矿山"通过各种信息感知、传输和处理技术，实现对矿山整体及相关现象的可视化、数字化及智能化管理。其总体目标是建立一个统一的网络平台，实现全面数字化；将信息感知、传输、处理技术以及智能计算、现代控制技术、现代信息管理等与现代采矿及矿物加工技术紧密结合，构成矿山中人与人、物与物相联的网络，动态详尽地描述并控制矿山安全生产与运营的全过程。以高效、安全、绿色开采为目标，保证矿山经济可持续增长，保证矿山自然环境的生态稳定。

"感知矿山"的核心是在矿山综合自动化的基础上，实现三个感知。即感知矿工周围环境，实现主动式安全保障；感知矿山设备健康状况，事先预知维修；感知矿山灾害风险，实现各种灾害事故的预警预报。"感知矿山"就是以"三个感知"为重点，将矿山人员、设备、地理、地质、建设、生产、安全、管理、产品加工与运销、生态等综合信息统一到网络平台上，形成完备的基于自有技术的矿山物联网体系。

"感知矿山"网络平台结构如图 8-20 所示。

系统由 3 层网络组成。骨干网（包括井下和地面）为 1 Gbit/s 工业以太光纤网，保证系统的高可靠性。如果在使用过程中存在光纤网络某点断开，网络也能照常工作，并且系统能及时诊断出故障点位置。除接入各种监测控制系统外，将有线 IP 电话、无线移动电话、人员定位系统、数字视频系统等都接入网络。骨干网通过工业级交换机为全地面和井下各子系统提供灵活方便的工业以太网接口。感知层网络为无线传感器网络，通过无线网关分段接入骨干网，实现井下主要工作区域的无线覆盖。除用于各种需要分布式移动监测，如矿山灾害监测外，还用于个人安全信息的无线接入，并可为移动语音及视频提供传输通道。调度指挥中心以太网（内联网 Intranet），设计互为冗余的 I/O 服务器组和数据服务器集群，并设立相应的工程师站和操作员站。服务器集群采集全矿生产、安全等全部信息。工程师站负责全部控制系统的组态和维护，由专门的工程师操作；各操作员站实现对全矿子系统的控制，其中控制信息也由服务器经工业以太网上相应节点发送到被控子系统。地面调度中心的操作员站负责完成矿山各系统监控、人员安全感知、设备健康状态监测等。

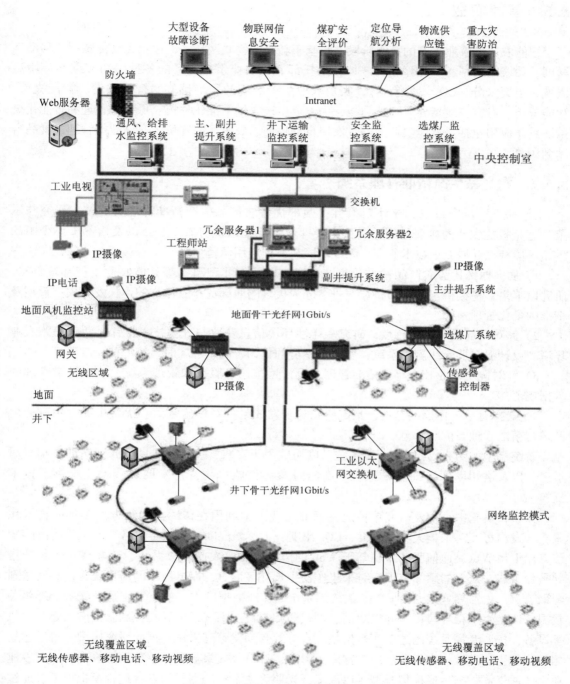

大型设备故障诊断　物联网信息安全　煤矿安全评价　定位导航分析　物流供应链　重大灾害防治

Web服务器　防火墙

Intranet

通风、给排水监控系统　主、副井提升系统　井下运输监控系统　安全监控系统　选煤厂监控系统　中央控制室

工业电视　交换机

冗余服务器1　冗余服务器2

工程师站

IP摄像

IP电话　IP摄像

副井提升系统　IP摄像　主井提升系统

地面风机监控站

网关

地面骨干光纤网1Gbit/s

无线区域

IP摄像　选煤厂系统　传感器　控制器

地面
井下

井下骨干光纤网1Gbit/s

工业以太网交换机

网络监控模式

无线覆盖区域
无线传感器、移动电话、移动视频

无线覆盖区域
无线传感器、移动电话、移动视频

图 8-20　"感知矿山"网络结构示意图

8.5　智能农业

智能农业是农业生产的高级阶段，是基于新兴的物联网技术，包括无线传感网、移动互联网、无线通信网、云计算等为一体，依托部署在农业生产现场的各种感知节点（环境温湿度、土壤水分、CO_2、图像等），实现农业生产环境的智能感知、智能预警、智能决策、智能分析、专家在线指导等智慧功能，为农业生产提供精准化种植、可视化管理和智能化决策。具体应用包括：智能农业大棚、农田自动喷灌、农机跟踪定位、仓储智能管理、食品自动溯源等。

8.5.1　农产品生产精准管理系统

"十一五"国家科技支撑计划项目"西部优势农产品生产精准管理关键技术研究与示范"就是智能农业的典型范例。项目主要针对西部地区优势农产品，以及西部干旱少雨的生态环境特点开展专项技术研究、系统集成与典型应用示范。

1）面向西部优势农产品精准化生产需求，以及西北型温室等具体农业生产环境特点，研究以苹果、猕猴桃、甜瓜、番茄、丹参等为代表的西部优势农作物的生长发育模拟模型及精准的量化管理指标。

2）针对西部生态环境特点，研究多样性环境信息获取与处理技术；针对西部设施农业环境，设计温室群无线测控系统，实现温室群的集约、高效、实时、统一的精准管理。

3）针对优质果业和中草药精准管理，设计远程信息服务和管理系统，建立精准管理的数据规范。

4）选择有示范作用的基地，集成研究与开发成果，对设施蔬菜、优质果业、中草药生产进行精准管理集成与示范。

系统模型如图8-21所示。该系统已成功应用于安塞、杨凌、阎良日光温室的番茄、甜瓜等，以及洛川苹果、周至猕猴桃、商洛丹参等设施作物，为发展现代农业提供了技术支撑。

在项目实施中，主要研究单位之一西北工业大学利用在传感器网络方面多年的技术积累，开发出可实时采集大气温湿度、CO_2浓度、土壤温湿度的传感器网络节点。系统由感知节点、汇聚节点、通信服务器、基于Web的监控中心、农业专家系统、交互式农户生产指导平台组成。众多的感知节点实时采集作物生长环境信息，以自组织网络形式将信息发送到汇聚节点，由汇聚节点通过GPRS上传到系统的实时数据库中。农业专家系统分析处理相关数据，产生生产指导建议，并以短消息方式通知农户。系统还可远程控制温室的滴灌、通风等设备，按照专家系统的建议实行温度、水分等自动化管理操作。据此研究模型，可以建立相关作物生长发育、产量及品质数据库；另外，针对优质果业和中草药精准管理，还可以建立生产地气候数据生成模拟模型、以温度、光照为主要驱动因子的发育进程模拟模型。通过技术组装配套，该项目已开发出6套主要作物精准化管理技术规范，并建立了蔬菜、苹果、猕猴桃、丹参等6个示范基地。通过精准化育苗和水肥管理，生产效益提高11%～15%，投资降低16%～17%，每亩合计增效1200～1500元。相关技术已辐射2万余亩农田，已累计增加效益7000多万元。

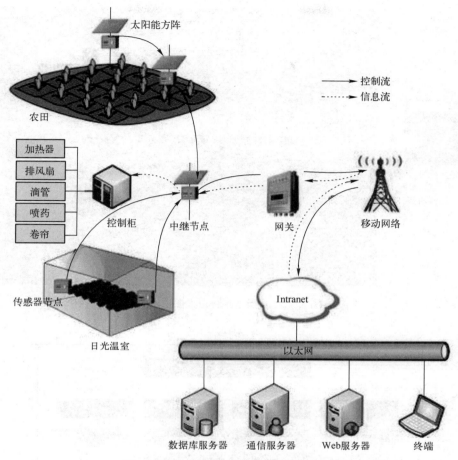

图 8-21　农产品生产精准管理系统模型

8.5.2　优质水稻育苗的全程感知与控制系统

优质水稻育苗大棚监控及智能控制系统是通过光照、温度、湿度等无线传感器，对种植农作物温室内的温度、湿度信号以及光照、土壤温度、土壤含水量、CO_2浓度等环境参数进行实时采集，自动开启或者关闭指定设备（如远程控制浇灌、通风、开关卷帘等）。同时在温室现场布置摄像头等监控设备，实时采集视频信号。用户通过电脑或智能手机可随时随地观察现场情况、查看现场温湿度等数据和远程智能调控指定设备。

优质水稻育苗大棚如图 8-22 所示。

1. 总体架构

系统的总体架构分为传感采集、视频监控、智能分析和远程控制四部分。如图 8-23 所示。

2. 技术架构

系统的技术架构由种植环境分析系统和种植机电控制系统两部分组成。如图 8-24 所示。

图 8-22　优质水稻育苗大棚示意图

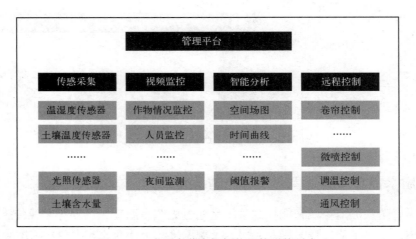

图 8-23　水稻育苗大棚智能监控系统平台

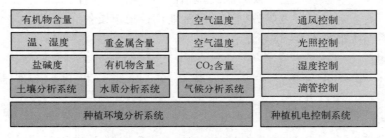

图 8-24　水稻育苗大棚智能监控系统技术架构

3. 系统组成

优质水稻育苗大棚监控及智能控制系统由现场数据采集和控制系统、网络传输、数据平台、终端展现等 4 个部分组成。如图 8-25 所示。

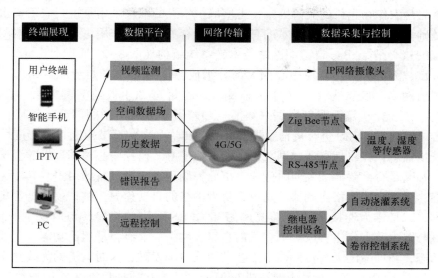

图 8-25 水稻育苗大棚监控及智能控制系统组成

现场数据采集和控制系统主要负责温室内部光照、温度、湿度和土壤含水量以及视频等数据的采集和控制。数据传感器的上传采用无线 ZigBee 和有线 RS485 两种模式。无线方式采用 ZigBee 无线发送模块将传感器采集的数据传送到 ZigBee 节点上，具有部署灵活、扩展方便等优点；有线方式则采用电缆方式将数据传送到 RS485 节点上，具有高速部署、数据稳定等优点。

网络传输系统主要将设备采集到的数据，通过 4G/5G 网络传送到服务器上，支持 IPv4 协议及 IPv6 协议。

视频监测系统采用高精度网络摄像机，系统的清晰度和稳定性等参数均符合国内相关标准。远程控制系统主要由控制设备和相应的继电器控制电路组成，通过继电器可以自由控制各种农业生产设备，包括：喷淋、滴灌等喷水系统和卷帘、风机等空气调节系统等。

终端处理系统负责对采集的数据进行存储和信息处理，为用户提供分析和决策依据，用户可随时随地通过 PC 和手机等终端进行查询。

4. 网络拓扑

系统在网络方面采取了多种制式，远程通信采用 4G/5G 无线网络，近距离传输采取无线 ZigBee 模式和有线 RS485 模式相结合，保证网络系统的稳定运行。

8.5.3 基于无线传感器网络的节水灌溉控制系统

农业灌溉是我国的用水大户，其用水量约占总用水量的 70%。据统计，因干旱我国粮食每年平均受灾面积达两千万公顷，粮食损失占全国因灾减产粮食的 50%。长期以来，由于技术、管理水平落后，导致灌溉用水浪费十分严重，农业灌溉用水的利用率仅 40%。基于无线传感器网络的节水灌溉控制系统既可灵活方便地实现土壤墒情的连续在线监测，农田节水灌溉的自动化控制，更能提高灌溉用水利用率，缓解水资源紧张的矛盾，为农作物提供良好的生长环境。

1. 系统结构及工作过程

土壤水分是农作物生长的关键因素，土壤墒情信息的准确采集是进行农田节水灌溉、最优调控的基础和保证，对于节水技术的有效实施具有关键性的作用。无线传感器网络节水灌溉控制系统的核心是 ZigBee 自组织网络技术，系统结构如图 8-26 所示。由无线传感节点、无线路由节点、无线网关、监控中心四大部分组成，包括 ZigBee 自组织网络和 GPRS 无线网络两大通信网络。底层为多个 ZigBee 监测网络，每个 ZigBee 监测网络由一个网关节点（监测基站）、若干个土壤温湿度数据采集节点和若干个灌溉控制阀门节点组成；无线网关和监控中心之间通过 GPRS 进行墒情及控制信息的传递。各传感节点通过温湿度传感器自动采集土壤墒情信息，并将信息通过网关传递给监控中心，监控中心根据预设的温湿度上下限进行分析，判断是否需要灌溉及何时停止，由此控制现场灌溉设备的启停。其中无线网关具有双重功能，一是充当网络协调器的角色，负责网络的自动建立、维护、数据汇集和传感器节点的管理；二是作为连接 ZigBee 监测网络和 GPRS 网络的接口，与监控中心传送信息。传感器节点与路由节点自主形成一个多跳的自组织网络，具有自动组网功能，无线网关一直处于监听状态，新增减的无线传感器节点会被网络自动发现，这时就近的无线路由会将新的节点信息传送给无线网关，由无线网关进行编址、计算和数据更新，并传送给远程监控中心，用于远程监控和管理。

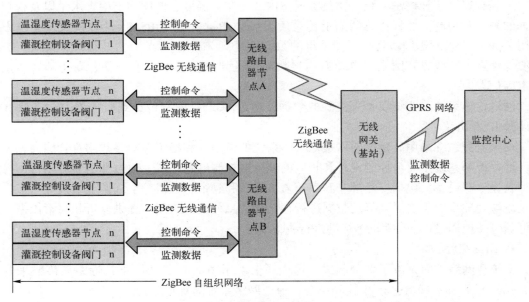

图 8-26　无线传感器网络节水灌溉控制系统结构图

2. 系统硬件构成

系统中温湿度传感器节点模块是土壤墒情信采集的关键设备，其硬件结构如图 8-27 所示。

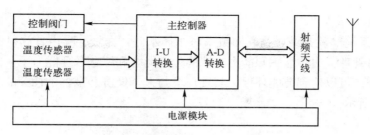

图 8-27　传感器节点硬件图

土壤温湿度传感器可选用 TDR-3A 型，该传感器集温度和湿度测量于一体，具有密封、防水、精度高的特点，是测量土壤温湿度的理想仪器。温度监测范围是-40～+80℃，湿度监测范围是 0～100%。温湿度传感器输出信号是 4～20 mA 的标准电流信号，经主控制器进行 I-U 变换为 0～5 V 标准电压信号，再经 A-D 转换为数字信号后，通过射频天线发射出去。为保持结构的一致性，无线传感节点、无线路由节点、无线网关的通信模块均采用 TI 公司的 CC2530 芯片。CC2530 是 ZigBee 新一代 SoC 芯片，具有快闪记忆、允许无线下载、支持系统编程的特点，以及较高的接收器灵敏度和较强的抗干扰性能。GPRS 通信模块可采用华为公司的 GTM900CGPRS 模块，该模块功能强大，支持 GSM900/1800 双频，提供电源接口、模拟音频接口、标准 SIM 卡接口和 UART 接口，支持语音业务、短消息业务、GPRS 数据业务和电路型数据业务。

3. 系统软件功能

节水灌溉控制系统中，监测数据与控制命令在无线传感节点、无线路由节点、无线网关和监控中心之间传送。远程监控中心的 PC 端软件采用可视化的 Delphi 设计管理界面，建立相应的数据库，实现对土壤墒情的查询、管理、打印，以及通过 GPRS 网络传递控制命令及土壤温湿度信息的功能。系统工作时主要采用中断的方法完成信息的接收和发送。传感节点打开电源，初始化、建立链接后进入休眠状态。当无线网关接到中断请求时触发中断，经过路由节点激活传感节点，发送或接收信息包，处理完毕继续进入休眠状态，等待有请求时再次激活。在同一个信道中只有两个节点可以通信，通过竞争机制来获取信道。每个节点周期性睡眠和监听信道，如果信道空闲则主动抢占信道，如果信道繁忙则根据退避算法退避一段时间后重新监听信道状态。

8.6　智能环保

8.6.1　智能环保简介

随着经济的发展，人们对生活环境质量的要求越来越高，因此，环境参数的监控技术也受到各级环保部门的高度重视。基于物联网技术，利用无线传感网和无线通信网，可以建设一个覆盖全区的环境信息自动采集和监测网络，实现对重点排污源、重点水流域、重点城市环境空气质量等的自动监测、数据实时传输和异常报警。通过物联网计算机监控和智能处理技术，建设一个集环境信息分析、交互式的环境监测以及环境保护的综合动态信息发布平台，可实时向各级政府部门发布环境质量监测资料或环境质量状况，向公众发布环境质量概况信息。

"感知环境系统"就是结合物联网技术对水体水源、大气、噪声、放射源、废弃物等进行感知、处置与管理，集智能感知能力、智能处理能力和综合管理能力于一体的新一代网络化智能环保系统，可以达到节能环保，实现环境与人、经济乃至整个社会的和谐发展。系统结构如图8-28所示。

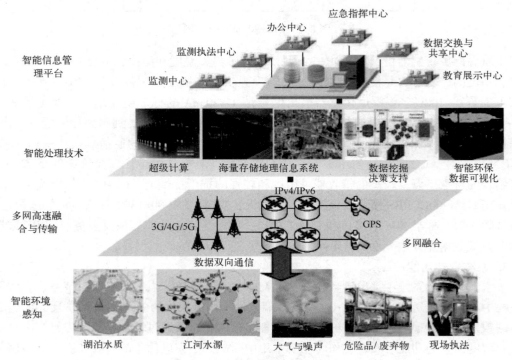

图8-28 感知环境系统结构示意图

感知环境系统是由污染源参数指标的智能感知、感知参数的多网快速接入与高效传输、传输参数的智能处理和应用端的综合管理平台4部分构成的，立体化、全方位的环境自动监控系统。

智能感知层，通过各种无线传感器网络，对水体水源、大气、噪声、放射源、废弃物等进行实时监测；数据融合与传输环节，通过4G/5G移动通信网、IPv4/IPv6互联网、GPS卫星通信网等高速数据传输网络，将感知参数进行多网快速接入与高效传输；智能处理层，通过人工智能技术、云计算和数据挖掘技术、GIS技术、可视化技术等，将传输来的海量数据进行分析、分类、比较、运算等智能处理，然后通过信息综合平台实时发布环境质量监测数据和环境质量概况信息。如有异常信号，由应急指挥中心和监控执法中心及时处理。

8.6.2 太湖水质感知系统

2007年5月，以"太湖美，美就美在太湖水"著称的无锡太湖蓝藻大面积暴发，全市饮用水源迅速被蓝藻污染，小小蓝藻搅得无锡市600多万人生活不得安宁。蓝藻是一种原始的单细胞藻类植物，一般呈蓝绿色，少数呈红色，主要分布在淡水湖泊中。困扰太湖的蓝藻问题形成原因大致有三，一是湖水本身的生物特性，再一个是湖泊中氮磷营养盐对蓝藻的催化，而最关键的是水温气候问题。全球气候的变暖，水温的升高，给蓝藻创造了有利的生长条件。夏天，在一些营养丰富的水体中，蓝藻会大量繁殖，并在水面形成一层蓝绿色而有腥臭味的浮沫（称为"水华"），造成水体缺氧、腐臭。蓝藻死亡后会产生毒素，加剧水质恶化，严重污染饮用水。在无法转变气候的情况下，对太湖水质实行实时监控，及时打捞尚未形成有机分子化合物的萌芽期蓝藻至关重要，可以大大降低蓝藻危机。为此，江苏省根据国务院关于太湖流域水环境综合治理总体方案的要求，针对太湖流域河湖密布的特点，建立太湖水质自动监测系统，通过对区域污染源参数的自动监测，做到实时、快速掌握水质变化情况，为及时进行蓝藻打捞、河网截污，河口与湖湾净化及湖泊生态修复提供参考依据，以从根本上消除蓝藻及其他污染源，提高太湖水质，造福人民。

1. 系统概述

无锡太湖水质自动监测系统包括沿岸蓝藻监测点、入湖河道监测点、湖面综合监测点等86个水质自动监测站和13个全方位视频监控系统，全天候对区域内主要入湖河道等重点部位进行实时监控。如图 8-29 所示。

图 8-29 无锡太湖水质监测点分布图

每个水质自动监测站一字排开，设置了若干个水质自动感知测试仪，从不同水域每 1 h 自动提取一次水样进行检验，得出水中的化学成分、含氧量，及总磷、总氮等相关数据，并自动将数据传回环境监控中心，监控中心电脑上就会自动显示各断面水体的 pH、溶解氧浓度、浊度、蓝绿藻含量等主要水质指标。若有指标接近高限值，就会有红色信号灯警示提醒监控部门关注；并且一旦超标，即使在半夜系统也会自动报警。视频监控系统通过 360° 旋转和 120° 俯仰角度的全方位自动摄像镜头，可实时清晰地观察湖面水体和水面情况。指挥中心主要负责蓝藻等污染物打捞船、运输车的调度和应急处理。

2. 系统总体方案

无锡太湖水质自动监测系统是基于自动化、计算机、网络通信等物联网技术，完成对太湖水质和水情信息的采集、传输、处理及污染源监控、藻水分离等任务的自动化监控系统。

水质信息的采集采用了高质量的电极式传感器，该类型传感器是适用于多点采样、长期现场监测与剖面分析的经济型数据记录系统，能将多种水质传感器集于一体，组成多传感器水质数据融合系统，称为多参数水质在线监测仪。其特点是可以自定义数据采集周期，将传感探头直接放置于监测水体中，能同时对水体温度、pH、ORP（Oxidation-Reduction Potential，氧化还原电位）、电导率和溶解氧等多个参数进行在线测量、自动感知和记录。

由于太湖水域面广，遥测终端站点十分分散，且与中心站距离较远，几十甚至几百 km以上，因此监控系统的数据通信采用当前较为流行的数字式通信网络，GSM 或 GPRS/CDMA，可实现端点-端点大量、可靠且快速的数据传输。而且由于 GSM 或 GPRS/CDMA 的标准化和网络覆盖率极高，其用户端通信设备十分简单，使用一个智能手机即可建立通信连接，使用方便灵活，成本低。

3. 系统结构功能

太湖水质自动监测系统结构如图 8-30 所示。

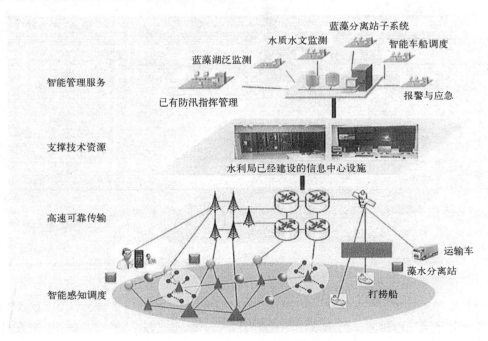

图 8-30　太湖水质自动监测系统结构图

1）智能感知和实时监控。系统通过远程传感器遥测终端站既可以对太湖饮用水源地、调水沿线、主要入湖河道的水质指标，如水温、pH、溶解氧浓度、电导率、氨氮含量等，以及水位、雨量等参数进行实时监测和预报；又可以实时感知蓝藻、湖泛的发生、规律和程度；还可以对蓝藻的打捞运输及处理实施全过程的定位、跟踪和监控。当某个遥测点监测到有突发性污染或水质指标超标，或有水情危险时，该测点终端站和监控指挥中心站均能立即报警。

2）高速可靠传输。遥测终端站能定时将测得的各种水质、水情和蓝藻数据实时、高速、可靠地发送至监控中心，同时记录存储；并能随时快速响应监控指挥中心的指令信息。

3）智能调度。系统构建了双向可控的车、船和站点等资源的网络化信息交互与智能调度系统，包括与水利信息中心的实时双向信息交换和藻水分离站、蓝藻打捞船及运输车船、蓝藻处理站的智能调度。

4）智能管理。包括水质、水情参数及蓝藻打捞、运输、处理、再利用过程等各类数据的集中管理和智能决策；综合的 GIS 可视化动态用户界面，能以图形、表格和数据等形式展示各类信息，可实时查询，提高管理和指挥效能；通过智能化的设备及人力资源的科学联动管理，提高蓝藻湖泛的应急处理能力。

8.7 智能物流

8.7.1 智能物流简介

随着科学技术的不断发展，生产环节的成本大幅度降低，流通环节占总成本的比重越来越大，一般可占到总产成本的 40% 以上，成为继降低原材料消耗、提高劳动生产率之后的"第三利润源泉"。传统物流运输中，运输的种类和风险，物流过程中的运输环节和动作方式以及物流企业的服务都会影响到物流运输的成本和质量。

21 世纪进入了物联网时代，随着智能技术和网络通信技术的发展，物流业也逐渐朝着智能化的方向发展。基于物联网技术的智能物流利用集成智能化技术，使物流系统能够模仿人的智能，具有思维、感知、学习、推理、判断和自行解决物流中某些问题的能力，具体是指货物从供应者向需求者的智能转移过程。其中包括智能运输、智能仓储、智能包装、智能装卸以及智能信息获取、加工和处理等多项基本的智能活动，为供方提供最大化的利润，为需方提供最佳的服务，同时消耗最少的自然资源和社会资源，最大限度地保护生态环境，形成完备的智能社会物流管理体系。

智能物流应具备 4 个特点，即智能化、一体化、柔性化和社会化。智能化是物流发展的必然趋势，是智能物流的典型特征，贯穿于物流活动的全过程。随着人工智能技术、自动化技术、信息化技术的发展，智能物流将不仅表现在库存水平确定、运输道路选择、自动跟踪控制、自动分拣运行、配送中心管理等问题上，而且将不断被赋予新的内容。一体化是指智能物流活动的整体化和系统化。它是以智能物流管理为核心，将物流过程中的运输、储存、包装、装卸等诸环节集合成一体化系统，以最低的成本向顾客提供最满意的物流服务。柔性化是指智能物流能够体现"以顾客为中心"的理念，根据消费者需求变化来灵活调节物流活动，并可为客户提供高度可靠的各种附加服务，使物流服务内容不断增多，服务范围不断扩大。随着物流设施的国际化、物流技术的全球化和物流服务的全面化，物流活动将不仅局限于一个企业、一个地区或一个国家。为实现货物在国际的交流和交换，以促进区域经济的发展和世界资源的优化配置，一个社会化的智能物流体系正在逐渐形成。

智能物流系统基于物联网技术的体系结构包括四个智能环节，即信息的智能获取、智能传递、智能处理和智能利用。信息的智能获取技术使物流从被动走向主动，可以实现从商品源头开始一条龙式的跟踪与管理，使得物流的信息流快于实物流，提高流通效率。信息智能传递技术可以实现数据间的智能交换与快速传递，加快响应时间，使物流供应链环节整合紧密，高效快速流通，实现物流领域的高速公路。智能处理技术应用于对大量物流数据的分析，包括客户需求、商品库存、运输车辆和路线、物流智能仿真等，实现物流管理自动化（如自动分类、打包、装载等），使物流作业高效便捷，改变物流仓储型企业"苦力"公司的形象。智能利用技术在物流管理的优化、预测、决策等方面提供支持，使物流企业决策更加准确和科学。

8.7.2　基于 RFID 的食品供应链安全监管系统

将 RFID 技术应用于食品安全，首先是建立完整、准确的食品供应链信息记录。借助 RFID 对物体的唯一标识和数据记录，能对食品供应链全过程中的产品及其属性信息、参与方信息等进行有效的标识和记录。食品跟踪与追溯要求在食品供应链中的每一个加工点，不仅要对自己加工成的产品进行标识，还要采集所加工的食品原料上已有的标识信息，并将其全部信息标识在加工成的产品上，以备下一个加工者或消费者使用。基于这一覆盖全供应链、全流程的数据记录和数据与物体之间的可靠联系，可确保到达消费者口中的食品来源清晰，并可追溯到具体的动物个体或农场，生产加工企业、人员，储运过程等中间环节。RFID 是一个可 100% 追踪食品来源的解决方案，可全过程有效监控解决食品安全问题，因而可回答消费者有关"食品从哪里来，中间处理环节是否完善"等问题，并给出详尽、可靠的回答。

基于 RFID 的食品供应链安全监管系统如图 8-31 所示。

在食品生产阶段，生产者把产品的名称、品种、产地、批次、施用农药、生产者信息及其他必要的内容存储在 RFID 标签中，利用 RFID 标签对初始产品的信息和生产过程进行记录；在产品收购时，利用标签信息对产品进行快速分类，根据其不同情况给出不同的收购价格。

在食品加工阶段，先通过 RFID 标签信息对产品进行筛检，符合加工条件的产品才能允许进入下一个加工环节。对进入加工环节的产品，再利用 RFID 标签中记录的信息对不同的产品进行有针对性的处理，以保证产品质量；加工完成后，由加工者把自己的信息、加工方法、日期、产品等级、保质期、储存条件等内容添加到 RFID 标签中。

在食品运输和仓储阶段，利用 RFID 标签和沿途安装的固定阅读器跟踪运输车辆的路线和时间。通过仓库进、出口安装的固定阅读器，对产品的进、出库自动记录。很多农产品对

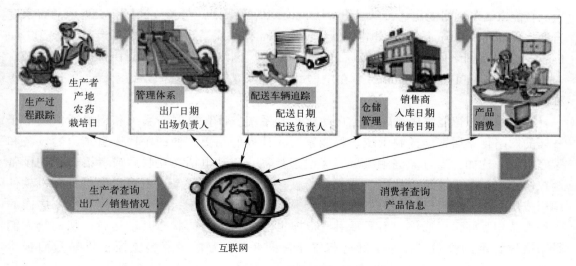

图 8-31 基于 RFID 的食品供应链安全监管系统

储存条件有较高的要求，利用 RFID 标签中记录的信息可迅速判断该产品是否合适在某仓库储存，以及还可以存储多久；在出库时，根据储存时间选择优先出库的产品，避免经济损失；同时，利用 RFID 还可以实现仓库的快速盘点，帮助管理人员随时了解仓储状况。

在食品销售阶段，商家利用 RFID 标签了解购入商品的状况，实行准入管理；同时还可以把商场的名称、销售时间、销售人员等信息写入 RFID 标签中，在顾客退货和商品召回时，对商品进行确认。在商品上架前，通过 RFID 标签信息对产品价格分类和分拣，再在外包装贴上对应价格的条码。出售时，利用各种阅读器对条码识读，能够迅速确认和累加顾客所买食品价格，减少顾客等待的时间。

当产品出现问题时，由于产品的生产、加工、运输、储存、销售等环节的信息都存在于 RFID 标签中，根据 RFID 标签的内容可以追溯全过程，容易确定出现问题的环节和问题产品的范围。利用阅读器在仓库中迅速找到尚未销售的问题产品，消费者也能利用 RFID 技术确认购买的产品是否是问题产品及是否在召回的范围内。

另外，在把信息加入 RFID 标签的同时，通过网络将信息传送到公共数据库中，普通消费者或购买产品的单位通过将商品的 RFID 标签内容和数据库中的记录进行比对，能够有效识别假冒产品。

8.8　智能家居

8.8.1　智能家居简介

利用物联网先进的感知、通信和控制技术，不但可以实现家用电器的智能化，还可以实现居住环境的智能化，即所谓智能家居。智能家居是以住宅为核心，以物联网技术为支撑，通过智能网络监控设备，构建高效的住宅设施与家庭日程事务管理系统，提升家居安全性、便利性、舒适性、艺术性，并实现节能环保的居住环境。

智能家居又称智能住宅，在国外常用 Smart Home 表示。与智能家居含义近似的有家庭自动化（Home Automation）、电子家庭（Electronic Home、E-home）、数字家园（Digital Family）、家庭网络（Home Net/Networks for Home）、网络家居（Network Home）、智能家庭/建筑（Intelligent Home/Building）。在中国香港和台湾等地区还有数码家庭、数码家居等称法。

通俗地说，智能家居是融合了自动化控制系统、计算机网络系统和网络通信技术于一体的网络化家居智能控制系统。智能家居将让人们用更方便的手段来管理家庭设备和家庭事务。比如，通过家庭触摸屏、无线遥控器、移动电话、互联网或者语音识别设备等控制家用设备；还可以执行场景操作，使多个设备形成联动；也可以通过计算机软件调用或配用最适合自己口味的菜单或者选择最佳的服饰搭配；另一方面，智能家居内的各种设备相互间可以通信，不需要用户指挥也能根据不同的状态互动运行，从而给人们带来最大程度的高效、便利、舒适与安全。图 8-32 为智能家居监控主机显示面板示意图。

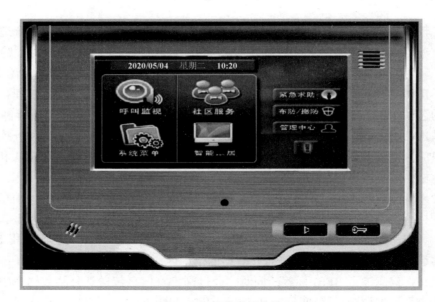

图 8-32　智能家居主机

用户通过系统菜单，可以随时查看家居范围内所有设备、设施、环境的运行状况，包括水、气、电的消费情况。如有紧急情况，系统的呼叫监视会发出报警，用户可通过手机、紧急求助按钮等向有关部门求救；如果系统接入互联网，紧急信号会直接发送到社区相关管理部门，如有火灾、盗窃、液化气泄漏、紧急病人等。另外，用户也可以通过系统菜单控制相关设备和设施的工作情况，如开启/关闭空调、电视、暖气等，室外花草喷灌、车库门锁打开等。

智能家居系统主要包括家庭网络系统、中央控制管理系统、电器及照明控制系统、家庭安防系统、背景音乐系统、家庭影院与多媒体系统、家庭环境控制系统等八大系统。

其中，中央控制管理系统、电器及照明控制系统、家庭安防系统是必备系统，其他可自由选择。图 8-33 主要展示了智能家居的室外系统，图 8-34 主要展示了智能家居的室内系统。

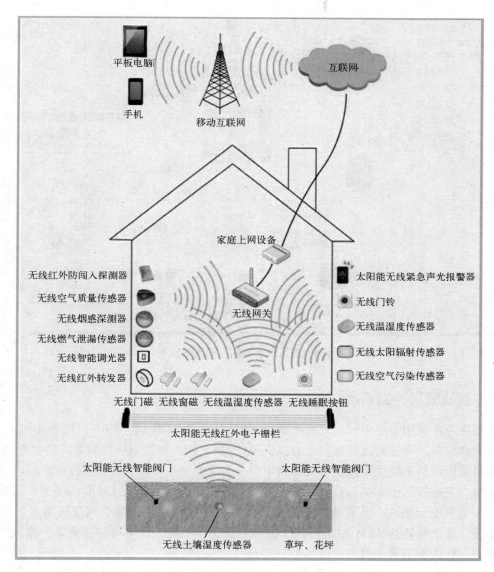

图 8-33　智能家居系统（室外）示意图

通过这些系统不仅能提供舒适宜人且高品位的家庭生活空间，实现更智慧的家庭安防和更全面的信息服务；还将家居环境由原来的被动静止结构转变为具有能动智慧的工具，提供全方位的信息交互功能。其最终目的是将操作方法化繁为简，时刻给人以方便舒适的感觉。

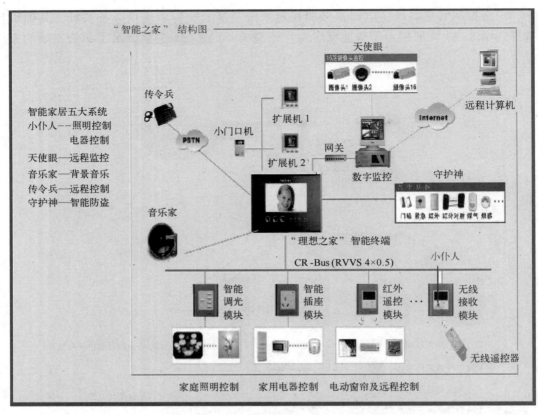

图 8-34　智能家居系统（室内）结构图

8.8.2　智能家居控制系统

通过在各种家用电器中嵌入智能采集和通信模块，可实现居住环境的智能化和网络化，完成对家庭设备、设施的远程监控及能效管理。图 8-35 为智能家居控制系统的示意图。

智能家居控制系统主要包括中央控制中心，访问控制子系统、视频监控子系统、照明控制子系统、家电控制子系统、家庭安防子系统、室外环境监测子系统以及网络通信系统等。

（1）智能交互终端　是智能家居的核心设备，主要作用是对整个居住环境实行集中监控和管理。基于成熟的 ARM 芯片和实时 μCOS-Ⅱ 操作系统，可实现信息采集、输入/输出、智能处理、联动控制等功能。

1）实现家庭智能用电管理。即通过先进的信息通信技术，对家庭用电设备进行统一监控与管理，对电能质量、用电信息等数据进行采集和分析，指导用户进行合理用电，调节电网峰谷负荷，实现电网与用户之间的智能用电。

2）实现家居环境设备、设施、安防的远程控制以及社区服务、Internet 服务等增值服务功能。

3）家庭智能终端除了具有局域网接口、PSTN 接口、RS-485 接口、蓝牙接口外，还提供音频及视频接口、HUB 接口、RS-232 接口、报警传感器接口等。这些接口可以实现音/视频自动切换、多台 PC 同时上网，与 PC 结合完成家庭事务管理等功能。

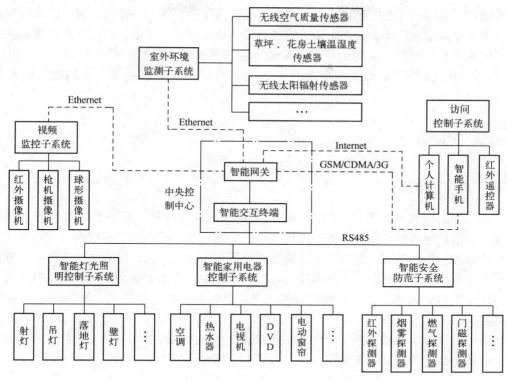

图 8-35　智能家居控制系统

4）通过可视面板，可实现人机对话、菜单调用、系统管理、消息发布等多种功能。

（2）智能网关　是实现三网（电信网、广播电视网、无线宽带网）融合的智能设备，是家庭局域网和外部通信网沟通的桥梁。智能网关除了传统的路由器，CATV，IP 分配之外，还具有无线转发和无线接收功能，能接收外部传感器传输过来的各种信号，并将其转化成无线信号，在家里任何一个角落可以接收；同时，能将外部访问控制命令传送到智能交互终端，实现终端设备的远程操作。

（3）访问控制子系统　通过智能遥控器、PC、智能手机等，实时访问家居状况，包括各子系统终端设备、设施及环境状态，并实现按需控制。

（4）视频监控子系统　通过固定摄像机、360°全方位旋转摄像机、120°俯瞰旋转摄像机等全程对家庭内外环境进行监视。视频信息和画面随时可在智能终端可视界面上查看。

（5）照明控制子系统和家电控制子系统　通过各种传感器采集照明设备和家用电器的状态和运行信息传送到智能交互终端，再通过互联网/内部网传送给用户；用户使用各种访问手段（手机、PC、遥控器等），通过智能交互终端对这些设备实行远程控制。

（6）智能安防子系统　通过门磁开关（用于检测门安全性及开/关状态等）、紧急求助、烟雾检测报警、燃气泄漏报警、碎玻探测报警、红外微波探测报警等，实现整个家居环境的安全防范功能。

总之，物联网的射频识别、网络通信技术、综合布线和信息协议互换等技术，为智能家居提供了技术条件。使得物品具有数字化的身份标识，借助家庭网关，所有数据可以在电信网、移动通信网、互联网、广电网上对内和对外流动，使用户有更方便的手段来管理家庭设备。可通过触摸屏、无线遥控器、手机、电脑或者语音识别等多种方式，也可以执行场景操作，使多个设备形成联动。智能家居内的各种设备相互间可以通信，不需要用户指挥也能根据不同的状态互动运行，从而给用户带来最大程度的高效、便利、舒适与安全。可以实现"人来灯亮、人走灯灭"，根据温湿度自动控制中央空调及地暖系统，时刻给人以舒适的感觉。

8.9 智能安防

8.9.1 智能安防简介

在物联网的框架下，采用 RFID、GPS、音视频监控、红外、火焰及烟感检测、玻璃破碎检测、水浸检测等智能感知技术和系统，可以实现在采集网络的全区域内对所有目标对象进行全程监控。物联网技术的应用使得安防系统更加智能化，真正做到主动感知、全方位防控，极大弥补了传统单一视频安防监控存在的图像模糊、传输困难、覆盖范围小等不足，为逐步实现"更透彻的感知，更全面的互联互通，更深入的智能化"的智慧城市的宏伟目标奠定基础。

智能小区是智能安防的典型范例。小区智能安全防护系统主要包括安防监控中心、安全防范子系统、设备监控子系统和网络通信系统 4 个部分，如图 8-36 所示。

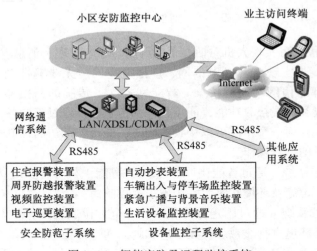

图 8-36　智能安防及远程监控系统

1. 监控中心

小区监控中心即物业管理计算机系统。系统通过装设在小区内的各种传感器设备、网络传输系统和监控设备，实现对小区的本地监控和业主的远程查询，起着威慑、监督、取证和管理的作用。各子系统的所有信息通过局域通信网络均可传输到监控中心进行集中管理，便于及时对报警信号做出响应及处理。

如果小区环境发生意外情况，如，非法入侵，火灾、水气泄漏等现象，系统会立即发出报警信息，自动记录故障音像和相关数据，同时启动有关电器、门窗进入应急状态，形成一个非常强大的互通互助系统。如果住户家中发生异常，例如煤气、烟雾浓度超过设定值，智能安防系统还会将这一信息传递给相关门窗，门窗接到信息便自动开启，排除险情。同时，这一信息也会通过短信方式发送到房屋主人和监控中心，提醒尽快采取措施。而接到短信的主人也可以通过远程视频系统第一时间察看家中情况，与物业或消防人员取得联系，配合排险。有了这样的层层防护，家中如同请了一个隐形的安全卫士，即使出门在外，人们也可以放心地工作和旅行。

2. 网络通信子系统

网络通信子系统是由居住小区局域网，包括宽带接入网（Broadband Access Network，BAN）、控制网、有线电视网（Community Antenna Television，CATV）和电话网等，可采用多种布线方式和多网融合技术，做到科学合理、经济适用。宽带接入网的网络类型可采用以下所列类型之一或其组合，即 FTTx（x 可为 B、F，即光纤到楼栋、光纤到楼层），HFC（光纤同轴网）和 xDSL（x 可为 A、V 等，即高速数字用户环路）或其他类型的数据网络。居住小区宽带接入网不但可提供管理系统，支持住户开户、销户、暂停、流量时间统计、访问记录、流量控制等管理功能，使用户生活在一个安全方便的信息平台之上；同时提供安全的网络保障和本地计费或远端拨号用户认证（RADIUS）的计费功能，形成完全智能化的管理模式。

3. 安全防范子系统

安全防范子系统包括小区周界及重点部位的安全防范装置和住户室内智能家居系统，由监控中心统一管理，以提高智能小区安全防范水平。

1）住宅报警装置。即智能家居装置。住户室内安装水气泄漏、非法入侵等家庭安全监测及紧急求助报警装置，监控中心实时处理与记录报警事件。

2）门禁控制装置。门禁系统是家庭安全的第一道防线，可通过密码、刷卡、指纹、语音口令、脸谱等智能识别技术，授权自己、家人、客人等进出权限。门禁控制装置主要由门禁控制器、读卡器（识别仪）、电控锁、开门卡和一些辅助器件组成。门禁控制器是门禁系统的核心部分，相当于计算机的 CPU，负责整个系统输入/输出信息的处理、存储和控制等。读卡器（识别仪）用于读取卡片中的数据（或识别生物特征信息）。电控锁是锁门的执行部件，开门卡是开门的钥匙，可以在卡片上打印持卡人的个人照片，将开门卡和胸卡合二为一。其他设备还有如出门按钮、门磁、电源（整个系统的供电设备）等。

3）周界防越报警装置。对封闭式管理的智能小区周界设置越界探测装置，并与监控中心联网使用，能及时发现非法越界，并能实时显示报警的具体时间和地点，自动记录与保存报警信息。

4）视频监控装置。根据小区安全防范的需要，对小区的主要出入口及重要部位安装摄像机进行监控。监控中心可自动/手动切换系统图像，对摄像机云台及镜头进行控制；对所监控的重要部位进行长时间录像。

5）电子巡更装置。小区内安装电子巡更系统，保安巡更人员按设定路线进行值班巡查，并在相应站点予以记录。监控中心计算机可实时读取巡更所登录的信息，从而实现对保安巡更人员的有效监督管理。

4. 设备监控子系统

设备监控子系统是对家庭内外所有电气设备进行实时安全监控的子系统。包括电、气、水表等的远程自动计量、停车场智能监控和车位引导、紧急广播和背景音乐装置的安全监控、家用电器的安全监控等。

总之，智能安防系统是一个包含许多内容的复杂的网络系统，各种智能防护设备通过网络通信系统彼此配合协调工作，组成一个智能化的安全防护系统，为业主享受高品质的智能安居生活提供有力的保障。

8.9.2 小区车库监控防盗系统

小区车库监管是智慧安防的重要内容。图 8-37 为"小区车库监控防盗系统"示意图。该系统基于物联网技术，包括视频监控、无线数据传输、车辆管理系统、短信通知、110 联动等，构建了一个小区资产监管安防平台，实现区域内对小区重要资产、汽车、电瓶车等业主贵重物品实现监测，达到社区区域防盗的目的。

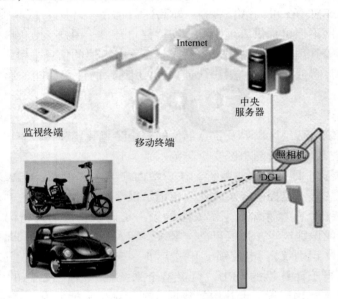

图 8-37 小区车库监控防盗系统

其防盗原理是，为各种贵重资产安装一枚防盗识别标签（安装在车辆隐蔽位置），该标签内具有 RFID 全球唯一编码，并写入设备信息（颜色、型号、物主等信息），同时也为物主配发物主标签，系统将两组标签进行算法绑定。

在资产进出社区时，系统同时读取到两张互相绑定的匹配标签视为合法，记录相应进出时间。当资产被盗时，由于偷盗者无法取得业主标签，资产进出大门时系统会立即发现，并给保安人员报警提示，同时抓拍视频。

8.10 智能旅游

8.10.1 智能旅游简介

"智能旅游"是一种基于无线传感网、下一代网络通信、云计算、智能信息处理等物联网新技术，将旅游物理资源和信息资源高度融合和挖掘，并以智慧服务为理念，以游客互动体验为中心，以一体化的行业信息管理为保障的全新旅游形式；是集旅游产品展示、旅游产品预订、在线交易、在线服务、营销推广等于一体的全功能旅游电子商务综合平台。通过该平台，用户可借助电脑、手机、无线终端等设备随时登录体验智能旅游的各种功能。

智能旅游系统包括三部分：数据中心、服务端和使用端。数据中心是联通服务端和使用端的桥梁，三个部分通过互联网相互连接。服务端是直接或间接为旅游者提供服务的企事业单位或个人，如政府管理部门、咨询机构、旅游企业等；使用端是广大的旅游者（包括旅游团队和个人），拥有能够上网的智能终端（如 iPhone、智能手机等）；数据中心由大量存储有各类旅游信息的服务器组成，由专门机构负责进行数据的维护和更新。数据中心是智能旅游的云端，可以称为旅游云，海量的旅游信息处理、查询等计算问题由数据中心自动完成。

通过使用端软件平台，智能旅游中的旅游信息以主动弹出的方式出现，配以网络地图，能够让旅游者知道这些旅游服务在什么地方可以得到，距离自己有多远，甚至知道某个酒店还有多少房间，某个景点需要排队多长时间等。这样不会遗失某些旅游信息和服务（如景点、旅游活动、某个人等），也不会由于信息不全而出现走错路、排错队等现象。在多点触控的超便携终端（如苹果的 iPad、iPhone）上，轻点手指即可查看详细信息。

8.10.2　智能旅游的基本功能

从使用者的角度来看，智能旅游主要包括导航、导游、导览和导购（简称"四导"）四个基本功能。

1. 导航

导航即位置服务（Location Based Service，LBS），将 LBS 加入旅游信息中，让旅游者随时知道自己的位置。确定位置有许多种方法，如 GPS 导航、基站定位、WiFi 定位、RFID 定位、地标定位等，其中，GPS 导航和 RFID 定位能获得精确的位置。但 RFID 定位需要布设很多识别器，也需要在移动终端上（如手机）安装 RFID 芯片，离实际应用还有一定的距离。GPS 导航应用则要简单得多，一般智能手机上都有 GPS 导航模块，可直接实现导航功能。

传统的导航仪无法做到及时更新，更无法查找大量的最新信息；而互联网则信息量大，但无法导航。导航与互联网相结合是智能旅游未来的发展趋势。智能旅游可以实现将导航和互联网整合在一个界面上，地图来源于互联网，而不是存储在终端上，无须经常对地图进行更新。当 GPS 确定位置后，最新信息将通过互联网主动地弹出，如交通拥堵状况、交通管制、交通事故、限行、停车场及车位状况等，并可查找其他相关信息。通过内置或外接 GPS 模块，可以让笔记本电脑、上网本和平板电脑具备导航功能，再连上互联网，则实现互联网和 GPS 的完美结合，进行移动互联网导航，即可以实现在运动中的汽车上进行导航，位置信息、地图信息和网络信息都很好地显示在一个界面上。随着位置的变化，各种信息也即时更新，并主动显示在网页上和地图上，体现了直接、主动、即时和方便的特征。

2. 导游

在确定了位置的同时，在网页上和地图上会主动显示周边的旅游信息，包括景点、酒店、餐馆、娱乐、车站、活动（地点）、团友等的大致信息，如景点的级别、主要描述，酒店的星级、价格范围、剩余房间数等。智能旅游还支持在非导航状态下查找任意位置的周边信息，拖动地图即可在地图上看到这些信息，周边的范围大小可以随地图窗口的大小自动调节，也可以根据自己的兴趣点（如景点、某个朋友的位置）规划行走路线。

3. 导览

点击（触摸）感兴趣的对象（景点、酒店、餐馆、娱乐、车站、活动等），可获得关于兴趣点的位置、文字、图片、视频、使用者的评价等信息，便可以深入了解兴趣点的详细情况，供旅游者决定是否需要它。

导览相当于一个导游员。我国许多旅游景点规定不许导游员高声讲解，而采用数字导览设备需要游客租用。智能导览则像是一个自助导游员，有比导游员更多的信息来源，如文字、图片、视频和3D虚拟影院等，戴上耳机就能让智能手机/平板电脑等个人智能设备替代数字导览设备，无须再去租用了。

智能导览功能还有一个虚拟旅行模块，只要提交起点和终点的位置，即可获得最佳旅游路线建议（也可以自己选择路线），提供沿途主要的景点、酒店、餐馆、娱乐、车站、活动等资料。如果认可某条线路，则可以将资料打印出来，或储存在系统里随时调用。

4. 导购

经过全面而深入的在线了解和分析，就可以直接在线预订（客房/票务）。只需在网页上自己感兴趣的对象旁点击"预订"按钮，即可进入预订模块，预订不同档次和数量的对象。由于是利用移动互联网，游客可以随时随地进行预订。加上安全的网上支付平台，就可以随时随地改变和制订下一步的旅游行程，而不浪费时间和精力，也不会错过一些精彩的景点与活动，甚至能够在某地邂逅特别的人，如久未谋面的老朋友。

8.10.3 智能导览系统

基于 RFID 无线感应的智能导览系统如图 8-38 所示。系统将 RFID 技术和多媒体技术相结合，为旅游景点导游和讲解提供更加智能化和人性化的自主导览服务。

系统采用 RFID 分布式设计，在需要讲解的景点（或室内展位、展品）处装设无线发射装置，其类型和数量可根据现场实际需要选取和布置，实现信号无缝连接。给每位游客配一部具有无线接收功能的全自动多媒体智能导览器（佩戴耳机），则当游客进入发射器所在区域时，便能自动接收到该区域的语音讲解，无须人工操作，游客之间无相互干扰，同时也不受游览线路的限制。除此之外，智能导览系统还具有如下特点。

1）可制作汉语、英语、日语等各语种讲解内容导入导览器，满足不同国籍游客的收听需求，解决小语种导游人才的匮乏问题。

2）导览器采用 2.4 in 大屏幕液晶显示，图文并茂，讲解与对应图片相结合，令讲解更生动、直观，使游客更能融入讲解意境。

3）语音讲解内容更新安全方便。采用 USB 通用传输接口高速下载语音内容，并配有专用数据线和科技手段进行保护。当游客对于游览后的景点想重复"游览"时，可使用导览器点击相应景点编号，导览器便会自动终止当前讲解，接收选定区域的 RFID 讲解信息；同

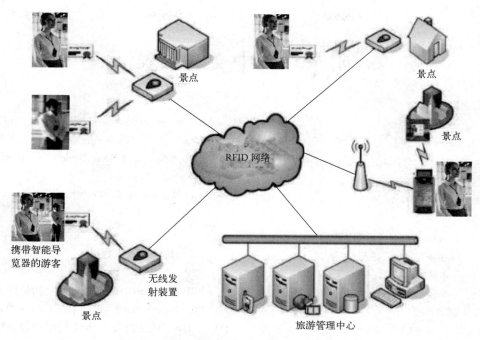

图 8-38 基于 RFID 的无线感应自动导览系统

时会显示接收到的讲解编号，若导览器中有该项编号对应的语音，即可开始自动播放该段讲解及图形显示，否则屏幕中提示"无此文件"。

本章小结

本章主要学习物联网在典型领域内的具体应用，分别是，智能电网、智能交通、智能医疗、智能工业、智能农业、智能环保、智能物流、智能家居、智能安防、智能旅游。详细介绍了每一种应用的结构特点、组成原理和功能分析，通过物联网在这些典型行业应用的实例分析，阐述了物联网技术在各个行业的具体应用情况。说明物联网无处不在，已经逐步渗透到人们工作、生活中的各个角落，物联网应用前景巨大。

思考题

8-1 什么是智能电网、智能交通、智能医疗和智能家居？

8-2 什么是智能物流、智能环保和智能安防？分别有哪些功能？

8-3 试举出身边实例说明物联网的应用。

附录 英中文对照表

A

AAS Adaptive Antenna System 自适应天线系统

ABA American Bankers Association 美国银行家协会

AC automatic control 自动控制

A/D Analog/Digital 模拟/数字

Ad hoc 多跳无线自组织网

AFIS Automated Fingerprint Identification system 指纹自动识别系统

AGPS Assisted GPS 辅助全球卫星定位系统

AI Artificial Intelligence 人工智能

ASPT Adaptive Spatial Processing Technology 自适应空间处理技术

AIDS Auto Identification System 自动识别系统

AJAX Asynchronous JavaScript And XML JavaScript 及 XML 的缩写，指一种异步交互式网页开发技术

AM Additive Manufacturing 增材制造；添加剂制造

AMP Advanced Manufacturing Partnership 先进制造业合作委员会

AMPS Advanced Mobile Phone System 高级移动电话系统

ANN Artificial Neural Networks 人工神经网络

AnyCast 任播或泛播

API Application Programming Interface 应用程序接口

AP Access Point 无线访问接入点

APDU Application Protocol Data Unit 应用协议数据单元

APS Application Support Sub-Layer 应用支持子层

ASR Automatic Speech Recognition 自动语音识别

Application Software 应用软件

Atmel 美国爱特美尔半导体公司

AMD Advanced Micro Devices 美国超微半导体公司

AR Augmented Reality 增强现实

B

BD Big Data 大数据

BBP Base Band Protocol 基带协议

BGP Border Gateway Protocol 边界网关协议

BICC Bearer Independent Call Control Protocol ITU-TSG11 小组制定的与承载无关的呼叫控制协议

BigTable 分布式数据存储系统

BIOS Basic Input Output System 基本输入输出系统

Bluetooth 蓝牙

BPM 二相调制

BPSK Binary Phase Shift Keying 二进制相移键控调制

BS Base Station 基站

BSP Board Support Package 板级支持包

BSS Basic Service Set 基本服务单元

BTS Base Transceiver Station 基站收发器

C

3C-RAN Centralized, Cooperative, Cloud and Clean RAN 集中式、协作式、云接入网络架构

CAN Controller Area Network 控制器域网

CA Carrier Aggregation 载波聚合

CC Component Carrier 成员载波

CCD Charge Coupled Device 电荷耦合器件

CDMA Code Division Multiple Access 码分多址

CERNET2 The China Education and Research Network 2 第二代中国教育和科研计算机网

CPS Cyber-Physical System 信息物理系统

Chipcon 挪威的奥斯陆公司 被美国德州仪器

并购

CISC Complex Instruction Set Computer 复杂指令系统计算机

CMOS 可读写芯片

CNGI China's Next Generation Internet 中国下一代互联网

CP Content Provider 内容提供商

Crossbow Technology, Inc 美国克尔斯博科技有限公司

CVSD Continuous Variable Slope Delta Modulation 连续可变斜率增量调制

CS-MA-CA Carrier Sense Multiple Access with Collision Avoidance 载波侦听多点接入/冲突避免

CWSP Certified Wireless Security Professional 服务提供商

CU Centralized Unit 集中单元

C2M Customer to Manufactory 客户定制模式（客户到工厂）

D

DARPA Defense Advanced Research Projects Agency 美国国防（部）高级研究计划局

D/A digital to analog 数模转换

Data Flow 数据流

DBS Database System 数据库系统

DC 直流

DOA Direction Of Arrival 波达方向

DS/BPSK Direct Spread/Binary Phase Shift Keying 数字化扩频接收机（直接扩频/二进制相移键控）

DNS Domain Name System 域名系统

DPSK Differential Phase Shift Keying 差分移相键控

DSP Digital Signal Processor 数字信号处理器

DSSS Direct Sequence Spread Spectrum 直接序列扩频

D2D Device-to-Device 设备到设备

DU Distributed Unit 分布式单元

E

EA Engineering Approach 工程学方法

EC Edge Cloud 边缘云

EC Edge Computing 边缘计算

EOS Embedded Operation System 嵌入式操作系统

EPC Electronic product code 电子产品编码

ERP Enterprise Resource Planning 企业资源计划

ES Expert System 专家系统

ESS Extended Service Set 扩展服务单元

ETC Electronic Toll Collection 电子不停车收费系统

ETSI European Telecommunications Standards Institute 欧洲电信标准化协会

EMBB Enhanced Mobile Broadband 增强的移动宽带

F

FC Femto Cell 毫微微蜂窝小区

FCC Federal Communications Commission 美国联邦通信委员会

FCS Frame Check Sequence 帧校验序列

FDMA Frequency Division Multiple Access 频分多址

FEC Forward Error Correction 前向纠错

FF Foundation Fieldbus 基金会现场总线

FH Frequency happing 调频

Fieldbus 现场总线

FTTx Fiber-to-the-x 光纤接入

FH Frequency Hopping 高速跳频

G

3G Third Generation Mobile Communication Technology（3rd-generation） 第三代移动通信技术

4G Fourth Generation Mobile Communication Technology（4th-generation） 第四代移动通信技术

5G Fifth Generation Mobile Communication Technology（5th-generation） 第五代移动通信技术

GA Ground Antenna 地面天线

GA Generic Algorithm 遗传算法

GCS Generic Cabling System 综合布线系统

GGSN Gateway GPRS Support Node GPRS 网关支持节点

3GPP 3rd Generation Partnership Project 第三

代合作伙伴计划

GPRS General Packet Radio Service 通用分组无线服务

GPS Global Positioning System 全球定位系统

GSM Global System for Mobile Communications 全球移动通信系统

GUI Graphical User Interface 图形用户界面

H

HART Highway Addressable Remote Transducer 可寻址远程传感器高速通道的开放通信协议

HART Highway Addressable Remote Transducer 可寻址远程传感器数据高速通道

Hub 集线器

HTML HyperText Markup Language 超文本标记语言

HCI Host Controller Interface 主机控制接口

HFC Hybrid Fiber-Coaxial 光纤和同轴电缆相结合的混合网络

HT Holographic Technique 全息技术

I

IATA International Air Transportation Association 国际航空运输协会

ICR Image Character Recognition 图像字符识别

ICR Intelligent Character Recognition 智能字符识别

IC Integrated Circuit Card 集成电路卡

ICG 全球卫星导航系统国际委员会

IDSS Intelligence Decision Supporting System 智能决策支持系统

IM Intelligent Manufacturing 智能制造

IEEE Institute of Electrical and Electronics Engineers 美国电气和电子工程师协会

IETF Internet Engineering Task Force 互联网工程任务组

IoT Internet of Things 物联网

IPC Industrial Personal Computer 工业控制计算机；工控机

IPTV Interactive Personality TV 交互式网络电视

Impulse Radio 脉冲无线电

IMS IP Multimedia Subsystem IP多媒体子系统

IMT 国际移动通信

Instrumented 物联化

Intelligent 智能化

II Intelligent Interface 智能接口

Interconnected 相互连接

IP Internet Protocol 互联网协议

WDM Wavelength Division Multiplexing 波分复用

IPv4 Internet Protocol Version 4 版本号为4的互联网通信协议

IPv6 Internet Protocol Version 6 版本号为6的互联网通信协议

IR Infrared Ray 红外线

ISC International Switch Center 国际软交换合作中心

ITU International Telecommunication Union 国际电信联盟

ITU International Telegraph Union 国际电报联盟

ITU-R Radiocommunication Sector of ITU 国际电信联盟无线通信部门

ITU-T Telecommunication Standardization Sector of ITU 国际电信联盟电信标准分局

IVI In-Vehicle Infotainment 车载信息娱乐系统

J

J2EE Java 2 Platform Enterprise Edition Java2平台企业版

JTAG Joint Test Action Group 国际标准测试协议

JTAG Joint Test Action Group 联合测试行动小组

L

LBS Location Based Service 基于位置的服务

LLC Logical Link Control 逻辑链路控制

LMP Link Management Protocol 链路管理协议

L2CAP 逻辑链路控制和适配层协议

LDPC Low Density Parity Check Code 低密度奇偶校验码

M

MA Modeling Approach 建模方法

M2M machine-to-machine 机器对机器

MAC Macintosh 苹果电脑

mashup 糅合

MCU Micro Control Unit 微控制器

MCC Mission Critical Control 关键任务控制

MEMS Micro-Electro-Mechanical Systems 微机电系统

MES Manufacturing Execution System 制造执行系统

ML Machine Learning 机器学习

Middleware 中间件

MID Mobile Internet Device 移动互联网设备

MIS Management Information System 管理信息系统

MFR MAC Footer MAC 子层帧尾

MHR MAC Header MAC 子层帧头

MIMO Multiple-Input Multiple-Output 多进多出，多输入多输出

MPU Microprocessor Unit 微处理器

MPLS Multi-Protocol Label Switching 多协议标签交换

MS Monitor Station 监测站

Multicast 多播

MC Micro Cell 微蜂窝小区

MMTC Massive Machine-Type Communication 支持海量用户连接

N

NFC Near Field Communication 近距离无线通信

NN Neural Networks 神经网络

NS Network Slice 网络切片

NGI Next-Generation Internet 下一代互联网

NGN Next Generation Network 下一代网络

NIB Network Information Base 网络信息库

NLDE 数据实体

NLDE-SAP 数据实体服务接口

NLU Natural Language Understanding 自然语言理解

NLUS Natural Language Understanding System 自然语言理解系统

NOS Network Operating System 网络操作系统

NPDU 网络协议数据单元

NSP Network Service Provider 网络供应商

NGN Next-generation Network Interface 下一代网络接口

NFV Network Function Virtualization 网络功能虚拟化

NWK Network Layer 网络层

O

OBEX Object Exchange 对象交换协议

OCR Optical Character Recognition 光学字符识别

off line 脱机；离线

pseudo code 伪码

OFDM Orthogonal Frequency Division Multiplexing 正交频分复用

OLAP On-Line Analytical Processing 联机分析处理

OOK On-Off Keying 通断键控

OSGi Based Modular architecture 基于模块化构架

OSPF Open Shortest Path First 开放式最短路径优先

OSI Open System Interconnect Reference Model 开放系统互连参考模型

P

PAM Pulse Amplitude Modulation 脉冲幅度调制

PAN Personal Area Network 个人区域网络；个人局域网

PC Pico Cell 微微蜂窝小区

PCTH Pseudochaotic Time Hopping 伪混沌跳时多址方式

PDA Personal Digital Assistant 掌上电脑

PDF Portable Data File 便携式数据文件

PHY　Physical Layer　物理层

Piconet　微微网

PLL　Phase Locked Loop　锁相回路或锁相环

Portal　关口；门户网站

PPM　Pulse Position Modulation　脉冲位置调制

PPP　Point to Point Protocol　点对点协议

Process Flow　处理流程

PR　Pseudo Range　伪距

PR　Pattern Recognition　模式识别

Q

QoS　Quality of Service　服务质量

R

Rake Receive Rake　接收

RF　Radio Frequency　电磁频率；射频

RFC　Request For Comments　一系列以编号排定的文件

RFCOMM　串行线性仿真协议

RIP　Routing Information Protocol　路由信息协议

RISC　Reduced Instruction Set Computer　精简指令系统

RNN　Recurrent Neural Network　循环神经网络

RFID　Radio Frequency Identification　电子标签；射频识别

RSSI　Received Signal Strength Indicator　接收信号强度

RTOS　Real-Time Operating System　实时操作系统

RTT　Radio Transmission Technology　无线传输技术

S

SA　Smart Antenna　智能天线

SaaS　Software-as-a-service　软件即服务

Scatternet　分布式网络

SCADA　Supervisory Control and Data Acquisition　数据采集与监控系统

SDR　Software Defined Radio　软件定义无线电

SDP　Session Description Protocol　会话描述协议

SDN　Software Defined Network　软件定义网络

SIP　Session Initiation Protocol　会话发起协议

SP　Service Provider　服务提供商

Station　结构站点

Sensor　智能化传感器

Sensitive Element　敏感元件

Sensor Network　传感器网络

SLA　Service-Level Agreement　服务等级协议

SNS　Social Networking Services　社会性网络服务

SOA　Service-Oriented Architecture　面向服务的体系结构

SoC　System on Chip　系统级芯片；片上系统

SSCS　ServiceSpecific Convergence Sublayer　特定业务汇聚子层

SBT　Switched Beam Technology　波束转换技术

SDMA　Space Division Multiple Address　空分多址

T

Tag　电子标签

TACS　Total Access Communications System　全接入通信系统

TCP　Transmission Control Protocol　传输控制协议

TDMA　Time Division Mutiple Access　时分多址

TD-SCDMA　Time Division-Synchronous Code Division Multiple Access　时分同步码分多址

TH　Time Hopping　跳时

TH-PPM　Time-Hopping Pulse Position Modulation　跳时脉冲位置调制

Translation Circuit　转换电路

Transduction Element　转换元件

TB　Tunnel Broker　通道代理人

U

Ubiquitous Computing　泛在运算，普适运算

Ubiquitous Society　泛在社会

USSDC　Unstructured Supplementary Service Data Center　交互式数据业务中心

UDP　User Datagram Protocol　用户数据包协议

UDDI　Universal Description Discovery and Integration　统一描述、发现和集成服务

UDHN　Ultra-Dense HetNet　超密集异构网络

UI　User Interface　用户界面

Unicast　单播数据协议

UPS　Uninterrupted Power Supply　不间断电源

UTRA　Universal Terrestrial Radio Access　通用地面无线接入

UW　Ultrasonic Wave　超声波

UWB　Ultra Wideband　超宽带

URLLC　Ultra-Reliable Low Latency Communication　超可靠低延迟通信

V

VCO　Voltage-Controlled Oscillator　压控振荡器

VLSI　Very Large Scale Integrated circuits　超大规模集成电路

VR　Virtual Reality　虚拟现实技术

VM　Virtual Machine　虚拟机

VPN　Virtual Private Network　虚拟专用网

W

WiFi　无线上网

WAE　Wireless Application Environment　无线应用环境

WAE　Web Application Environment　Web 应用程序环境

WBS　Work Breakdown Structure　工作分解结构

WAP　Wireless Application Protocol　无线应用协议

WCDMA　Wideband Code Division Multiple Access　宽带码分多址

WDM　Wavelength Division Multiplexing　波分多路复用

Widget　微件

WiMax　Worldwide Interoperability for Microwave Access　全球微波互联接入

WLAN　Wireless Local Area Network　无线局域网络

WMI　Wireless Mobile Internet　无线移动互联网

WPAN　Wireless Personal Area Network Communication Technologies　无线个域网

WRS　Web Report System Web　反病毒技术

WSN　Wireless Sensor Network　无线传感器网络

WSDL　Web Services Description Language　描述 Web 服务和说明如何与 Web 服务通信的 XML 语言

WWW　World Wide Web　环球信息网，也可以简称为 Web；中文名字为"万维网"

X

XML　Extensible Markup Language　可扩展标记语言

Z

ZDO　设备对象

参 考 文 献

[1] 夏德海．现场总线技术［M］.北京：中国电力出版社，2003.

[2] 王志良．物联网现在与未来［M］.北京：机械工业出版社，2010.

[3] 张福生．开启全新生活的智能时代-物联网［M］.太原：山西人民出版社，2010.

[4] 郎为民．大话物联网［M］.北京：人民邮电出版社，2011.1.

[5] 张智文．射频识别技术理论与实践［M］.北京：中国科学技术出版社，2008.

[6] 李庆诚，刘嘉，张金．嵌入式系统原理［M］.北京：北京航空航天大学出版社，2008.

[7] 田景熙．物联网概论［M］.南京：东南大学出版社，2010.

[8] 刘化君，刘传清．物联网技术［M］.北京：电子工业出版社，2010.

[9] 刘浩云．物联网导论［M］.北京：科学出版社，2011.

[10] 吴功宜．智慧的物联网［M］.北京：机械工业出版社，2010.

[11] 陈飞．智能农业：十二五期间我国农业科技进步前瞻［J］.中国农业科技导报，2010，12（6）：1-4.

[12] 周明．现场总线控制［M］.北京：中国电力出版社，2002.

[13] 前瞻产业研究院．政策为人工智能添助力——2030年AI产业规模将超万亿［EB/OL］.［2018-02-08］. https://www.qianzhan.com/analyst/detail/220/180208-5511e7cd.html.

[14] 夏冰清．基于ZigBee的智能环境清洁监控系统［J］,物联网技术，2020，109（03）：26-27，30.

[15] 中商产业研究院．2020年中国人工智能产业发展前景［EB/OL］.［2020-04.15］. http://www.iotworld.com.cn/html/News/202004/4fd5a7ed4c378084.shtml.

[16] 杜天旭，谢林柏，徐颖秦．物联网的关键技术及需解决的主要问题［J］.微计算机信息，2011，27（5）：152-154.

[17] Wei Zhuang, Tianxu Du, Huiqiang Tang. Energy-Efficient ECG Acquisition in Body Sensor Networks Based on Compressive Sensing［J］. International Journal of Digital Content Technology and its Applications（JDC-TA）, indexed by EI and ISTP, 2011, 10.

[18] 徐颖秦，谢林柏．物联网关键技术和主要问题探讨［J］.工业仪表与自动化装置，2001，218（2）：12-14.

[19] ITU Internet Reports 2005：The Internet of Things［EB/OL］.［2010-02-15］. http://www.itu.int/internet-ofthings/.

[20] 刘禹/关强．RFID系统测试与应用实务［M］.北京：电子工业出版社，2010：32.

[21] 中国工控网．2017年智能制造世界巡礼之德国篇（物联网与无人驾驶）［EB/OL］.［2018-02.17］. http://video.gongkong.com/newsnet_detail/376018.htm.

[22] 张有光，杜万，张秀春，等．全球三大RFID标准体系比较分析［J］.中国标准化，2006（03）：61-63.

[23] 王鹏．走进云计算［M］.北京：人民邮电出版社，2009.

[24] 王鲁佳，田龙强，胡超．无线定位技术综述［J］.先进技术研究通报，2010（4）3：1-5.

[25] 原玉磊，王安健，蒋理兴．一种使用红外线和超声波的定位技术［J］.电子测量技术，2008（31）10：15-17.

[26] 徐世武，王平，黄晞，等．无线传感器网络时间同步技术的总综述［J］.微计算机应用，2011，32（5）：32-37.

［27］孙利民．无线传感器网络［M］. 北京：清华大学出版社，2005.

［28］彭力．无线传感器网络技术［M］. 北京：冶金工业出版社，2011.

［29］IBM. 智慧城市白皮书——智慧城市在中国［EB/OL］.（2010-3-12）. http://www.ibm.com.cn.

［30］刘彬，许屏，裴大刚，等．无线传感网络的节点部署方法的研究进展［J］. 传感器世界，2009.
　　（08）：10-14.

［31］王鹏．走进云计算［M］. 北京：人民邮电出版社，2009.

［32］刘云浩．普适计算、CPS 到物联网：下一代互联网的视野［J］. 中国计算机学会通讯，2009，5
　　（12）：66-69.

［33］符新峰等．南京秦淮河水系远程集中监控系统设计［J］. 水电厂自动化，2007，24（4）：363-369.

［34］刘振亚．智能电网知识读本［M］. 北京：中国电力出版社，2110.

［35］国家发展和改革委员会．太湖流域水环境综合治理总体方案［R］. 2008.

［36］朱玉东，盛东，陈方，等．太湖流域水环境实时信息管理系统设计［C］. 全国水体污染控制、生态修
　　复技术与水环境保护的生态补偿建设交流研讨会，2008：243-250.

［37］许晓慧．智能电网导论［M］. 北京：中国电力出版社，2009.

［38］刘振亚．智能电网技术［M］. 北京：中国电力出版社，2010.

［39］Klaus Finkenzeller. 射频识别（RFID）技术［M］. 陈人才，编译．2 版．北京：电子工业出版
　　社，2001.

［40］王鲁佳，田龙强，胡超．无线定位技术综述［J］. 先进技术研究通报，2010，4（3）：2-7.

［41］薛青．智慧医疗：物联网在医疗卫生领域内的应用［J］. 信息化博览，2010（5）：56-58.

［42］德勤中国．中国智造，行稳致远—2018 中国智能制造报告［R］. 2018.

［43］姜丽丽．红领集团 C2M"个性化定制"模式研究［J］. 经贸实践，2016（01）：340.

［44］周高位，刘颖，王晗．浅谈我国高铁装备行业智能制造发展方向［J］. 装备制造技术，2017（11）：
　　5-6.

［45］江林华．5G 物联网及 NB.IoT 技术详解［M］. 北京：电子工业出版社，2018.

［46］吴功宜，吴英．物联网技术与应用［M］. 北京：机械工业出版社，2018.

［47］刘军，阎芳，杨玺．物联网技术［M］. 北京：机械工业出版社，2018.

［48］中国电子技术标准化研究院．智能制造标准体系研究白皮书［EB/OL］. 2015.

［49］李伯虎．新一代人工智能技术引领中国智能制造加速发展［J］. 中国电子报、电子信息产业网，2018
　　（11）.

［50］工业与信息化部、财政部．智能制造发展规划（2016-2020 年）［A］. 2016.

［51］杨正洪．智慧城市——大数据、物联网和云计算之应用［M］. 北京：清华大学出版社，2014.

［52］边缘计算产业联盟成立 促进物联网从梦想变现实［EB/OL］.（2016-12-6）. 中国政府网．

［53］边缘计算产业联盟在北京成立［EB/OL］.（2016-12-6）. 新华网．

［54］大数据究竟是什么？一篇文章让你认识并读懂大数据［EB/OL］.［2014-1-12］. 中国大数据．

［55］维克托·迈尔-舍恩伯格．大数据时代［M］. 周涛，译．杭州：浙江人民出版社，2012.